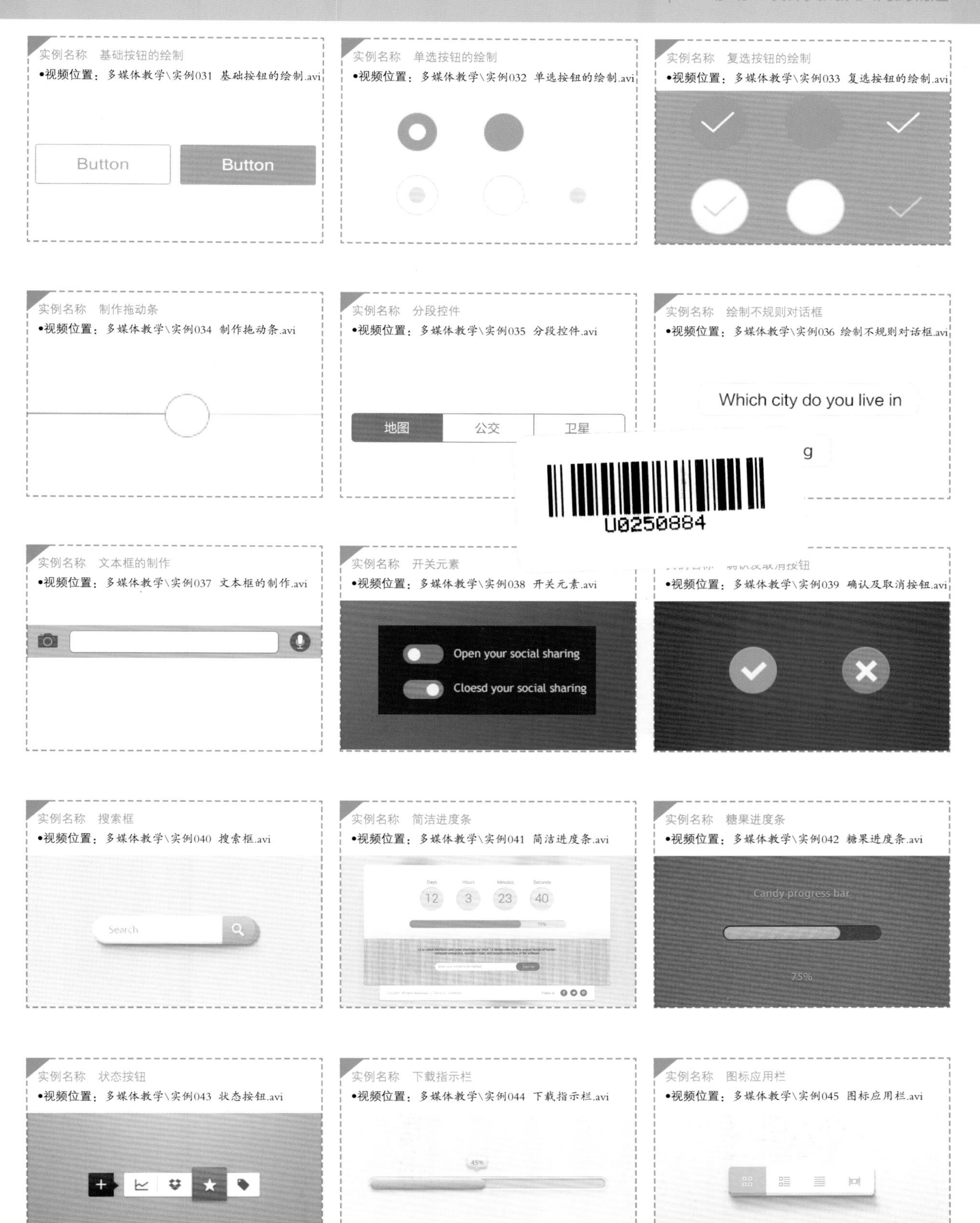
实例名称　基础按钮的绘制
•视频位置：多媒体教学\实例031 基础按钮的绘制.avi
Button
Button
实例名称　单选按钮的绘制
•视频位置：多媒体教学\实例032 单选按钮的绘制.avi
实例名称　复选按钮的绘制
•视频位置：多媒体教学\实例033 复选按钮的绘制.avi
实例名称　制作拖动条
•视频位置：多媒体教学\实例034 制作拖动条.avi
实例名称　分段控件
•视频位置：多媒体教学\实例035 分段控件.avi
地图
公交
卫星
实例名称　绘制不规则对话框
•视频位置：多媒体教学\实例036 绘制不规则对话框.avi
Which city do you live in
实例名称　文本框的制作
•视频位置：多媒体教学\实例037 文本框的制作.avi
实例名称　开关元素
•视频位置：多媒体教学\实例038 开关元素.avi
Open your social sharing
Cloesd your social sharing
•视频位置：多媒体教学\实例039 确认及取消按钮.avi
实例名称　搜索框
•视频位置：多媒体教学\实例040 搜索框.avi
Search
实例名称　简洁进度条
•视频位置：多媒体教学\实例041 简洁进度条.avi
12
3
23
40
实例名称　糖果进度条
•视频位置：多媒体教学\实例042 糖果进度条.avi
Candy progress bar
75%
实例名称　状态按钮
•视频位置：多媒体教学\实例043 状态按钮.avi
实例名称　下载指示栏
•视频位置：多媒体教学\实例044 下载指示栏.avi
实例名称　图标应用栏
•视频位置：多媒体教学\实例045 图标应用栏.avi

实例名称　下拉式菜单

•视频位置：多媒体教学\实例046　下拉式菜单.avi

实例名称　运行进度标示

•视频位置：多媒体教学\实例047　运行进度标示.avi

实例名称　镜面高光处理

•视频位置：多媒体教学\实例048　镜面高光处理.avi

实例名称　播放器控件质感效果

•视频位置：多媒体教学\实例049 播放器控件质感效果.avi

实例名称　流星效果

•视频位置：多媒体教学\实例050　流星效果.avi

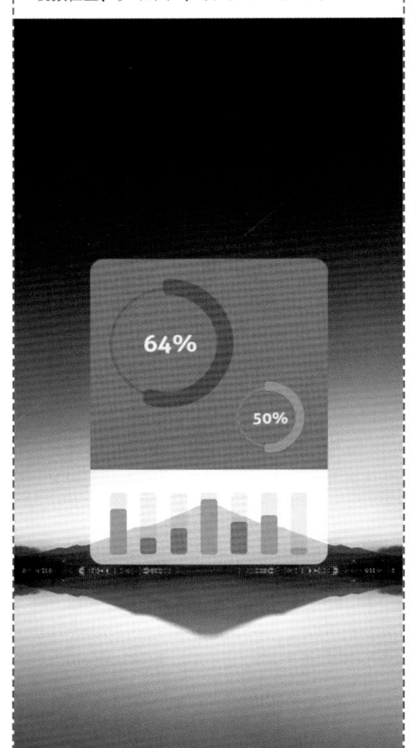

实例名称　卷边效果

•视频位置：多媒体教学\实例051　卷边效果.avi

在遥远孤独的岁月中
你会不会出现在这里
成为一生中最美风景

实例名称　为欢迎界面添加装饰元素

•视频位置：多媒体教学\实例052　为欢迎界面添加装饰元素.avi

实例名称　为界面添加场景元素

•视频位置：多媒体教学\实例053 为界面添加场景元素.avi

实例名称　制作解锁状态

•视频位置：多媒体教学\实例054 制作解锁状态.avi

实例名称　制作相片效果

•视频位置：多媒体教学\实例055 制作相片效果.avi

实例名称　绘制开关控件

•视频位置：多媒体教学\实例059 绘制开关控件.avi

实例名称　制作体验按钮

•视频位置：多媒体教学\实例060 制作体验按钮.avi

实例名称　制作储存进度环

•视频位置：多媒体教学\实例061 制作储存进度环.avi

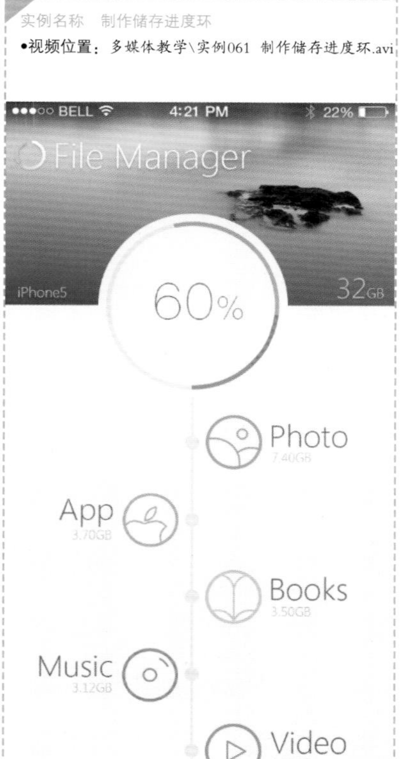

实例名称 健康应用图标制作

•视频位置：多媒体教学\实例062 健康应用图标制作.avi

实例名称 定位图标制作

•视频位置：多媒体教学\实例063 定位图标制作.avi

实例名称 日历图标制作

•视频位置：多媒体教学\实例064 日历图标制作.avi

实例名称 闹钟图标制作

•视频位置：多媒体教学\实例065 闹钟图标制作.avi

实例名称 小雨伞图标制作

•视频位置：多媒体教学\实例066 小雨伞图标制作.avi

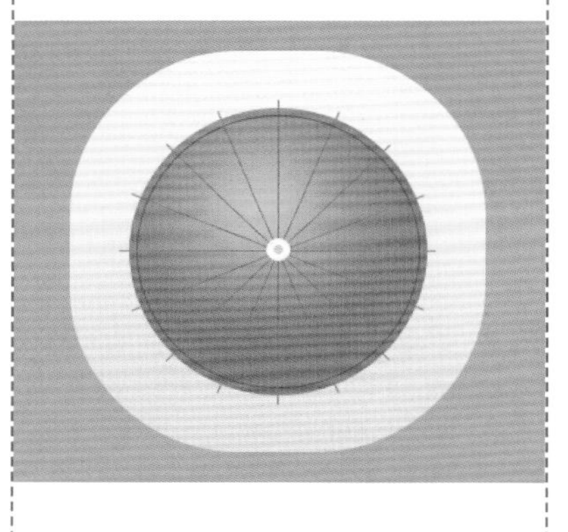

实例名称 加速应用图标制作

•视频位置：多媒体教学\实例067 加速应用图标制作.avi

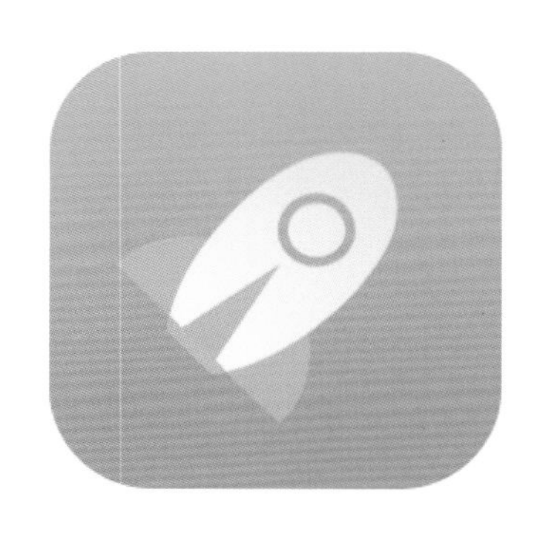

实例名称 旅行应用图标制作

•视频位置：多媒体教学\实例068 旅行应用图标制作.avi

实例名称 扁平分享图标

•视频位置：多媒体教学\实例069 扁平分享图标.avi

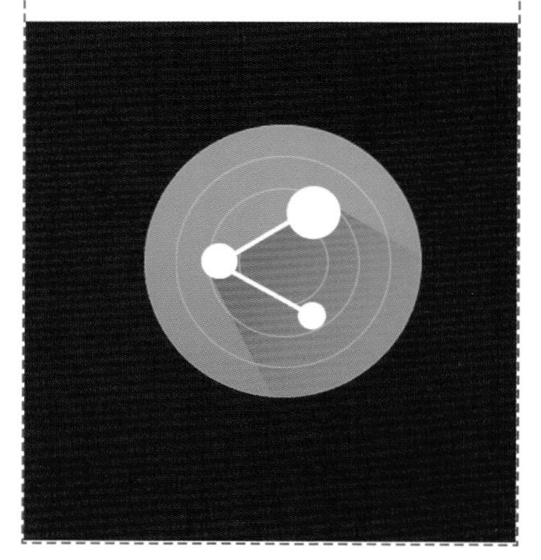

实例名称 资讯图标

•视频位置：多媒体教学\实例070 资讯图标.avi

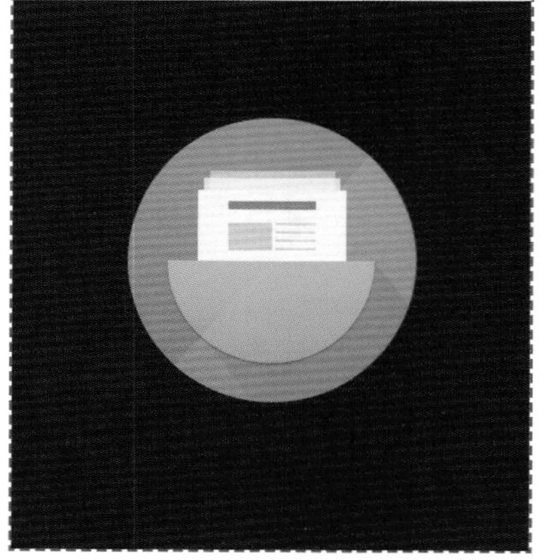

实例名称　盾牌图标

•视频位置：多媒体教学\实例071　盾牌图标.avi

实例名称　扁平相机图标

•视频位置：多媒体教学\实例072　扁平相机图标.avi

实例名称　指南针图标

•视频位置：多多媒体教学\实例073　指南针图标.avi

实例名称　天气Widget

•视频位置：多媒体教学\实例074　天气Widget.avi

实例名称　美食APP界面

•视频位置：多媒体教学\实例075　美食APP界面.avi

实例名称　指南针图标

•视频位置：多媒体教学\实例076　私人电台界面.avi

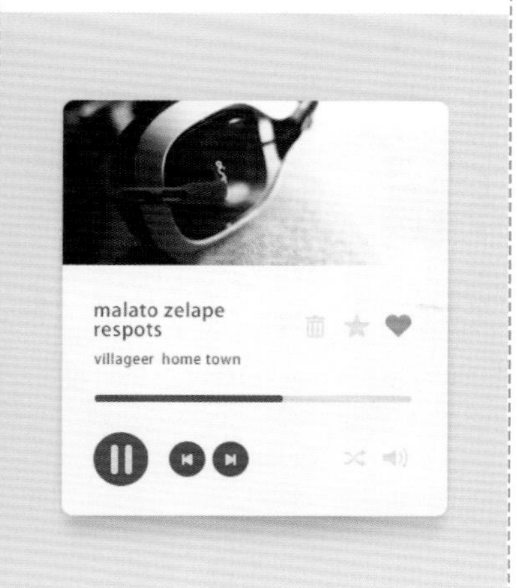

实例名称　动感音乐图标制作

•视频位置：多媒体教学\实例079　动感音乐图标制作.avi

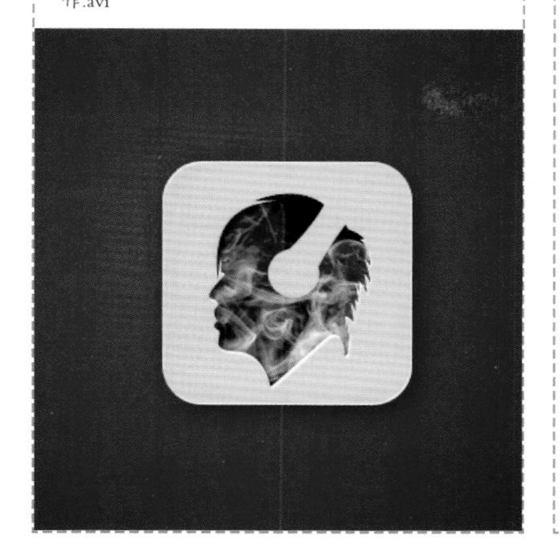

实例名称　精致收音机图标制作

•视频位置：多媒体教学\实例080　精致收音机图标制作.avi

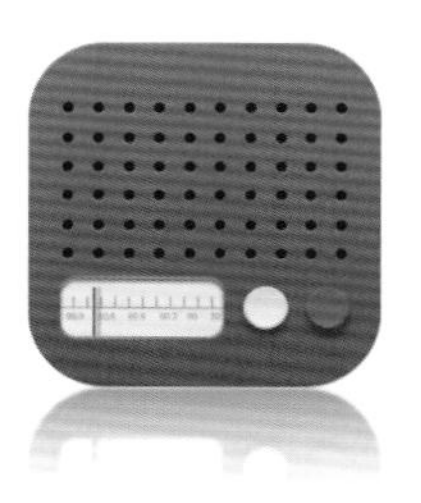

实例名称　电影胶盘图标制作

•视频位置：多媒体教学\实例081　电影胶盘图标制作.avi

实例名称　小音箱图标制作

•**视频位置：** 多媒体教学\实例082　小音箱图标制作.avi

实例名称　开关图标制作

•**视频位置：** 多媒体教学\实例083　开关图标制作.avi

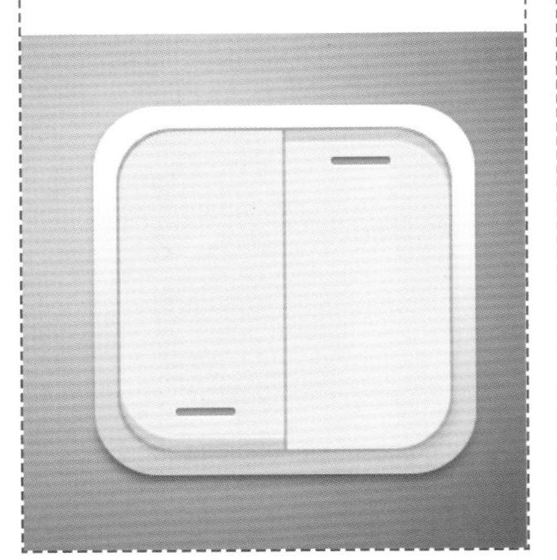

实例名称　立体CD机制作

•**视频位置：** 多媒体教学\实例084　立体CD机制作.avi

实例名称　塑料质感插座

•**视频位置：** 多媒体教学\实例085　塑料质感插座.avi

实例名称　写实电吉他图标制作

•**视频位置：** 多媒体教学\实例086　写实电吉他图标制作.avi

实例名称　银质小按钮

•**视频位置：** 多媒体教学\实例087　银质小按钮.avi

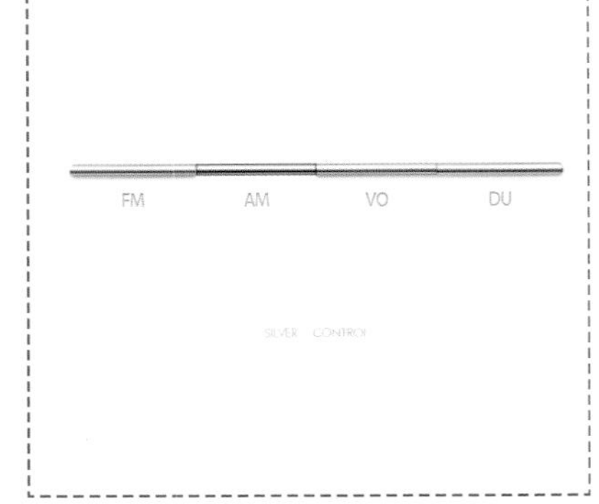

实例名称　金属质感音乐图标.avi

•**视频位置：** 多媒体教学\实例088　多金属质感音乐图标.avi

实例名称　玻璃质感播放器

•**视频位置：** 多媒体教学\实例089　玻璃质感播放器.avi

实例名称　iPad旅游应用界面制作

•**视频位置：** 多媒体教学\实例094　iPad旅游应用界面制作.avi

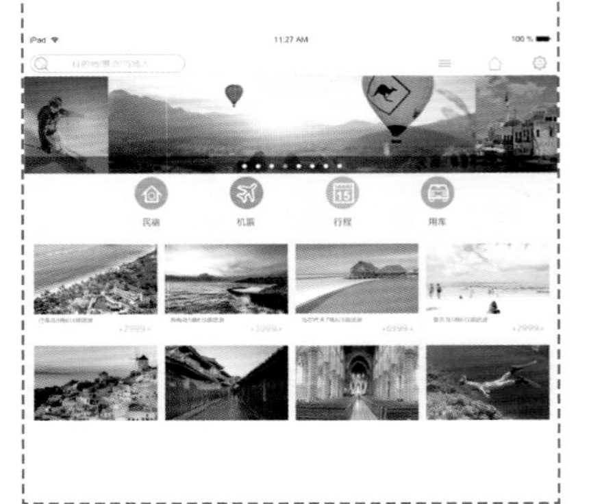

实例名称　iPhone收音机界面制作
•视频位置：多媒体教学\实例092 iPhone收音机界面制作.avi

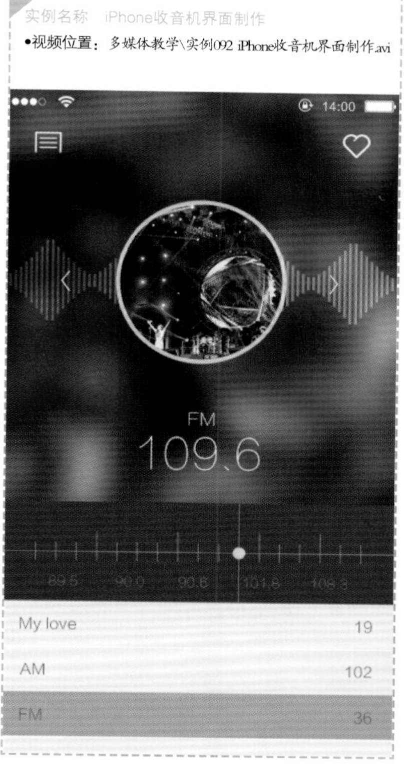

实例名称　iPhone电影购票界面制作
•视频位置：多媒体教学\实例093　iPhone电影购票界面制作.avi

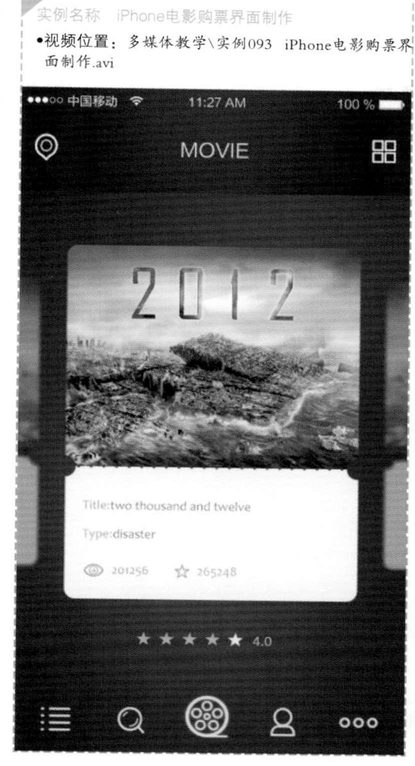

实例名称　安卓手机美食应用界面制作
•视频位置：多媒体教学\实例096　安卓手机美食应用界面制作.avi

实例名称　iPad新闻界面设计
•视频位置：多媒体教学\实例095 iPad新闻界面设计.avi

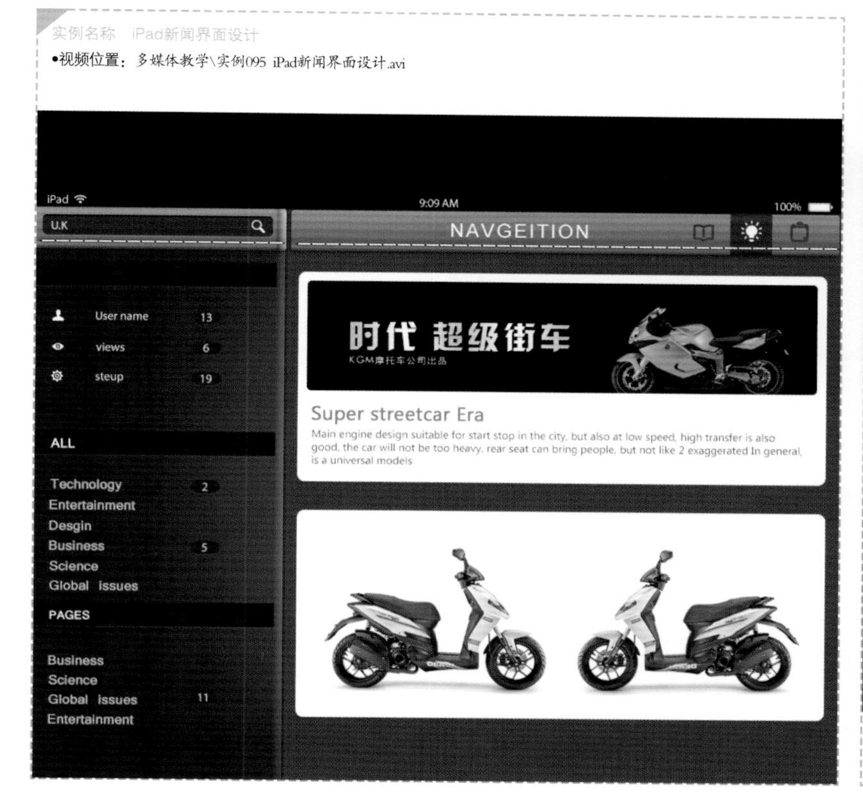

实例名称　安卓四叶草插件界面
•视频位置：多媒体教学\实例097　安卓四叶草插件界面.avi

实例名称　安卓平板助手界面制作

•视频位置：多媒体教学\实例098 安卓平板助手界面制作.avi

实例名称　Windows 10手机界面制作

•视频位置：多媒体教学\实例099 Windows 10手机界面制作.avi

实例名称　Windows 10 平板界面制作

•视频位置：多媒体教学\实例100 Windows 10 平板界面制作.avi

Photoshop CC 移动UI设计实战从入门到精通

水木居士 编著

人 民 邮 电 出 版 社
北 京

图书在版编目（CIP）数据

Photoshop CC移动UI设计实战从入门到精通 / 水木居士编著. -- 北京 : 人民邮电出版社, 2018.1
ISBN 978-7-115-46762-1

Ⅰ. ①P… Ⅱ. ①水… Ⅲ. ①图象处理软件 Ⅳ. ①TP391.413

中国版本图书馆CIP数据核字(2017)第243191号

内容提要

本书通过大量的综合案例，介绍了如何设计与制作用户界面。全书分为6章，依次讲解移动UI设计的基础知识、UI设计配色、基础控件绘制及特效处理、扁平化风格UI设计、写实质感风格UI设计，以及不同应用系统的UI设计。本书通过精选的100个实战案例，使读者由浅至深，逐步了解界面设计思路与制作过程，以一个全新的教学方式，为读者呈现界面设计中的重点与制作方法，帮助读者全面深入地掌握各种风格界面设计案例，从而走上高手之路。

本书附赠教学资源，包括书中所有实例的素材文件及效果源文件，还包括本书所有实例的多媒体高清有声教学视频，使界面学习之路锦上添花，学习效率翻倍。同时，提供了PPT教学课件，方便老师教学使用。

本书内容专业，操作案例精美实用、讲解详尽，适合UI设计入门学习者阅读，也适用各类院校设计专业的学生学习使用，同时还可以作为高等院校平面设计、网站设计、游戏设计等相关专业的教辅图书及师生的参考用书。

◆ 编　　著　水木居士
　责任编辑　张丹阳
　责任印制　陈　犇
◆ 人民邮电出版社出版发行　　北京市丰台区成寿寺路11号
　邮编　100164　　电子邮件　315@ptpress.com.cn
　网址　http://www.ptpress.com.cn
　北京画中画印刷有限公司印刷
◆ 开本：787×1092　1/16
　印张：16.5　　彩插：4
　字数：507千字　　2018年1月第1版
　印数：1－3 000册　　2018年1月北京第1次印刷

定价：69.00元

读者服务热线：(010)81055410　印装质量热线：(010)81055316
反盗版热线：(010)81055315
广告经营许可证：京东工商广登字20170147号

前言

PREFACE

随着时代的发展，现代人类通信正步入一个全新的世界。今天人们对于通信设备的要求越来越高，更大屏幕的手机、多媒体设备、平板电脑等通信、数码设备的功能变得越来越强大，从多媒体应用、社交娱乐、智能应用甚至到移动支付等丰富了人们的生活，带来了很多便利。同时这些设备的操作界面更加友好、智能，而本书讲解的正是关于当下智能设备的界面设计与制作。

本书全面讲解智能设备界面的配色、设计、美化，通过100个精选实例，全方面解读界面设计知识，从基础到进阶再到高级设计应用，循序渐进地剖析界面设计与制作的重点及要领。

本书的写作目的是讲解如何设计出精美漂亮的界面，专注于美学在界面设计中的应用，同时将其与案例完美地融合，使读者达到一个全新的设计水准。所有的设计类工作都是相通的，是通过美好的思维并经过酝酿，进而展示给人们最终的视觉效果。

本书的特点在于全实例操作，通过实例的编写引领读者从简至繁全面领略APP界面设计的基础及应用，同时在学习的过程中还可以学习到很多关于设计的技巧及要领。

本书特色与亮点

- 全面基础知识：覆盖UI设计快速入门的相关基础知识。
- 超全实例：本书在编写过程中以实际的界面设计、案例制作重点为线索，从UI设计基础、UI设计配色、基础控件及特效处理、各类风格图标的设计，到不同应用系统的UI设计实战，几乎囊括了所有与界面设计相关的专业知识。
- 大量案例详解：本书包含100个实例，所有实例全部采用详细步骤说明与实际操作相结合的写作手法，使读者通过阅读文字与观察操作步骤中的图示，边学边操作。
- 特色的段落讲解：作者根据多年的教学经验，将界面设计中常见的难点及疑点通过细致讲解及提示的形式展现出来，使读者在学习的过程中真正掌握所学。
- 超值附赠套餐：本书附带教学资源，内容包括所有案例的调用素材和源文件，并包含本书所有操作实例的高清多媒体有声教学视频。同时，为方便老师教学，还配备了PPT教学课件，以供参考。

资源下载

本书由水木居士编著，在此感谢所有创作人员对本书付出的努力。在创作的过程中，由于时间仓促，错误在所难免，希望广大读者批评指正。如果在学习过程中发现问题，或有更好的建议，欢迎发邮件到bookshelp@163.com与我们联系。

编 者

2017年11月

目 录

CONTENTS

第 01 章

移动UI设计基础入门

第 02 章

UI设计配色密码

第 03 章

基础控件绘制及特效处理

第 04 章

扁平化风格UI设计

第 05 章

写实质感风格UI设计

第 06 章

不同应用系统的UI设计

移动UI设计基础入门

内容摘要

本章主要详解UI设计快速入门相关知识，在进入专业的UI设计领域之前需要掌握相关的基础知识，通过对不同的名词剖析，在短时间内理解专业名词的含义，为以后的设计之路打下坚实的基础。

教学目标

了解UI设计
了解UI设计与产品团队合作流程关系
学习UI各类尺寸单位解析
掌握UI设计原则
了解UI设计过程中的表现力
掌握提升UI视觉效果的设计技巧

实例001 UI设计概念

UI（User Interface）即用户界面，它是系统和用户之间进行交互和信息交换的媒介，它实现信息的内部形式与人类可以接受形式之间的转换，好的UI设计不仅让软件变得有个性有品位，还要让软件的操作变得舒适、简单、自由，充分体现软件的定位和特点，如今人们所提起的UI设计大体由以下3个部分组成。

1. 图形界面设计

图形界面设计（Graphical User Interface）是指采用图形方式显示的用户操作界面，图形界面对于用户来说在完美视觉效果上感觉十分明显。它通过图形界面向用户展示了功能、模块、媒体等信息。

在国内通常人们提起的视觉设计师就是指设置图形界面的设计师，一般从事此类行业的设计师大多经过专业的美术培训，有一定的专业背景或者指相关的其他从事设计行业的人员。

2. 交互设计

交互设计（Interaction Design）在于定义人造物的行为方式（人工制品在特定场景下的反应方式）相关的界面。

交互设计的出发点在于研究在人和物交流的过程中，人的心理模式和行为模式，并在此研究基础上，设计出可提供的交互方式以满足人对使用人工制品的需求，交互设计是设计方法，而界面设计是交互设计的自然结果。同时界面设计不一定由显意识交互设计驱动，然而界面设计必然包含交互设计（人和物是如何进行交流的）。

交互设计师首先进入用户研究相关领域，以及潜在用户，设计人造物的行为，并从有用性、可用性及易用性等方面来评估设计质量。

3. 用户测试

同软件开发测试一样，UI设计中也会有用户测试（user test），测试工作的主要内容是测试交互设计的合理性以及图形设计的美观性，一款应用经过交互设计、图形界面设计等工作之后需要最终的用户测试才可上线，此项工作尤为重要，这是因为通过测试可以发现应用中的不足，或者不合理性之处，及时进行改进。

实例002 UI设计组成部分

在如今UI设计领域，常规整套设计主要由ADS、画草图、低保真原型与高保真原型、Axure、图形界面设计等几部分组成。

1. ADS

ADS（Application Definition Statement）即应用定义声明，它由3个部分组成：用户（audience）、定位（differentiator）、方案（solution）。

在设计过程中一句话简短说明应用（APP）的作用，它能为（哪些）用户（在说明情况下）解决（什么）问题？从而展现出它的定位，然后列出最主要的功能。功能图如图1.1所示。

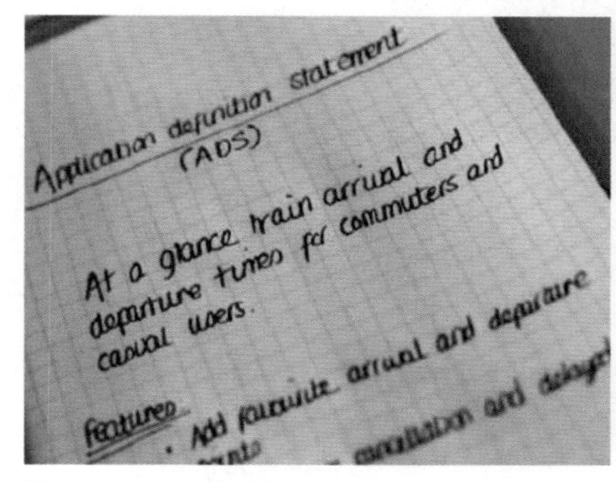

图1.1 ADS功能图示

2. 画草图

由于ADS是基于文字表达的一种方式，为了能更清楚明了地表达意图，这时就需要以画草图的方法来解决，既然是草图就无须精确的表达，只需要特别注意将整体的布局及重要的模块表现出来即可，同时可以根据实际情况绘制彩色或者灰度的草图，如图1.2所示。

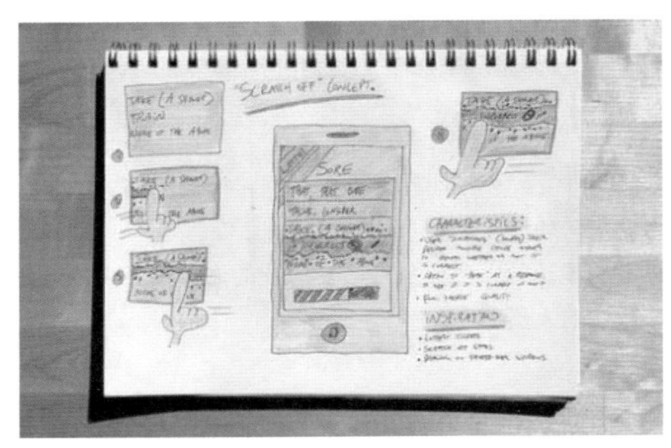

图1.2 草图效果

> **提示**
>
> 如今更多的公司采用草图设计模板，它集快速、高效等多项优点于一身，而且由于模板采用了硬质不锈钢结构，可多次利用。图 1.3 所示为 Android 4.0 UI 设计模板实物展示。
>
> 
>
> 
>
> 图1.3 Android 4.0 UI 设计模板实物展示

3. 低保真原型与高保真原型

低保真原型是指将草图通过Axure、Mockup和Visio等交互设计软件在计算机上生成大致框架效果图，高保真原型则追求细节（如屏幕尺寸、色彩细节等），高保真原型的制作比低保真原型更加耗时，所以通常在低保真原型得到确认后才开始制作。框架效果如图1.4所示。

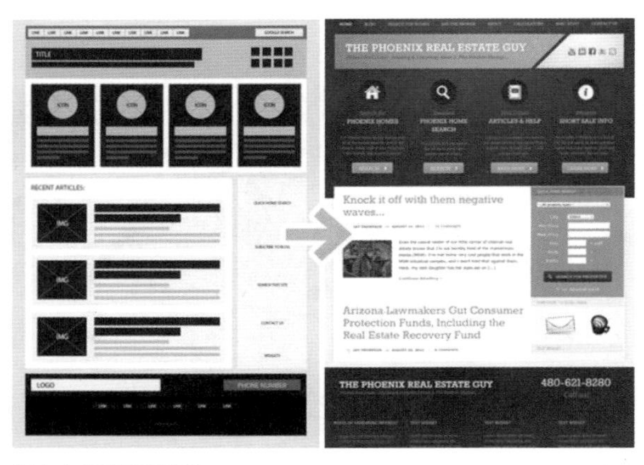

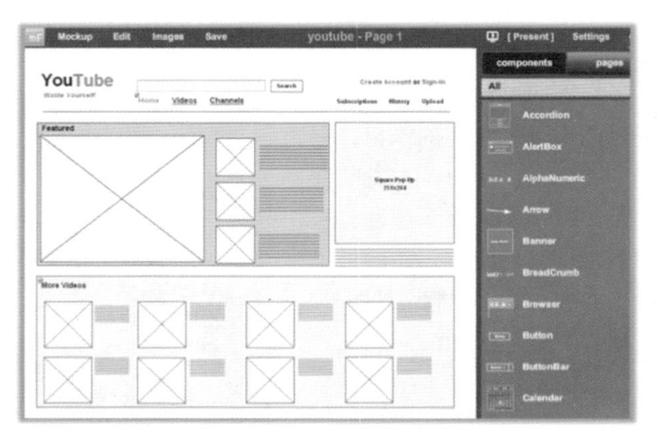

图1.4 框架效果图

4. Axure即 Axure RP

Axure RP是一个专业的快速原型设计工具，Axure代表美国Axure公司，RP则是Rapid Prototyping（快速原型）的缩写。它主要负责UI设计过程中的定义需求和规格，使设计功能和界面的专家能够快速创建应用软件或Web网站的线框图、流程图、原型和规格说明文档。 Axure RP作为专业的原型设计工具，它能快速、高效地创建原型，同时支持多人协作设计和版本控制管理。

Axure RP的使用者主要包括商业分析师、信息架构师、可用性专家、产品经理、IT咨询师、用户体验设计师、交互设计师和界面设计师等。

5. 图形界面设计

在高保真原型完成的基础上，对其进行视觉细化设计，具有针对性地为图形添加阴影、高光、质感等效果。图形界面设计如图1.5所示。

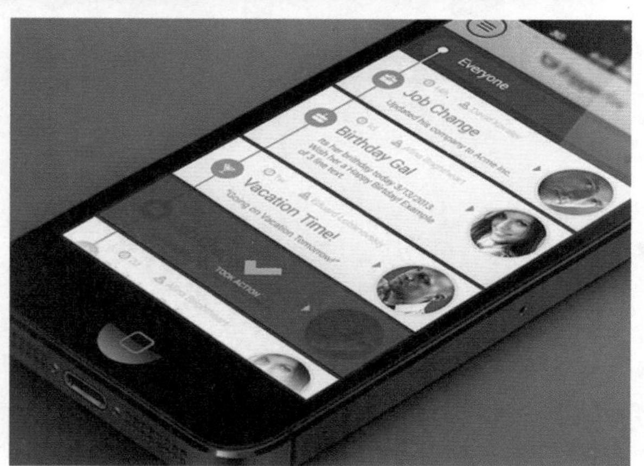

图1.5 图形界面设计

实例 003 什么是APP

APP（Application）也就是应用程序的意思，通常是指iPhone、Android等手机应用，现在的APP多指智能手机的第三方应用程序。比较著名的应用商店有苹果的APP Store、谷歌的Google Play Store、诺基亚的Ovi store，还有黑莓用户的BlackBerry APP World、微软的Marketplace等。

直观地说，APP就是应用软件，现在主要指的都是iOS、Mac、Android等系统下的应用软件。更直观地说，APP就是智能手机上的第三方应用软件，这些软件通常都可以在上述列出的应用市场中下载，APP图标效果如图1.6所示。

图1.6 APP图标效果

实例 004 手机UI与平面UI的不同

手机UI主要应用在手机的APP客户端上，而平面UI的范围则更为广泛，包括了绝大部分的UI领域。手机UI与平面UI具有不同的特点，如尺寸要求、控件和组件类型等，手机UI的设计与传统平面设计师的设计审美不同，由于手机UI设计的这些要求，使很多平面UI设计师觉得设计死板。如图1.7、图1.8和图1.9所示，分别为手机端和PC端的手机UI与一般平面网页UI的区别，可以清楚地看到它们的不同。

图1.7 手机端网易页面

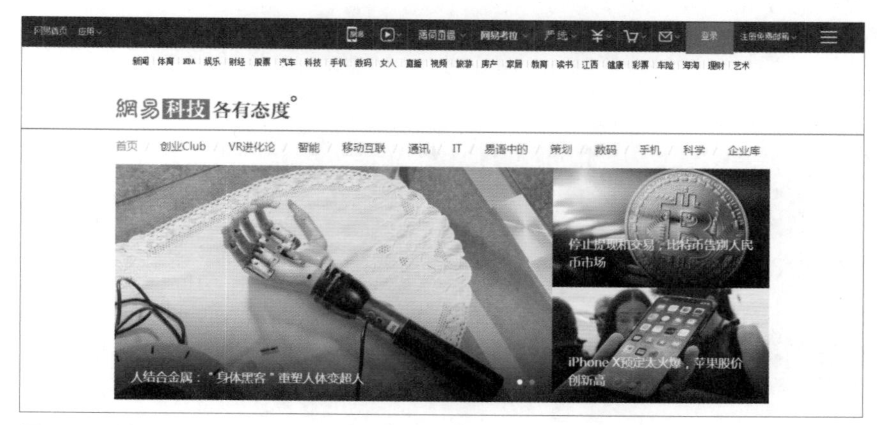

图1.8 PC端网易科技页面

图1.9 PC端网易首页页面

实例 005 UI设计与产品团队合作流程关系

UI设计与产品团队合作流程关系如下。

一、团队成员

1. 产品经理

对用户需求进行分析调研，针对不同的需求进行产品卖点规划，然后将规划的结果陈述给公司上级，以此来取得项目所要用到的各类资源（人力、物力和财力等）。

2. 产品设计师

产品设计师侧重功能设计，考虑技术可行性，如在设计一款多动端播放器的时候，是否需要在播放过程中添加动画提示甚至一些更复杂的功能，而这些功能的添加都是经过深思熟虑的。

3. 用户体验工程师

用户体验工程师需要了解更多商业层面的内容，其工作通常与产品设计师相辅相成，从产品的商业价值角度出发，从用户的切身体验实际感觉出发，对产品与用户交互方面环节进行设计方面的改良。

4. 图形界面设计师

图形界面设计师成功地为应用设计一款能适应用户需求的界面与图形界面有着分不开的关系。图形界面设计师常用软件有Photoshop、Illustrator及Fireworks等。

二、UI设计与项目流程步骤

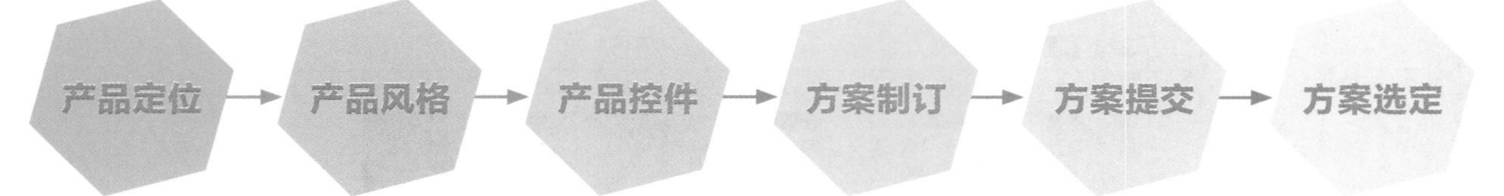

实例006 UI常用尺寸单位解析

在UI设计中，单位的应用非常关键，下面介绍常用单位的使用。

1. 英寸

长度单位，用来表示计算机、电视机，以及各类多媒体设备的屏幕大小，通常指屏幕对角的长度。手持移动设备如手机等屏幕也沿用了这个单位。

2. 分辨率

屏幕物理像素的总和，用屏幕宽乘以屏幕高的像素数来表示，如笔记本电脑上的1366px×768px，液晶电视上的1200px×1080px，手机上的480px×800px、640px×960px等。

3. 网点密度

屏幕物理面积内所包含的像素数，以DPI（每英寸像素点数或像素/英寸）为单位来计量，DPI越高，显示的画面质量就越精细。在手机UI设计时，DPI要与手机相匹配，因为低分辨率的手机无法满足高DPI图片对手机硬件的要求，显示效果十分糟糕，所以在设计过程中就涉及一个全新的名词——屏幕密度。

4. 屏幕密度

以搭载Android操作系统的手机为例分别如下。

iDPI（低密度）：120 像素/英寸

mDPI（中密度）：160 像素/英寸

hDPI（高密度）：240 像素/英寸

xhDPI（超高密度）：320 像素/英寸

与Android相比，iPhone手机对密度版本的数量要求没有那么多，因为目前iPhone界面仅两种设计尺寸——960px×640px和640px×1136px，而网点密度（DPI）采用mDPI，即160像素/英寸就可以满足设计要求。

实例007 UI设计常用格式解析

界面设计常用的文件格式主要有以下几种。

JPEG：JPEG格式是一种位图文件格式，JPEG的缩写是JPG，JPEG几乎不同于当前使用的任何一种数字压缩方法，它无法重建原始图像。由于JPEG优异的品质和杰出的表现，因此应用非常广泛，特别是在网络和光盘读物上。目前各类浏览器均支持JPEG这种图像格式，因为JPEG格式的文件尺寸较小，下载速度快，使Web页有可能以较短的下载时间提供大量美观的图像，JPEG同时也就顺理成章地成为网络上最受欢迎的图像格式，但是不支持透明背景。

GIF：GIF(Graphics Interchange Format)的原义是“图像互换格式”，是CompuServe公司在 1987年开发的图像文件格式。GIF文件数据是一种基于LZW算法的连续色调的无损压缩格式。其压缩率一般在50%左右，它不属于任何应用程序。目前几乎所有相关软件都支持GIF格式，公共领域有大量的软件在使用GIF图像文件。GIF图像文件的一个特点是数据经过压缩的，而且是采用了可变长度等压缩算法。GIF格式的另一个特点是其在一个GIF文件中可以存多幅彩色图像，如果把存于一个文件中的多幅图像数据逐幅读出并显示到屏幕上，就可构成一种最简单的动画，GIF格式自1987年由CompuServe公司引入后，因其体积小且成像相对清晰，特别适合初期慢速的互联网，从此大受欢迎。支持透明背景显示，可以以动态形式存在，制作动态图像时会用到这种格式。

PNG：PNG，图像文件存储格式，其目的是试图替代GIF和TIFF文件格式，同时增加一些GIF文件格式所不具备的特性。可移植网络图形格式（Portable Network Graphic Format，PNG）名称来源于非官方的“PNG’s Not GIF”，是一种位图文件（bitmap file）存储格式，读成“Ping”。PNG用来存储灰度图像时，灰度图像的深度可多到16位，存储彩色图像时，彩色图像的深度可多到48位，并且还可存储多到16位的α通道数据。PNG使用从LZ77派生的无损数据压缩算法，一般应用于JAVA程序，或网页或S60程序中，这是因为它压缩比高，生成文件容量小。它是一种在网页设计中常见的格式并且支持透明样式显示，相同图像相比其他两种格式体积稍大，图1.10所示为3种不同格式的显示效果。

图1.10　不同格式的显示效果

实例 008　智能手机操作系统简介

当今主流的智能手机操作系统主要有Android、iOS和Windows Phone3类，这3类系统都有各自的特点。

Android（安卓）：是一个基于开放源代码的Linux平台衍生而来的操作系统，Android最初是由一家小型的公司创建的，后来被谷歌收购，它也是当下最流行的一款智能手机操作系统。其显著特点在于它是一款基于开放源代码的操作系统，这句话可以理解为它相比其他操作系统具有更强的可扩展性，图1.11所示为装载Android操作系统的手机。

图1.11　装载Android操作系统的手机

iOS：源自苹果公司MAC机器装载的OS X系统发展而来的一款智能操作系统，此款操作系统是苹果公司独家开发并且只使用于iPhone、iPod Touch、iPad等设备上。相比其他智能手机操作系统，iOS智能手机操作系统的流畅性、完美的优化及安全等特性是其他操作系统无法比拟的，同时配合苹果公司出色的工业设计一直以来都是高端、上档次的代名词，不过由于它是采用封闭源代码开发，所以在拓展性上略显逊色，图1.12所示为苹果公司生产装载iOS智能操作系统的设备。

图1.12　装载iOS智能操作系统的设备

Windows Phone（WP）：是微软发布的一款移动操作系统，由于它是一款十分年轻的操作系统，所以Windows Phone相比其他操作系统而言，具有桌面定制、图标拖曳、滑动控制等一系列前卫的操作体验，由于是初入智能手机市场，所以在所占市场份额上暂时无法与安卓及iOS相比，但是因为年轻，所以此款操作系统有很多新奇的功能及操作，同时也是因为源自微软，所以在与PC端的Windows操作系统互通性上占有很大的优势，图1.13所示为装载Windows Phone的几款智能手机。

图1.13 装载Windows Phone的几款智能手机

实例 009 UI设计常用的软件介绍

如今UI设计中常用的主要软件有Adobe公司的Photoshop和Illustrator、Corel公司的CorelDRAW等，在这些软件中以Photoshop和Illustrator最为常用。

1. Photoshop

Photoshop是Adobe公司旗下最出名的图像处理软件之一，是集图像扫描、编辑修改、图像制作、广告创意、图像输入与输出于一体的图形图像处理软件，深受广大平面设计人员和计算机美术爱好者的喜爱。Photoshop一直是图像处理领域的"王者"，在出版印刷、广告设计、美术创意、图像编辑等领域均得到了极为广泛的应用。

Photoshop的专长在于图像处理，而不是图形创作。有必要区分一下这两个概念。图像处理是对已有的位图图像进行编辑加工处理以及运用一些特殊效果，其重点在于对图像的处理加工；图形创作是按照自己的构思创意，使用矢量图形来设计图形，这类软件主要有Adobe公司的另一个著名软件Illustrator和Freehand，不过，近年来，Freehand已经快要淡出历史舞台了。

平面设计是Photoshop应用最为广泛的领域，无论是我们正在阅读的图书封面，还是大街上看到的招贴、海报等，这些具有丰富图像的平面印刷品，基本上都可以用Photoshop软件对图像进行处理。

2.Illustrator

Illustrator是由美国Adobe公司出品的专业矢量绘图工具，是出版、多媒体和在线图像的工业标准矢量插画软件。Adobe公司，英文全称是Adobe Systems Inc，始创于1982年，是广告、印刷、出版和Web领域首屈一指的图形设计、出版和成像软件设计公司，同时也是世界上第二大桌面软件公司。公司为图形设计人员、专业出版人员、文档处理机构和Web设计人员，以及商业用户、消费者提供了首屈一指的软件。

无论是生产印刷出版线稿的设计者、专业插画家、生产多媒体图像的艺术家，还是互联网网页或在线内容的制作者，都会发现Illustrator 不仅是一个艺术产品工具，而且能适合大部分小型到大型的复杂设计项目。

3.CorelDRAW

CorelDRAW Graphics Suite是一款由世界顶尖软件公司之一加拿大Corel公司开发的图形图像软件，是集矢量图形设计、矢量动画、页面设计、网站制作、位图编辑、印刷排版、文字编辑处理和图形高品质输出于一体的平面设计软件，深受广大平面设计人员的喜爱，目前主要在广告制作、图书出版等方面得到广泛的应用，功能与其类似的软件有Illustrator、Freehand。

CorelDRAW图像软件是一套屡获殊荣的图形、图像编辑软件，它包含两个绘图应用程序：一个用于矢量图及页面设计；另一个用于图像编辑。这套绘图软件组合带给用户强大的交互式工具，使用户可创作出多种富于动感的特殊效果及点阵图像即时效果，在简单的操作中就可得到实现，而不会丢失当前的工作。通过CoreldRAW的全方位的设计及网页功能可以融入用户现有的设计方案中，灵活性十足。

CorelDRAW软件非凡的设计能力广泛地应用于商标设计、标志制作、模型绘制、插图描画、排版及分色输出等诸多领域。其被喜爱的程度可用事实说明，用于商业设计和美术设计的计算机上几乎都安装了CorelDRAW。CorelDRAW以其强大的功能及友好界面一直以来在标志制作、模型绘制、排版及分色输出等诸多领域都能看到它的身影，同时它的排版功能也十分强大，但是由于它与Photoshop、Illustrator不是同一家公司软件，所以在软件操作上的互通性稍差。

对于目前刚流行的UI设计，由于没有具有针对性的专业设计软件，所以大部分设计师会选择使用这3款软件来进行UI设计，如图1.14所示。

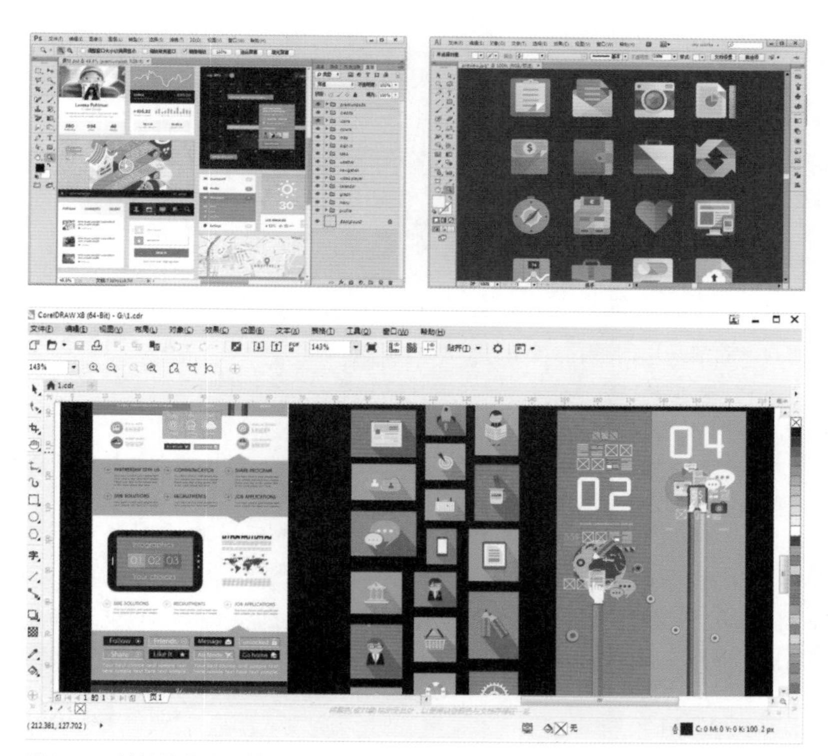

图1.14　3款软件的界面效果

实例 010　UI设计原则

UI设计是一个系统化整套的设计工程，看似简单，其实不然，在这套“设计工程”中一定要按照设计原则进行设计，UI的设计原则主要有以下几点。

1. 简易性

在整个UI设计的过程中一定要注意设计的简易性，界面的设计一定要简洁、易用且好用，让用户便于使用、便于了解，并能最大限度地减少选择的错误。

2. 一致性

一款成功的应用应该具有一个优秀的界面，同时这也是所有优秀应用所共同具备的特点，而且应用界面的风格必须清晰一致，与实际应用内容相符，所以在整个设计过程中应保持界面风格的一致性。

3. 提升用户的熟知度

在设计界面时，可以通过用户已掌握的知识来设计，尽量不要超出一般常识，以提升用户的熟知度，例如，无论是拟物化的写实图标设计还是扁平化的界面都要以用户所掌握的知识为基准。

4. 可控性

可控性在设计过程中是先决性的一点，在设计之初就要考虑到用户想要做什么、需要做什么，而此时在设计中就要加入相应的操控提示。

5. 记性负担最小化

一定要科学地分配应用中的功能说明，力求操作最简化，从人脑的思维模式出发，不要打破传统的思维方式，不要给用户增加思维负担。

6. 从用户的角度考虑

想用户所想，思用户所思，研究用户的行为。因为大多数用户是不具备专业知识的，他们往往只习惯于从自身的行为习惯出发进行思考和操作，在设计的过程中把自己列为用户，以切身体会去设计。

7. 顺序性

一款软件在应用上应该将功能按一定规律进行排列，一方面可以让用户在极短的时间内找到自己需要的功能，另一方面可以拥有直观的、简洁易用的感受。

8. 安全性

无论任何应用在用户进行切身体会、进行自由选择操作时，他所做出的这些动作都应该是可逆的，如在用户做出一个不恰当或者错误操作的时候应当有危险信息提示。

9. 灵活性

快速高效率及整体满意度在用户看来都是人性化的体验，在设计过程中需要尽可能地考虑到特殊用户群体的操作体验，如残疾人、色盲、语言障碍者等，在这一点可以在iOS操作系统上得到最直观的感受。

实例011 提升UI视觉效果的设计技巧

图形界面设计重心还是在最终的用户直观视觉感受上，无论交互的工作做得如何完美，这些都不会影响用户对界面的视觉感受，或许用户只会觉得这款应用设计比较合理、易用，假如图形界面设计得十分糟糕，那么给人最终的体验是十分不愉快的，以下就为读者列出了关于提升Android视觉效果设计的几点十分实用的技巧。

1. 确定适当大小的图像

在图像添加方面，许多应用开发者通常习惯采用大小相同的图像，虽然这样做会使资源管理变得更简单，但是从应用的视觉吸引力而言是个不太恰当的做法。针对不同的屏幕应用相应大小的图像，这样才可以生成最合适的图像，以达到最佳的用户体验。

2. 使用适当格式的图像文件

有时在使用一款应用的过程中由于图像的原因会出现一直在加载中的情况，等待让人很着急，这不仅因为图像的大小存在偏差，而且还因为图像采用了非理想的格式。Android 平台支持许多种媒体格式，如 PNG、JPEG、GIF、BMP 等，除去过时的格式之外，选取合适的图片格式才能达到理想的应用效果。PNG 是无损图片的理想格式，而 JPEG 的呈现质量并不稳定。

3. 运用微妙动画、颜色来呈现状态改变

在屏幕转场时运用微妙动画以及色彩变化来呈现应用状态改变，会让应用显得更专业。如在切换一、二级页面的时候，加入动态的淡入、淡出效果，在卸载当前应用的时候加入高斯模糊效果等元素都可以为应用加分，但是在添加这些转场效果时，需要注意一定要与当前应用相匹配。

4. 注意配色方案中的对比度

如果当用户在首次使用应用的时候是一种黑蓝的高对比度配色方案，而在后面的使用过程中再次接触浅色系的白色色系就会导致视觉上的不明确。有时在设计应用的界面时，由于配色不合适可能会造成屏幕内容的阅读困难，使用适当的高对比度颜色可以让屏幕更易于查看。

5. 使用易读的字体

与配色方案相同，在字体使用方面也应尽量与应用相匹配，如果在手机的邮箱应用中查看对方发来的邮件，过小或者过于少见的字体会造成阅读上的困难，因此在字体的采用上也应该遵循易读的原则。

6. 严守平台规范

每一款成功的手机应用会使用用户较为熟悉的用户界面，它们有简单且主流的用户界面，采用了用户所熟悉的控制方式。在用户界面控制和屏幕设计中，与平台其他应用的表现保持一致，以平台作为决定应用表现。

7. 测试用户界面

最优秀的开发者也无法得到用户的使用或体验反馈，当应用稳定运行时，面向完全不熟悉应用设计和意图的用户开展深入测试是十分正确且具有一定价值的做法。只有做好了用户测试这项重要的工作，才能够在发布应用前发现许多意料之外的问题。

实例 012　APP界面组成说明

如今主流的智能手机操作系统主要有Android、iOS和Windows Phone3类，这3类系统都有各自的特点，相信很多人都在开发设计APP时会遇到很多界面上的问题，下面对这几个界面组成进行详细讲解，以了解不同系统的特点。

不过，随着设计的深入，Android、iOS和Windows Phone中的应用在设计上越来越像，很多元素也非常相似，下面只介绍常规的界面组成，如图1.15所示。

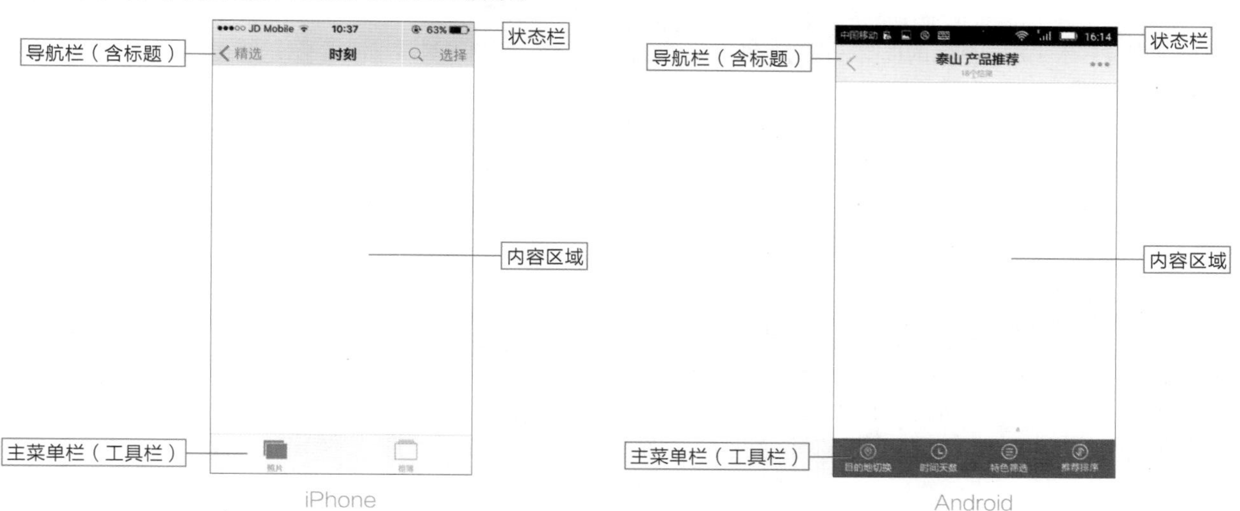

图1.15 iPhone和Android组成效果对比

iPhone的APP界面一般由4个元素组成，分别是：状态栏（status bar）、导航栏（navigation）、主菜单栏（submenu）、内容区域（content），这里选用640px×960px的尺寸进行讲解。

- 状态栏（status bar）：位于界面的顶端。手机中的信号、运营商、电量、时间等手机状态显示在该位置。在状态栏处下拉，可以查看一些事件和通知，如信息、时间、应用提示等。其高度为40px。
- 导航栏（navigation）：一般居中显示当前应用或界面的标题名称，所以它也可以叫作标题栏，左侧通常为后退按钮，右侧为当前APP内容操作按钮。其高度为88px。
- 主菜单栏（submenu）：类似于页面的导航菜单或工具栏，位于iPhone的底部，提供整个应用的分类内容的快速跳转。其高度为98px。
- 内容区域（content）：显示应用程序提供的相应内容，整个应用中布局变更最为频繁。其高度为734px。

提示

内容区域的尺寸是根据手机屏幕的尺寸得来的，这里的734px，是960-40-88-98=734得来的。如果是iPhone5/5s的640 px ×1136 px的尺寸，则内容区域高度增加到910px，如果是iPhone 6/6s呢？以此类推。

Android的APP界面和iPhone的基本相同，一般也分为状态栏（status bar）、导航栏（navigation）、主菜单栏（submenu）、内容区域（content）等。这里选用720px×1280px的尺寸进行讲解。

- 状态栏（status bar）：也是位于界面的顶端。显示某些应用的图标、软件更新、连接状态、信号、电量、时间等手机常规信息。其高度为50px。
- 导航栏（navigation）：居中显示APP应用的名称，有时也包含相应的功能或者页面间的跳转按钮。其高度为96px。
- 主菜单栏（submenu）：与iPhone类似，提供整个应用程序的 分类内容的快速跳转。其高度为96px。
- 内容区域（content）：显示应用程序提供的相应内容。其高度为1038px，即1280-50-96-96=1038。

图1.16 Windows Phone的界面组成

Windows Phone的界面组成与Android、iOS略有不同，分为状态栏、标题栏、枢轴、工具栏 4 个部分，如图1.16所示。

- 状态栏（status bar）：也是位于界面的顶端，显示时间、电量等信息。
- 标题栏（title bar）：显示当前APP应用程序的名称或程序类别的主要标题。
- 枢轴（Pivot）：枢轴控件提供了一种快捷的方式来管理应用中的视图或页面。枢轴视图可以将视图分类，枢轴视图控件水平放置独立的视图，同时处理左侧和右侧的导航，可以通过滑动或者平移手势来切换枢轴控件中的视图。
- 工具栏（toolbar）：在Windows Phone手机上单击Windows按钮⊞（现在很多手机已经将工具栏移到手机屏幕上，所以有些手机的Windows按钮在屏幕上），可以弹出相应的工具栏，该工具栏显示针对当前APP页面的相应功能选项。

实例 013 熟悉各移动端组件

系统不同，系统组件也是不同的，虽然有些在名称上是相同的，但表现在组件图示上却有很大的差别，这些组件使相关功能更加丰富，性能得到了不小的提升，下面给大家逐一介绍。

1. iOS的基础UI组件

本节主要讲解iPhone的iOS基础UI组件，UI组件是iOS编程非常重要的部分，当然iPhone的iOS基础UI非常多，这里重点介绍19个。iPhone的组件名大多以UI开头，这是iPhone特有的，如UIButton（按钮）、UIAlertController（提示框）、UISegmentedControl（分段控件）等。

UIButton

UIButton（按钮）是一个UIControl的子类，用来实现触摸屏上的按钮功能，按钮的风格各不相同，上面可以带有文字，也可以以图片来表现，作用是用来确认、提交等触发相关事件以发送到目标对象。现在的iPhone由于采用了扁平化的设计，按钮也进行了简化，出现了一种非常简单的扁平化按钮效果。图1.17、图1.18和图1.19所示为不同的按钮效果。

图1.17 带文本的按钮

图1.18 图形按钮

图1.19 扁平化按钮

UIAlertController

现在市面上的一些图书包括网上的一些资料都还停留在iOS8之前的时代，那个时候的提示框是一个叫作UIAlertView的东西，但是在XCode7和iOS9中，你会发现UIAlertView被弃用了。苹果自iOS8开始，废除了UIAlertView而改用UIAlertController来作为提示框，如图1.20所示。

UISegmentedControl

UISegmentedControl（分段控件）就像UIButton（按钮）一样，将一栏按钮集中在一排里。用于各种功能之间的快速切换，一般位于页面顶部或底部，如图1.21所示。

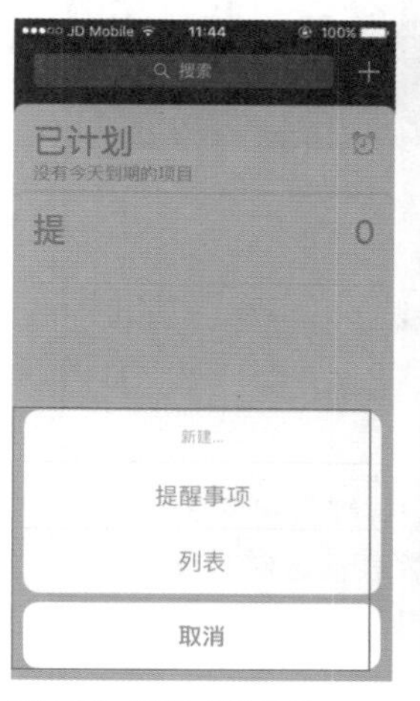

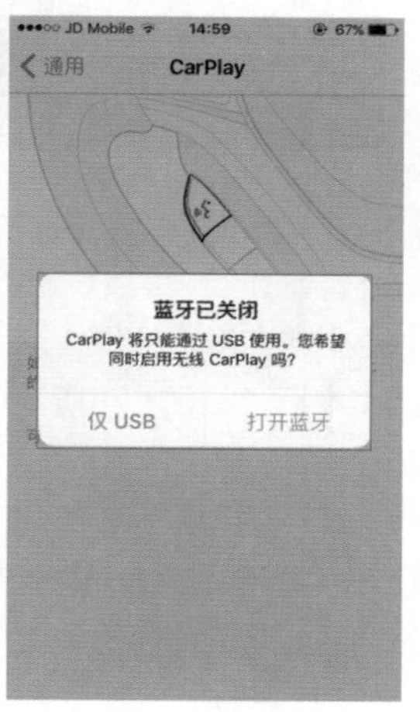

图1.20 弹出式提示框

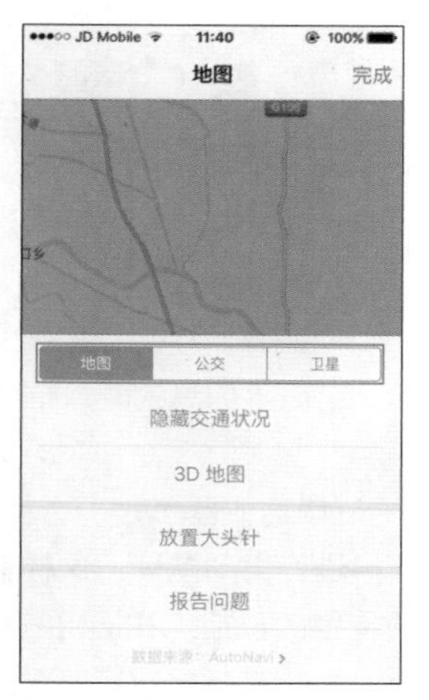

图1.21 分段控件

UISwtich

UISwtich（开关按钮）提供一个简单的开/关切换，用于打开或关闭当前功能，用法非常简单，只需单击按钮即可快速在开和关之间进行切换。默认一般为关闭状态，呈现绿色效果时为打开状态，如图1.22所示。

UISlider

UISlider（滑块控件）也叫滑动条，通过左右拖动一个滑块修改数值、调节音量、图片大小缩放、增减屏幕亮度等操作，如图1.23所示。

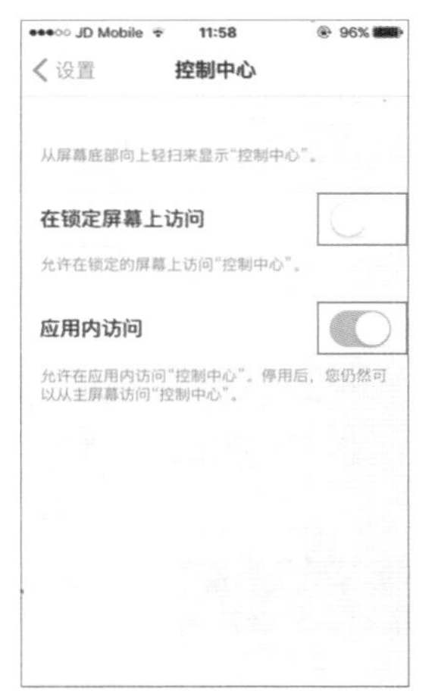

图1.22 开关按钮

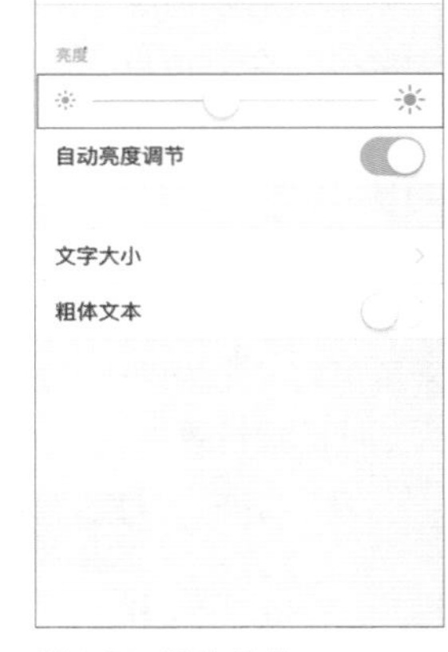

图1.23 滑块控件

UIPageControl

UIPageControl（页面控件）提供一行圆点来指示当前显示多个页面或多张图片，并可以清楚地显示图片或页面的数量及图片或页面所在位置，根据图片或页面的数量显示相同数量的圆点，由于UIPageControl类可视样式的单击不太好操作，所以最好是添加可选择的导航选项，以便让页面控件看起来更像一个指示器，而不是一个控件。当用户界面需要按页面进行显示时，使用UIPageControl控件将要显示的用户界面内容分页进行显示，这样会使编程工作变得快捷。白色圆点为当前所浏览图片或页面，灰色圆点则为隐藏图片或页面，左右拖动即可快速切换显示，如图1.24和图1.25所示。

图1.24 页面显示

图1.25 图片显示

UITextField

UITextField（文本框控件）是比较常用也是非常实用的控件，通常用于外部数据的输入，以实现人机交互功能，如常见的用户名、密码等信息的输入框即是文本框，如图1.26所示。

UIDatePicker

UIDatePicker（日期选取器）是一个控制器类，专门用于接受日期、时间和持续时长的输入。日期选取器的各列会按照指定的风格进行自动配置，这样就让开发者不必操心如何配置表盘这样的底层操作。你也可以对其进行定制，令其使用任何范围的日期。在iOS的开发中，日期选择器比较常用，如填写用户的出生日期、填写自己的计划、填写自己的约会安排，都会用到日期选择，如图1.27所示。

UIScrollView

UIScrollView（滚动视图）通常用于显示内容尺寸大于屏幕尺寸的视图。滚动视图有以下两个主要作用，一是让用户可以通过拖动手势来观看想看到的内容，当然有滚动条的也可以使用滚动条来拖动；二是让用户可以通过捏合手势来放大或缩小观看的内容，手势拖动与滚动条的效果如图1.28和图1.29所示。

图1.26 文本框控件

图1.27 日期选取器

图1.28 手势拖动查看图片

图1.29 滚动条查看内容

UITextView

UITextView（文本视图）是一个可编辑文本框，它与UITextField（文本框控件）直观的区别就是UITextView可以输入多行文字。UITextView常使用在APP的软件简介、内容详情显示、小说阅读显示、发表空间内容输入、发布长微博、说说文本框、评论文本框等方面，如图1.30所示。

UIPickerView

UIPickerView（视图选择器）与UIDatePicker（日期选取器）类似，只不过UIPickerView可以自己设置内容。UIPickerView是一个选择器控件，它可以生成单列的选择器，也可生成多列的选择器，而且开发者完全可以自定义选择项的外观，因此用法非常灵活。可UIPickerView常用在城市选择器上，使用时可以像选择时间一样上下滚动选择所需要的省市，左侧选择一个城市，右侧会自动更新，如图1.31所示。

UITableView

在iOS开发中UITableView（表格视图）可以说是使用最广泛的控件，平时使用的软件中到处都可以看到它的影子，微信、QQ、新浪微博等软件基本上随处都是UITableView。UITableView有两种风格，分别为UITableViewStylePlain和UITableViewStyleGrouped。这两者操作起来其实并没有本质区别，只是后者按分组样式显示，前者按照普通样式显示，如图1.32所示。

图1.30 文本视图

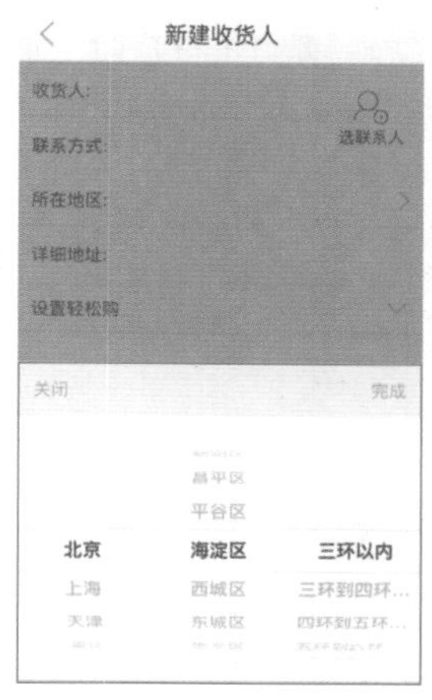

图1.31 视图选择器

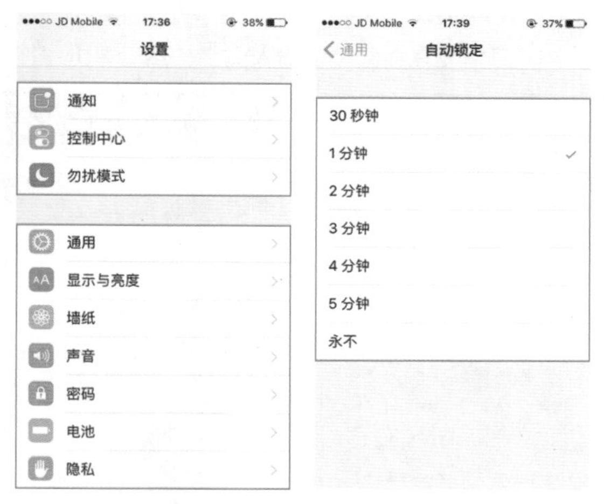

图1.32 分组样式和不分组样式

UICollectionView

UICollectionView（集合视图）用于展示汇总视图，布局更加灵活，可实现多列布局，在很多壁纸类APP中可以看到它的影子，如图1.33所示。

UINavigationBar

UINavigationBar（导航栏）位于状态栏的下方，一般由APP名称和操作按钮组成，按钮通常有返回、取消、发送、编辑、功能设置等，如图1.34所示。

UITabbarController

UITabbarController（标签导航）也可以称为主菜单栏或工具栏，通常位于底部，有些类似于UISegmentedControl（分段控件），但UITabbarController（标签导航）的每个标签内容都是独立的页面，内容都不一样，QQ、微信、手机淘宝、天猫、京东等APP都使用该功能，如图1.35所示。

图1.33 集合视图

图1.34 导航栏

图1.35 京东标签导航

UIWebView

UIWebView（网页视图）可以帮助我们构建Web的iPhone应用程序，能够支持HTML5，不支持Flash等，很多网站的iPhone和iPad客户端程序都是使用它开发的，如图1.36所示。

UIImageView

UIImageView（图像展示），顾名思义主要用来展现来自网络的图像，如图1.37所示。

UIlabel

UIlabel（标签文本）是iOS开发常用的控件，一般作为标签文本显示，而且该文本是只读文本，不能进行文字编辑，如图1.38所示。

UISearchBar

UISearchBar（搜索栏）在网站建设中还是非常重要的，如百度就是一个搜索引擎，iOS的搜索栏的使用方法也是一样，只需要在搜索栏中输入文字，然后单击“搜索”按钮即可进行查询，如图1.39所示。

图1.36 网页显示效果

图1.37 图像展示

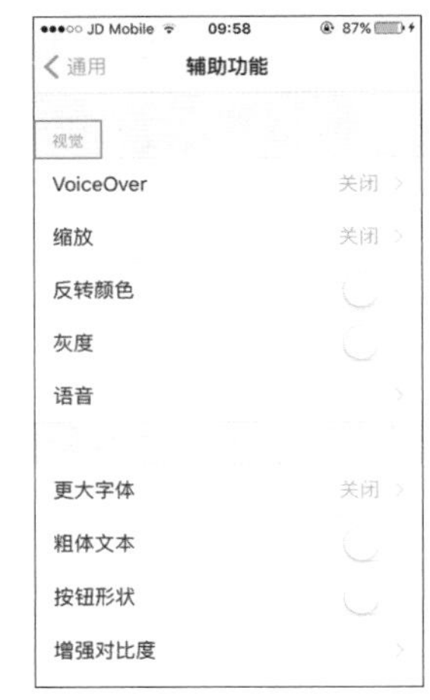

图1.38 标签文本

图1.39 搜索栏

2. Android的基础UI组件

这里主要讲解Android的基础UI组件，重点介绍24个组件，内容如下。

Mobi Pick

Mobi Pick（日期选择框）是一款Android风格的日期选择组件，提供了3种不同的日期选择功能，最简单的一种日期选择功能是选择年月日，另外一种是可以自定义修改年月日，还有一种是可以下拉选择日期。由于Mobi Pick有着Android的风格样式，因此外观相当漂亮，如图1.40所示。

MapView

MapView（地图显示）是 Android View 类的一个子类，支持国内外地图的无缝切换，它可以在 Android View 中放置地图，是应用程序和窗口部件的基本构建类。MapView作为地图的容器，通过 AMap 对象显示地图，如图1.41所示。

SlidingMenu

SlidingMenu（滑动式菜单）可以实现侧滑功能，它是一种比较新的设置界面或配置界面的效果，在主界面左滑或者右滑出现设置界面效果，能方便地进行各种操作。很多优秀的应用都有侧滑菜单的功能，部分APP左右都是侧滑菜单，如图1.42所示。

图1.40　日期选择框

图1.41　地图引擎

图1.42　滑动式菜单

waterfall

waterfall（瀑布流）类似于iOS中的UICollectionView（集合视图），可以实现多图汇总视图效果，如迷尚和蘑菇街应用就使用的是瀑布流，如图1.43所示。

RibbonMenu

RibbonMenu（导航菜单）是 Android 上的一个导航菜单组件，如图1.44所示。

TimesSquare

TimesSquare（日历控件）是实现选择日期日历的控件，可以自定义显示的年月日，以及时间范围，可单选、多选，区间范围和对话框4种方式，如图1.45所示。

图1.43　瀑布流

图1.44　导航菜单

图1.45　日历控件

Downloader

Downloader（下载控件）用于下载的Android库。主要特性有：（1）使用简单，只需要下载地址即可；（2）可以猜测下载任务名称；（3）自动设置下载路径；（4）支持断点续传；（5）所有监听返回的接口，如图1.46所示。

ImageCrop

ImageCrop（图片裁剪）可以通过裁剪的方式，获取需要的图片，如图1.47所示。

Spinner

Spinner（下拉列表）可以在Android上实现类似Windows上的下拉效果的组件，并且可以实现文本输入，如图1.48所示。

图1.46 下载控件

图1.47 图片裁剪

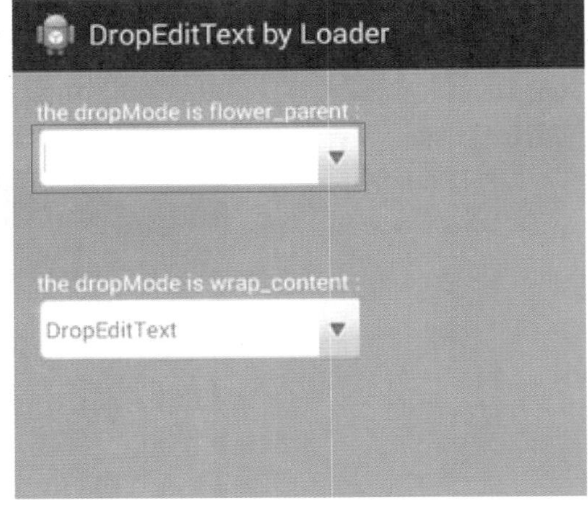

图1.48 下拉列表

ListFold

ListFold（列表折叠特效）是ListView（列表显示）的折叠特效，如图1.49所示。

NumberProgressBar

NumberProgressBar（数字进度条）用来创建一个漂亮的 Android 的数字进度条，如图1.50所示。

图1.49 列表折叠特效

34%

图1.50 数字进度条

Lockpattern

Lockpattern（图案密码解锁）是用在Android上的开机解锁图案，通过手势连接 3×3 的点矩阵绘制图案代表解锁密码，如图1.51所示。

TextView

TextView（文本显示）是安卓开发中最常用的组件之一，一般需要显示一些信息时使用，但它不能输入，只能初始设定或者在程序中修改，如图1.52所示。

Button

Button（按钮）是Android当中一个常用的UI组件，很小但是在开的发中最常用到。它的功能就是提供一个按钮，这个按钮可以供用户点击，当用户对按钮进行操作的时候，触发相应的事件，如图1.53所示。

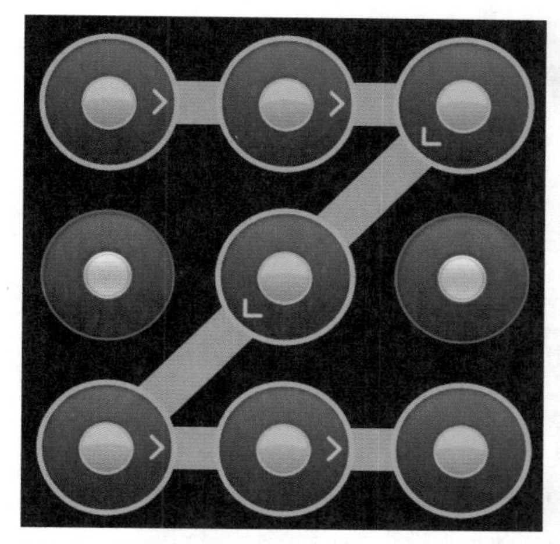

图1.51 图案密码解锁

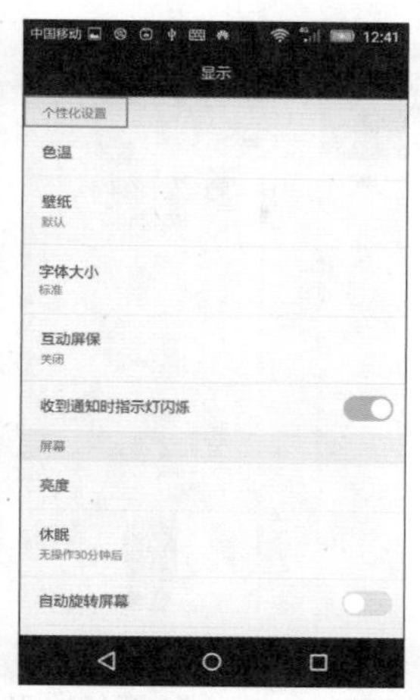

图1.52 文本显示

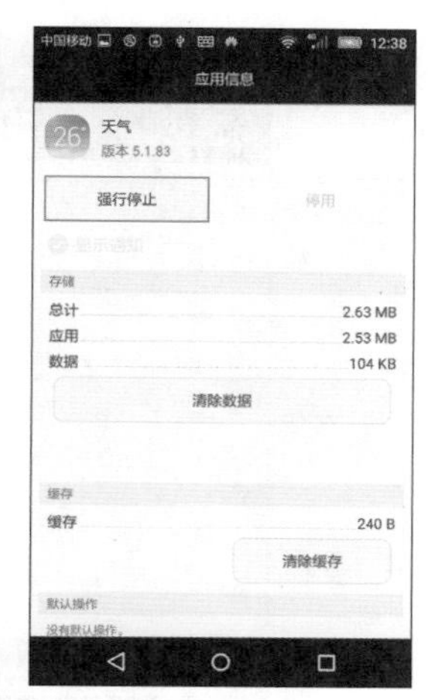

图1.53 按钮

RadioButton

RadioButton（单选按钮）控件为用户提供由两个或多个互斥选项组成的选项集。当用户选择某单选按钮时，同一组中的其他单选按钮不能同时选定，如图1.54所示。

CheckBox

CheckBox（复选框）也是比较常用的控件之一，与RadioButton（单选按钮）不同的是它可以选择多个选项，常用来设计多选项，比如兴趣爱好等，如图1.55所示。

EditText

EditText（文本编辑框）是一个非常重要的组件，可以在此输入文本内容，是用户和Android应用进行数据传输的窗户，如图1.56所示。

图1.54 单选按钮

图1.55 复选框

图1.56 文本编辑框

ListView

ListView（列表视图）是以列表的形式展示具体内容，并且能够根据数据的长度自动适应显示，如图1.57所示。

ProgressBar

ProgressBar（进度条）为用户呈现操作的进度，显示中间进度，如播放流媒体的缓冲进度、安装软件时的进度显示等，当然进度条除了条状外还有其他形状，如图1.58所示。

SeekBar

SeekBar（拖动条）组件与ProgressBar（进度条）的显示进度条类似，不过其最大的区别在于，拖动条可以由用户自己进行手动调节，如当用户需要调整播放器音量或者电影的播放速度都会使用到SeekBar，如图1.59所示。

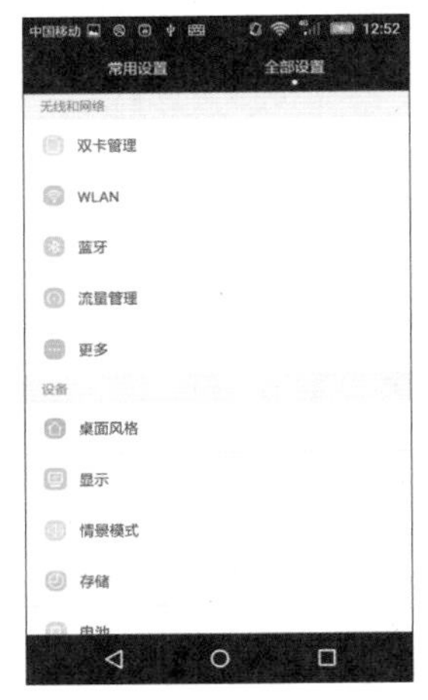

图1.57 列表视图

图1.58 进度条

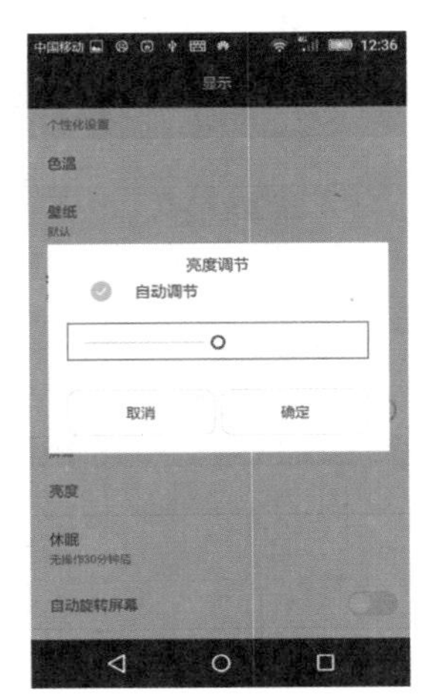

图1.59 拖动条

GridView

GridView（网格视图）是按照行列的方式来显示内容的，一般用于显示图片、APP应用等内容，更是实现九宫图的首选，如图1.60所示。

TabWidget

TabWidget（标签切换）类似于Android 中查看电话簿的界面，通过多个标签切换显示不同内容，如图1.61所示。

AutoCompleteTextView

AutoCompleteTextView（自动提示）是一种智能输入框，就像使用百度或Google搜索时，把用户查询的相关记录都展示出来一样，在搜索框里输入一些字符时，会自动弹出一个下拉框提示类似的结果，如图1.62所示。

ToggleButton

ToggleButton（开关按钮）是Android系统中比较简单的一个组件，是一个具有选中和未选择状态双状态的开关按钮，并且可以为不同的状态设置不同的显示文本，如图1.63所示。

图1.60 网格视图

图1.61 标签切换

图1.62 自动提示

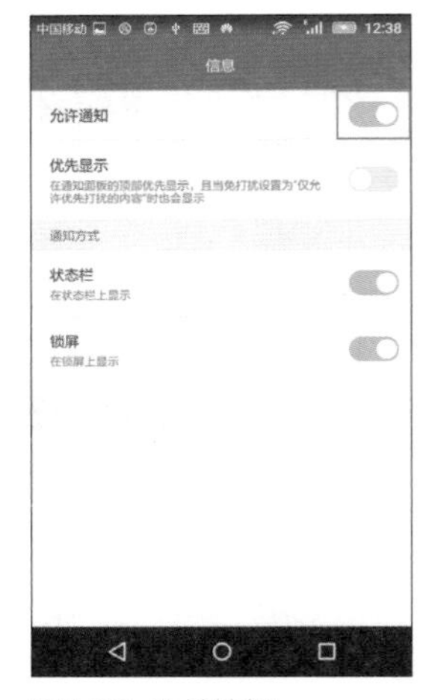

图1.63 开关按钮

3. Windows Phone的基础UI组件

这里主要讲解Windows Phone的UI组件，Windows Phone的常用组件有10个。从常用组件的数量上可以看出，Windows Phone的基础组件与iOS和Andriod相比要少，这是因为Windows Phone集成了一个叫Pivot Control（枢轴）的功能，Pivot Control是Windows Phone重要的基础组件。随着扁平化风格的流行，Windows Phone也在界面中应用了扁平化的设计。

Push Button

Windows Phone的Push Button（按钮）与Android中的Button（按钮）、iOS中的UIButton（按钮）是一样的，用法也基本一样，不过Windows Phone在应用上有自己的特色，分为4种不同状态，如图1.64所示。

Textblock

Textblock（文本块）用于显示少量文本的轻量级控件，如登录QQ的时候，在输入框前会有字符提示，如“QQ号”“密码”等即是Textblock，如图1.65所示。

TextBox

TextBox（文本框）是一种常用的，也是比较容易掌握的组件，与iOS中的UITextField（文本框控件）和Android中的EditText（文本编辑框）一样，使用它来接收使用者输入的文字信息，如图1.66所示。

图1.64 按钮

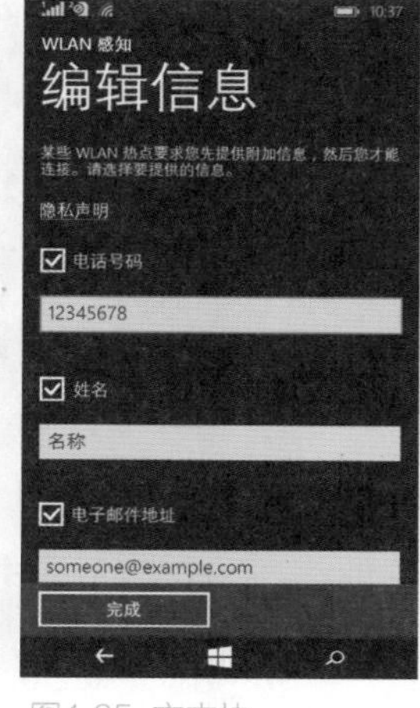

图1.65 文本块

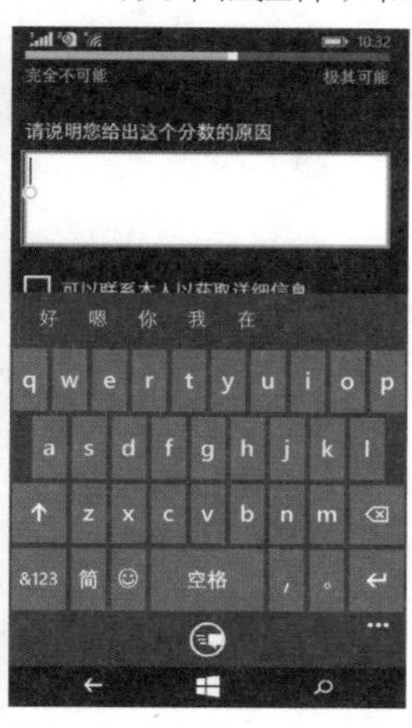

图1.66 文本框

HyperlinkButton

HyperlinkButton（超链接控件）大部分特性与Button是一样的，不过它多了一个NavigateUri的属性，提供了一个类似超链接的按钮，用户单击HyperlinkButton后，可以导航到一个外部网页或者内容，如图1.67所示。

RadioButton

RadioButton（单选按钮）是一个单选按钮的控件，如选择性别的时候就会用到。用户可以从一组数据中选择一个出来，如图1.68所示。

CheckBox

CheckBox（复选框）在默认的情况下是由一个正方形的框加后面的文字组成的。允许用户从选项卡里多选，不互相排斥，如图1.69所示。

图1.67 超链接控件

图1.68 单选按钮

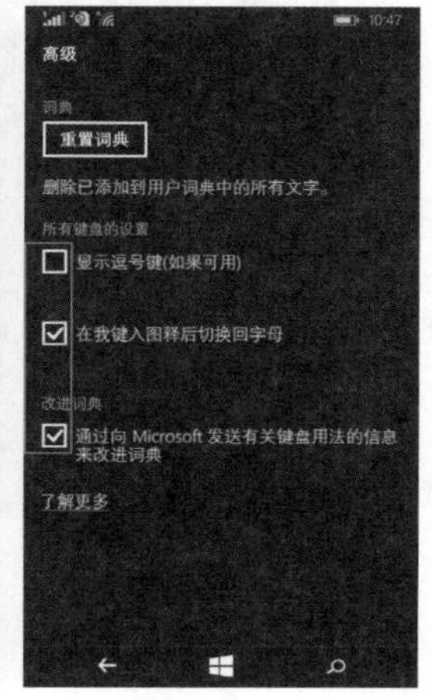

图1.69 复选框

Panorama

Panorama（全景视图）控件用来在一个很长的横向面板上显示相关的内容，屏幕之外的内容可以可以通过左右滑动的方式依次切入屏幕中。它也是Windows Phone最有特色的控件之一，提供了Windows Phone独有的全景视图。图1.70所示的黑色部分为显示屏效果。

图1.70 全景视图

Listbox

Listbox（列表框）在Windows Phone中是专门用于展示数据列表的控件，它是一个显示项集合的控件。一次可以显示Listbox中的多个项，如图1.71所示。

Map

Map（地图控件）可以帮助用户无须离开应用，即可查看特定于应用的或常规的地理信息，可以显示用户的位置、提供路线、查找景点或查看路况。Map还可以采用列表的形式显示鸟瞰图、路况和本地搜索结果，如图1.72所示。

Pivot Control

Pivot Control（枢轴）是Windows Phone的又一个特色，它提供了一种快速管理视图或页面的方法，该方法可以用于筛选大型数据集、查看多个数据集或切换应用视图，如图1.73所示。

图1.71 列表框

图1.72 地图控件

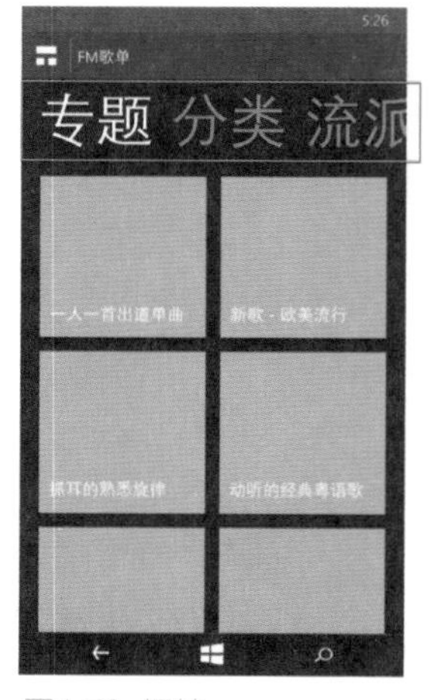

图1.73 枢轴

UI设计配色密码

内容摘要

本章详细介绍UI设计本色密码。与很多设计相同，在UI设计中也十分注重色彩的搭配，想要为界面搭配出专业的色彩，给人一种高端、上档次的感受就需要对色彩学基础知识有所了解，下面就为大家讲解关于色彩学的基础知识，通过这些知识的了解与学习可以为UI设计之路添砖加瓦。

教学目标

了解颜色
了解色彩的分类
学习色彩三要素
掌握UI设计常见配色方案
了解色彩的意象
了解色彩的性格

实例 014 颜色的概念

树叶为什么是绿色的？因为树叶中的叶绿素大量吸收红光和蓝光，而对绿光吸收最少，所以大部分绿光被反射出来，进入人眼，我们就看到了绿色。

“绿色物体”反射绿光，吸收其他色光，因此看上去是绿色。“白色物体”反射所有色光，因此看上去是白色。

颜色其实是一个非常主观的概念，不同动物的视觉系统不同，看到的颜色也会不一样。例如，蛇眼不但能察觉可见光，而且还能感应红外线，因此蛇眼看到的颜色就跟人眼看到的不同。界面颜色效果如图2.1所示。

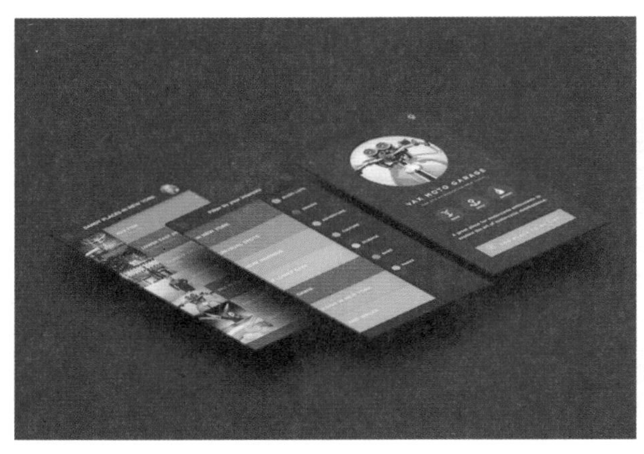

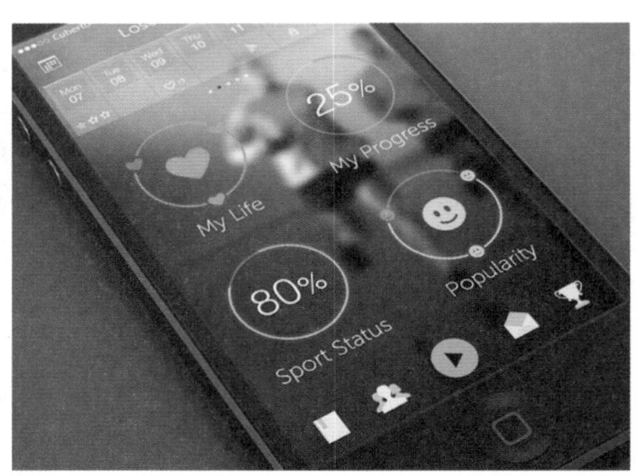

图2.1 界面颜色效果

实例 015 色彩的分类

色彩从属性上分，一般可分为无彩色和有彩色两种。

1. 无彩色

无彩色是指白色、黑色和由黑、白两色相互调和而形成的各种深浅不同的灰色系列，即反射白光的色彩。从物理学的角度看，它们不包括在可见光谱之中，故称之为无彩色。

无彩色按照一定的变化规律，可以排成一系列。由白色渐变到浅灰、中灰到黑色，色度学上称此为黑白系列。黑白系列中由白到黑的变化，可以用一条水平轴表示，一端为白，另一端为黑，中间有各种过渡的灰色，如图2.2所示。

图2.2 无彩色过渡效果

无彩色系中的所有颜色只有一种基本性质，即明度。它们不具备色相和纯度的性质，也就是说它们的色相和纯度从理论上来说都等于零。明度的变化能使无彩色系呈现出梯度层次的中间过渡色，色彩的明度可用黑白度来表示，越接近白色，明度越高；越接近黑色，明度越低。无彩色设计示例如图2.3所示。

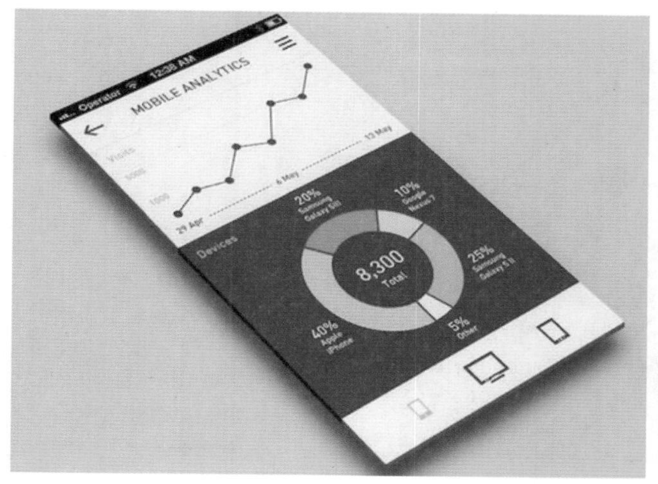

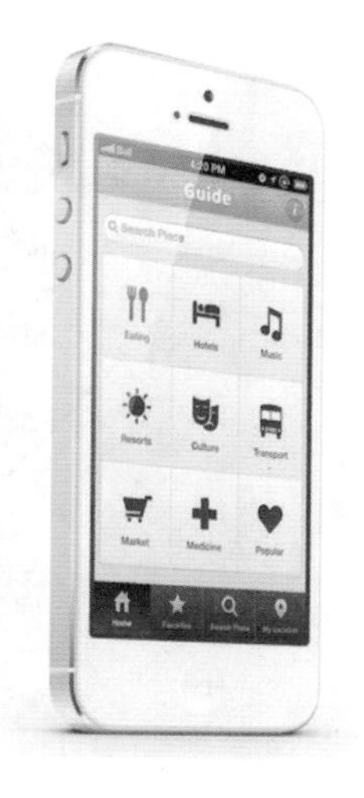

黑与白是时尚风潮的永恒主题，强烈的对比和脱俗的气质，无论是极简，还是花样百出，都能营造出十分引人注目的设计风格。极简的黑与白，还可以表现出新意层出的设计。在极简的黑白主题色彩下，加入极精致的搭配，品质在细节中得到无限的升华，使作品更加深入人心。

图2.3 无彩色设计示例效果

2. 有彩色

有彩色是指包括在可见光谱中的全部色彩，有彩色的物理色彩有6种基本色：红、橙、黄、绿、蓝、紫。基本色之间不同量的混合、基本色与无彩色之间不同量的混合所产生的千千万万种色彩都属于有彩色。有彩色的色彩是由光的波长和振幅决定的，波长决定色相，振幅决定色调。这6种基本色中，一般称红、黄、蓝为三原色；橙（红加黄）、绿（黄加蓝）、紫（蓝加红）为间色。从中可以看到，这6种基本色的排列中原色总是间隔一个间色，所以，只需要记住基本色就可以区分原色和间色，如图2.4所示。

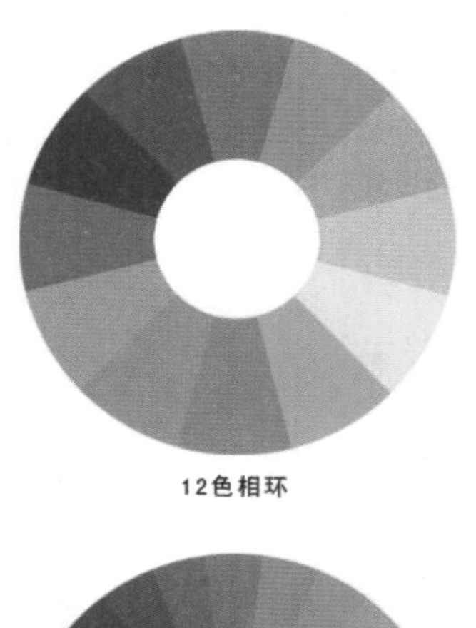

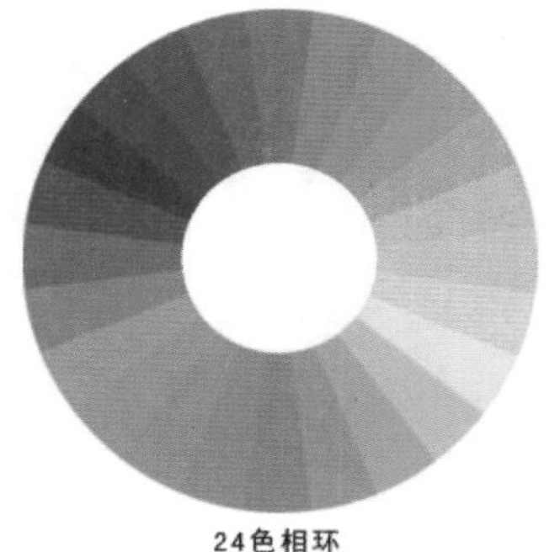

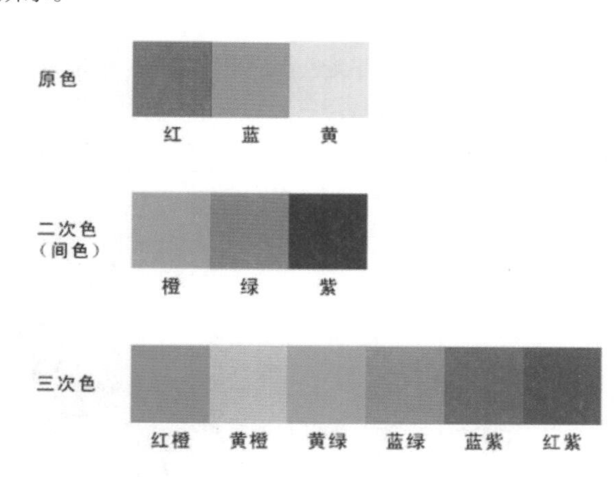

说明：

- 色相环是由原色、二次色（也叫间色）和三次色组合而成 。
- 色相环中的三原色（红、黄、蓝），在环中形成一个等边三角形。
- 二次色（橙、紫、绿）处在三原色之间，形成另一个等边三角形。
- 红橙、黄橙、黄绿、蓝绿、蓝紫、红紫这6种颜色为三次色，三次色是由原色和二次色混合而成。

图2.4 有彩色效果

有彩色具有色相、明度、饱和度的变化，色相、明度、饱和度是色彩最基本的三要素，在色彩学上也称为色彩的三属性。将有彩色系按顺序排成一个圆形，这就组成了色相环。色相环对于了解色彩之间的关系具有很大的作用，有彩色设计示例如图2.5所示。

大自然无形之手给我们展示了一个色彩缤纷的世界，千变万化的色彩配搭令人着迷。色彩给人的印象特别强调焦点聚焦，让人浮想联翩。

图2.5 有彩色设计示例

实例 016 色彩三要素

色彩三要素分为色相、饱和度和明度。

1. 色相

色相又称色调，是指各类色彩的相貌称谓，色相是一种颜色区别于另外一种颜色的特征，日常生活中所接触到的“红”“绿”“蓝”就是指色彩的色相。色相两端分别是暖色、冷色，中间为中间色或中型色。在0到360°的标准色环上，按位置度量色相，如图2.6所示。色相体现着色彩外向的性格，是色彩的灵魂。

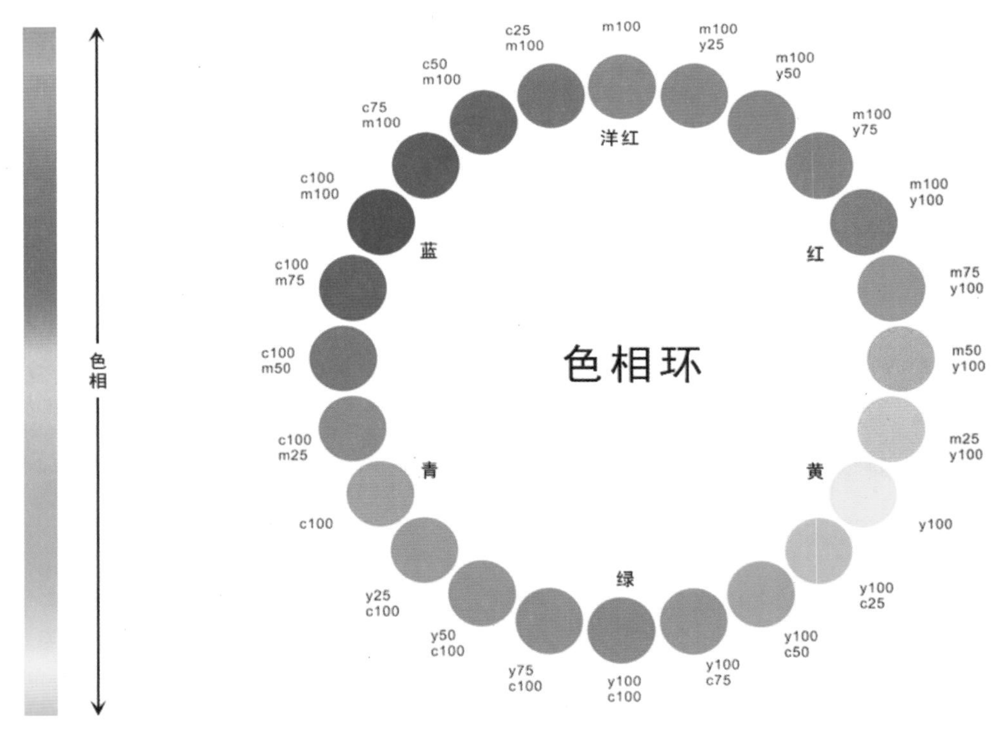

图2.6 色相及色相环

因色相不同而形成的色彩对比叫色相对比。以色相环为依据，颜色在色相环上的距离远近决定了色相的强弱对比；距离越近，色相对比越弱；距离越远，色相对比越强烈。色相对比效果如图2.7所示。

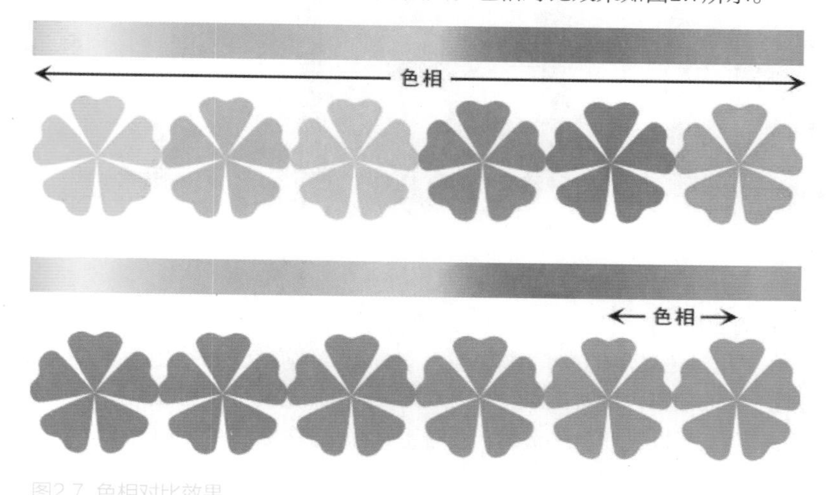

图2.7 色相对比效果

色相对比一般包括对比色对比、互补色对比、邻近色对比和同类色对比。这些对比中互补色对比是最强烈鲜明的，如黑白对比就是互补对比；而同类色对比是最弱的对比，同类色对比是同一色相里不同明度和纯度的色彩的对比，因为它是距离最小的色相，属于模糊难分的色相，色相设计示例如图2.8所示。

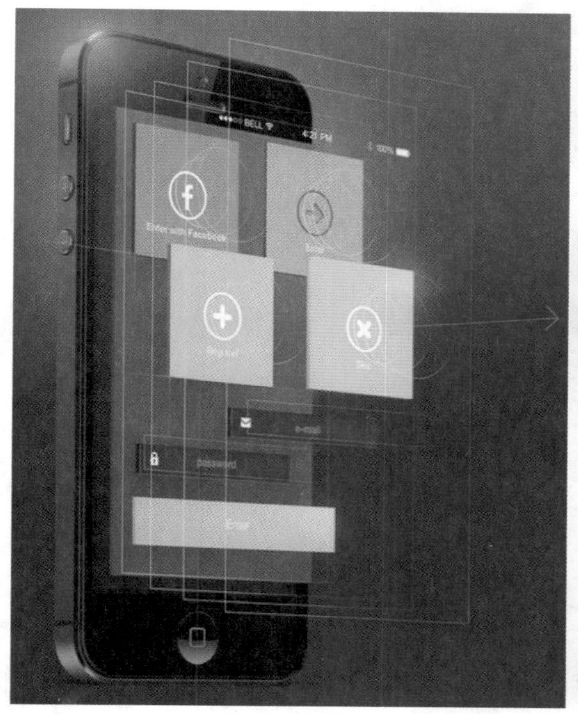

或多或少的颜色组合，形成光鲜亮丽的美妙图画，具有更强烈的情感，色彩散发出浓厚的情感，容易牵动人们的内心情怀。

图2.8 色相设计示例

2. 饱和度

饱和度是指色彩的强度或纯净程度，饱和度也称彩度、纯度、艳度或色度。对色彩的饱和度进行调整也就是调整图像的彩度。饱和度表示色相中灰色分量所占的比例，它使用从 0（灰色）至 100% 的百分比来度量，当饱和度降低为0时，则会变成一个灰色图像，增加饱和度会增加其彩度。在标准色轮上，饱和度从中心到边缘递增。饱和度受到屏幕亮度和对比度的双重影响，一般亮度好、对比度高的屏幕可以得到很好的色彩饱和度，如图2.9所示。

图2.9 不同饱和度效果

色相之间因饱和度不同而形成的对比叫纯度对比。高、中、低纯度的统一标准很难划分，笼统地可以这样理解，将一种颜色（如红色）与黑色混合成9个等纯度色标，1~3为低纯度色，4~6为中纯度色，7~9为高纯度色。

纯度相近的色彩对比，如3级以内的对比叫纯度弱对比，纯度弱对比的画面视觉效果比较弱，形象的清晰度较低，适合长时间及近距离观看；纯度相差4~6级的色彩对比叫纯度中对比，纯度中对比是最和谐的，画面效果含蓄丰富、主次分明；纯度相差7~9级的色彩对比叫纯度强对比，纯度强对比会出现鲜的更鲜、浊的更浊的现象，画面对比明朗、富有生气，色彩认知度也较高。纯度对比及设计应用如图2.10所示。

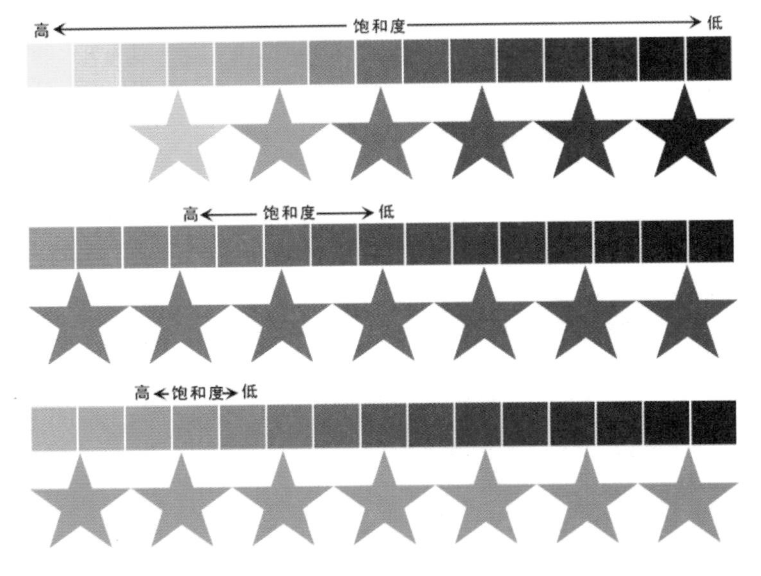

纯度强对比画面对比明朗、富有生气、色彩认知度比较高

纯度中对比是最和谐的，画面效果含蓄丰富、主次分明

纯度弱对比的画面视觉效果比较弱，形象的清晰度较低，适合长时间及近距离观看

图2.10 纯度对比及设计应用

以彩度区分各元素的鲜明设计，以明显划分版面产生对比，再配以或深或浅的单纯背景，形成醒目、素雅的设计风格。

3. 明度

明度指的是色彩的明暗程度，有时也可称为亮度或深浅度。在无彩色中，最高明度为白色，最低明度为黑色。在有彩色中，任何一种色相中都有一个明度特征。不同色相的明度也不同，黄色为明度最高的颜色，紫色为明度最低的颜色。任何一种色相如加入白色，都会提高明度，白色成分越多，明度也就越高；任何一种色相如加入黑色，明度就会相对降低，黑色越多，明度越度，如图2.11所示。

明度是全部色彩都具有的属性，了解明度关系是色彩搭配的基础，在设计中，可以利用明度表现物体的立体感与空间感。

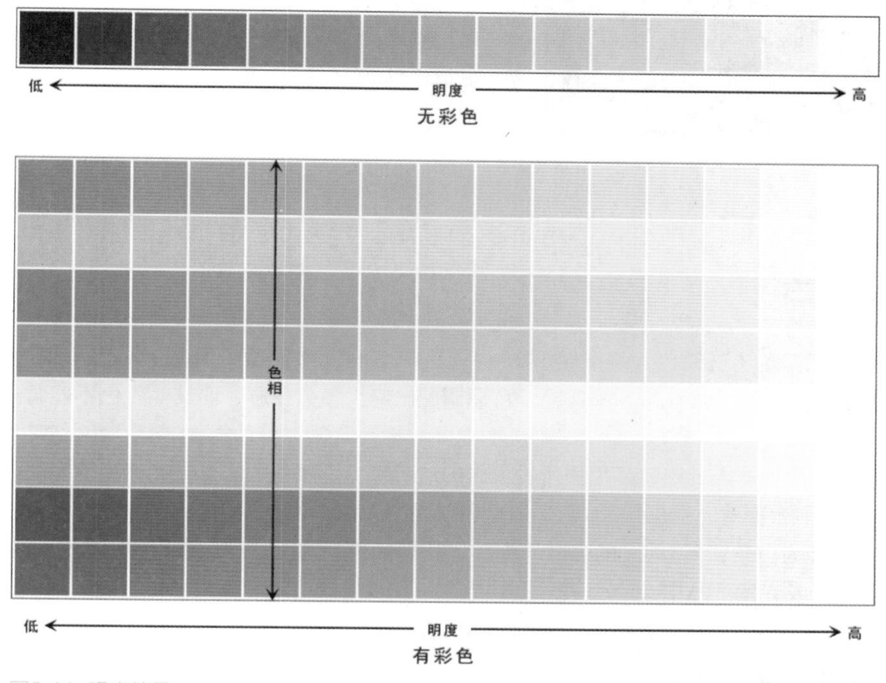

图2.11 明度效果

色相之间由于色彩明暗差别而产生的对比称为明度对比，有时也叫黑白度对比。色彩对比的强弱决定了明度差别大小，明度差别越大，对比越强；明度差别越小，对比越弱。利用明度对比可以很好地表现色彩的层次与空间关系。

明度对比越强的色彩越明快、清晰，越具有刺激性；明度对比处于中等的色彩刺激性相对小些，色彩比较明快，所以通常用在室内装饰、服装设计和包装装潢上；而处于最低等的明度对比不具备刺激性，多使用在柔美、含蓄的设计中。图2.12所示为明度对比及设计应用。

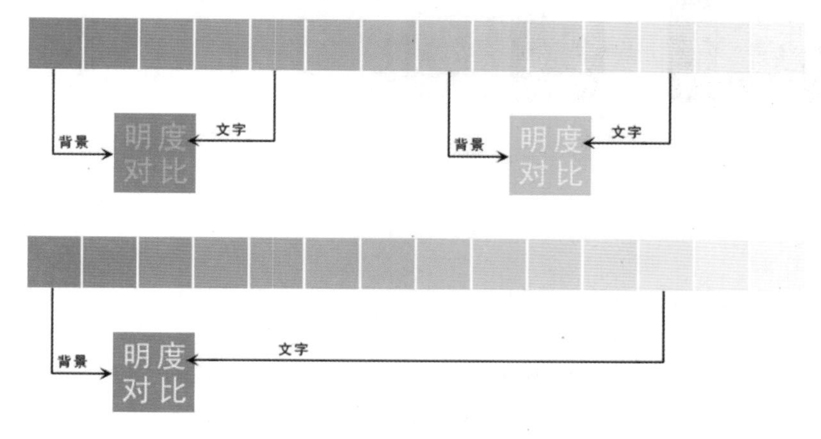

图2.12 明度对比及设计应用

以单色为主色系，充分运用不同明度表现作品，使作品色彩分布平衡、颜色统一和谐、层次简洁分明。

图2.12 明度对比及设计应用（续）

实例 017 加法混色

原色，又称为基色，三基色（三原色）是指红（Red）、绿（Green）、蓝（Blue）3色，三基色是调配其他色彩的基本色。原色的色纯度最高、最纯净、最鲜艳。可以调配出绝大多数色彩，而其他颜色不能调配出三原色，如图2.13所示。

加色三原色基于加色法原理。人的眼睛是根据所看见光的波长来识别颜色的。可见光谱中的大部分颜色可以由3种基本色光按不同的比例混合而成，这3种基本色光的颜色就是红、绿、蓝三原色光。这3种光以相同的比例混合且达到一定的强度，就呈现为白色；若3种光的强度均为零，就是黑色。这就是加色法原理，加色法原理被广泛应用于电视机、监视器等主动发光的产品中。

RGB混合效果

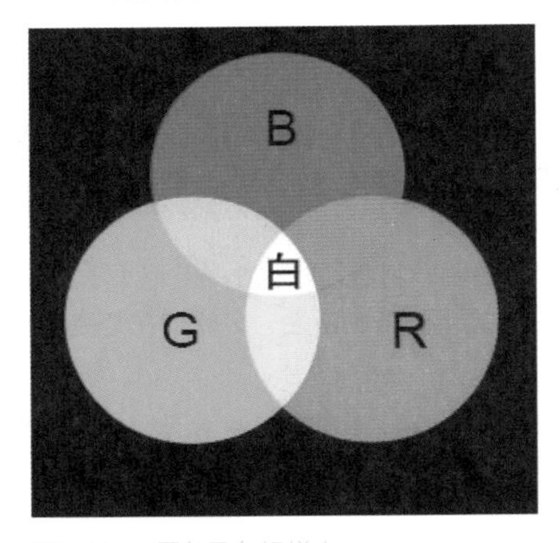

RGB色标样本（%）

R255 G0 B0	R255 G60 B60	R255 G120 B120	R255 G255 B0	R255 G255 B100	R255 G200 B200
R0 G255 B0	R60 G255 B60	R120 G255 B120	R255 G0 B255	R255 G100 B255	R200 G255 B200
R0 G0 B255	R60 G60 B255	R120 G120 B255	R0 G255 B255	R100 G255 B255	R200 G200 B255
R0 G0 B0	R60 G60 B60	R120 G120 B120	R100 G100 B50	R200 G200 B100	R200 G200 B200

图2.13 三原色及色标样本

实例 018 减法混色

减色原色是指一些颜料，当按照不同的组合将这些颜料添加在一起时，可以创建一个色谱。减色原色基于减色法原理。与显示器不同，在打印、印刷、油漆、绘画等依靠介质表面的反射被动发光的场合，物体所呈现的颜色是光源中被颜料吸收后所剩余的部分，所以其成色的原理叫作减色法原理。打印机使用减色原色（青色、洋红色、黄色和黑色颜料）并通过减色混合来生成颜色。减色法原理被广泛应用于各种被动发光的场合。减色法原理中的三原色颜料分别是青（Cyan）、品红（Magenta）和黄（Yellow），如图2.14所示。通常所说的CMYK模式就是基于这种原理。

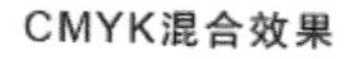

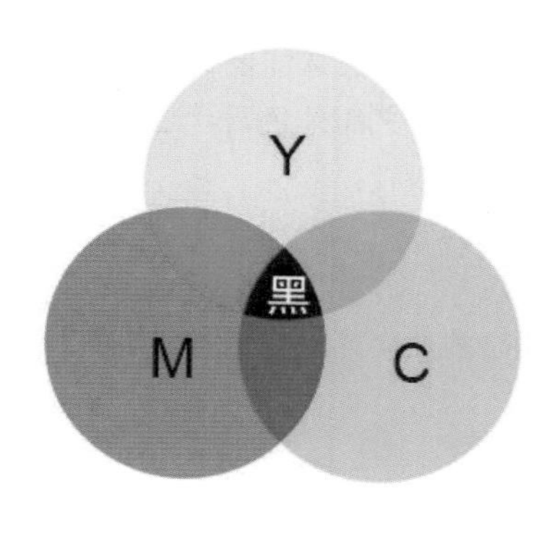

CMYK色标样本（%）

图2.14 CMYK混合效果及色标样本

实例 019　芒塞尔色彩系统

人们通常对颜色的描述是模糊的，如草绿色、嫩绿等，事实上不同的人对于“草绿色”的理解有细微的差异，因此就需要一种精确描述颜色的系统。

芒塞尔色彩系统由美国教授A.H. Munsell在20世纪初提出，芒塞尔色彩系统提供了一种数值化的精确描述颜色的方法，该系统使用色相（Hue）、纯度（Chroma）、明度（Value）3个维度来表示色彩，如图2.15所示。

- 色相分为红（R）、红黄（YR）、黄（Y）、黄绿（GY ）、绿（G）、绿蓝（BG）、蓝（B）、蓝紫（PB）、紫（P）、紫红(RP)5种主色调与5种中间色调，其中每种色调又分为10级（1~10），其中第5级是该色调的中间色。
- 明度分为11级，数值越大表示明度越高，最小值是0（黑色），最大值是10（白色）。
- 纯度最小值是0，理论上没有最大值。数值越大表示纯度越高。

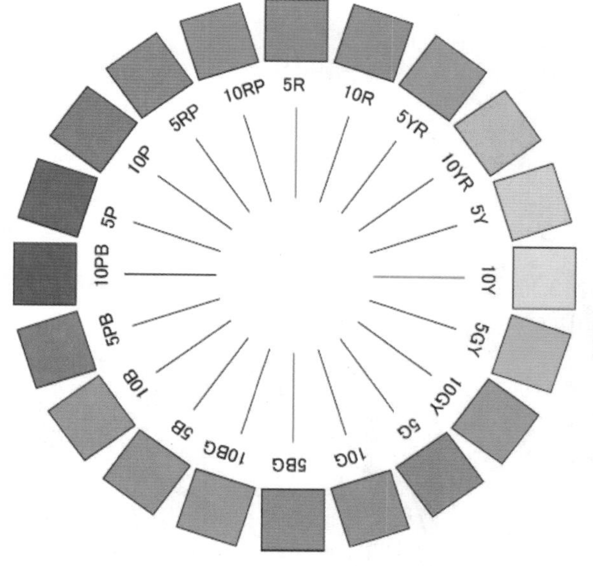

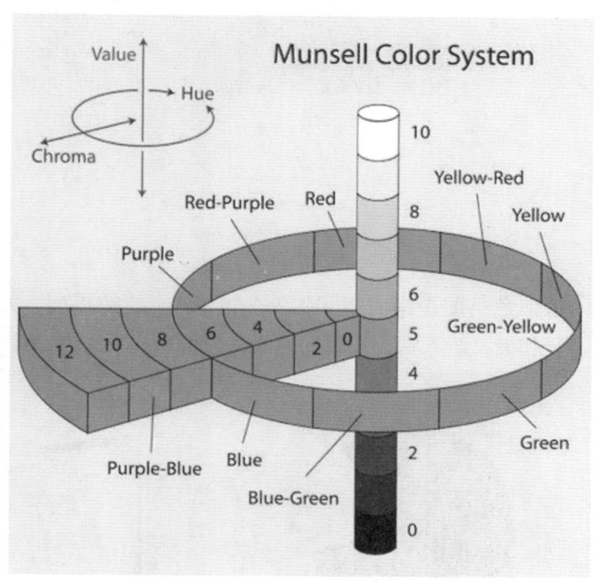

图2.15 芒塞尔色彩系统

实例 020 UI设计常见配色方案

自己设计的作品充满生气、稳健、冷清或者温暖等感觉都是由整体色调决定的，那么怎么才能控制好整体色调呢？只有控制好构成整体色调的色相、明度、纯度关系和面积关系等，才可以控制好设计的整体色调。通常这是一整套的色彩结构并且是有规律可循的，通过下面几种常见的配色方案简单介绍一下这种规律。

1. 单色搭配

单色搭配是指由一种色相的不同明度组成的搭配，这种搭配很好地体现了明暗的层次感。单色搭配如图2.16所示。

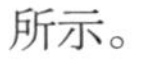

图2.16 单色搭配效果

2. 近似色搭配

近似色搭配是指由相邻的2~3个颜色组成的搭配。如图2.17左图所示（橙色/褐色/黄色），这种搭配低对比度，较和谐，给人赏心悦目的感觉。近似色搭配如图2.17中图和右图所示。

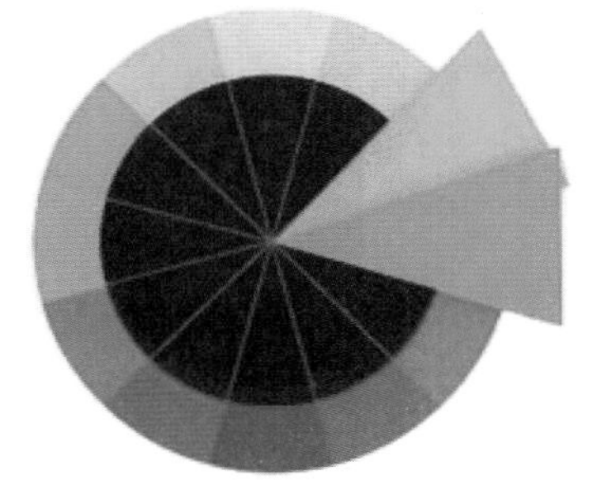

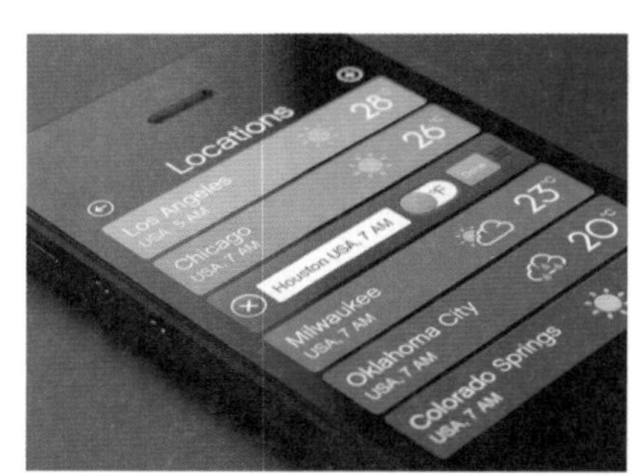

图2.17 近似色搭配

3. 补色搭配

补色搭配是指色环中相对的两个色相搭配。这两种颜色互为补色，混合在一起产生中性色。补色是指混合后会产生白色的颜色，例如，红+绿+蓝=白，红+绿=黄，黄+蓝=白，因此，黄色是蓝色的补色。对于颜料，补色是混合后产生黑色的颜色，例如，红+蓝 + 黄=黑，黄+蓝=绿，因此红色是绿色的补色。采用补色搭配的设计颜色对比强烈，传达出能量、活力、兴奋等意思，注意，补色搭配中最好让一个颜色多，一个颜色少。补色搭配如图2.18所示。

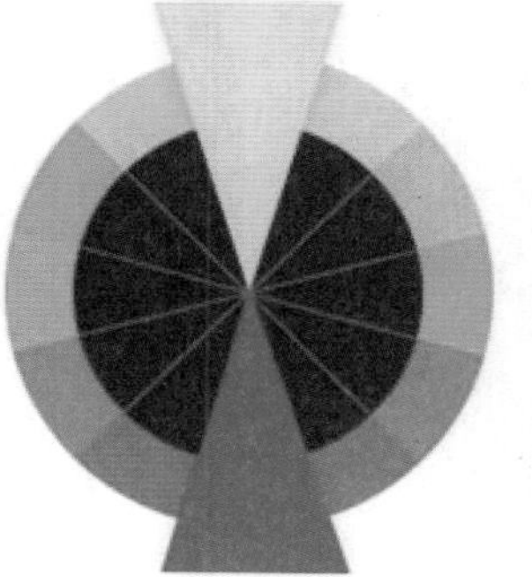

图2.18 补色搭配

4. 分裂补色搭配

同时用补色及类比色的方法确定颜色关系，就称为分裂补色。这种搭配，既有类比色的低对比度，又有补色的力量感，形成一种既和谐又有重点的颜色关系。分裂补色搭配如图2.19所示。

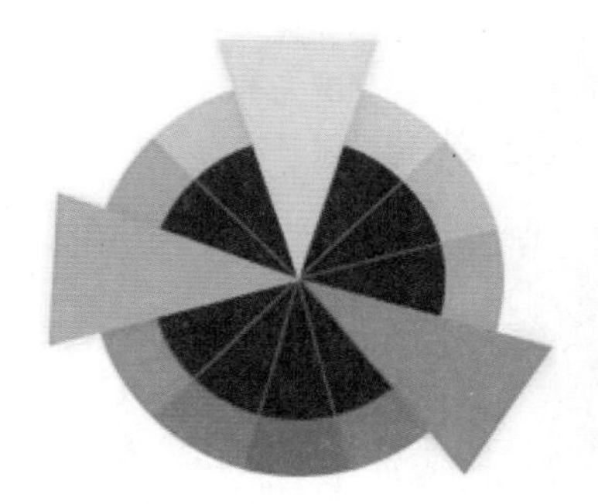

图2.19 分裂补色搭配

5. 原色搭配

原色搭配色彩明快，这样的搭配在欧美非常流行，如蓝红搭配，麦当劳的Logo色与主色调红黄色搭配等。原色的搭配如图2.20所示。

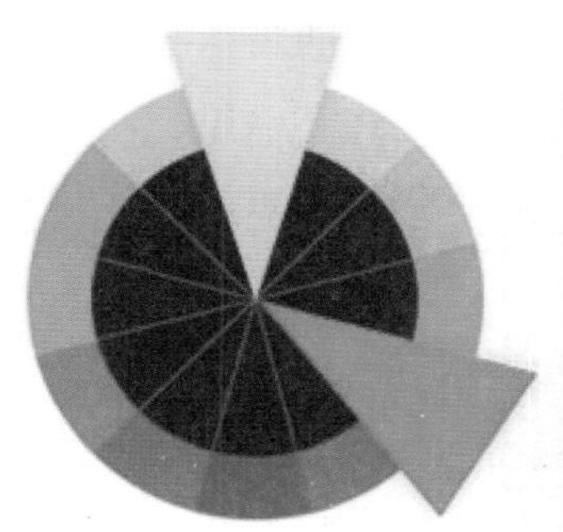

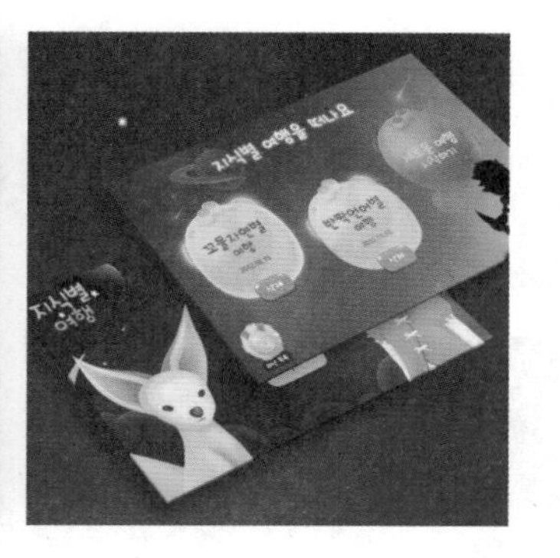

图2.20 原色的搭配

实例 021 色彩意象

当我们看到色彩时，除了能感觉其物理方面的影响，心理也会立即产生相应的感觉，这种感觉我们一般难以用言语形容，我们把这种感觉称为印象，也就是色彩意象，下面就具体说明一下色彩意象。

1. 红色的色彩意象

由于红色容易引起注意，所以在各种媒体中也被广泛地应用，它除了具有较佳的明视效果外，还被用来传达活力、积极、热诚、温暖、前进等含义的企业形象与精神。另外红色也是警告、危险、禁止、防火等的标示用色，人们在一些场合或物品上，看到红色标志时，常不必仔细看内容，即能了解警告危险之意。在工业安全用色中，红色是警告、危险、禁止、防火的指定色。常见的红色有大红、桃红、砖红、玫瑰红。常见的红色APP如图2.21所示。

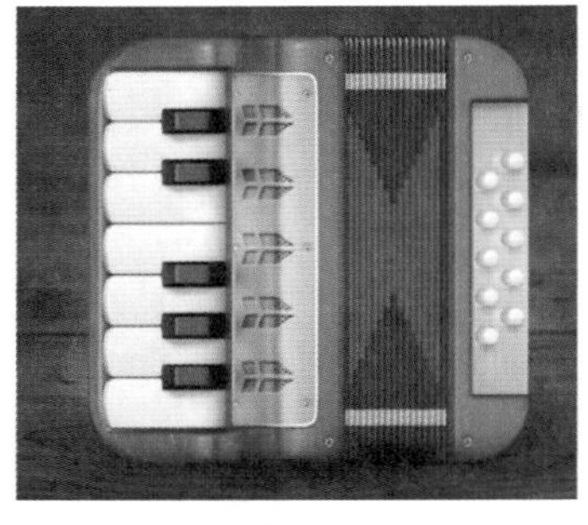

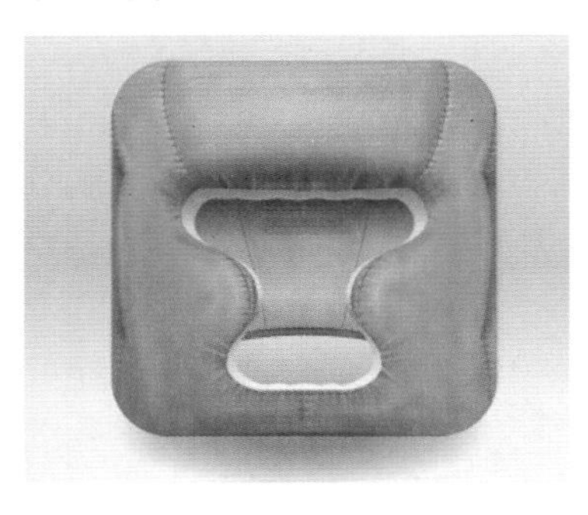

图2.21 常见红色APP

2. 橙色的色彩意象

橙色明视度高，在工业安全用色中，橙色是警戒色，如火车头、登山服装、背包、救生衣等上面的橙色。由于橙色非常明亮刺眼，有时会使人产生负面的意象，这种状况尤其容易发生在服饰的运用上，所以在运用橙色时，要注意选择搭配的色彩和表现方式，把橙色明亮活泼的特性发挥出来。常见的橙色有鲜橙、橘橙、朱橙。常见的橙色APP如图2.22所示。

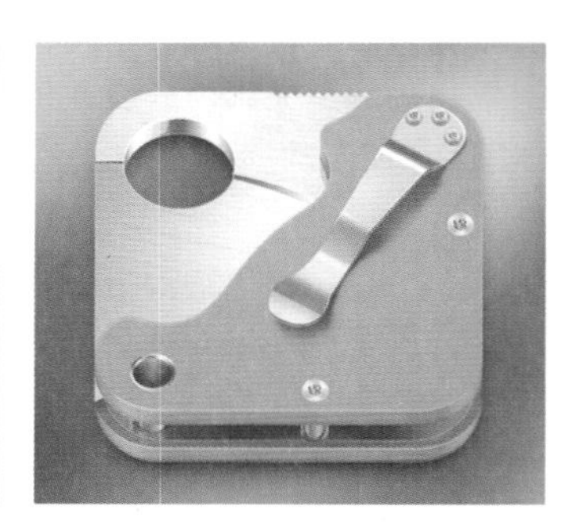

图2.22 常见橙色APP

3. 黄色的色彩意象

黄色明视度高，在工业安全用色中，黄色是警告危险色，常用来警告危险或提醒注意，如马路上的黄灯，工程上用的大型机器，学生用的雨衣、雨鞋等、都使用黄色。常见的黄色有大黄、柠檬黄、柳丁黄、米黄。常见的黄色APP如图2.23所示。

图2.23 常见黄色APP

4. 绿色的色彩意象

商业设计中，绿色所传达的清爽、理想、希望、生长的意象、符合服务业、卫生保健业的诉求；工厂中，为了避免操作时眼睛疲劳，许多工作用的机械也采用绿色；一般的医疗机构场所，也常采用绿色作空间色彩规即标示医疗用品。常见的绿色有大绿、翠绿、橄榄绿、墨绿。常见的绿色APP如图2.24所示。

图2.24　常见绿色APP

5. 蓝色的色彩意象

由于蓝色沉稳的特性，它具有理智、准确的意象。商业设计中，强调科技、效率的商品或企业形象，大多选用蓝色作为标准色、企业色，如计算机、汽车、影印机、摄影器材等的用色。另外蓝色也代表忧郁，这是受西方文化的影响，这个意象也运用在文学作品或感性诉求的商业设计中。常见的蓝色有大蓝、天蓝、水蓝、深蓝。常见的蓝色APP如图2.25所示。

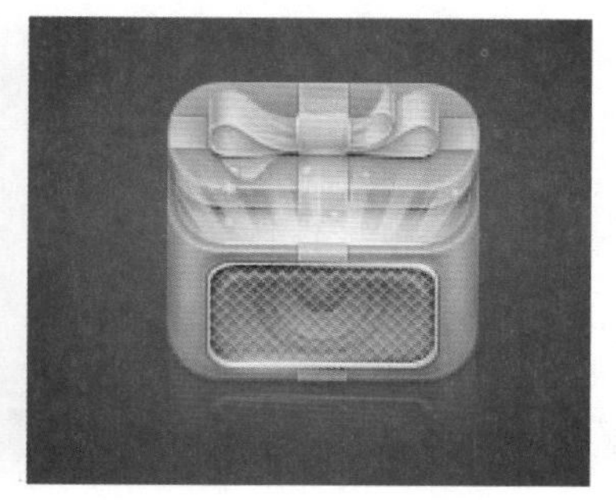

图2.25　常见蓝色APP

6. 紫色的色彩意象

由于紫色具有强烈的女性化性格，在商业设计用色中，紫色受到相当多的限制，除了和女性有关的商品或企业形象外，其他类的设计不常采用其作为主色。常见的紫色有大紫、贵族紫、葡萄酒紫、深紫。常见的紫色APP如图2.26所示。

图2.26　常见紫色APP

7. 褐色的色彩意象

商业设计上，褐色通常用来表现原始材料的质感，如麻、木材、竹片、软木等；或用来传达某些饮品原料的色泽及味感，如咖啡、茶、麦类等；或强调格调古典、优雅的企业或商品形象。常见的褐色有茶色、可可色、麦芽色、原木色。常见的褐色APP如图2.27所示。

图2.27 常见褐色APP

8. 白色的色彩意象

商业设计中，白色具有高级、科技的意象，通常需和其他色彩搭配使用。纯白色会带给人寒冷、严峻的感觉，所以在使用白色时，都会掺入一些其他的色彩，使其变成象牙白、米白、乳白、苹果白等。在生活用品、服饰用色上，白色是流行的主要色，可以和任何颜色搭配。常见的白色APP如图2.28所示。

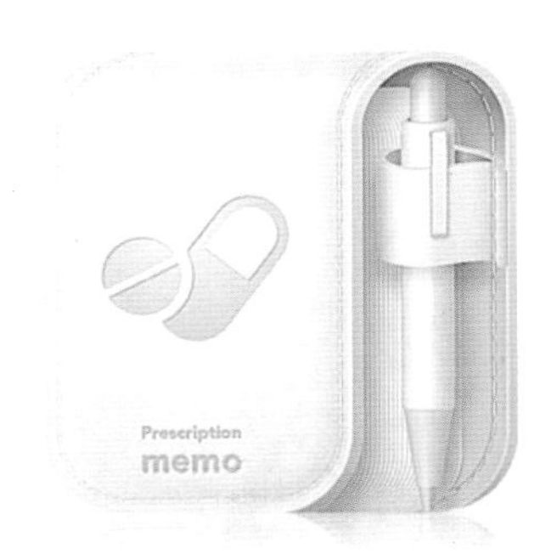

图2.28 常见白色APP

9. 黑色的色彩意象

商业设计中，黑色具有高贵、稳重、科技的意象，许多科技产品的用色，如电视、跑车、摄影机、音响、仪器等，大多采用黑色。在其他方面，黑色庄严的意象也常用于一些特殊场合的空间设计，生活用品和服饰设计也大多利用黑色来塑造高贵的形象。黑色是一种流行的主要颜色，适合和许多色彩搭配。常见的黑色APP如图2.29所示。

图2.29 常见黑色APP

10. 灰色的色彩意象

商业设计中，灰色具有柔和、高雅的意象，而且它属于中间性格，男女都能接受，所以灰色也是流行的主要颜色，许多的高科技产品，其是和金属材料有关的，几乎都采用灰色来传达高级、科技的形象。使用灰色时，大多利用不同纯度灰色的层次变化或搭配其他色彩，这样不会过于单调、沉闷而有呆板、僵硬的感觉。常见的灰色有大灰、老鼠灰、蓝灰、深灰。灰色的UI设计如图2.30所示。

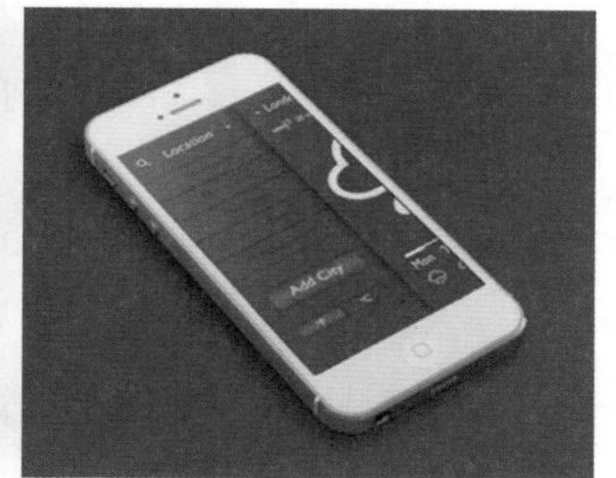

图2.30 常见灰色APP

实例 022 色彩的性格

当人们看到颜色时，对它所描绘的印象具有很多共通性，例如，当人们看到红色、橙色或黄色时会产生温暖感；当人们看到海水或月光时，会产生清爽的感觉；当人们看到青、绿之类的颜色，会产生凉爽感。由此可见，色彩的温度感是人们的习惯反应，这是人们长期实践的结果。

人们将红、橙之类的颜色叫暖色，把青、绿之类的颜色叫冷色。红紫到黄绿属暖色，青绿到青属冷色，其中青色最冷。紫色是由属于暖色的红色和属于冷色的青色组合而成的，所以紫和绿被称为温色，黑、白、灰、金、银等色被称为中性色。

需要注意的是，色彩的冷暖是相对的，如无彩色（黑、白）与有彩色（黄、绿等）后者比前者暖；而如果从无彩色本身看，黑色比白色暖；从有彩色来看，同一色彩中含红、橙、黄成分偏多时偏暖，含青的成分偏多时偏冷。所以，色彩的冷暖并不是绝对的。图2.31所示为色彩性格及设计应用。

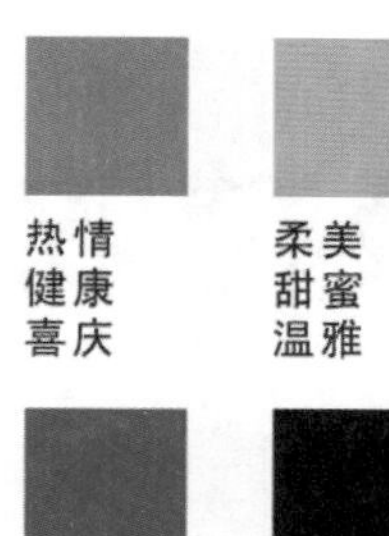

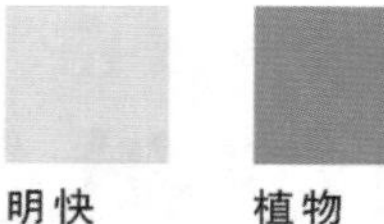
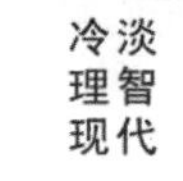

热情 健康 喜庆	柔美 甜蜜 温雅	火焰 温暖 水果	明快 辉煌 功名	植物 新鲜 青春	冷淡 理智 现代

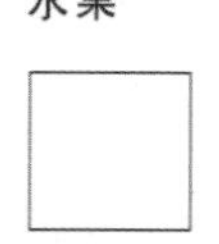
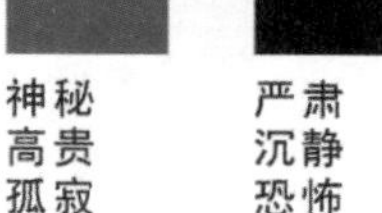

神秘 高贵 孤寂	严肃 沉静 恐怖	清白 洁净 纯真	柔和 朴素 细致	沉稳 泥土 咖啡	幽雅 太空 宇宙

纯黑背景的海报设计，采用了红绿两种对比色表达主体内容，表现出强烈的热情、对比气氛；而另一款浅蓝色的主色设计给人传递一种轻松、淡雅、冷静的感觉。

图2.31 色彩性格及设计应用

基础控件绘制及特效处理

内容摘要

本节主要讲解基础控件绘制及图像特效处理，常用几何图形的绘制，包括方形、圆形、Squircle、虚线，组合形状等。常用几何图形绘制起来非常简单，而且在UI控件元素设计中使用得非常广泛，特别是扁平化设计普及以后，通过这些简单的几何图形绘制，即可完成漂亮的控件绘制。图像特效处理也是界面设计非常重要的一部分，要想吸引人的眼球，特效处理也是必不可少的，本章通过几个实例，详细讲解了常见图像特效处理的方法。

教学目标

了解基础绘图工具的应用
掌握基础几何图形的绘制技巧
掌握常见控件的绘制方法
掌握一般特效及常用特效的处理技巧

实例 023　基础绘图入门——绘制工具分析

实例分析

本例主要讲解绘图工具的几种使用方法，着重分析这几种绘制方法的相同点与不同点。

- **素材位置** | 无
- **案例位置** | 无
- **视频位置** | 多媒体教学\实例023　基础绘图入门——绘制工具分析.avi
- **难易指数** | ★★☆☆☆

在Photoshop中绘制图形分为4种情况，选区、路径、形状图层和像素，这4种绘制方法基本相同，但绘制出的效果却非常不同，下面来讲解它们的不同用法。

1. 选区的绘制

几何图形的选区绘制主要使用选框和套索工具，常用的分别是“矩形选框工具”、“椭圆选框工具”和“多边形套索”，如图3.1所示。

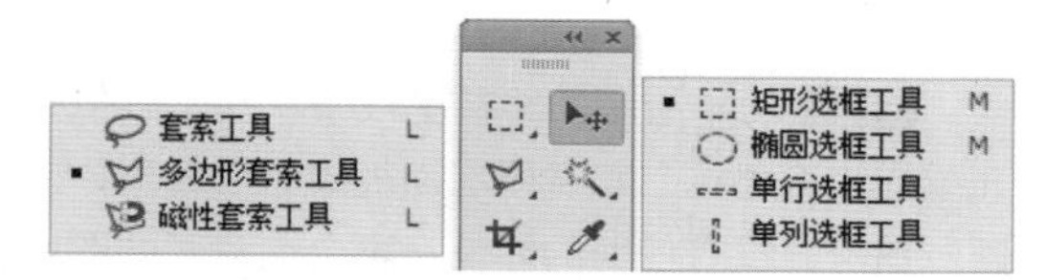

图3.1　选区绘制工具

提示

在工具箱中没有显示出全部工具，有些工具被隐藏起来了。只要细心观察，会发现有些工具图标中有一个小三角的符号，这表明在该工具中还有与之相关的其他工具。要打开这些工具，有两种方法。方法 1，将鼠标移至含有多个工具的图标上，按住鼠标不放，此时出现一个工具选择菜单，然后拖动鼠标至想要选择的工具处释放鼠标即可。方法 2，在含有多个工具的图标上单击鼠标右键，就会弹出工具选项菜单，单击选择相应的工具即可。

01 选择工具箱中的某个选区工具，如选择“矩形选框工具”。

02 在画布中拖动鼠标即可绘制一个矩形选区，如图3.2所示。

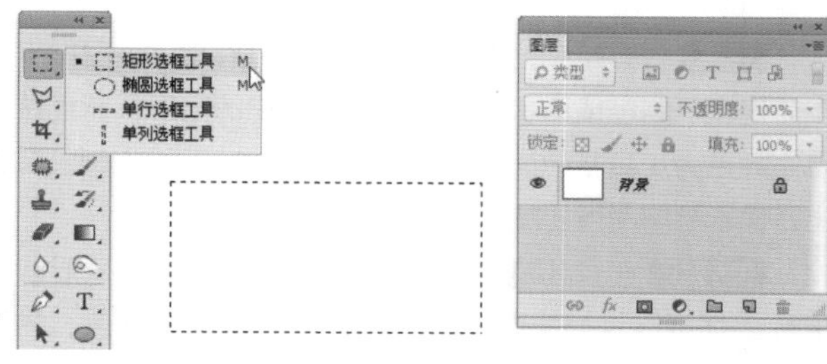

图3.2　选区效果

分析 一、绘制的选区呈流动虚线，并没有颜色的填充或描边；二、从图层面板中可以看出，选区的绘制对图层并没有任何的影响，不会创建新的图层。

提示

绘制完选区后，如果想填充或描边，可以使用相关的命令进行处理。

2. 路径的绘制

几何图形的路径绘制主要使用形状和钢笔工具。常用的分别是“钢笔工具”、“矩形工具”、“圆角矩形工具”、“椭圆工具”、“多边形工具”、“直线工具”和“自定形状工具”，如图3.3所示。

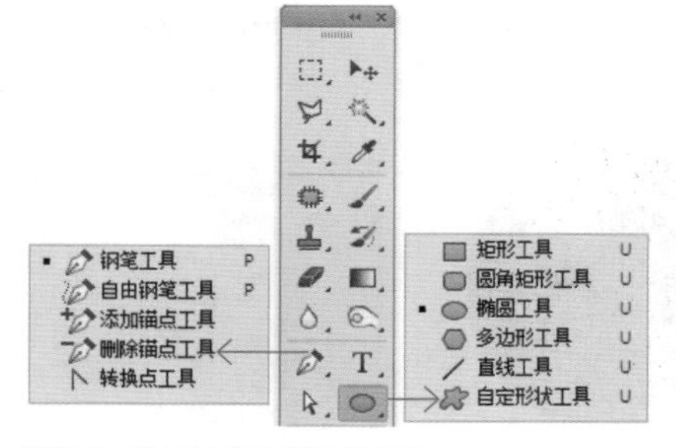

图3.3　路径及形状绘制工具

01 选择工具箱中的某个形状工具，如“椭圆工具”。

02 在选项栏中选择“路径”选项，如图3.4所示。

03 在画布中拖动鼠标即可绘制一个圆形路径，如图3.5所示。

图3.4 选择"路径"选项

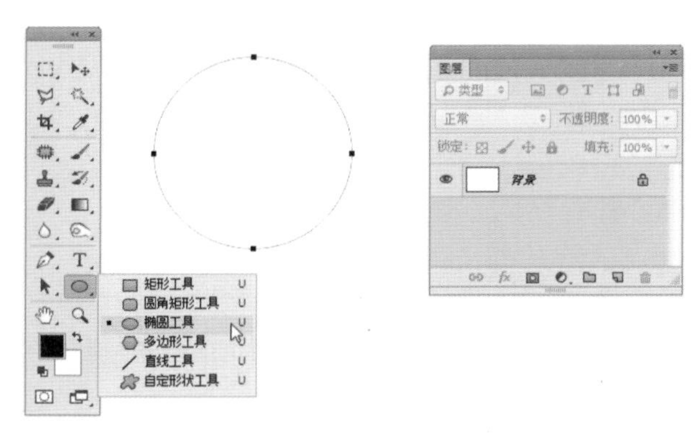

图3.5 路径的绘制

分析 一、绘制的路径呈线条状显示，但并没有填充或描边颜色；二、从图层面板中可以看出，路径的绘制对图层并没有任何的影响，不会创建新的图层；三、在路径面板中，可以看到出现了一个工作路径。

3. 形状的绘制

形状的绘制与路径的绘制非常相似，所使用的工具也基本一样，只是在选项栏中的选项不同。下面来讲解形状的绘制。

01 选择工具箱中的某个形状工具，如"椭圆工具"⬭。

02 在选项栏中选择"路径"选项，此时可以看到"填充"处于激活状态，并有默认的黑色填充，如图3.6所示。

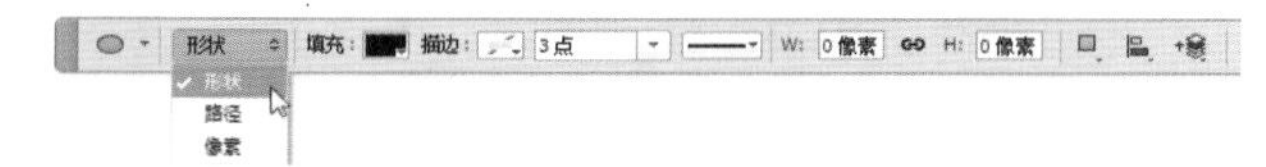

图3.6 选择"形状"选项

03 在画布中拖动鼠标即可绘制一个形状，如图3.7所示。

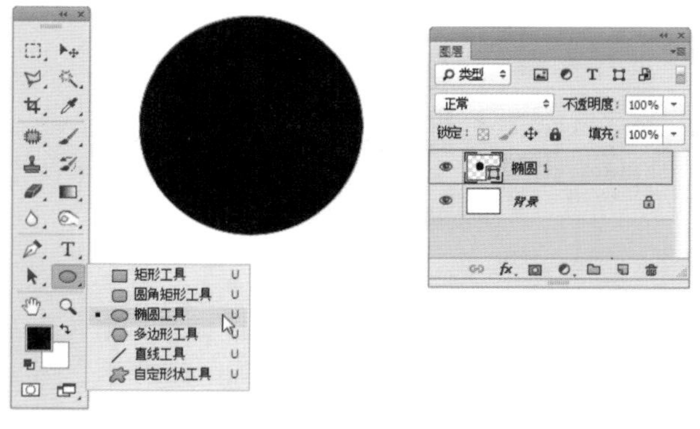

图3.7 形状的绘制

分析 一、绘制的形状在选项栏中，不但可以有填充颜色，也可以有描边颜色，还可以设置描边的粗细；二、从图层面板中可以看出，形状的绘制自动创建了一个形状图层；三、在路径面板中，可以看到出现了一个以当前工具名为"前缀"的形状路径。

4. 像素的绘制

像素的绘制与选区、路径和形状的绘制基本相同，而且像素的绘制只适合路径或形状工具使用，选区和套索工具没有这种功能，具体的绘制方法如下。

01 选择工具箱中的某个形状工具，如"椭圆工具"⬭。

02 在选项栏中选择"像素"选项，如图3.8所示。

图3.8 选择"像素"选项

03 在画布中拖动鼠标即可绘制一个像素圆形，如图3.9所示。

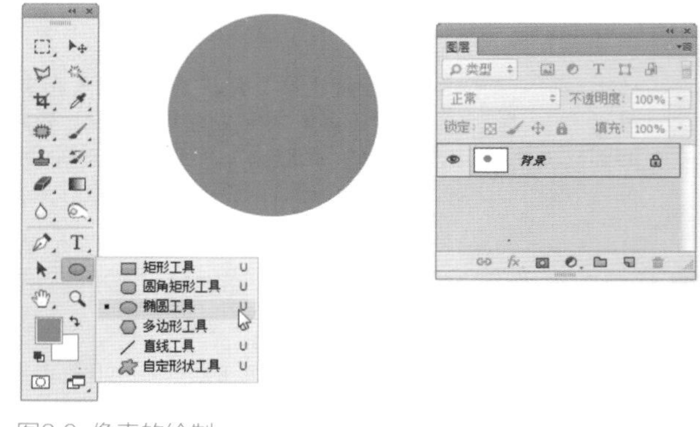

图3.9 像素的绘制

分析 一、绘制的像素填充时，可以看出，该图形不产生选区、路径或形状，只产生一个填充的图形，而且该填充颜色为工具箱中的前景色；二、从图层面板中可以看出，像素绘制在当前图层中，不会产生新的图层。

总分析 一、不管使用选区、套索、路径还是形状工具，都可以直接绘制几何图形，只是绘制时颜色、描边等具有不同的设置方法；二、绘制图形时，选区、套索和路径绘制的图形，填充或描边后为位图，后期进行放大时会出现失真现象，而形状图层则不同，绘制出来的是矢量图，它是Photoshop在追求无损图像处理的结果，后期放大或缩小时不会产生失真现象；三、选区和套索的可编辑性比较差，但路径和形状层的可编辑性非常强大，一般绘图建议使用无损的路径或形状图层；四、形状层通过"栅格化图层"命令可以将其转化成类似选区填充颜色后的图形。

实例 024 圆形图形绘制——椭圆、圆

实例分析

本例主要讲解椭圆和圆的绘制方法。

- **素材位置 |** 无
- **案例位置 |** 无
- **视频位置 |** 多媒体教学\实例024 圆形图形绘制——椭圆、圆.avi
- **难易指数 |** ★☆☆☆☆

圆形、椭圆形在UI设计中，常用于圆形区域的绘制，如单选按钮、拖动按钮、一切开关按钮等，对于选框绘图工具还可以进行圆形区域的选取。

1. 圆的绘制

01 选择工具箱中的“椭圆选框工具”◯，如图3.10所示。

02 按住Shift键的同时在画布中拖动鼠标，绘制一个圆形选区，如图3.11所示。

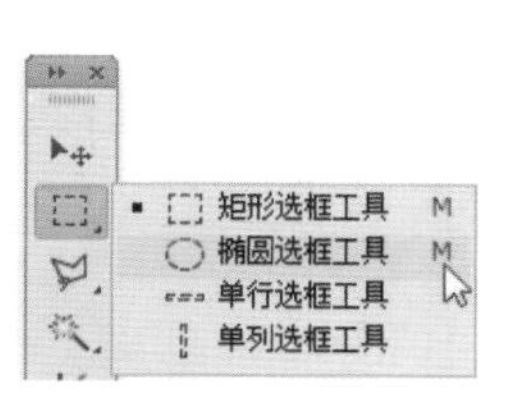

图3.10 选择“椭圆选框工具”

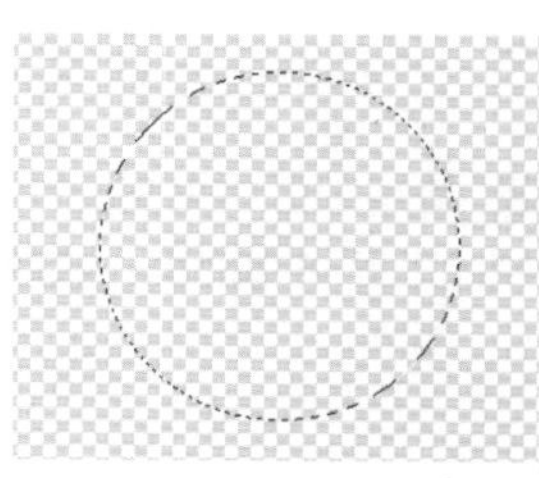

图3.11 绘制圆

2. 椭圆的绘制

01 选择工具箱中的“椭圆选框工具”◯。

02 与绘制圆一样，但不要按Shift键，在画布中按住鼠标拖动，即可绘制任意椭圆选区，如图3.12所示。

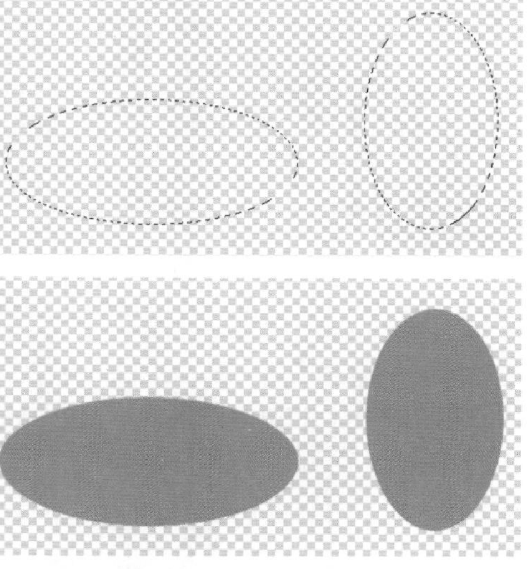

图3.12 绘制椭圆选区与填充的效果对比

实例 025 矩形图形绘制——长方形、正方形

实例分析

本例主要讲解长方形和正方形的绘制方法。

- **素材位置 |** 无
- **案例位置 |** 无
- **视频位置 |** 多媒体教学\实例025 矩形图形绘制——长方形、正方形.avi
- **难易指数 |** ★☆☆☆☆

长方形、正方形在UI设计中，常用于方形区域的绘制，如方形按钮，对于选框型的绘图工具还可以进行方形区域的选取。长方形、正方形不但可以使用选框工具绘制，也可以使用形状工具绘制，这里讲解使用选框工具绘制及填充方法。

1. 绘制正方形

01 选择工具箱中的“矩形选框工具”⬚，如图3.13所示。

02 按住Shift键的同时在画布中拖动鼠标，绘制一个正方形选区，如图3.14所示。

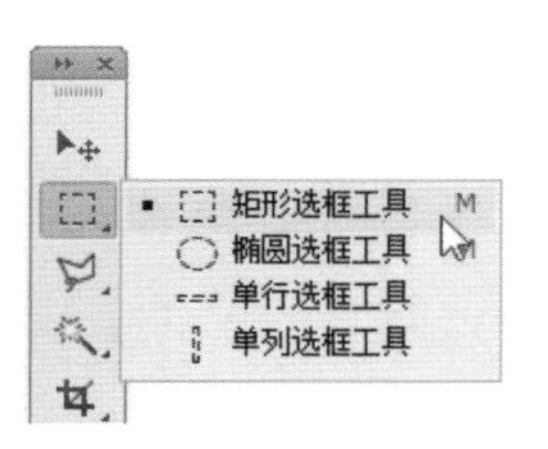

图3.13 选择“矩形选框工具”

图3.14 绘制正方形选区

03 单击工具箱底部的“设置前景色”色块，打开“拾色器”对话框，选择适当的颜色，如图3.15所示。

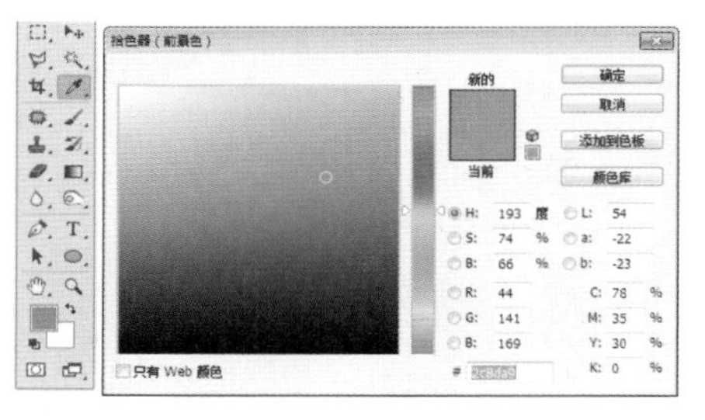

图3.15 设置前景色

04 选择工具箱中的“油漆桶工具”，如图3.16所示。

05 在画布中选区内单击，将其填充前面设置的前景色，如图3.17所示。

图3.16 选择“油漆桶工具”

图3.17 填充前景色

> **提示**
>
> 填充单色除了使用“油漆桶工具”外，还可以使用快捷键填充，按 Alt+Delete 组合键可以使用前景色填充；按 Ctrl+Delete 组合键可以使用背景色填充；建议牢记快捷键，这样填充更加方便快捷。

2. 绘制长方形

01 选择工具箱中的“矩形选框工具”⬚。

02 与绘制正方形一样，但不要按Shift键，在画布中按住鼠标拖动，即可绘制任意长宽的长方形选区，如图3.18所示。

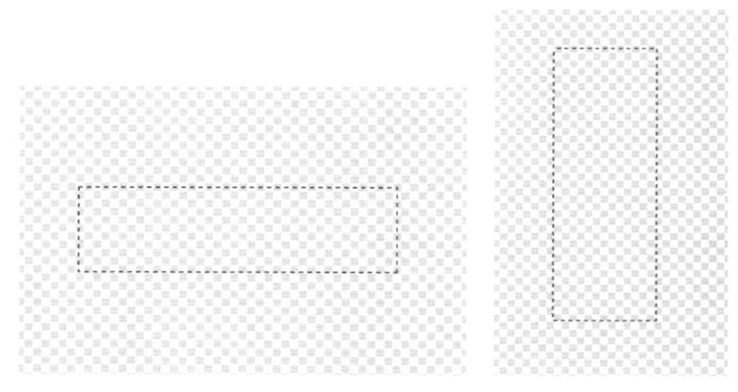

图3.18 绘制长宽不同的长方形选区

03 使用前面讲解的方法，使用填充工具或快捷键将绘制的不同长方形填充颜色，效果如图3.19所示。

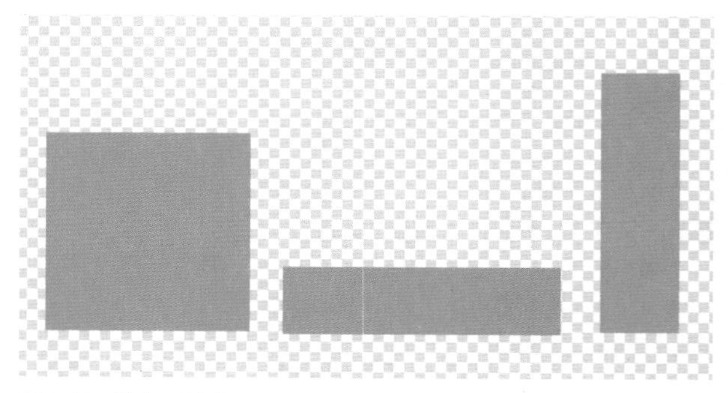

图3.19 填充后的效果

实例 026 圆角图形处理——圆角化处理

实例分析

本例主要讲解图形圆角化的处理方法。

- **素材位置** | 无
- **案例位置** | 无
- **视频位置** | 多媒体教学\实例026 圆角图形处理——圆角化处理.avi
- **难易指数** | ★☆☆☆☆

圆角处理在Photoshop中主要指正方形或长方形4个角的圆角化处理，圆角处理通常用于圆角边缘的UI组件设计。通常使用形状工具来绘制，需要注意的是，形状工具绘制时绘制的不是选区，而是绘制路径、形状或像素，前面已经讲解过这几种用法，此处不再赘述。

1. 圆角矩形的绘制

01 选择工具箱中的“圆角矩形工具”，如图3.20所示。

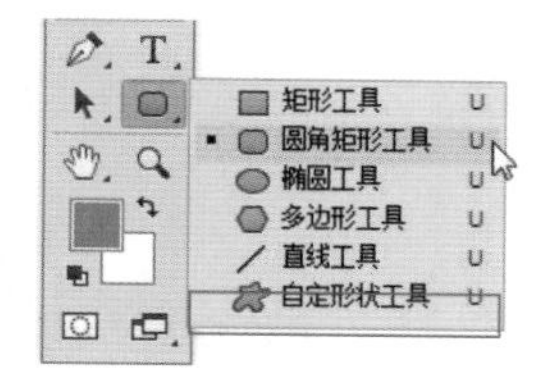

图3.20 选择“圆角矩形工具”

02 在选项栏中选择“形状”选项，此时可以看到“填充”处于激活状态，设置一个填充颜色，如图3.21所示。

图3.21 选项栏设置

03 按住Shift键的同时在画布中拖动鼠标，绘制一个圆角正方形，如图3.22左图所示；如果绘制时不按Shift键，拖动时可以随意绘制长宽不等的圆角矩形，如图3.22右图所示。

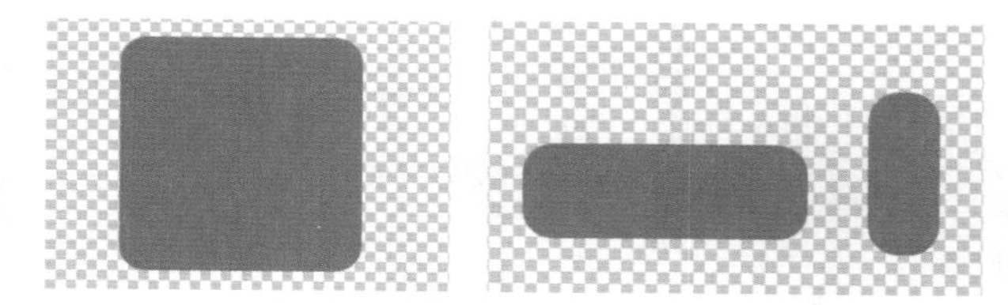

图3.22 圆角正方形和圆角矩形

2. 形状填充与圆角半径

在使用形状工具绘制形状时，选项栏中的设置非常关键，这里重点分析颜色和圆角半径的设置。

● 颜色设置

在“填充”位置单击，可以打开一个弹出面板，在这里可以设置形状层的填充颜色。填充颜色分为4种：无颜色、纯色、渐变和图案，4种不同的填充设置填充效果如图3.23所示。

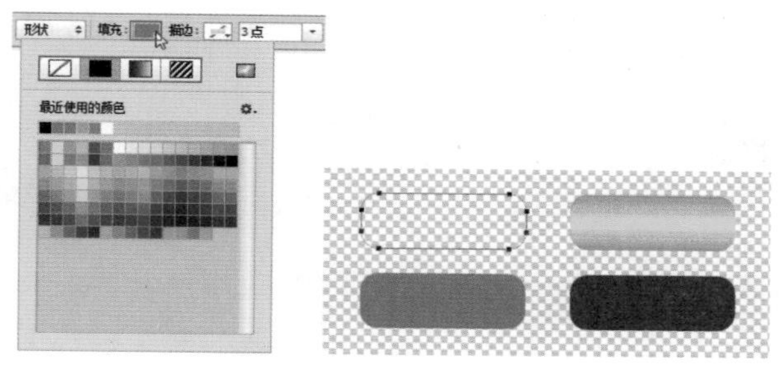

图3.23 填充设置及填充效果

> **提示**
>
> 其中无颜色即没有填充颜色，如果没有描边设置，绘制出来的就只是路径，但与路径绘制不同，形状层还是会创建新的图层。

● 圆角半径设置

在选项栏中，通过“半径”可以设置圆角化程度，数值越大，圆角化越大，圆角越圆润。图3.24所示为半径分别取值0像素、10像素、20像素和50像素的不同效果对比。

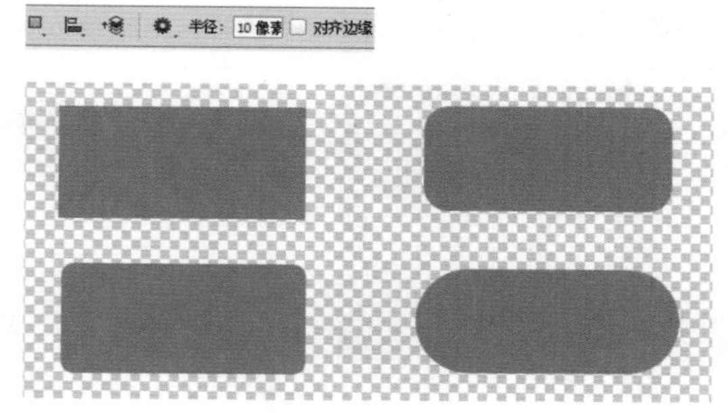

图3.24 圆角半径设置及绘图效果对比

实例 027 椭圆形矩形绘制——Squircle

实例分析

本例主要讲解椭圆形矩形——Squircle的绘制方法。

- **素材位置** | 无
- **案例位置** | 无
- **视频位置** | 多媒体教学\实例027 椭圆形矩形绘制——Squircle.avi
- **难易指数** | ★☆☆☆☆

在方形和圆形之间除了圆角还有一种图形，这种图形在Symbian Anna谍照图流出来时就已经与大家见面了，这就是Squircle形状。仔细看不难发现，它并不是圆角矩形绘制出来的，它的圆角程度是圆角矩形不可能实现的，如图3.25所示。

图3.25 Squircle形状

其实Squircle = Square（正方形）+ Circle（圆形），也可以说Squircle是正方形与圆形的一种结合体。这种结合体并不是随便画出来的，通过查询，在wiki百科上发现这个形状有个非常复杂的数学公式。

在Nokia N9的系统界面的通知界面的 Feed 栏头像和 Launcher 界面都使用了这种形状，如图3.26所示。这种形状虽然绘制时非常复杂，但对于设计师来说，完全可以不用画，只需要在网上下载相关的图形源文件借用即可。

图3.26 Nokia N9的Squircle形状

在Photoshop比较高的版中，有一个“多边形工具”，利用该工具可以轻松绘制类似Squircle的形状，具体操作如下。

01 选择工具箱中的“多边形工具”，如图3.27所示。

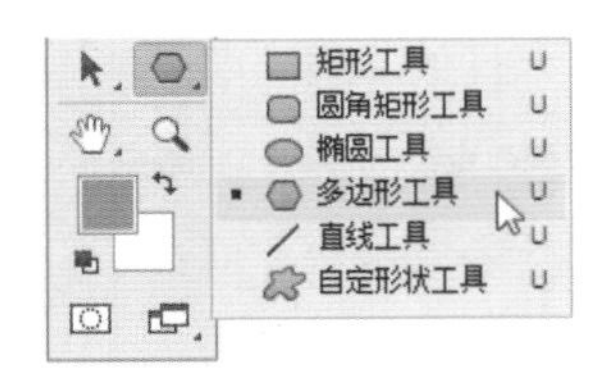

图3.27 选择“多边形工具”

02 在选项栏中，设置“边”为4，单击设置按钮，弹出一个面板，选择“平滑拐角”复选框，如图3.28所示。

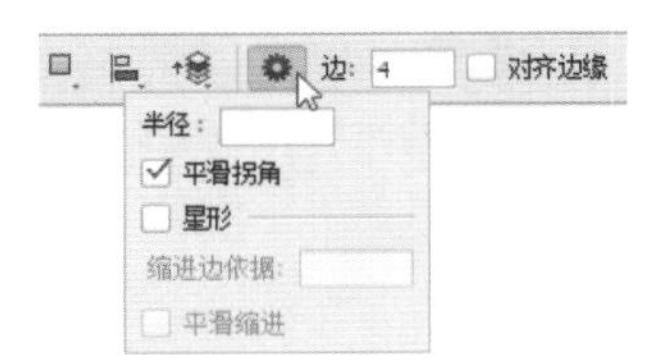

图3.28 设置参数

03 按住Shift键的同时在画布中拖动鼠标，即可绘制一个Squircle形，如图3.29所示。

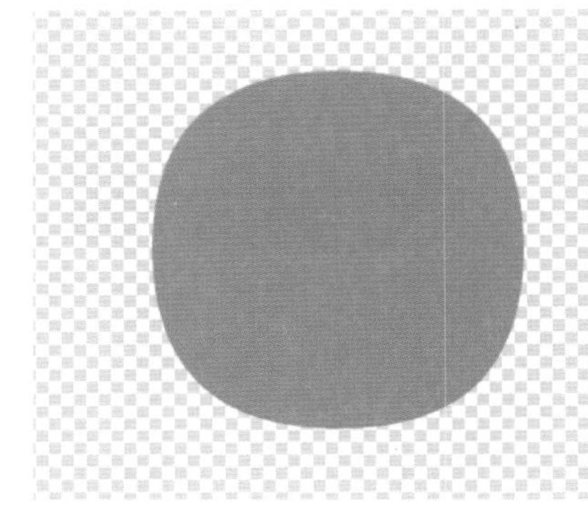

图3.29 绘制Squircle形

实例 028 多种几何图形绘制——多种形状组合

实例分析

本例主要讲解多种几何图形的绘制方法。

- **素材位置** | 无
- **案例位置** | 无
- **视频位置** | 多媒体教学\实例028 多种几何图形绘制——多种形状组合.avi
- **难易指数** | ★☆☆☆☆

图形的绘制本来就没有太多的工具，绘制的形状也有限，如果想绘制更多的几何图形，可以通过选项栏中的选项按钮，绘制出多种形状的组合图形。

选项栏中有4个常用按钮，分别为“新选区”■、“添加到选区”■、“从选区减去”■和“与选区交叉”■。当然对于形状工具来说还有其他的选项，这里重点讲解这4种常用按钮的使用方法。

1. 新选区

单击“新选区”按钮■，将激活新选区属性，使用选框工具在图形中创建选区时，新创建的选区将替代原有的选区，如图3.30所示。

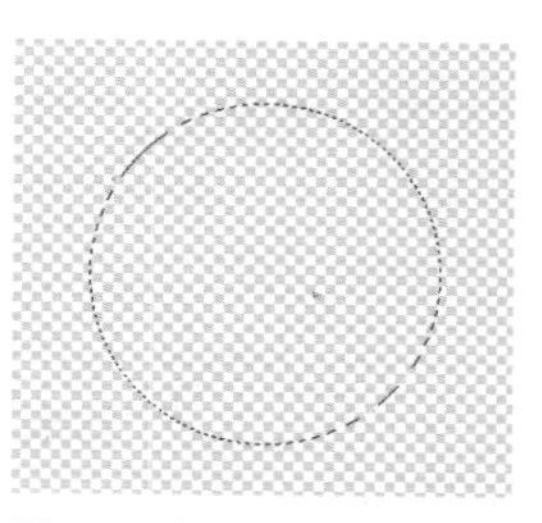

图3.30 新选区

2. 添加到选区

单击“添加到选区”按钮■，将激活添加到选区属性，使用选框工具在画布中创建选区时，如果当前画布中存在选区，鼠标光标将变成+状，表示添加到选区，此时绘制新选区，新建的选区将与原来的选区合并成新的选区，如图3.31所示。

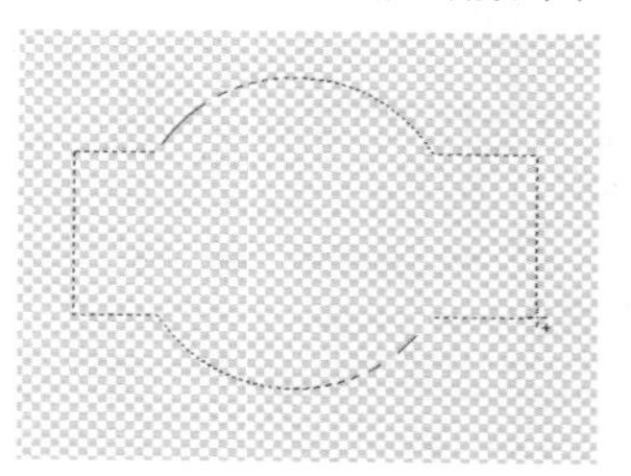

图3.31 添加到选区

3. 从选区减去

单击“从选区减去”按钮■，将激活从选区减去属性，使用选框工具在图形中创建选区时，如果当前画布中存在选区，鼠标光标将变成+状，如果新创建的选区与原来的选区有相交部分，将从原选区中减去相交的部分，余下的选择区域作为新的选区，如图3.32所示。

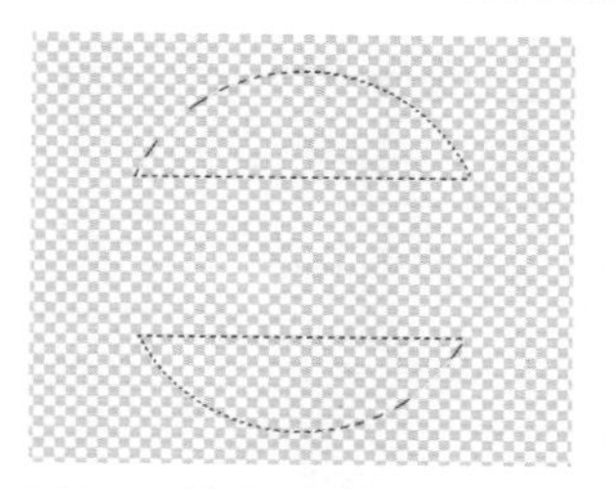

图3.32 从选区减去

4. 与选区交叉

单击“与选区交叉”按钮■，将激活与选区交叉属性，使用选框工具在图形中创建选区时，如果当前画布中存在选区，鼠标光标将变成+状，如果新创建的选区与原来的选区有相交部分，结果会将相交的部分作为新的选区，如图3.33所示。

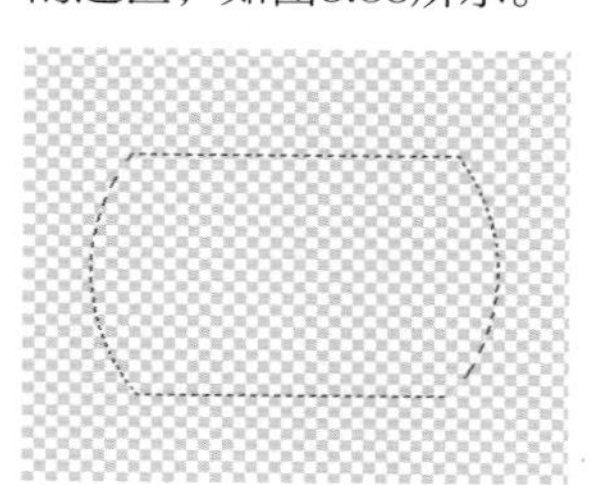

图3.33 与选区交叉

实例 029 线条的绘制——虚线的绘制

实例分析

本例主要讲解虚线的绘制方法。

- **素材位置** | 无
- **案例位置** | 无
- **视频位置** | 多媒体教学\实例029 线条的绘制——虚线的绘制.avi
- **难易指数** | ★☆☆☆☆

虚线在UI设计中非常常用，一般用在如边框、分割线等，Photoshop中可以非常轻松地直接绘制虚线，这里需要说明的是，Photoshop比较老的版本是没有这种功能的。

1. 绘制虚线

01 选择工具箱中的任意形状工具。

02 在选项栏中，设置描边的颜色和宽度，如颜色为蓝色，宽度为3点，虚线的重点就在“设置形状描边类型”这个位置，单击该位置将显示“描边选项”面板，在面板中可以看到两种虚线描边效果，如图3.34所示。

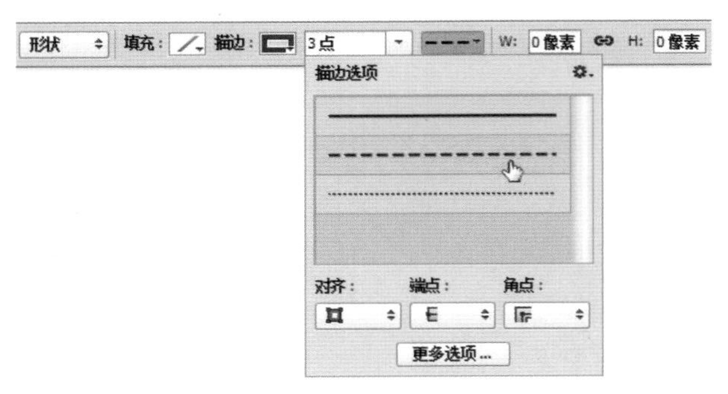

图3.34 描边选项

03 选择任意一个虚线效果，在画布中拖动鼠标绘制形状，即可看到绘制的虚线图形效果，如图3.35所示。

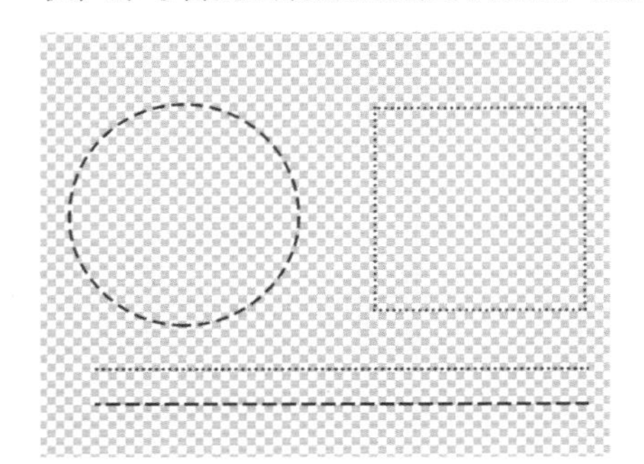

图3.35 虚线图形效果

2. 自定义虚线

大家可能已经发现，在“描边选项”中只有两种默认的虚线，远远不够使用。不用担心，Photoshop为大家提供了自定义虚线的方法，下面来讲解自定义的方法。

01 选择工具箱中的任意形状工具。

02 在选项栏中，显示“描边选项”面板，单击“更多选项”按钮，打开“描边”对话框，在“虚线”位置即可对虚线描边进行设置，如图3.36所示。

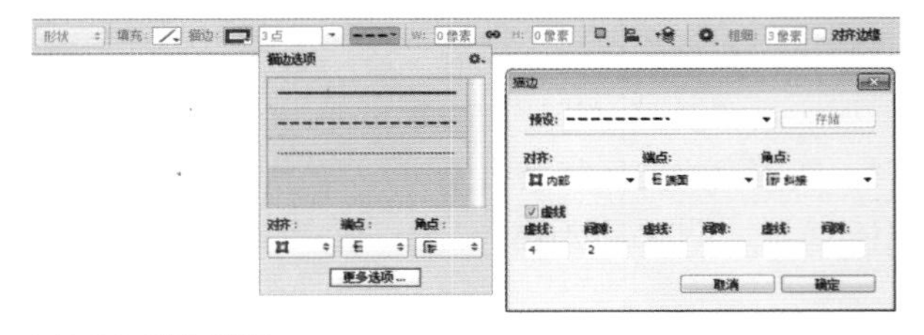

图3.36 描边设置

03 在虚线和间隙下方的文本框中，输入不同的数值，即可设置不同的虚线，这里大概设置了几种不同的数值，供大家对比，如图3.37所示。

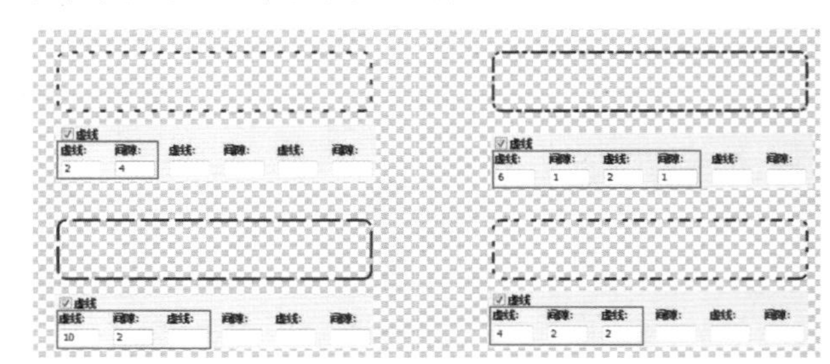

图3.37 虚线设置对比效果

实例 030 自定义图形绘制——多种现有形状的绘制

实例分析

本例主要讲解Photoshop软件内置的多种现有形状的使用及绘制方法。Photoshop除了上面讲解的几何图形绘制工具外，还提供了一个非常实用的“自定形状工具”，利用该工具可以绘制更多的现成形状，最终效果如图3.38所示。

- **素材位置** | 无
- **案例位置** | 无
- **视频位置** | 多媒体教学\实例030 自定义图形绘制——多种现有形状的绘制.avi
- **难易指数** | ★☆☆☆☆

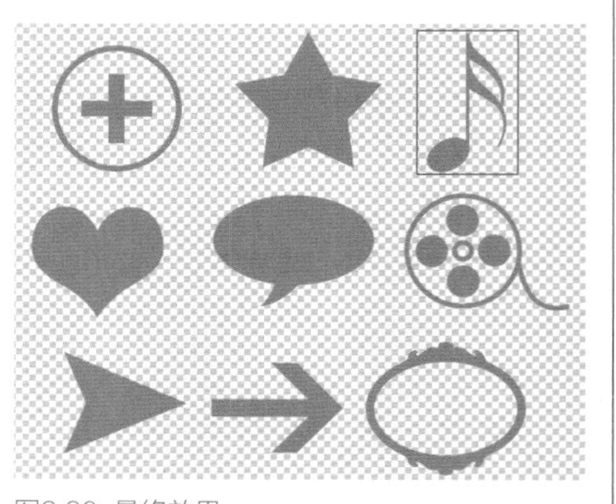

图3.38 最终效果

01 选择工具箱中的“自定形状工具”，如图3.39所示。

02 在选项栏中，单击“形状”右侧的区域，将弹出一个形状列表，如图3.40所示。

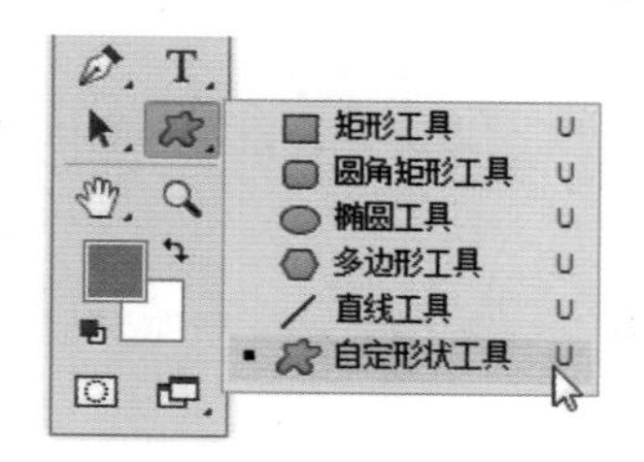

图3.39 选择“自定形状工具”

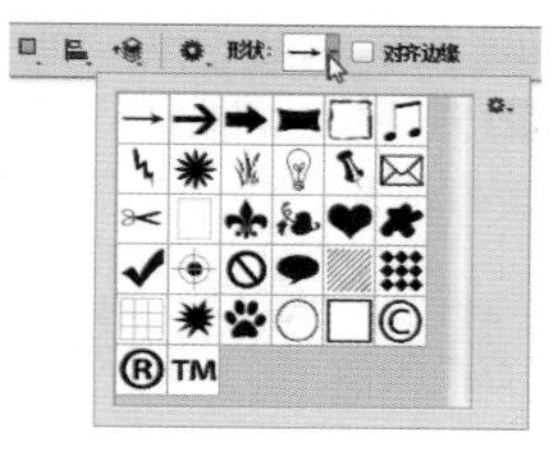

图3.40 形状列表

03 在形状列表中，单击右上角的菜单按钮，可以打开形状菜单，如图3.41所示。通过该菜单可以载入更多的形状，不但可以载入Photoshop自带的形状，还可以从网上下载更多的形状载入，强大之处可见一斑。绘制不同形状效果，如图3.42所示。

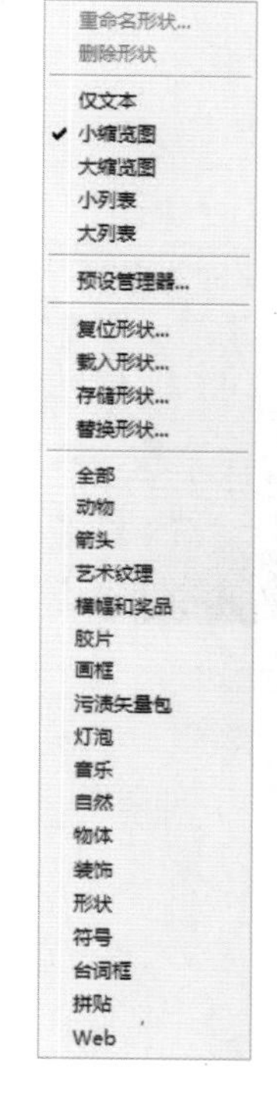

图3.41 形状菜单

图3.42 绘制的多种自定义形状效果

实例 031 基础按钮的绘制

实例分析

本例主要讲解基础按钮的绘制方法。按钮是比较常见的UI设计元素之一，自从苹果公司采用扁平化设计后，UI元素的制作也变得更加简洁，几乎没有什么样式，所以制作也就非常简单了，图3.43所示为按钮的两种状态。

- **素材位置 |** 无
- **案例位置 |** 案例文件\第3章\基础按钮.psd
- **视频位置 |** 多媒体教学\实例031 基础按钮的绘制.avi
- **难易指数 |** ★☆☆☆☆

Button　Button

图3.43 两种状态按钮

01 选择工具箱中的“圆角矩形工具”。

02 在选择栏中选择“形状”，“填充”设置为白色#ffffff，“描边”设置为无，“半径”设置为10像素，如图3.44所示。

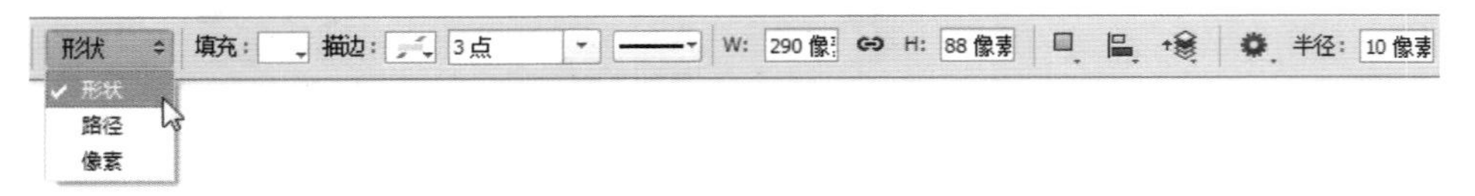

图3.44 选项栏设置

绘制完形状后，制作两种按钮效果。

第一种状态按钮的制作：描边：“大小”为2像素，“位置”为内部，“颜色”为青色#47b0ed，如图3.45所示。

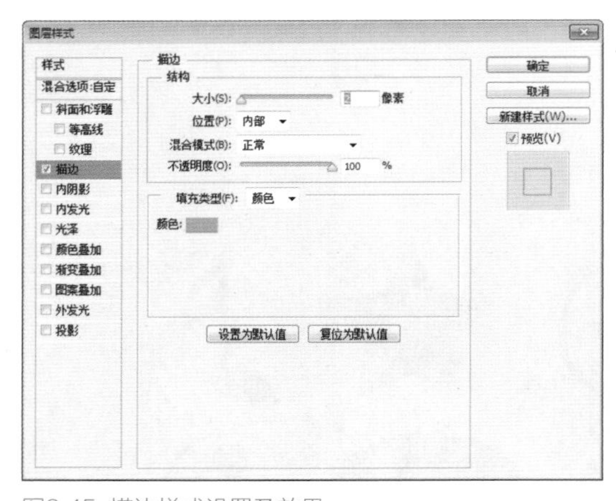

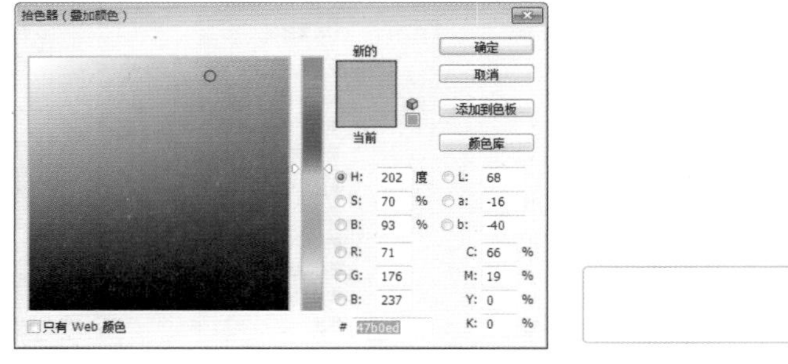

图3.45 描边样式设置及效果

第二种按钮状态的制作：颜色叠加：“颜色”为青色#47b0ed，如图3.46所示。

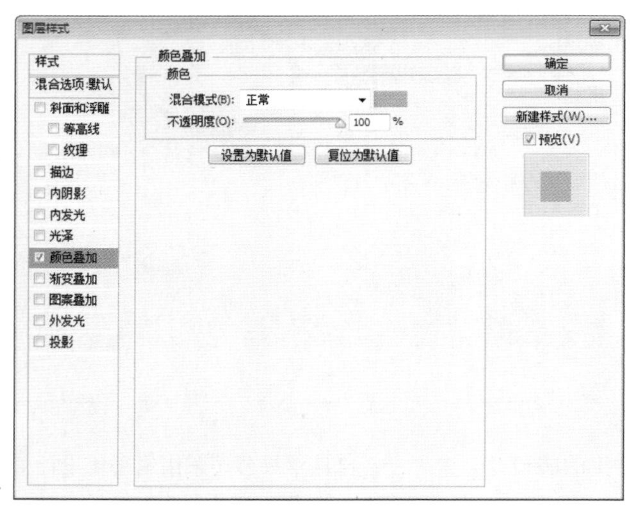

图3.46 颜色叠加样式设置及效果

03 使用工具箱中的“横排文字工具”T，在按钮上输入文字，即可完成按钮的制作。

实例 032 单选按钮的绘制

实例分析

本例主要讲解单选按钮的绘制方法。单选按钮由两个基本的圆形组合而成，单选按钮在填充和描边上有不同的表现，图层样式也略有差别，图3.47所示为单选按钮、单选按钮拆分效果。

- **素材位置** | 无
- **案例位置** | 案例文件\第3章\单选按钮.psd
- **视频位置** | 多媒体教学\实例032 单选按钮的绘制.avi
- **难易指数** | ★☆☆☆☆

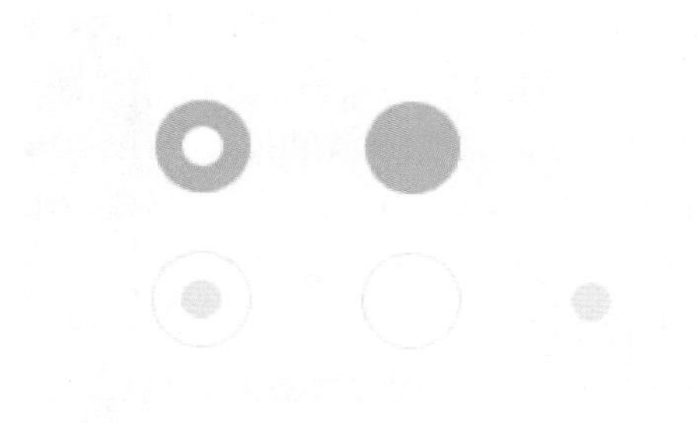

图3.47 单选按钮、单选按钮拆分效果

01 选择工具箱中的“椭圆工具”，在选择栏中选择“形状”，“填充”设置为白色#ffffff，“描边”设置为无，按住Shift键绘制一个圆，将其重命名为大圆。

02 将大圆复制一份，重命名为小圆，并将其等比缩小。绘制完形状后，制作两种按钮效果。

单选按钮“开”状态的制作：选择大圆为其添加图层样式。颜色叠加：“颜色”设置为青色#28c0c6，如图3.48所示。

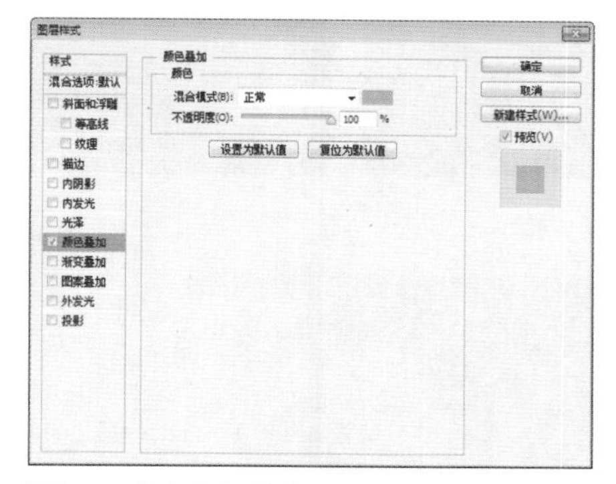

图3.48 颜色叠加样式设置及效果

单选按钮“关”状态的制作：

01 选择大圆为其添加图层样式。描边：“大小”为1像素，“颜色”为灰色#dcdcdc，如图3.49所示。

02 添加图层样，颜色叠加：“颜色”设置为灰色#f9f9f9，如图3.50所示。

03 选择小圆层为其添加图层样式。颜色叠加：“颜色”设置为灰色#dcdcdc，如图3.51所示。

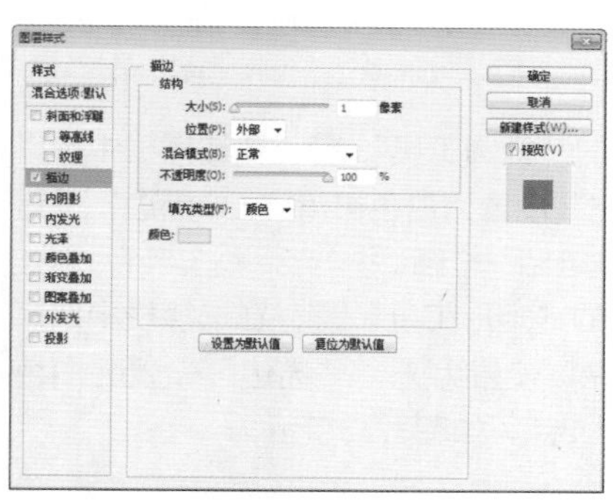

图3.49 描边样式设置及效果

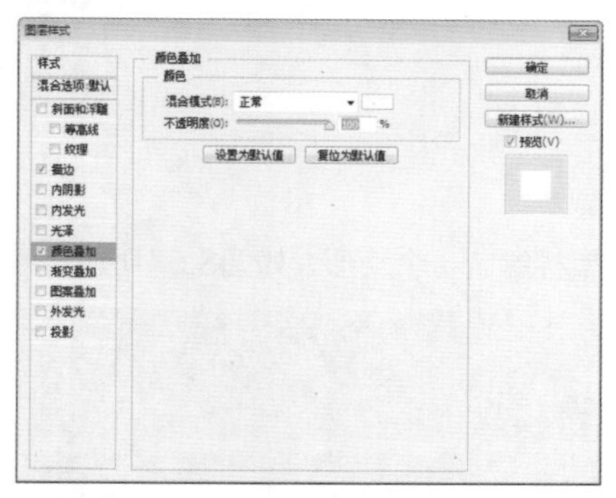

图3.50 颜色叠加样式设置及效果

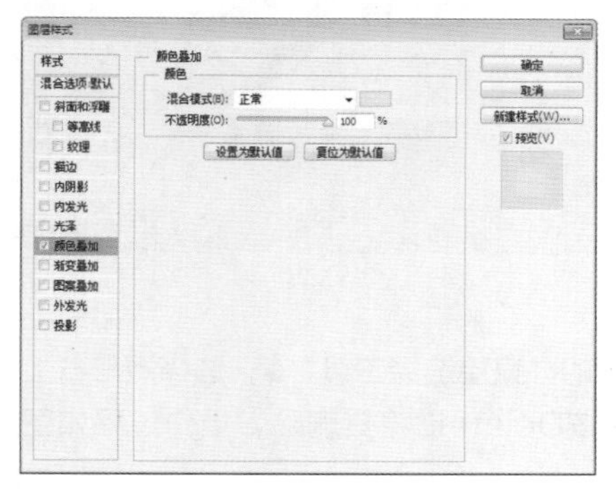

图3.51 颜色叠加样式设置及效果

实例 033 复选按钮的绘制

实例分析

本例主要讲解复选按钮的绘制方法。复选按钮由两个基本的几何图形组合而成：一个是圆形；另一个是对号。复选按钮在填充和描边上有不同的表现，图层样式也略有差别，图3.52所示为复选按钮、复选按钮拆分效果。

- **素材位置** | 无
- **案例位置** | 案例文件\第3章\复选按钮.psd
- **视频位置** | 多媒体教学\实例033 复选按钮的绘制.avi
- **难易指数** | ★☆☆☆☆

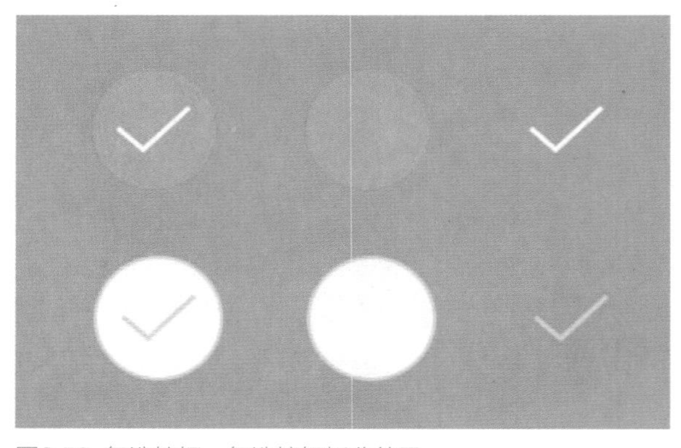

图3.52 复选按钮、复选按钮拆分效果

01 选择工具箱中的“椭圆工具”，在选择栏中选择“形状”，“填充”设置为白色#ffffff，“描边”设置为无，按住Shift键绘制一个圆。

02 选择工具箱中的“矩形工具”，在选择栏中选择“形状”，“填充”设置为无，“描边”设置为白色#ffffff，描边宽度为3点，如图3.53所示。

图3.53 选项栏设置

03 在画布中拖动鼠标绘制一个矩形，如图3.54所示。

图3.54 绘制矩形

04 选择工具箱中的“直接选择工具”，选择矩形右上角的锚点，然后按Delete键将其删除，操作过程如图3.55所示。

05 选择工具箱中的“直接选择工具”，选择不同位置的锚点，将其调整为一个对号的形状效果，如图3.56所示。

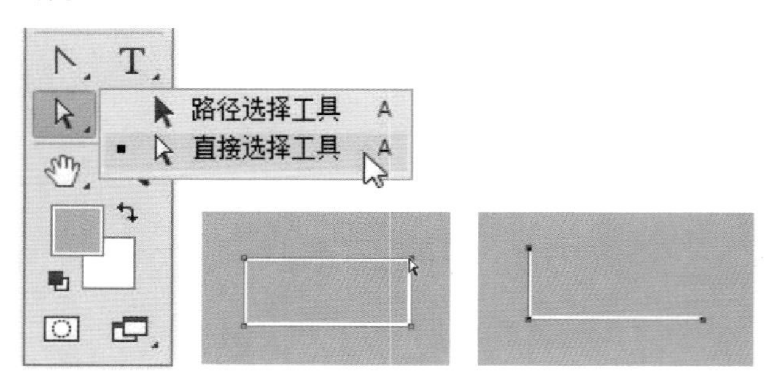

图3.55 选择锚点并删除

图3.56 调整效果

绘制完形状后，制作两种效果。

复选框“开”状态的制作：

01 选择椭圆为其添加图层样式。颜色叠加：“颜色”设置为青色#28c0c6，如图3.57所示。

02 选择对号层为其添加图层样式。颜色叠加：“颜色”设置为白色#ffffff，如图3.58所示。

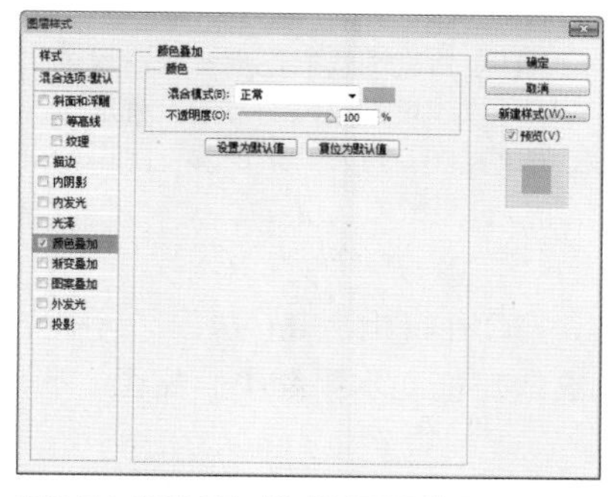

图3.57 颜色叠加样式设置及效果

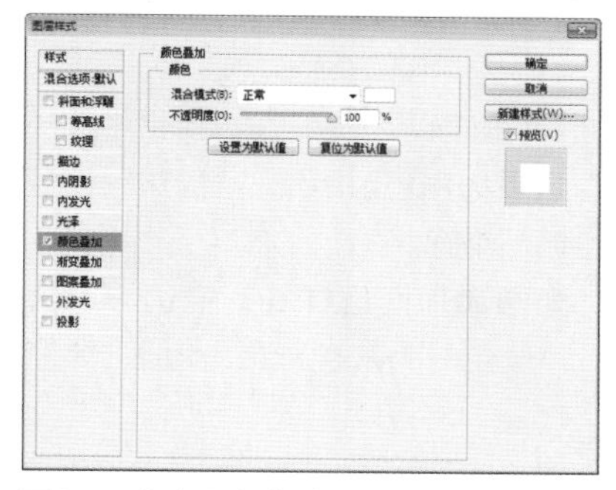

图3.58 颜色叠加样式设置及效果

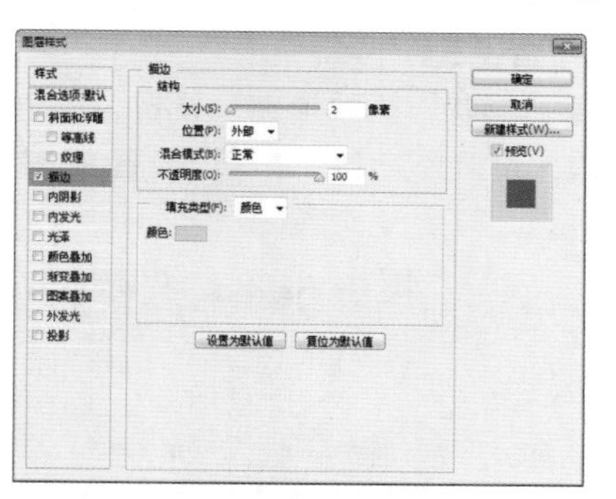

图3.59 描边样式设置及效果

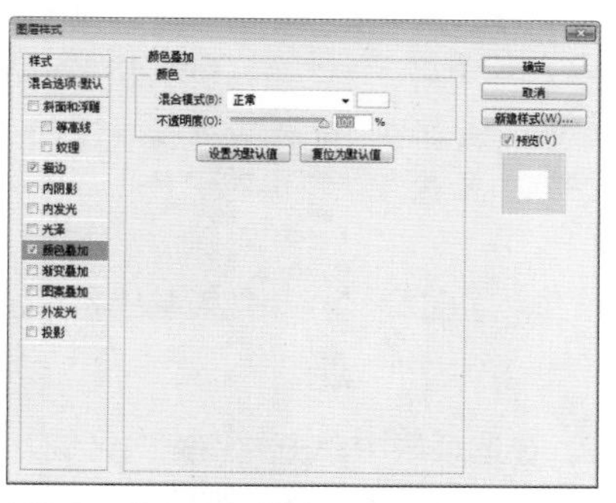

图3.60 颜色叠加样式设置及效果

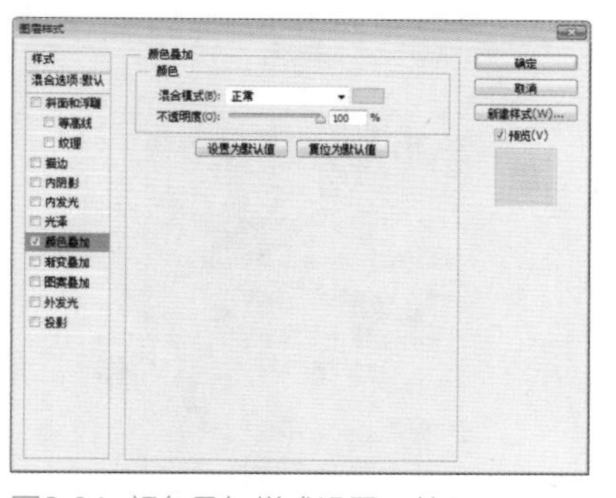

图3.61 颜色叠加样式设置及效果

复选框“关”状态的制作：

01 选择椭圆为其添加图层样式。描边：“大小”为2像素，“颜色”为灰色#d2d2d2，如图3.59所示。

02 添加图层样式。颜色叠加：“颜色”设置为灰色#f7f7f7，如图3.60所示。

03 选择对号层为其添加图层样式。颜色叠加：“颜色”设置为灰色#d2d2d2，如图3.61所示。

实 例 034 制作拖动条

实例分析

本例主要讲解拖动条的绘制方法。拖动条由3个图形组成，由下至上分别为灰色长条、高亮长条和手柄，其中，灰色长条代表总体长度，而高亮长条则表示为已经拖动或播放的长度，手柄主要用来左右拖动调整长度、拖动条、拖动条拆分效果，如图3.62所示。

- **素材位置 |** 无
- **案例位置 |** 案例文件\第3章\拖动条.psd
- **视频位置 |** 多媒体教学\实例034 制作拖动条.avi
- **难易指数 |** ★☆☆☆☆

图3.62 拖动条及拖动条拆分效果

01 选择工具箱中的"直线工具"╱。

02 在选择栏中选择"形状"，"填充"设置为灰色#d4d4d4，"描边"设置为无，"粗细"设置为1像素，如图3.63所示。

图3.63 选项栏设置

03 在画布中拖动绘制一个长条，重命名为"灰色长条"，如图3.64所示。将灰色长条层复制一份，如图3.65所示，将复制的图层重命名为高亮长条。

图3.64 绘制长条　图3.65 复制图层

04 选择高亮长条层，在选项栏中单击"填充"区域，更改填充颜色为青色#29c0c6，如图3.66所示。

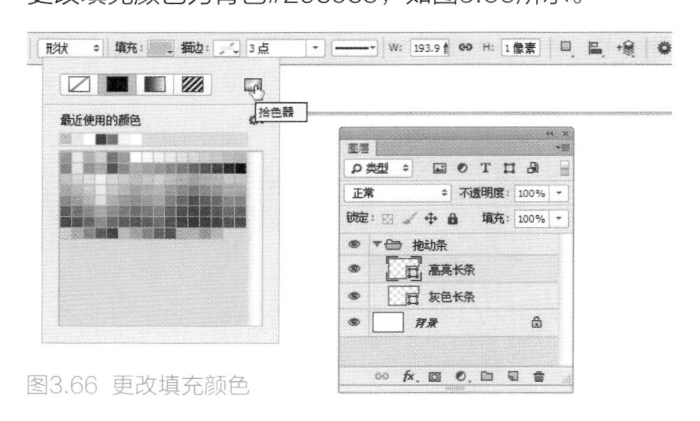

图3.66 更改填充颜色

提示

如果在"选项"栏中看不到"填充"选项，说明没有选择形状工具，可以在工具栏中选择任意一个形状工具即可。还有另外一种修改填充颜色的方法，就是直接双击该图层的图层缩览图，打开"拾色器"面板进行修改。

05 选择高亮长条层，按Ctrl+T组合键，执行"自由变换"命令，将其从右向左拖动水平缩小，如图3.67所示。

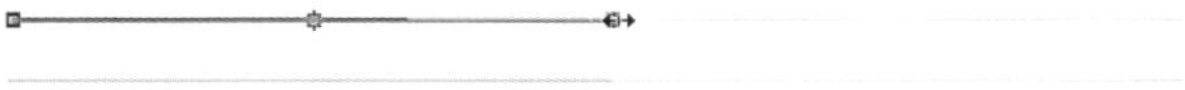

图3.67 缩小图形

06 选择工具箱中的"椭圆工具"，在选择栏中选择"形状"，"填充"设置为白色#ffffff，"描边"设置为无，按住Shift键绘制一个圆。

07 绘制完形状后，为圆添加图层样式。描边："大小"设置为1像素，"颜色"为灰色#aeadad，如图3.68所示。

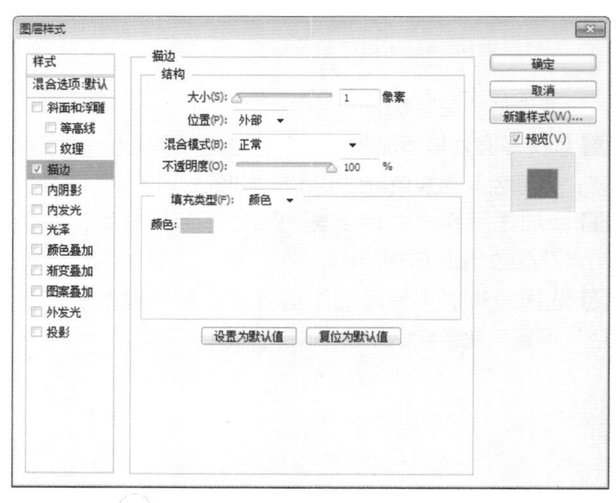

图3.68 描边样式设置及效果

实例 035 分段控件

实例分析

本例主要讲解分段控件的绘制方法。分段控件由多个按钮组成，处于当前状态的显示为蓝色，处于没有激活状态的显示为白色，如图3.69所示。

- **素材位置** | 无
- **案例位置** | 案例文件\第3章\分段控件.psd
- **视频位置** | 多媒体教学\实例035 分段控件.avi
- **难易指数** | ★☆☆☆☆

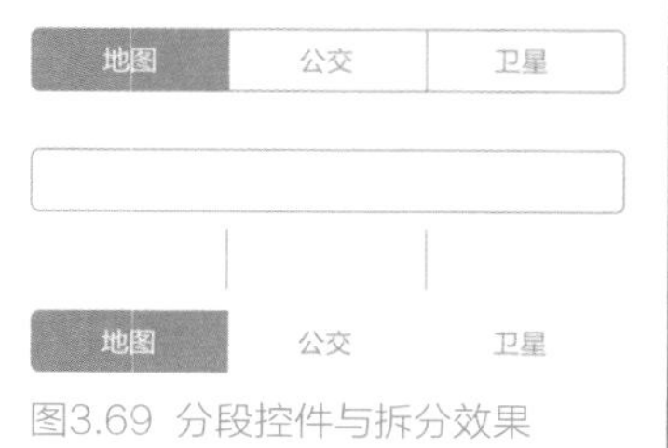

图3.69 分段控件与拆分效果

01 选择工具箱中的“圆角矩形工具”。

02 在选择栏中选择“形状”，“填充”设置为白色#ffffff，“描边”设置为无，“半径”设置为10像素，如图3.70所示。

图3.70 选项栏设置

03 绘制完成后，为圆角矩形添加描边样式。描边：“大小”设置为2像素，“位置”设置为居中，“颜色”设置为蓝色#007aff，如图3.71所示。

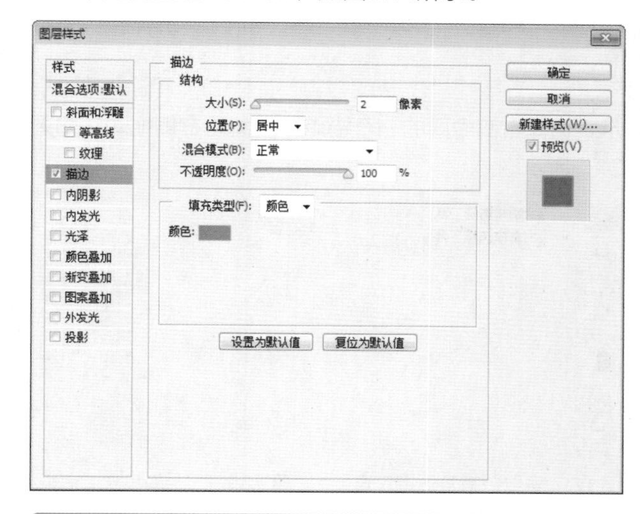

图3.71 描边样式设置及效果

04 选择工具箱中的“直线工具”，在选择栏中选择“形状”，“填充”设置为蓝色#007aff，“描边”设置为无，“粗细”设置为2像素，如图3.72所示。按住Shift键从上向下绘制一条竖线，将竖线复制一份并移动位置，如图3.73所示。

图3.72 选项栏参数设置

图3.73 绘制竖线效果

05 将圆角矩形复制一份，选择工具箱中的“直接选择工具”，选择圆角矩形最右侧的两个锚点，如图3.74所示。

图3.74 选择最右侧的两个锚点

> **提示**
>
> 复制图层后，为了选择方便，可以将原来的圆角矩形隐藏起来，这样选择时才不会出现误操作。

06 按Delete键将选中的锚点删除，再次使用“直接选择工具”，选择最右侧的两个锚点，然后将其水平向左拖动到合适的位置，如图3.75所示。

图3.75 向左拖动锚点

07 因为这个圆角矩形是复制出来的，所以本身已经带有“描边”样式了，下面再为其添加“颜色叠加”样式。颜色叠加：“颜色”设置为蓝色#007aff，如图3.76所示。

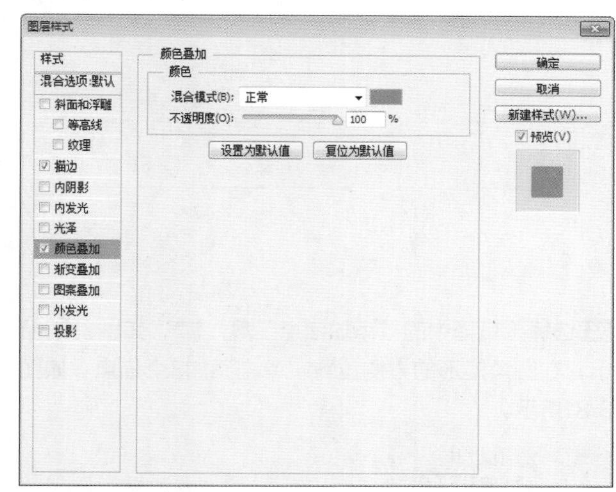

图3.76 颜色叠加样式设置及效果

08 选择工具箱中的“横排文字工具”**T**，在控件上输入文字，即可完成分段控件的制作。

实例 036 绘制不规则对话框

实例分析

本例主要讲解不规则对话框的绘制方法。对话框常用于聊天、发信息等文本信息中，如短信、微信、QQ等常见应用中，对话框最终效果，如图3.77所示。

- **素材位置 |** 无
- **案例位置 |** 案例文件\第3章\不规则对话框.psd
- **视频位置 |** 多媒体教学\实例036 绘制不规则对话框.avi
- **难易指数 |** ★★☆☆☆

Which city do you live in

I live in Beijing

图3.77 最终效果

01 选择工具箱中的“圆角矩形工具”。

02 在选择栏中选择“形状”，“填充”设置为无，“描边”设置为无，“半径”设置为10像素，如图3.78所示。

图3.78 选项栏设置

03 在画布中拖动绘制一个圆角矩形，作为对话框，如图3.79所示。

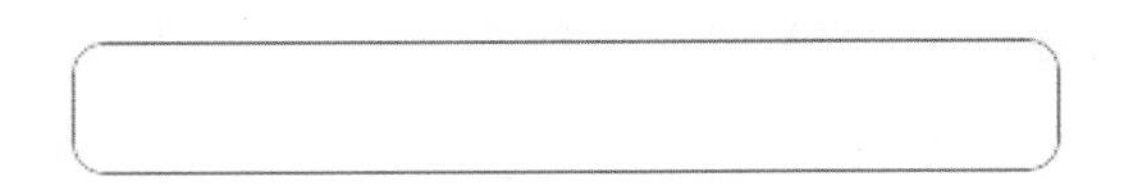

图3.79 绘制圆角矩形

04 选择工具箱中的“添加锚点工具”，如图3.80所示，在圆角矩形的右侧位置，单击添加3个锚点，如图3.81所示。

图3.80 选择“添加锚点工具”　　图3.81 添加锚点

05 选择工具箱中的“直接选择工具”，如图3.82所示，选择右侧中间的一个锚点，将其向右侧拖动，如图3.83所示。

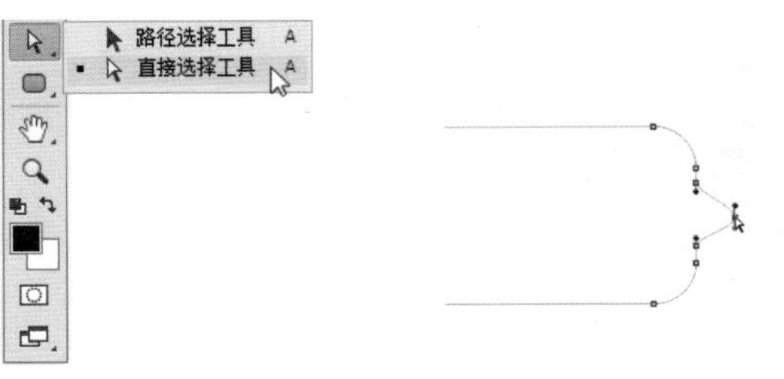

图3.82 选择“直接选择工具”　　图3.83 拖动锚点

06 选择工具箱中的“转换点工具”，分别单击添加的3个锚点，将其转换为角点，调整效果如图3.84所示。

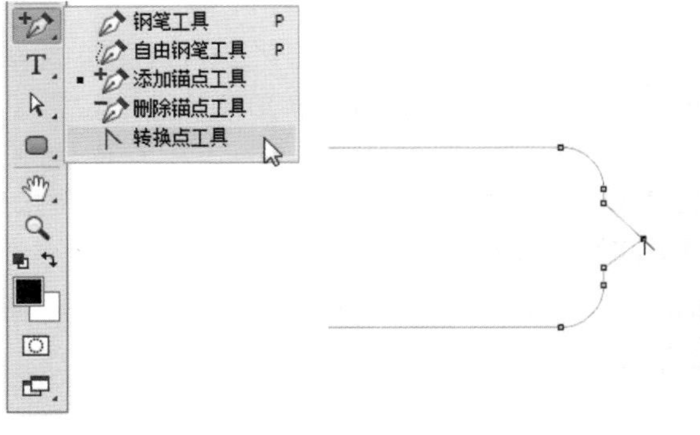

图3.84 调整效果

07 为对话框图形添加图层样式。描边：“大小”设置为2像素，“颜色”设置为灰色#e5e5e5，如图3.85所示。

08 添加图层样式。颜色叠加：“颜色”设置为白色#ffffff，完成最终效果，如图3.86所示。

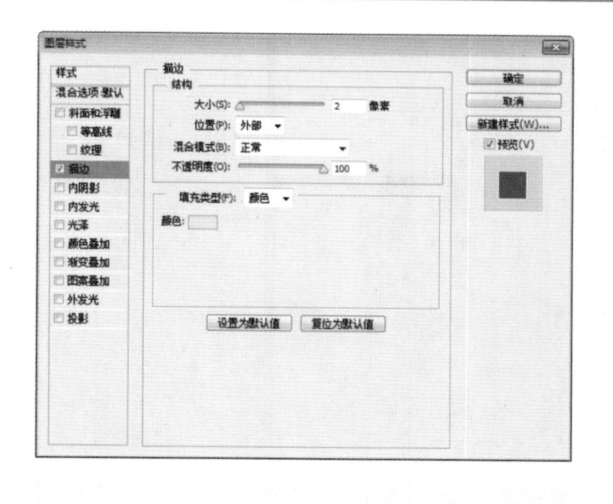

图3.85 描边样式设置及效果

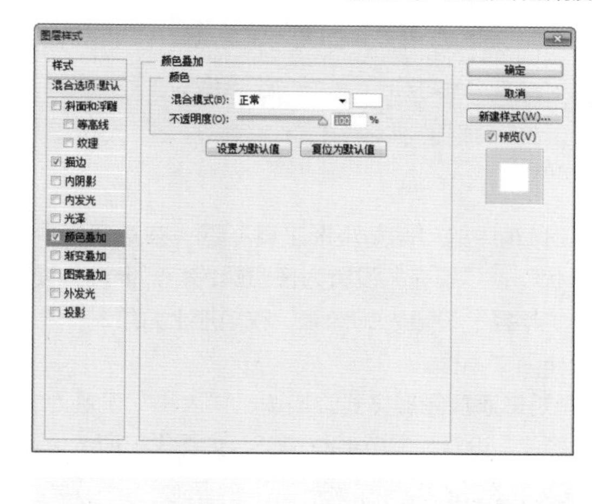

图3.86 完成最终效果

实例 037 文本框的制作

实例分析

本例主要讲解文本框的制作方法。文本框常用于文字的输入，是人机交流的主要控件，如填写资料、发送信息、搜索内容等，如图3.87所示。

- **素材位置 |** 无
- **案例位置 |** 案例文件\第3章\文本框.psd
- **视频位置 |** 多媒体教学\实例037 文本框的制作.avi
- **难易指数 |** ★☆☆☆☆

图3.87 两种状态按钮

01 选择工具箱中的“矩形工具”。

02 在选择栏中选择“形状”，“填充”可以设置随意一种颜色，“描边”设置为无，如图3.88所示，在画布中拖动绘制一个矩形。

图3.88 选项栏设置

03 绘制完成后，为圆角矩形添加颜色叠加样式。颜色叠加：“颜色”设置为黄色#ffa432，如图3.89所示。

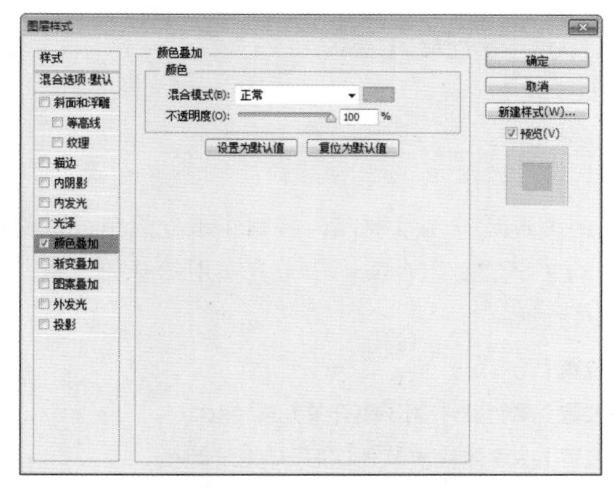

图3.89 颜色叠加样式设置及效果

04 将矢量的图标添加进来，如图3.90所示。

图3.90 添加图标

05 选择工具箱中的“圆角矩形工具”，在选择栏中选择“形状”，“填充”设置为任意颜色，“描边”设置为无，“半径”设置为10像素，在矩形上方绘制一个圆角矩形作为文本框。

06 为圆角矩形添加图层样式。描边：“大小”设置为1像素，“颜色”设置为咖色#9d5903，如图3.91所示。

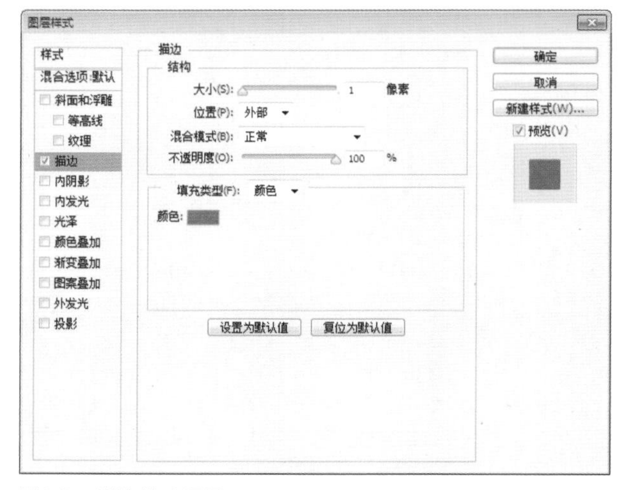

图3.91 描边样式设置

07 添加图层样式。颜色叠加：“颜色”设置为白色#ffffff，如图3.92所示。

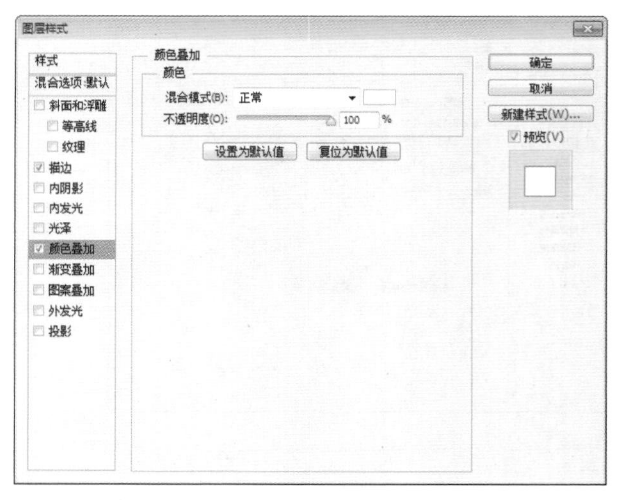

图3.92 颜色叠加样式设置及效果

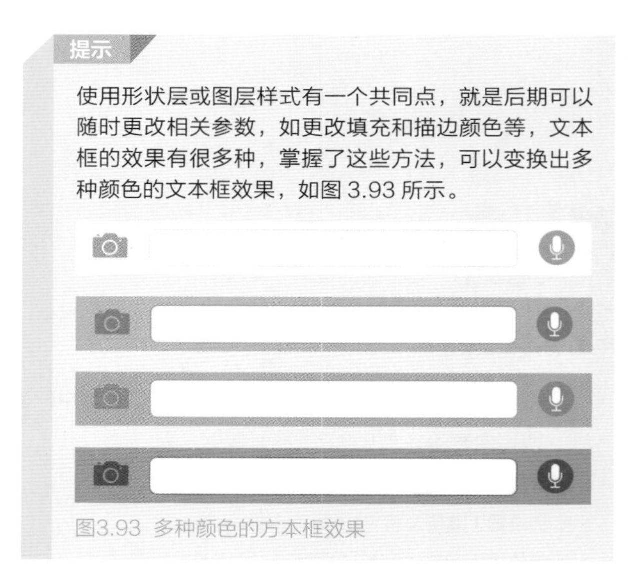

提示

使用形状层或图层样式有一个共同点，就是后期可以随时更改相关参数，如更改填充和描边颜色等，文本框的效果有很多种，掌握了这些方法，可以变换出多种颜色的文本框效果，如图 3.93 所示。

图3.93 多种颜色的方本框效果

实例 038 开关元素

实例分析

本例讲解开关元素制作，其制作十分简单，以简单的图形及简洁的文字信息组合成一个十分实用的开关元素，最终效果如图3.94所示。

- **素材位置 |** 无
- **案例位置 |** 案例文件\第3章\开关元素.psd
- **视频位置 |** 多媒体教学\实例038 开关元素.avi
- **难易指数 |** ★★☆☆☆

图3.94 最终效果

步骤1 制作渐变背景

01 执行菜单栏中的“文件”|“新建”命令，在弹出的对话框中设置“宽度”为400像素，“高度”为250像素，“分辨率”为72像素/英寸，新建一个空白画布。

02 选择工具箱中的“渐变工具”，编辑蓝色（R：42，G：123，B：175）到蓝色（R：38，G：75，B：116）的渐变，单击选项栏中的“径向渐变”按钮，在画布中从左上角向右下角方向拖动填充渐变，如图3.95所示。

图3.95 填充渐变

03 选择工具箱中的“矩形工具”，在选项栏中将“填充”更改为深灰色（R：34，G：34，B：34），“描边”设置为无，在画布中绘制一个矩形，此时将生成一个“矩形 1”图层，如图3.96所示。

图3.96 绘制图形

04 选择工具箱中的“圆角矩形工具”，在选项栏中将“填充”更改为蓝色（R：0，G：136，B：255），“描边”设置为无，“半径”设置为30像素，在矩形靠左侧位置绘制一个圆角矩形，此时将生成一个“圆角矩形 1”图层，如图3.97所示。

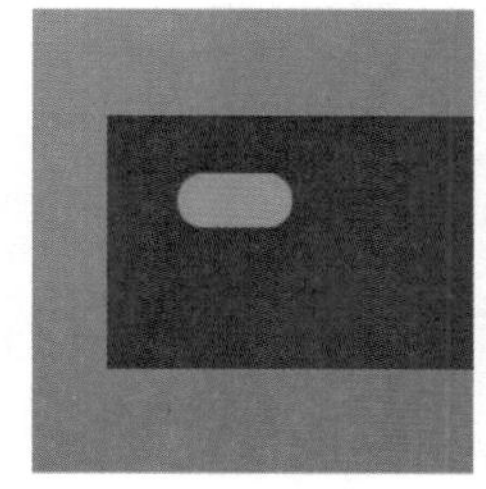

图3.97 绘制图形

步骤2 绘制控件

01 选择工具箱中的“椭圆工具”，在选项栏中将“填充”更改为白色，“描边”设置为无，在圆角矩形靠左侧位置按住Shift键绘制一个圆形，此时将生成一个“椭圆 1”图层，如图3.98所示。

图3.98 绘制图形

02 在“图层”面板中，同时选中“椭圆 1”及“圆角矩形1”图层，将其拖曳至面板底部的“创建新图层”按钮上，复制“椭圆 1 拷贝”及“圆角矩形 1 拷贝”2个新的图层，如图3.99所示。

03 选中“圆角矩形 1 拷贝”图层，将其图形颜色更改为橙色（R：242，G：108，B：80），选中“椭圆1拷贝”图层，在画布中将图形向右侧平移，如图3.100所示。

图3.99 复制图层

图3.100 变换图形

04 选择工具箱中的“横排文字工具”，在画布适当位置添加文字，这样就完成了效果制作，最终效果如图3.101所示。

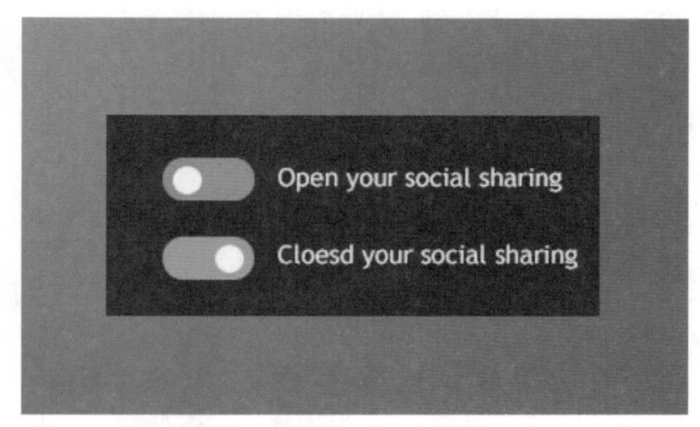

图3.101 最终效果

实例 039 确认及取消按钮

实例分析

本例讲解确认及取消按钮的制作方法，确认及取消按钮是十分常用的控件，它们虽然制作十分简单但在APP应用中十分常见，最终效果如图3.102所示。

- **素材位置 |** 无
- **案例位置 |** 案例文件\第3章\确认及取消按钮.psd
- **视频位置 |** 多媒体教学\实例039 确认及取消按钮.avi
- **难易指数 |** ★★☆☆☆

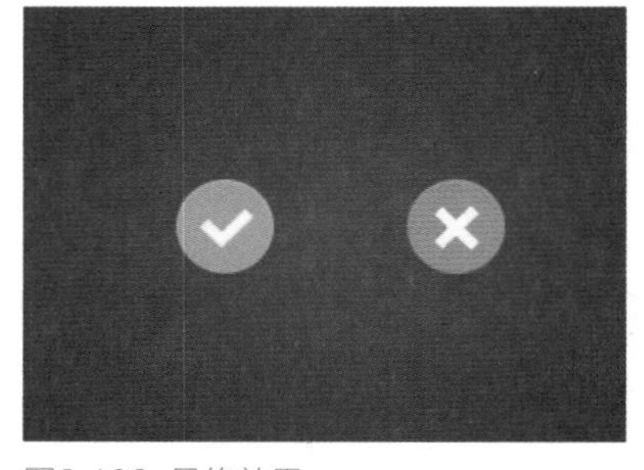
图3.102 最终效果

步骤1 制作背景绘制图形

01 执行菜单栏中的“文件”|“新建”命令，在弹出的对话框中设置“宽度”为400像素，“高度”为300像素，“分辨率”为72像素/英寸，新建一个空白画布。

02 选择工具箱中的“渐变工具”，编辑深蓝色（R：64，G：75，B：107）到深紫色（R：52，G：40，B：76）的渐变，单击选项栏中的“径向渐变”按钮，在画布中从中间向右下角方向拖动填充渐变，如图3.103所示。

图3.103 填充渐变

03 选择工具箱中的“椭圆工具”，在选项栏中将“填充”更改为绿色（R：117，G：195，B：83），“描边”设置为无，在画布靠左侧位置按住Shift键绘制一个圆形，此时将生成一个“椭圆 1”图层，如图3.104所示。

图3.104 绘制图形

04 在“图层”面板中，选中“椭圆 1”图层，单击面板底部的“添加图层样式”按钮，在菜单中选择“内阴影”命令，在弹出的对话框中将“混合模式”更改为叠加，“颜色”更改为白色，“不透明度”更改为50%，取消“使用全局光”复选框，“角度”更改为90度，“距离”更改为1像素，“大小”更改为1像素，如图3.105所示。

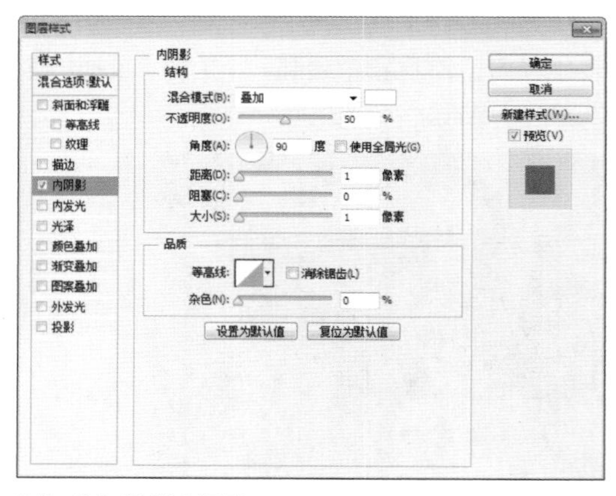

图3.105 设置内阴影

05 在“图层”面板中，选中“椭圆 1”图层，将其拖至面板底部的“创建新图层”按钮上，复制1个“椭圆 1拷贝”图层，将“椭圆 1拷贝”图层中图形颜色更改为红色（R：225，G：113，B：100），在画布中按住Shift键向右侧平移，如图3.106所示。

图3.106 复制图层并移动图形

步骤2　绘制细节图形

01 选择工具箱中的“矩形工具”▭，在选项栏中将“填充”更改为白色，“描边”为无，在左侧椭圆图形位置绘制一个矩形并将其适当旋转，此时将生成一个“矩形 1”图层，如图3.107所示。

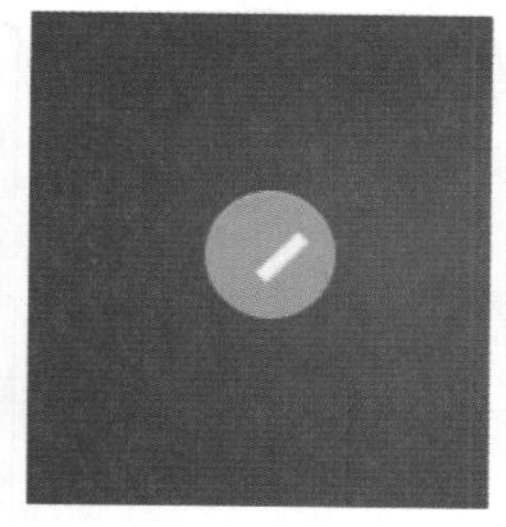

图3.107　绘制图形

02 在“图层”面板中，选中“矩形 1”图层，将其拖至面板底部的“创建新图层”按钮上，复制1个“矩形 1拷贝”图层，如图3.108所示。

03 选中“矩形 1拷贝”图层，按Ctrl+T组合键对其执行“自由变换”命令，单击鼠标右键，从弹出的快捷菜单中选择“水平翻转”命令，完成之后按Enter键确认，再选择工具箱中的“直接选择工具”拖曳图形锚点适当缩小其长度，如图3.109所示。

图3.108　复制图层

图3.109　变换图形

04 以同样的方法在右侧椭圆图形处绘制矩形，这样就完成了效果制作，最终效果如图3.110所示。

图3.110　最终效果

实例 040　搜索框

实例分析

本例讲解搜索框制作，整个制作比较简单，以简洁的外观与经典的素雅配色相结合，整个最终效果相当出色，在制作过程中注意投影及厚度质感的变化，最终效果如图3.111所示。

- **素材位置** | 素材文件\第3章\搜索框
- **案例位置** | 案例文件\第3章\搜索框.psd
- **视频位置** | 多媒体教学\实例040　搜索框.avi
- **难易指数** | ★★☆☆☆

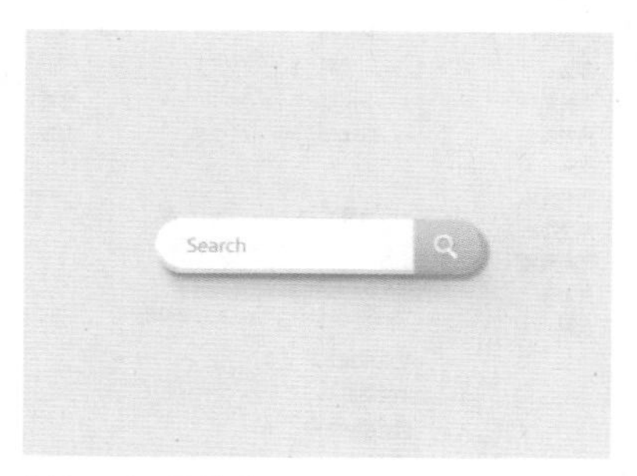

图3.111　最终效果

步骤1　绘制轮廓

01 执行菜单栏中的“文件”|“新建”命令，在弹出的对话框中设置“宽度”为400像素，“高度”为300像素，“分辨率”为72像素/英寸，新建一个空白画布，将画布填充为灰色（R：235，G：232，B：230），如图3.112所示。

图3.112　新建画布并填充颜色

02 选择工具箱中的“圆角矩形工具”，在选项栏中将“填充”更改为白色，“描边”为无，“半径”为50像素，在画布中按住Shift键绘制一个圆角矩形，此时将生成一个“圆角矩形 1”图层，如图3.113所示。

03 在“图层”面板中，选中“圆角矩形 1”图层，将其拖至面板底部的“创建新图层”按钮上，复制1个“圆角矩形 1 拷贝”图层，如图3.114所示。

图3.113 绘制图形

图3.114 复制图层

04 在“图层”面板中，选中“圆角矩形 1”图层，单击面板底部的“添加图层样式”按钮，在菜单中选择“斜面与浮雕”命令，在弹出的对话框中将“深度”更改为1000%，“大小”更改为3像素，“高光模式”更改为正常，“不透明度”更改为100%，“阴影模式”更改为正常，“颜色”更改为灰色（R：232，G：226，B：220），“不透明度”更改为100%，如图3.115所示。

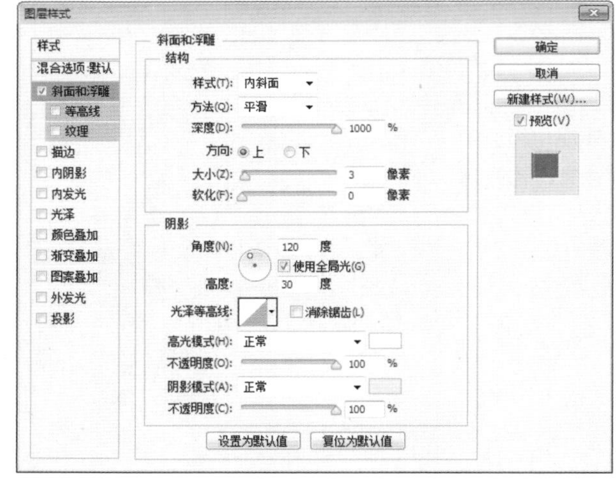

图3.115 设置斜面与浮雕

05 选中“渐变叠加”复选框，将“混合模式”更改为叠加，“不透明度”更改为60%“渐变”更改为灰色（R：203，G：203，B：203）到灰色（R：234，G：234，B：234），如图3.116所示。

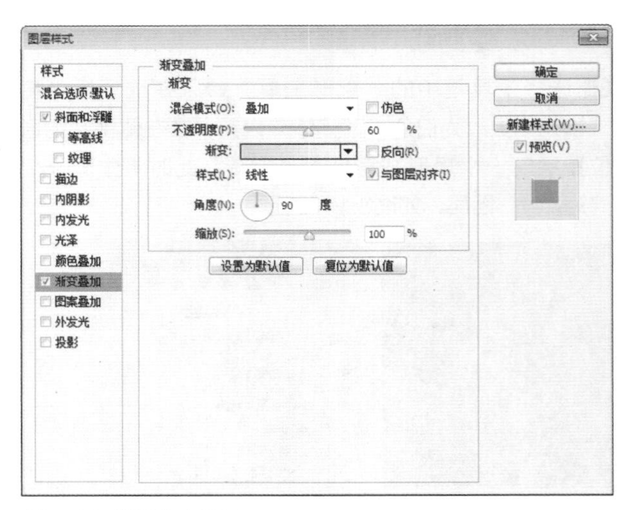

图3.116 设置渐变叠加

06 选中“投影”复选框，将“颜色”更改为灰色（R：137，G：130，B：120），“不透明度”更改为60%，“距离”更改为5像素，“大小”更改为3像素，完成之后单击“确定”按钮，如图3.117所示。

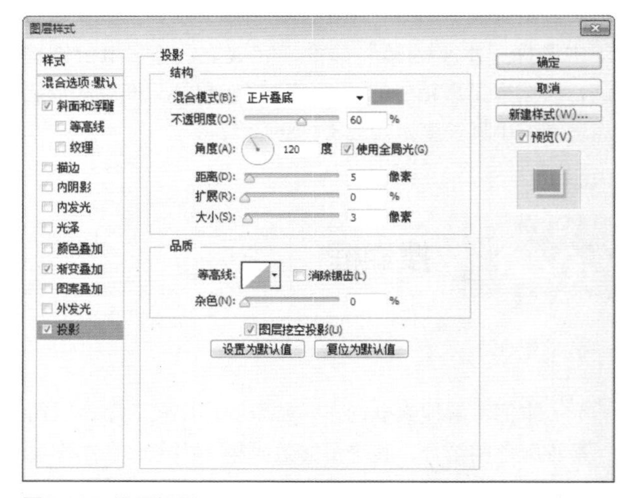

图3.117 设置投影

07 在“圆角矩形 1”图层名称上单击鼠标右键，从弹出的快捷菜单中选择“拷贝图层样式”命令，在“圆角矩形 1 拷贝”图层名称上单击鼠标右键，从弹出的快捷菜单中选择“粘贴图层样式”命令，再将“圆角矩形 1 拷贝”图层中图形颜色更改为黑色，如图3.118所示。

图3.118 拷贝并粘贴图层样式

08 双击“圆角矩形 1拷贝”图层样式名称，在弹出的对话框中将“渐变”更改为绿色（R：161，G：202，B：120）到绿色（R：201，G：230，B：167），完成之后单击“确定”按钮，如图3.119所示。

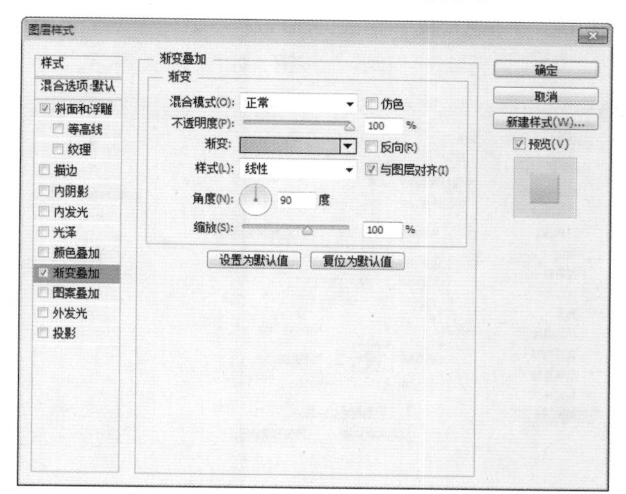

图3.119 设置渐变叠加

09 选择工具箱中的“直接选择工具”，选中“圆角矩形 1 拷贝”图层中图形左侧锚点按Delete键将其删除，如图3.120所示。

10 选中圆角矩形左侧锚点向右侧拖动将图形宽度缩小，如图3.121所示。

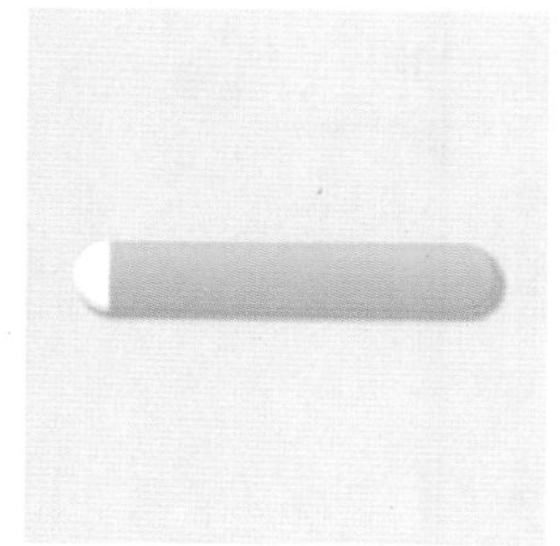

图3.120 删除锚点

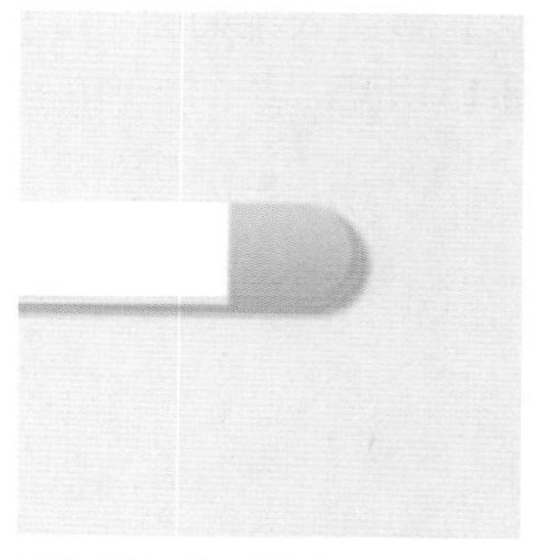

图3.121 拖动锚点

步骤2 制作投影

01 选择工具箱中的“矩形工具”，在选项栏中将“填充”更改为灰色（R：177，G：167，B：160），“描边”为无，在刚才绘制的圆角矩形下方位置绘制一个矩形，此时将生成一个“矩形 1”图层，将其移至“圆角矩形 1”图层下方，如图3.122所示。

02 选中“矩形 1”图层，执行菜单栏中的“滤镜”|“模糊”|“动感模糊”命令，在弹出的对话框中将“角度”更改为90度，“距离”更改为35像素，设置完成之后单击“确定”按钮，如图3.123所示。

03 选中“矩形 1”图层，执行菜单栏中的“滤镜”|“模糊”|“动感模糊”命令，在弹出的对话框中将“半径”更改为3像素，完成之后单击“确定”按钮，如图3.124所示。

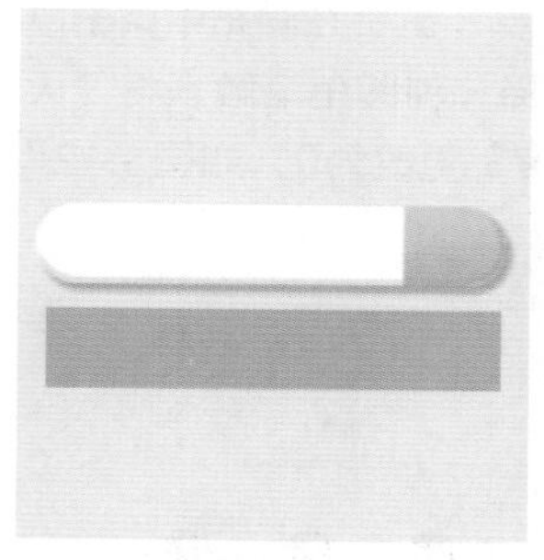

图3.122 绘制图形

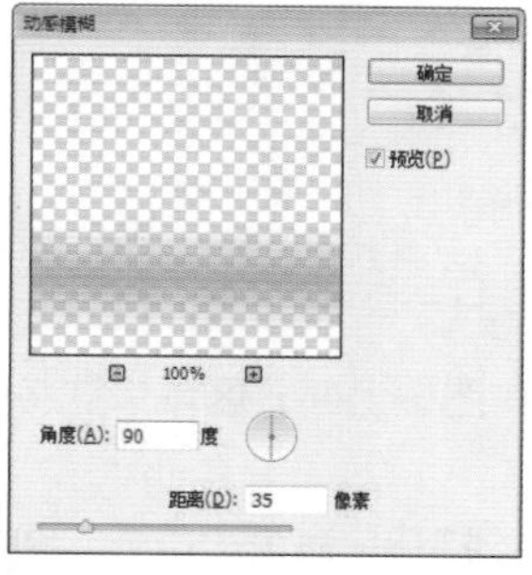

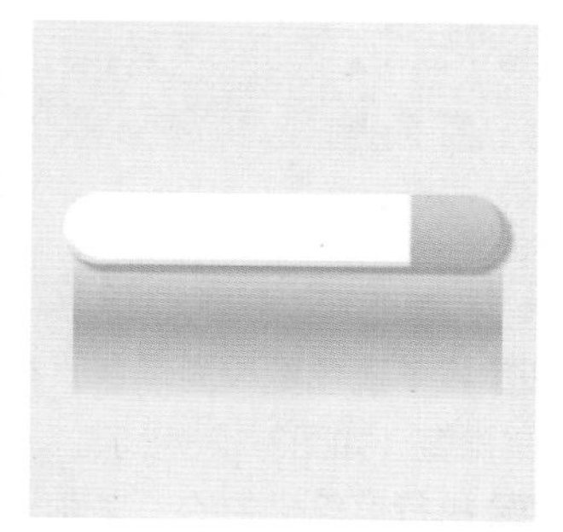

图3.123 设置动感模糊

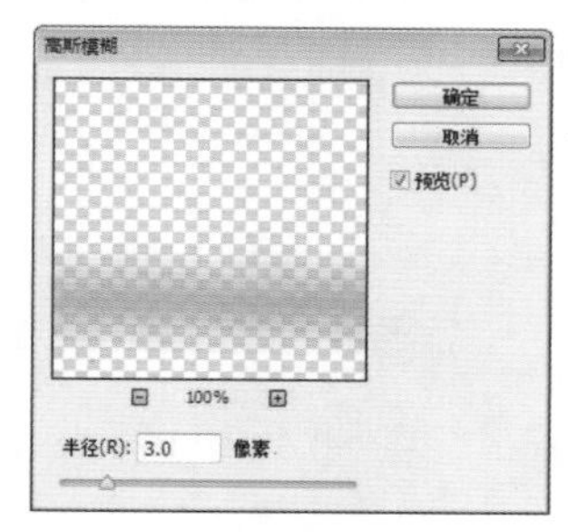

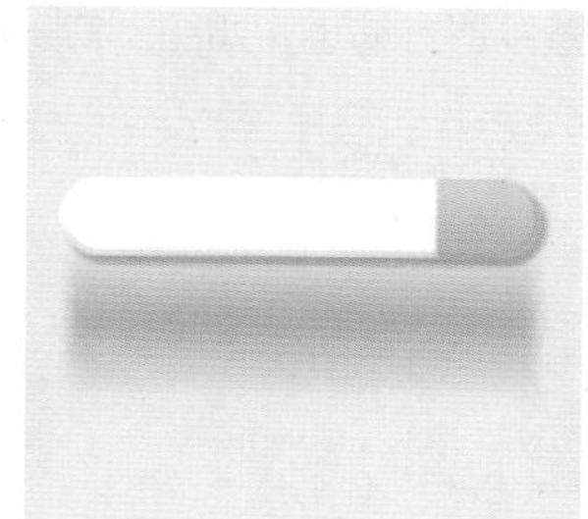

图3.124 设置高斯模糊

04 选中“矩形 1”图层，按Ctrl+T组合键对其执行“自由变换”命令，将图像高度缩小，完成之后按Enter键确认，再单击鼠标右键，从弹出的快捷菜单中选择“斜切”命令，拖动底部控制点将图像变形，完成之后按Enter键确认，如图3.125所示。

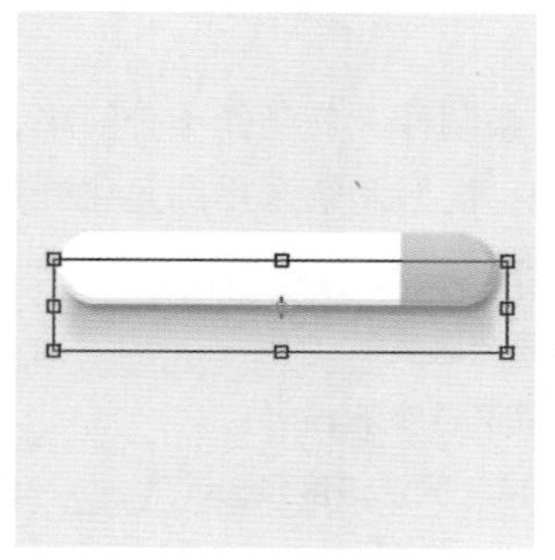

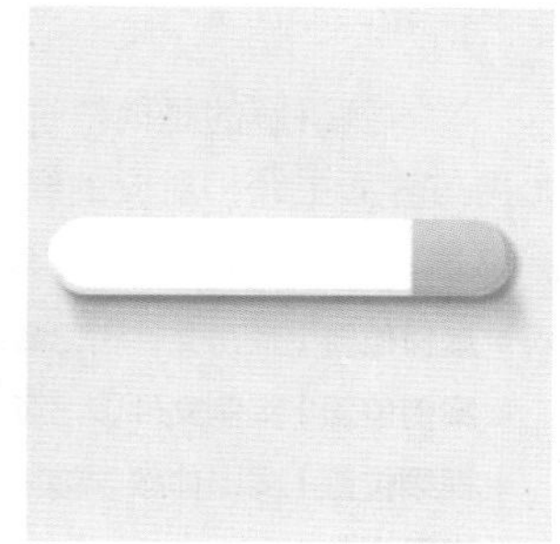

图3.125 将图像变形

05 在“图层”面板中，选中“矩形 1”图层，单击面板底部的“添加图层蒙版”按钮，为其图层添加图层蒙版，如图3.126所示。

06 选择工具箱中的“画笔工具”，在画布中单击鼠标右键，在弹出的面板中选择一种圆角笔触，将“大小”更改为100像素，“硬度”更改为0，如图3.127所示。

图3.126 添加图层蒙版

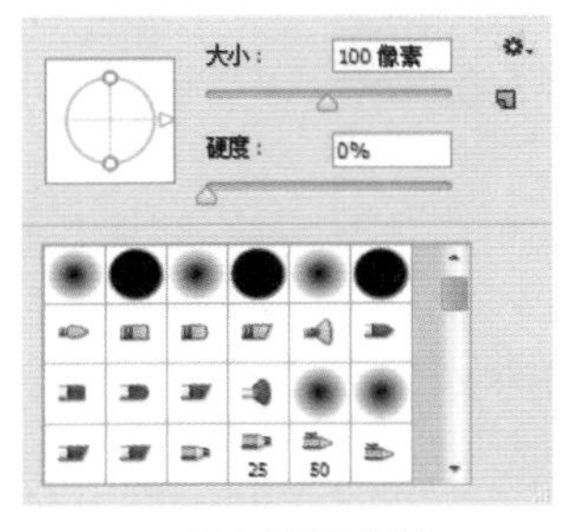
图3.127 添加图层蒙版

步骤3 添加素材及文字

01 将前景色更改为黑色，在其图像上部分区域涂抹将其隐藏，如图3.128所示。

02 执行菜单栏中的“文件”|“打开”命令，打开“图标.psd”文件，将打开的素材拖入画布中搜索框右侧位置并适当缩小，如图3.129所示。

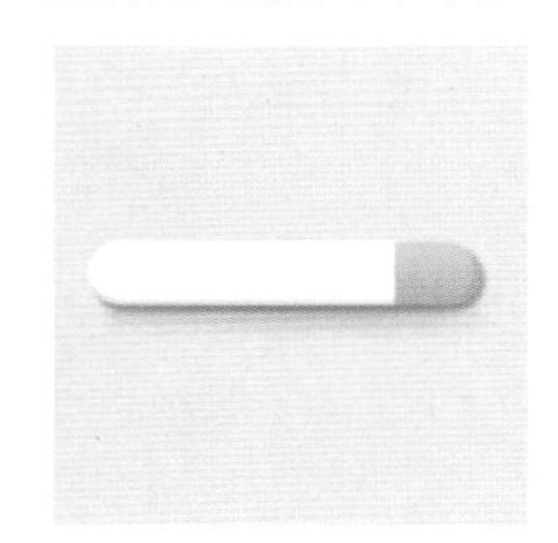
图3.128 隐藏图像

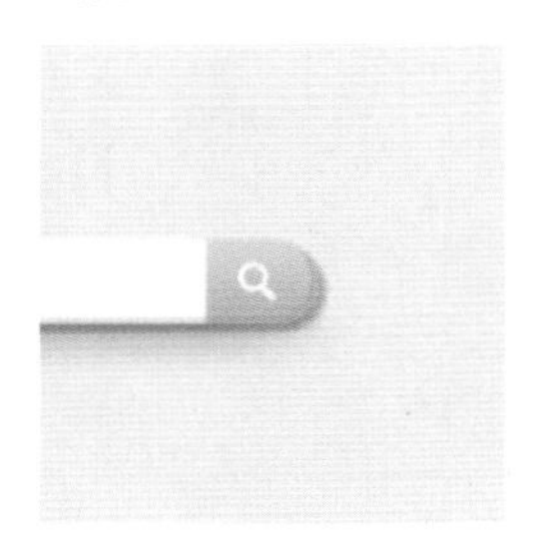
图3.129 添加素材

03 在“图层”面板中，选中“图标”图层，单击面板底部的“添加图层样式”按钮，在菜单中选择“投影”命令，在弹出的对话框中将“混合模式”更改为正常，“颜色”更改为绿色（R：120，G：148，B：90），“不透明度”更改为50%，“距离”更改为1像素，完成之后单击“确定”按钮，如图3.130所示。

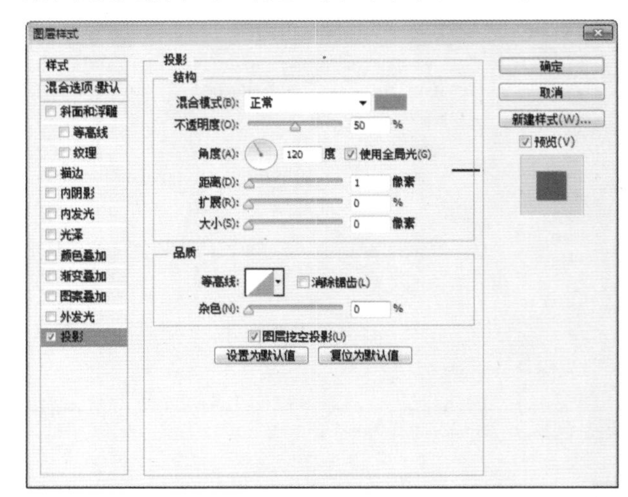
图3.130 设置投影

04 选择工具箱中的“横排文字工具”，在画布适当位置添加文字，这样就完成了效果制作，最终效果如图3.131所示。

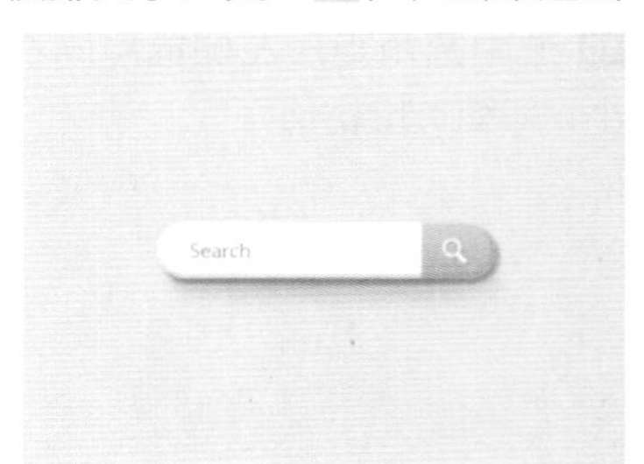
图3.131 添加文字及最终效果

实例041 简洁进度条

实例分析

本例讲解的是简洁进度条制作，其制作十分简单，进度条的颜色采用与界面主题相对应的绿色，同时两端采用圆角化处理，视觉效果更加出色，最终效果如图3.132所示。

- **素材位置** | 素材文件\第3章\简洁进度条
- **案例位置** | 案例文件\第3章\简洁进度条.psd
- **视频位置** | 多媒体教学\实例041 简洁进度条.avi
- **难易指数** | ★☆☆☆☆

图3.132 最终效果

步骤1 打开素材

01 执行菜单栏中的“文件”|“打开”命令，打开“背景.jpg”文件，如图3.133所示。

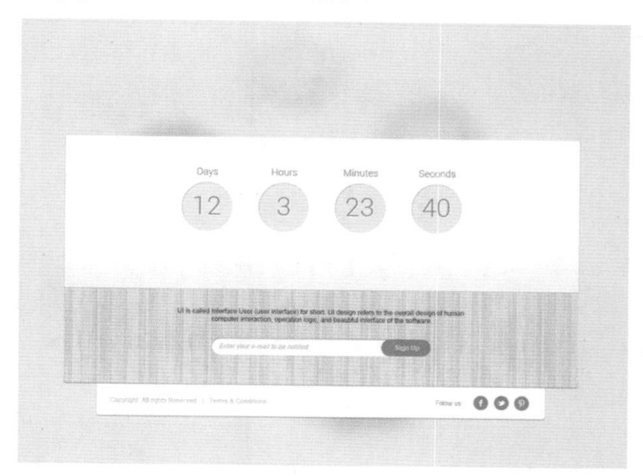

图3.133 打开素材

02 选择工具箱中的“圆角矩形工具”，在选项栏中，将“填充”更改为灰色（R：227，G：227，B：227），“描边”为无，“半径”为15像素，在适当位置绘制一个圆角矩形，此时将生成一个“圆角矩形1”图层，如图3.134所示。

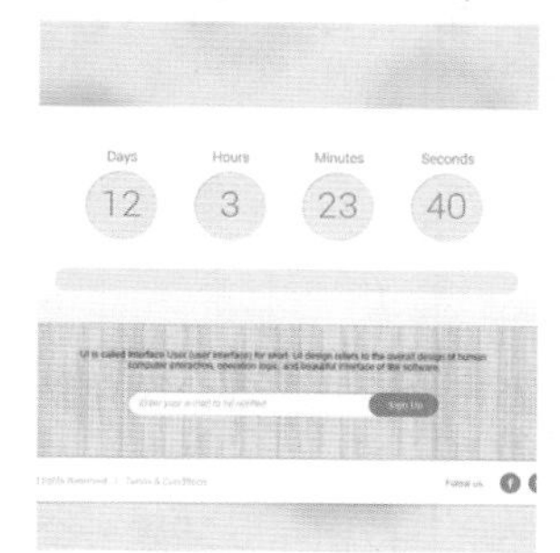

图3.134 绘制图形

步骤2 复制变换图形

01 在“图层”面板中，选中“圆角矩形1”图层，将其拖至面板底部的“创建新图层”按钮上，复制1个“圆角矩形1 拷贝”图层，如图3.135所示。

02 选中“圆角矩形1 拷贝”图层，将其图形颜色更改为绿色（R：177，G：196，B：0），再缩短图形宽度，如图3.136所示。

03 在“图层”面板中，选中“圆角矩形1”图层，单击面板底部的“添加图层样式”按钮 fx，在菜单中选择“内阴影”命令，在弹出的对话框中将“不透明度”更改为20%，“距离”更改为1像素，“大小”更改为2像素，完成之后单击“确定”按钮，如图3.137所示。

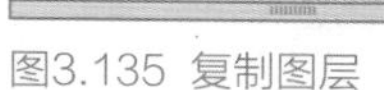

图3.135 复制图层

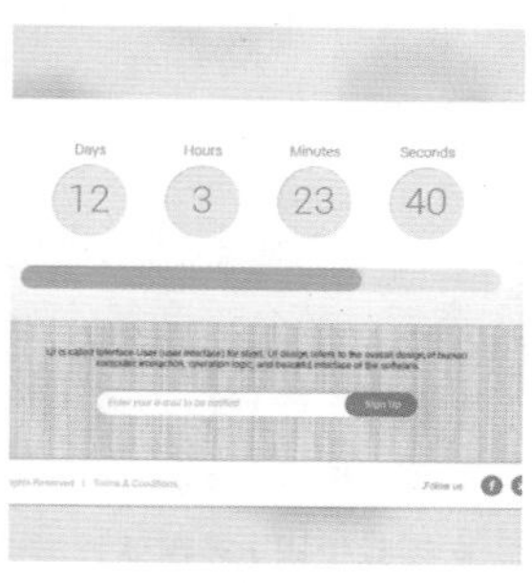

图3.136 变换图形

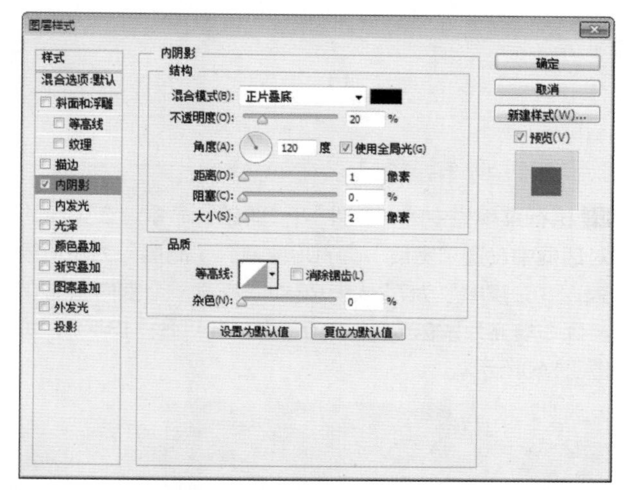

图3.137 设置内阴影

04 选择工具箱中的“横排文字工具”T，在画布适当位置添加文字，这样就完成了效果制作，最终效果如图3.138所示。

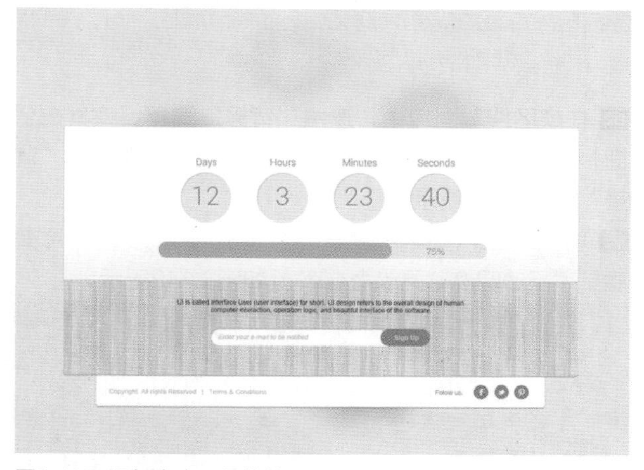

图3.138 添加文字及最终效果

实例 042 糖果进度条

实例分析

本例讲解糖果进度条制作，在制作过程中采用黄色系与紫色系搭配，整个进度条的外观十分甜美，最终效果如图3.139所示。

- **素材位置｜**无
- **案例位置｜**案例文件\第3章\糖果进度条.psd
- **视频位置｜**多媒体教学\实例042 糖果进度条.avi
- **难易指数｜**★★★☆☆

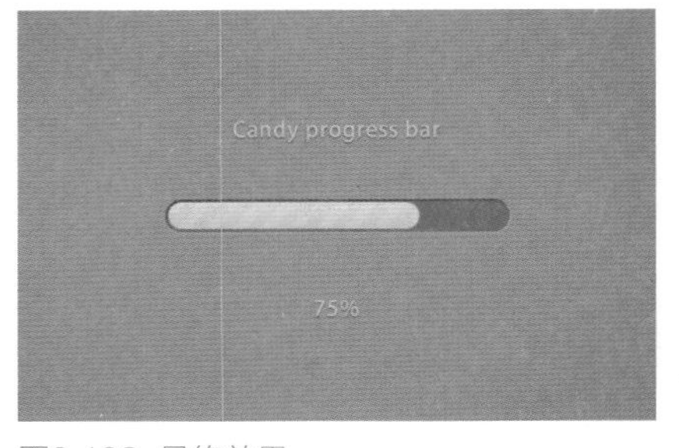

图3.139 最终效果

步骤1 制作纯色背景

01 执行菜单栏中的“文件”|“新建”命令，在弹出的对话框中设置“宽度”为700像素，“高度”为500像素，“分辨率”为72像素/英寸，新建一个空白画布，将画布填充为紫色（R：210，G：75，B：134），如图3.140所示。

图3.140 新建画布并填充颜色

02 在“图层”面板中，选中“背景”图层，将其拖至面板底部的“创建新图层”按钮上，复制1个“背景”如图3.141所示。

03 将“背景 拷贝”图层混合模式设置为“正片叠底”“不透明度”更改为40%，如图3.142所示。

图3.141 复制图层

图3.142 设置图层混合模式

04 选择工具箱中的“画笔工具”，在画布中单击右键，在弹出的面板中选择一种圆角笔触，将“大小”更改为300像素，“硬度”更改为0%，在选项栏中将“不透明度”更改为30%，如图3.143所示。

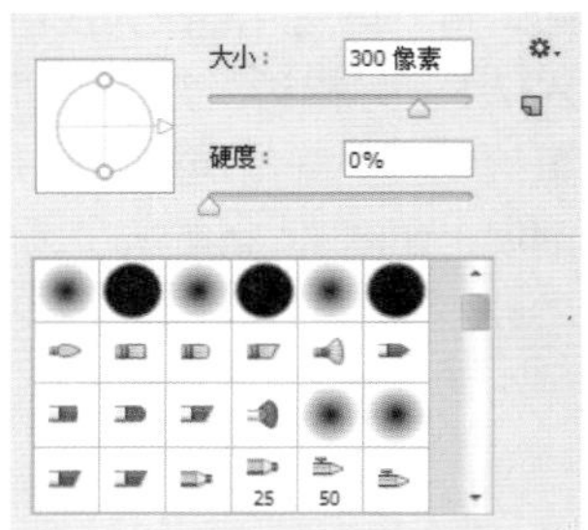

图3.143 设置笔触

05 将前景色更改为黑色，在画布中涂抹将部分颜色隐藏，如图3.144所示。

06 单击面板底部的“创建新图层”按钮，新建一个“图层1”图层，如图3.145所示。

图3.144 隐藏图像

图3.145 新建图层

步骤2 定义图案

01 执行菜单栏中的“文件”|“新建”命令，在弹出的对话框中设置“宽度”为4像素，“高度”为4像素，“分辨率”为72像素/英寸，“颜色模式”为RGB颜色，“背景内容”为透明，新建一个空白画布。

02 选择工具箱中的“缩放工具”，在画布中单击鼠标右键，从弹出的快捷菜单中选择“按屏幕大小缩小”命令，将当前画布放至最大，如图3.146所示。

图3.146 放大画布

提示

在画布中按住 Alt 键滚动鼠标中间滚轮同样可以将当前画布放大或缩小。

03 选择工具箱中的“矩形工具”，在选项栏中将“填充”更改为黑色，“描边”为无，在画布右上角位置绘制一个矩形，此时将生成一个“矩形1”图层，如图3.147所示。

图3.147 绘制图形

04 选中“矩形1”图层，在画布中按住Alt键向左下角方向拖动，将图形复制3份，同时选中所有图层按Ctrl+E组合键将其合并，如图3.148所示。

图3.148 复制并合并图层

05 执行菜单栏中的“编辑”|“定义图案”命令，在弹出的对话框中将“名称”更改为纹理，完成之后单击“确定”按钮，如图3.149所示。

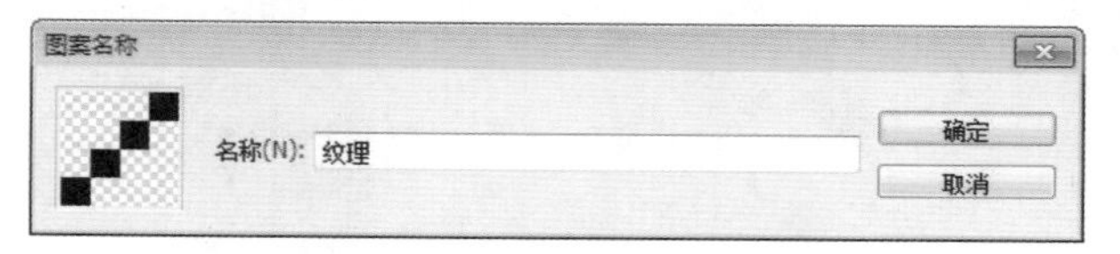

图3.149 定义图案

06 选中“图层1”，执行菜单栏中的“编辑”|“填充”命令，在弹出的对话框中选择“使用”为图案，单击“自定图案”后方的按钮，在弹出的面板中选择最底部刚才定义的“纹理”图案，完成之后单击“确定”按钮，如图3.150所示。

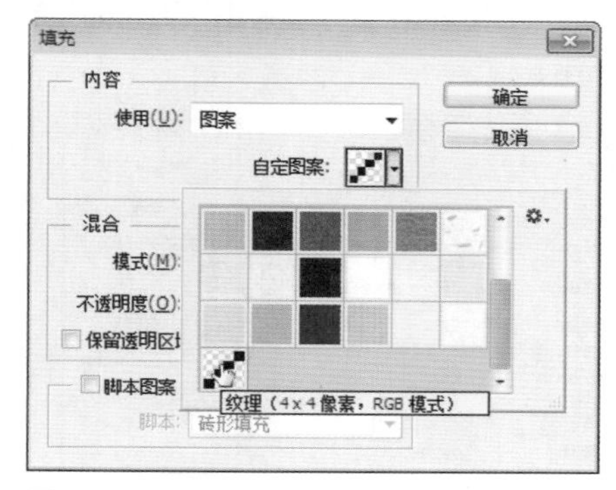

图3.150 设置填充

07 在“图层”面板中，选中“图层 1”图层，将其图层混合模式设置为“叠加”，“不透明度”更改为30%，如图3.151所示。

图3.151 设置图层混合模式

步骤3 绘制图形

01 选择工具箱中的“圆角矩形工具”，在选项栏中将“填充”更改为紫色（R：174，G：22，B：70），“描边”为无，“半径”为30像素，在画布中绘制一个圆角矩形，此时将生成一个“圆角矩形1”图层，如图3.152所示。

02 在“图层”面板中，选中“圆角矩形1”图层，将其拖至面板底部的“创建新图层”按钮上，复制1个“圆角矩形1 拷贝”图层，如图3.153所示。

图3.152 绘制图形

图3.153 复制图层

03 在“图层”面板中，选中“圆角矩形1”图层，单击面板底部的“添加图层样式”按钮 fx，在菜单中选择“内阴影”命令，在弹出的对话框中将“不透明度”更改为50%，“距离”更改为1像素，“大小”更改为1像素，如图3.154所示。

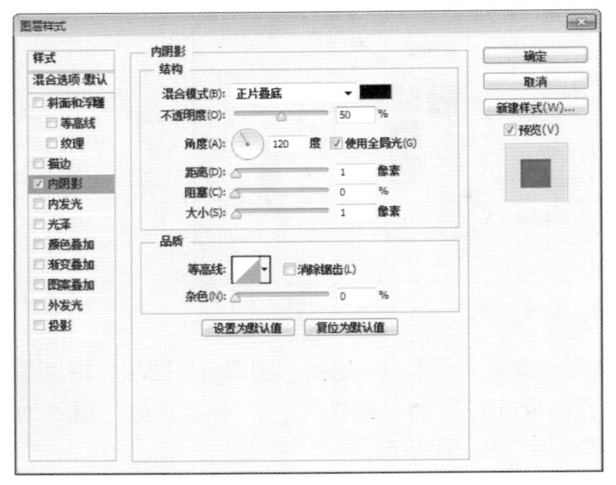

图3.154 设置内阴影

04 选中“投影”复选框，将“混合模式”更改为叠加，“颜色”更改为白色，“不透明度”更改为50%，将“距离”更改为1像素，将“大小”更改为1像素，完成之后单击“确定”按钮，如图3.155所示。

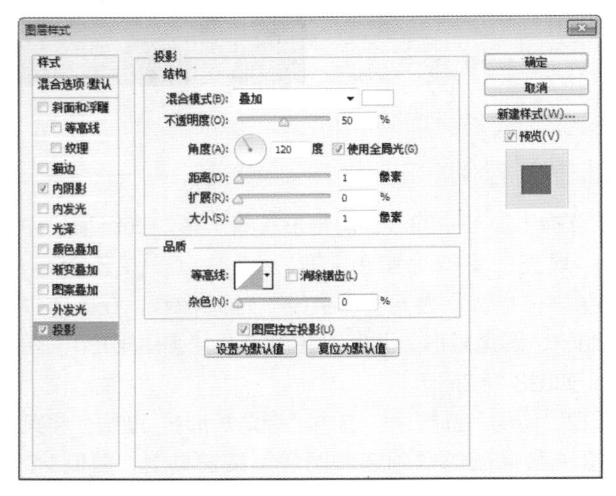

图3.155 设置投影

05 选中“圆角矩形 1 拷贝”图层，将其图形颜色更改为白色，再按Ctrl+T组合键对其执行“自由变换”命令，分别将图形宽度和高度缩小，完成之后按Enter键确认，如图3.156所示。

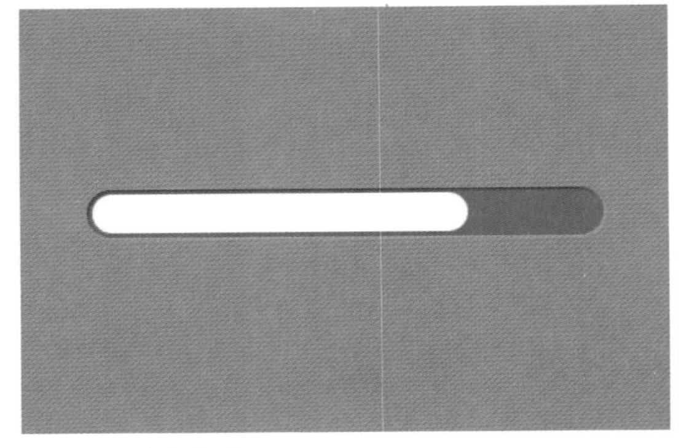

图3.156 缩小图形

提示

更改图形颜色是为了更好地区分与下方之间的图形颜色，以方便对图形缩小变形。

提示

在绘制图形的时候注意上下图形之间的空隙。

06 在“图层”面板中，选中“圆角矩形 1 拷贝”图层，单击面板底部的“添加图层样式”按钮 fx，在菜单中选择“渐变叠加”命令，在弹出的对话框中将“渐变”更改为橙色（R：253，G：160，B：40）到黄色（R：255，G：202，B：42），如图3.157所示。

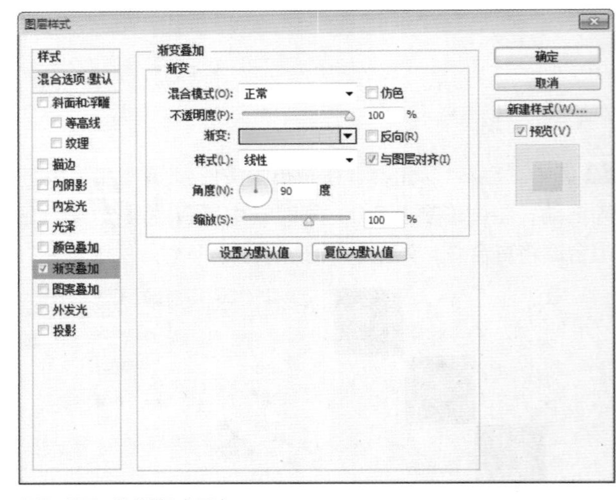

图3.157 设置渐变叠加

07 选中“内阴影”复选框，将“混合模式”更改为“叠加”，“颜色”更改为白色，“距离”更改为1像素，完成之后单击“确定”按钮，如图3.158所示。

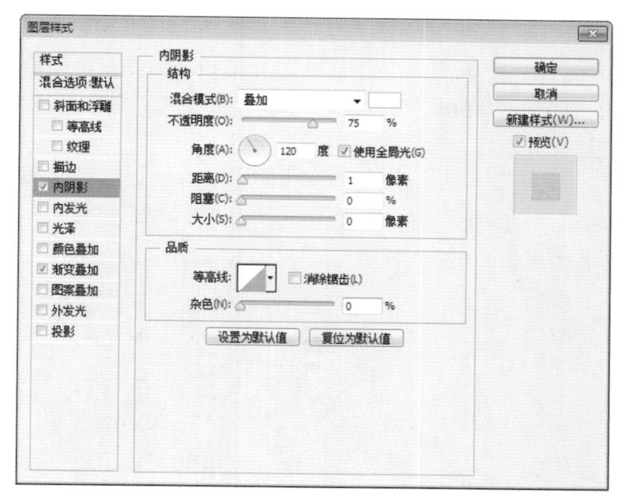

图3.158 设置渐变叠加

步骤4 制作条纹

01 选择工具箱中的“矩形工具”▢，在选项栏中将“填充”更改为黑色，“描边”为无，在画布中绘制一个矩形并适当旋转，此时将生成一个“矩形1”图层，如图3.159所示。

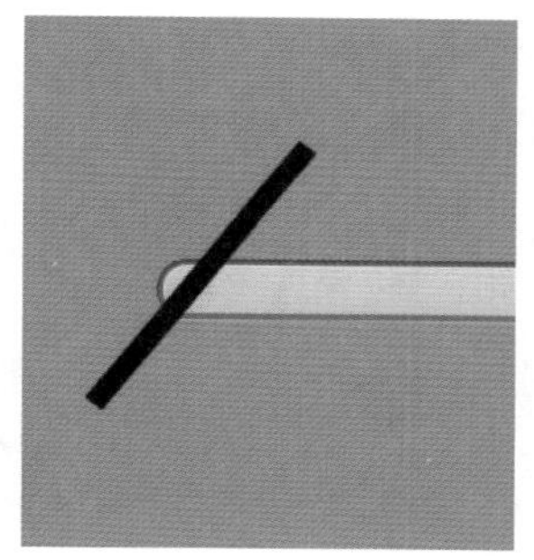

图3.159 绘制图形

02 选中“矩形1”图层，按住Alt+Shift组合键向右侧拖动将其复制数份，如图3.160所示。

03 同时选中所有和“矩形 1”相关图层，按Ctrl+E组合键将其合并，将生成的图层名称更改为“条纹”，如图3.161所示。

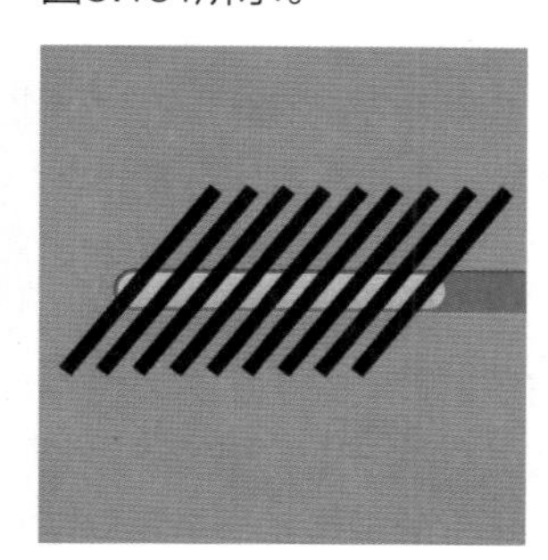

图3.160 复制图形　　图3.161 合并图层

04 在“图层”面板中，选中“矩形1”图层，单击面板底部的“添加图层蒙版”按钮▣，为其添加图层蒙版，如图3.162所示。

05 按住Ctrl键单击“圆角矩形 1 拷贝”图层缩览图，将其载入选区，执行菜单栏中的“选择”|“反向”命令将选区反向，选区填充为黑色，将部分图形隐藏，完成之后按Ctrl+D组合键将选区取消，如图3.163所示。

图3.162 添加图层蒙版　　图3.163 隐藏图像

06 在“图层”面板中，选中“条纹”图层，将其图层混合模式设置为“叠加”，“不透明度”更改为20%，如图3.164所示。

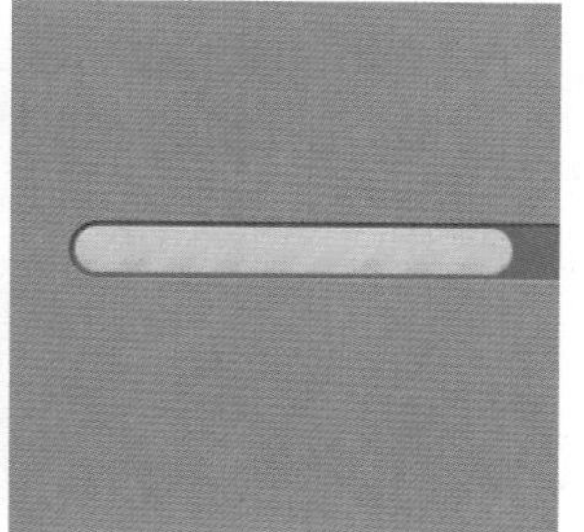

图3.164 设置图层混合模式

07 选择工具箱中的“横排文字工具”T，在画布适当位置添加文字，并为文字添加相应图层样式，这样就完成了效果制作，最终效果如图3.165所示。

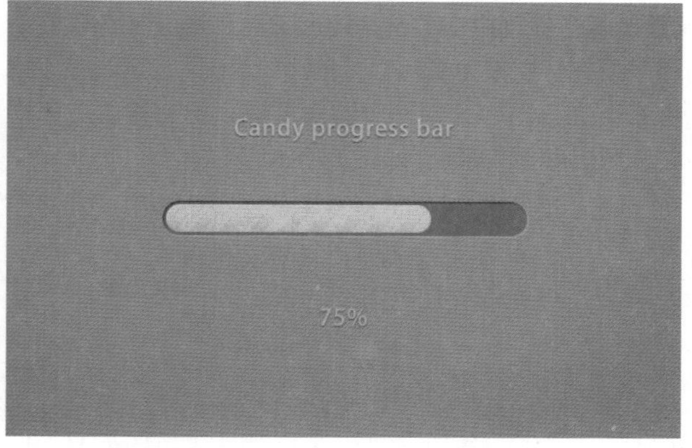

图3.165 最终效果

实例 043 状态按钮

实例分析

本例讲解状态按钮制作，其制作比较简单，以简约明了的图形与标识图标相结合，完美地展示了按钮效果，最终效果如图3.166所示。

- **素材位置 |** 素材文件\第3章\状态按钮
- **案例位置 |** 案例文件\第3章\状态按钮.psd
- **视频位置 |** 多媒体教学\实例043 状态按钮.avi
- **难易指数 |** ★★☆☆☆

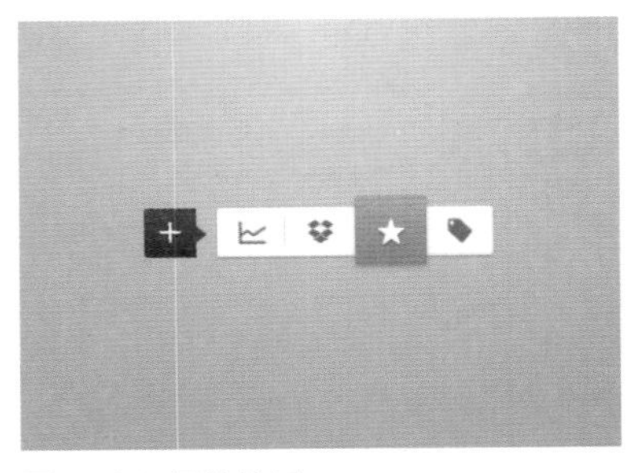

图3.166 最终效果

步骤1 制作背景绘制图形

01 执行菜单栏中的“文件”|“新建”命令，在弹出的对话框中设置“宽度”为400像素，“高度”为300像素，“分辨率”为72像素/英寸，新建一个空白画布。

02 选择工具箱中的“径向渐变”按钮，编辑灰色（R：235，G：232，B：230）到灰色（R：235，G：232，B：230）的渐变，单击选项栏中的“线性渐变”按钮，在画布中从上至下拖动填充渐变，如图3.167所示。

图3.167 新建画布并填充渐变

03 选择工具箱中的“圆角矩形工具”，在选项栏中将“填充”更改为白色，“描边”为无，“半径”为2像素，在画布中绘制一个圆角矩形，此时将生成一个“圆角矩形 1”图层，如图3.168所示。

图3.168 绘制图形

04 在“图层”面板中，选中“圆角矩形 1”图层，单击面板底部的“添加图层样式”按钮，在菜单中选择“斜面和浮雕”命令，在弹出的对话框中将“大小”更改为1像素，“高光模式”中的“不透明度”更改为20%，“阴影模式”中的“不透明度”更改为10%，如图3.169所示。

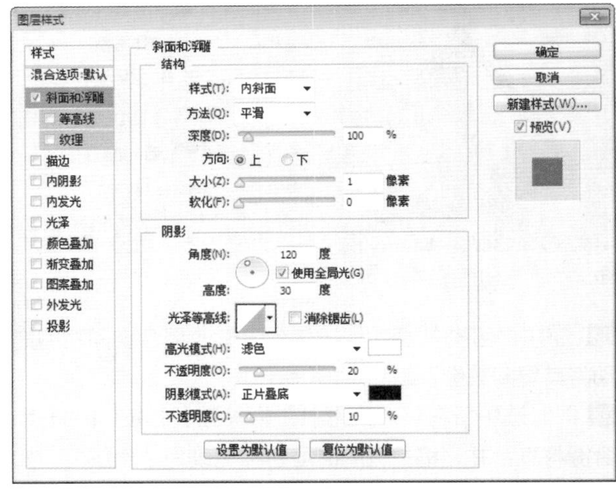

图3.169 设置斜面和浮雕

05 选中“投影”复选框，将“不透明度”更改为30%，取消“使用全局光”复选框，“角度”更改为90度，“距离”更改为1像素，“大小”更改为1像素，完成之后单击“确定”按钮，如图3.170所示。

06 选择工具箱中的“圆角矩形工具”，在选项栏中将“填充”更改为白色，“描边”为无，“半径”为2像素，在状态栏靠右侧位置按住Shift键绘制一个圆角矩形，此时将生成一个“圆角矩形 2”图层，如图3.171所示。

07 在“图层”面板中，选中“圆角矩形 2”图层，单击面板底部的“添加图层样式”按钮fx，在菜单中选择“渐变叠加”命令，在弹出的对话框中将“渐变”更改为红色（R：200，G：62，B：52）到红色（R：250，G：80，B：66），完成之后单击“确定”按钮，如图3.172所示。

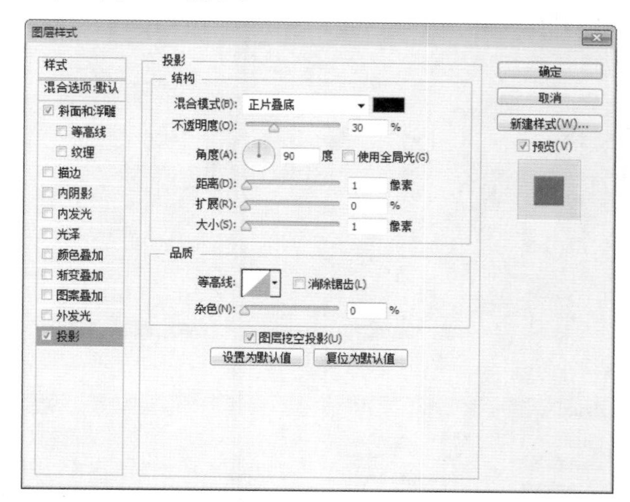

图3.170 设置投影

图3.171 绘制图形

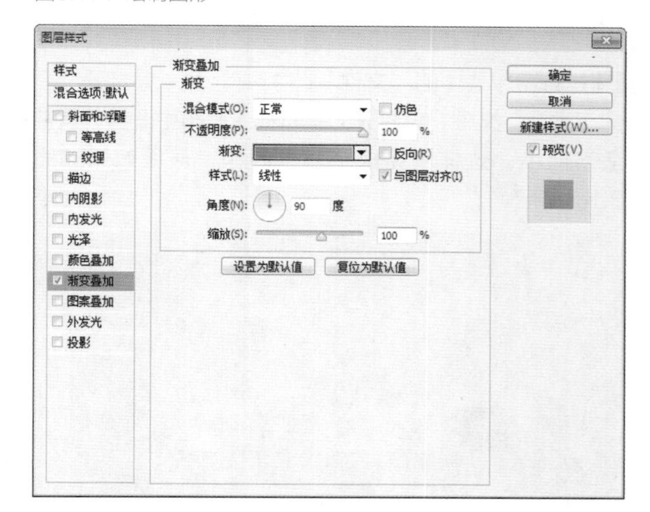

图3.172 设置渐变叠加

08 选中“投影”复选框，将“不透明度”更改为30%，取消“使用全局光”复选框，“角度”更改为90度，“距离”更改为2像素，“大小”更改为4像素，如图3.173所示。

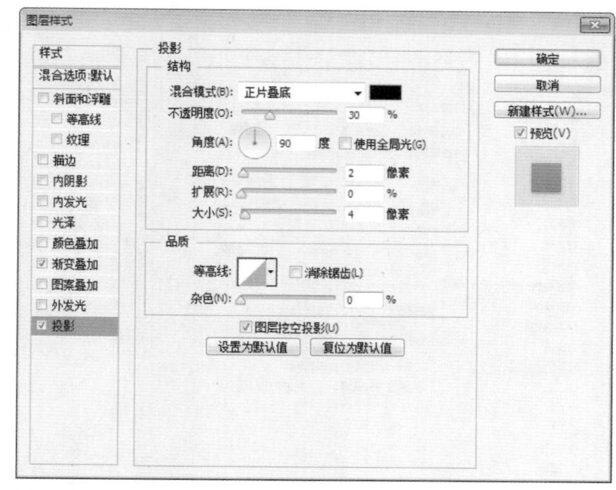

图3.173 设置投影

步骤2 添加素材

01 选择工具箱中的“直线工具”╱，在选项栏中将“填充”更改为灰色（R：204，G：204，B：204），“描边”更改为无，“粗细”更改为1像素，在圆角矩形靠左侧位置按住Shift键绘制一条垂直线段，此时将生成一个“形状1”图层，如图3.174所示。

02 执行菜单栏中的“文件”|“打开”命令，打开“图标.psd”文件，将打开的素材拖入画布中适当位置并缩小后更改部分图标颜色，如图3.175所示。

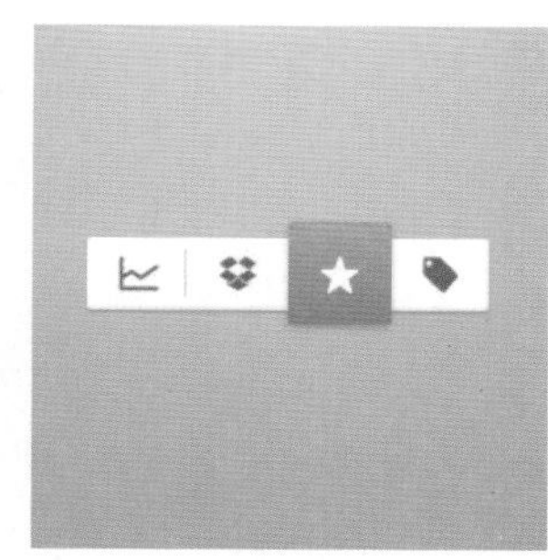

图3.174 绘制图形　　图3.175 添加素材

03 在“图层”面板中，选中“图标 4”图层，单击面板底部的“添加图层样式”按钮fx，在菜单中选择“投影”命令，在弹出的对话框中将“不透明度”更改为50%，取消“使用全局光”复选框，将“角度”更改为90度，“距离”更改为1像素，“大小”更改为1像素，完成之后单击“确定”按钮，如图3.176所示。

04 选择工具箱中的“圆角矩形工具”▢，在选项栏中将“填充”更改为白色，“描边”为无，“半径”为2像素，在状态栏靠左侧位置绘制一个圆角矩形，此时将生成一个“圆角矩形 3”图层，如图3.177所示。

05 选择工具箱中的“直接选择工具”↖，选中圆角矩形右侧2个锚点按Delete键将其删除，如图3.178所示。

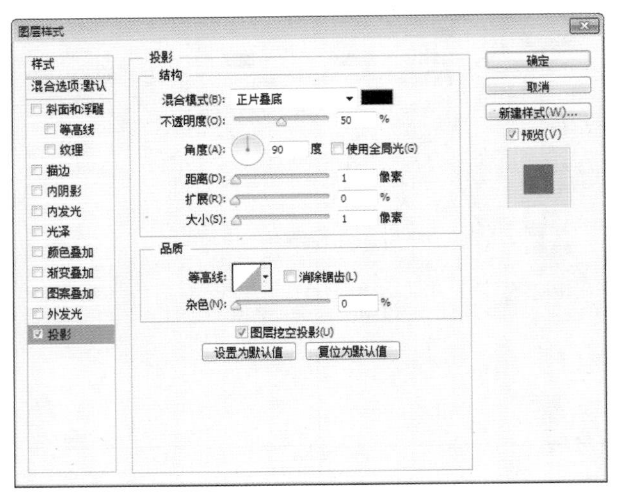

图3.176 设置投影

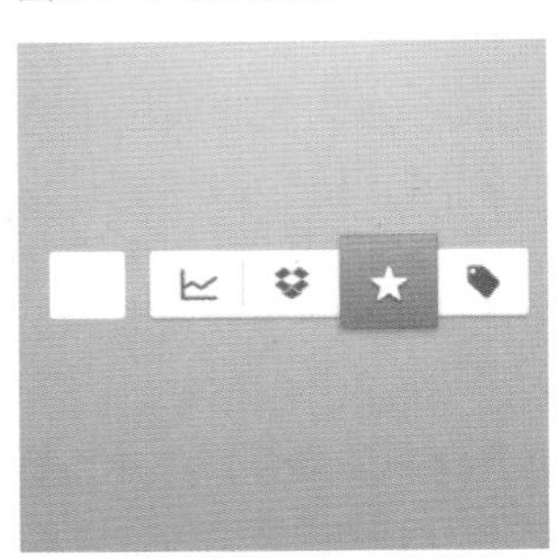

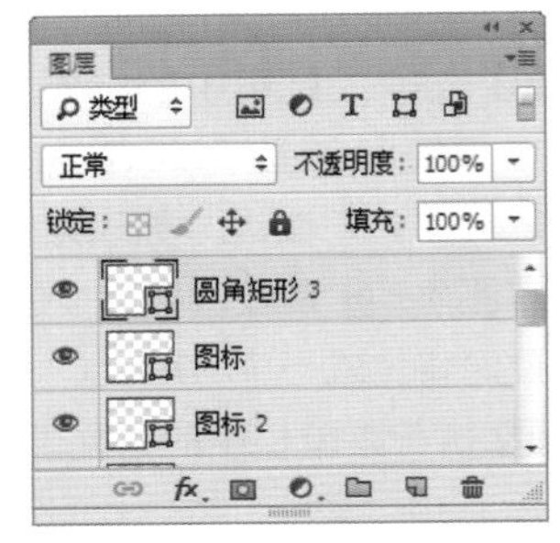

图3.177 绘制图形

图3.178 删除锚点

06 选择工具箱中的“钢笔工具”，在选项栏中单击“选择工具模式”按钮，在弹出的选项中选择“形状”，将“填充”更改为白色，“描边”更改为无，单击“路径操作”按钮，在弹出的选项中选择“合并形状”，在刚才绘制的圆角矩形右侧边缘位置绘制一个三角形图形，如图3.179所示。

07 在“图层”面板中，选中“圆角矩形 3”图层，单击面板底部的“添加图层样式”按钮，在菜单中选择“渐变叠加”命令，在弹出的对话框中将“渐变”更改为深灰色（R：26，G：26，B：26）到深灰色（R：50，G：50，B：50），完成之后单击“确定”按钮，如图3.180所示。

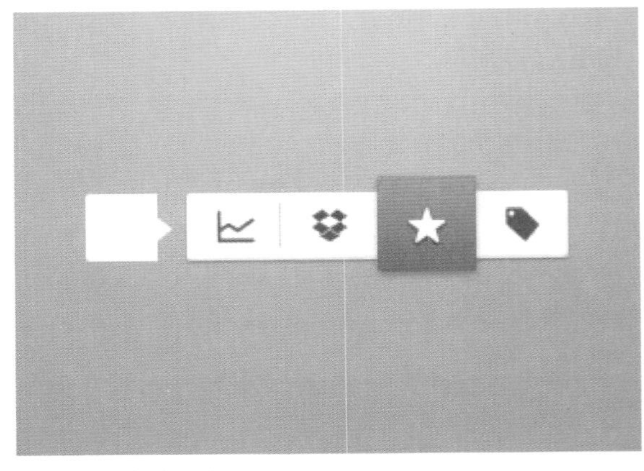

图3.179 绘制图形

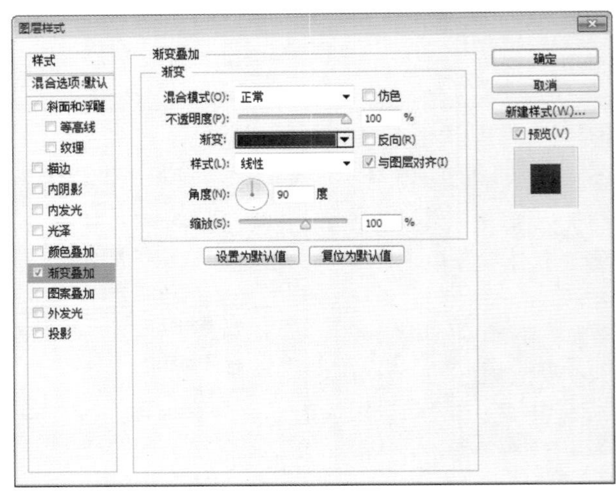

图3.180 设置渐变叠加

08 执行菜单栏中的“文件”|“打开”命令，打开“图标 2.psd”文件，将打开的素材拖入画布中适当位置并适当缩小，这样就完成了效果制作，最终效果如图3.181所示。

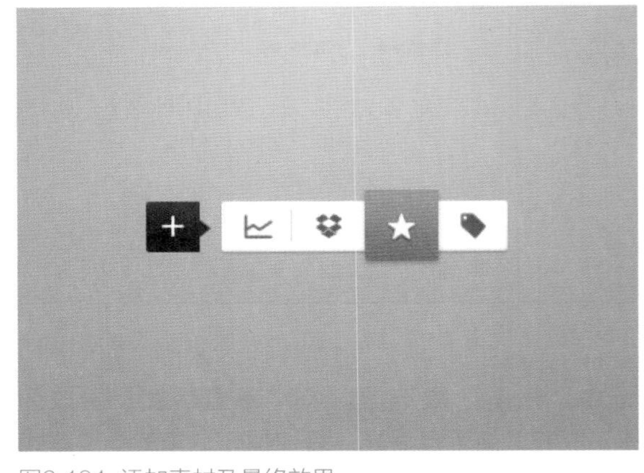

图3.181 添加素材及最终效果

实例 044 下载指示栏

实例分析

本例讲解下载指示栏制作，在制作过程中应当根据实际的应用效果进行绘制，此款指示栏的制作过程简洁，视觉效果十分舒适，最终效果如图3.182所示。

- **素材位置** | 无
- **案例位置** | 案例文件\第3章\下载指示栏.psd
- **视频位置** | 多媒体教学\实例044 下载指示栏.avi
- **难易指数** | ★★☆☆☆

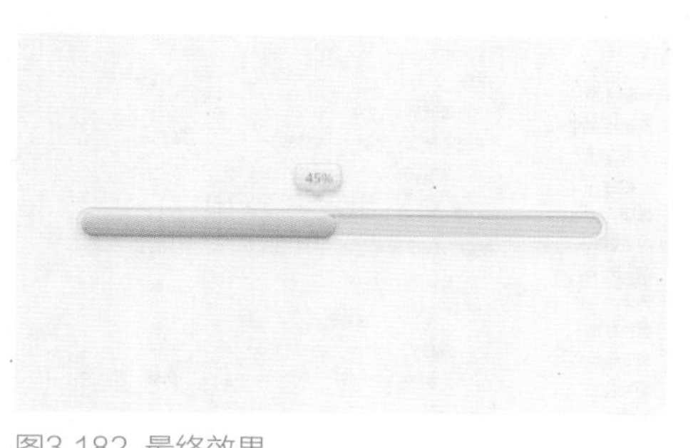

图3.182 最终效果

步骤1 制作纯色背景

01 执行菜单栏中的“文件”|“新建”命令，在弹出的对话框中设置“宽度”为700像素，“高度”为500像素，“分辨率”为72像素/英寸，新建一个空白画布，将画布填充为浅灰色（R：208，G：205，B：196），新建一个空白画布。

02 选择工具箱中的“圆角矩形工具”，在选项栏中将“填充”更改为白色，“描边”为无，“半径”为30像素，在画布中按住Shift键绘制一个圆角矩形，此时将生成一个“圆角矩形 1”图层，如图3.183所示。

图3.183 绘制图形

03 在“图层”面板中，选中“圆角矩形 1”图层，单击面板底部的“添加图层样式”按钮，在菜单中选择“斜面和浮雕”命令，在弹出的对话框中将“样式”更改为外斜面，“大小”更改为5像素，“软化”更改为12像素，取消“使用全局光”复选框，“角度”更改为90，“高光模式”中的“不透明度”更改为50%，“阴影模式”中的“不透明度”更改为5%，如图3.184所示。

04 选中“内阴影”复选框，将“混合模式”更改为正常，“颜色”更改为灰色（R：115，G：122，B：135），“不透明度”更改为20%，取消“使用全局光”复选框，将“角度”更改为90度，“距离”更改为1像素，如图3.185所示。

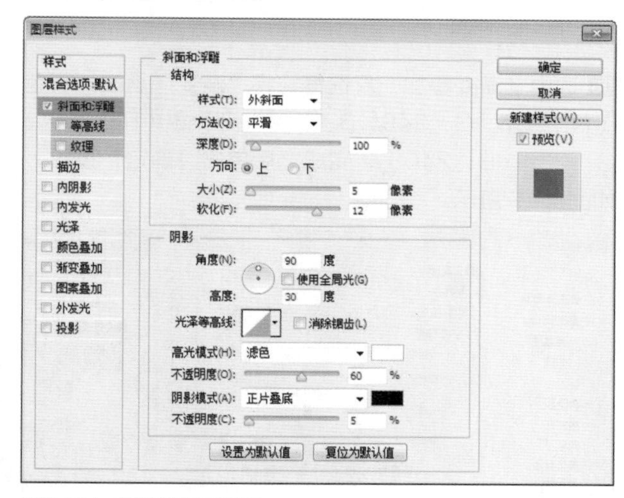

图3.184 设置斜面和浮雕

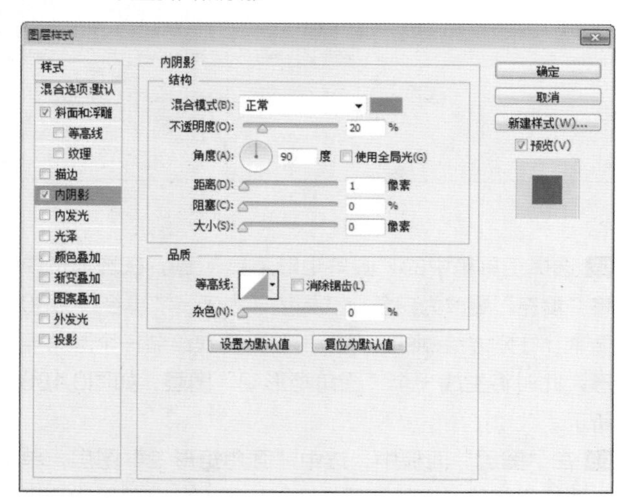

图3.185 设置内阴影

05 选中“内发光”复选框，将“混合模式”更改为正常，“不透明度”更改为20%，“颜色”更改为灰色（R：115，G：122，B：135），“大小”更改为1像素，如图3.186所示。

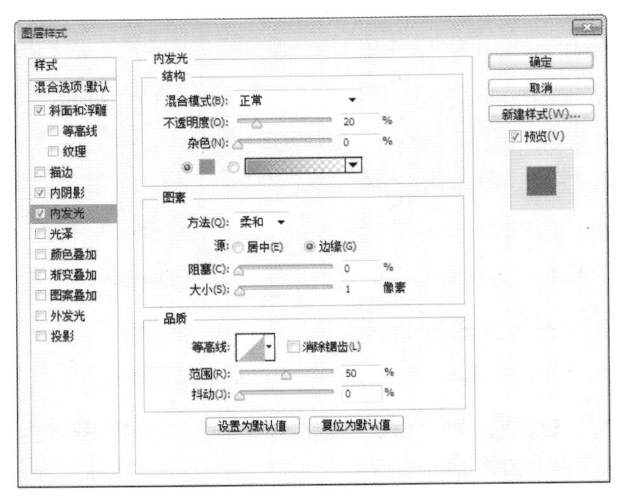

图3.186 设置内发光

06 选中“渐变叠加”复选框，将“渐变”更改为灰色（R：237，G：240，B：244）到灰色（R：230，G：234，B：240），完成之后单击“确定”按钮，如图3.187所示。

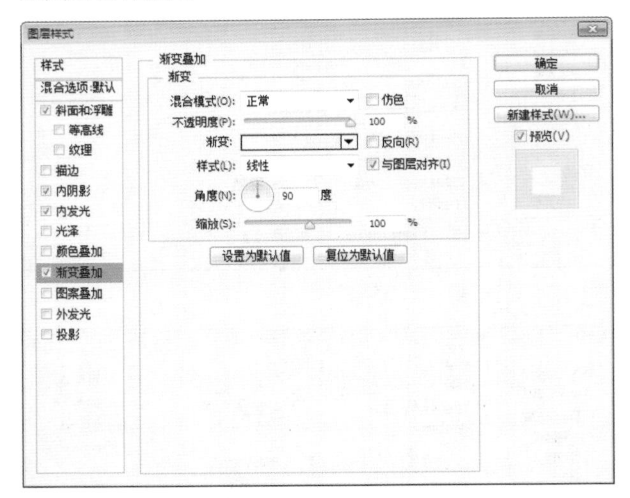

图3.187 设置渐变叠加

07 选择工具箱中的“圆角矩形工具”，在选项栏中将“填充”更改为白色，“描边”为无，“半径”为30像素，在刚才绘制的圆角矩形位置再次绘制一个圆角矩形，此时将生成一个“圆角矩形 2”图层，如图3.188所示。

08 在“图层”面板中，选中“圆角矩形 2”图层，单击面板底部的“添加图层样式”按钮，在菜单中选择“内阴影”命令，在弹出的对话框中将“混合模式”更改为正常，“颜色”更改为深灰色（R：94，G：100，B：114），“不透明度”更改为60%，取消“使用全局光”复选框，“角度”更改为90度，“距离”更改为1像素，“大小”更改为3像素，如图3.189所示。

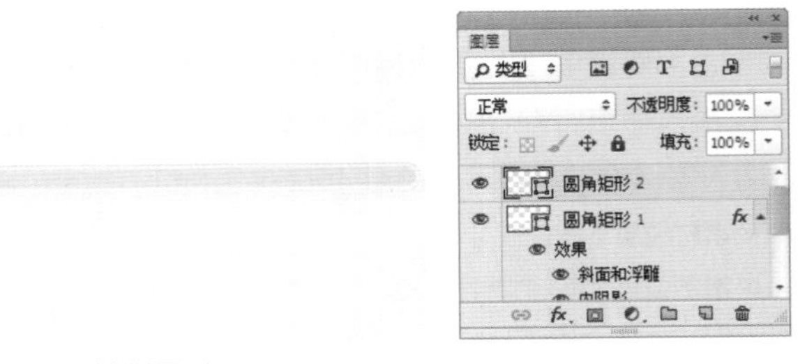

图3.188 绘制图形

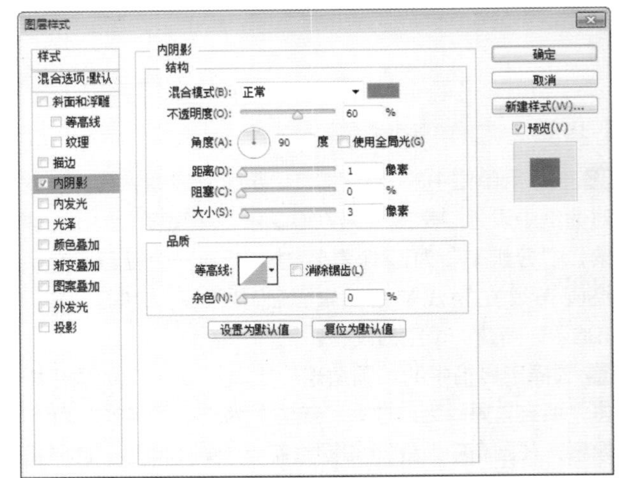

图3.189 设置内阴影

09 选中“投影”复选框，将“混合模式”更改为正常，“颜色”更改为白色，“距离”更改为1像素，“大小”更改为1像素，完成之后单击“确定”按钮，如图3.190所示。

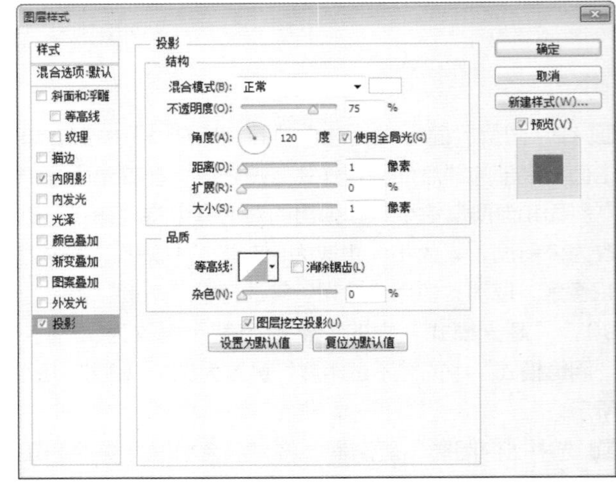

图3.190 设置投影

10 选择工具箱中的“圆角矩形工具”，在选项栏中将“填充”更改为白色，“描边”为无，“半径”为30像素，在刚才绘制的圆角矩形靠左侧位置再次绘制一个圆角矩形，此时将生成一个“圆角矩形 3”图层，如图3.191所示。

11 在“图层”面板中，选中“圆角矩形 3”图层，将其拖至面板底部的“创建新图层”按钮上，复制1个“圆角矩形 3 拷贝”图层，如图3.192所示。

图3.191 绘制图形

图3.192 复制图层

步骤2 添加质感

01 在“图层”面板中，选中“圆角矩形 3”图层，单击面板底部的“添加图层样式”按钮fx，在菜单中选择“斜面和浮雕”命令，在弹出的对话框中将“样式”更改为外斜面，“大小”更改为2像素，“软化”更改为5像素，取消“使用全局光”复选框，“角度”更改为90度，“高光模式”中的“不透明度”更改为40%，“阴影模式”中的“不透明度”更改为10%，如图3.193所示。

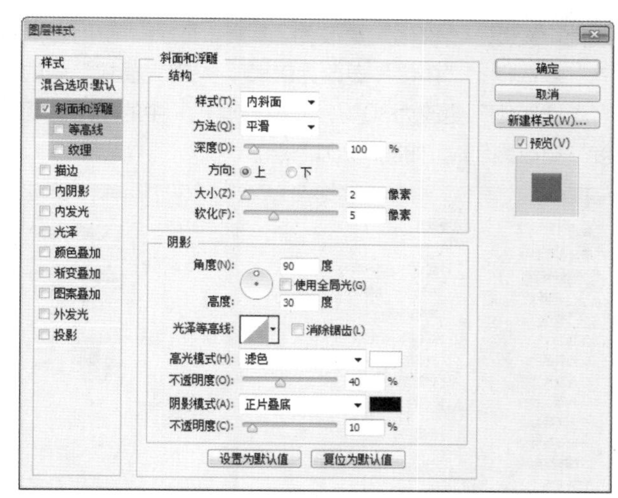

图3.193 设置斜面和浮雕

02 选中“内阴影”复选框，将“混合模式”更改为正常，“颜色”更改为白色，取消“使用全局光”复选框，将“角度”更改为90度，“距离”更改为1像素，“大小”更改为1像素，如图3.194所示。

03 选中“渐变叠加”复选框，将“渐变”更改为蓝色（R：135，G：182，B：207）到蓝色（R：158，G：230，B：253），完成之后单击“确定”按钮，如图3.195所示。

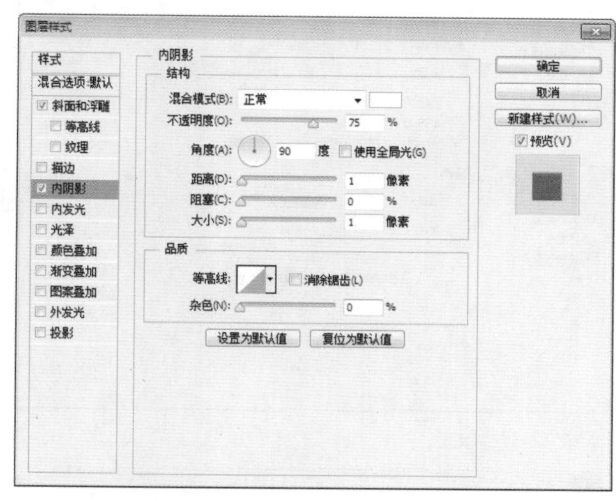

图3.194 设置内阴影

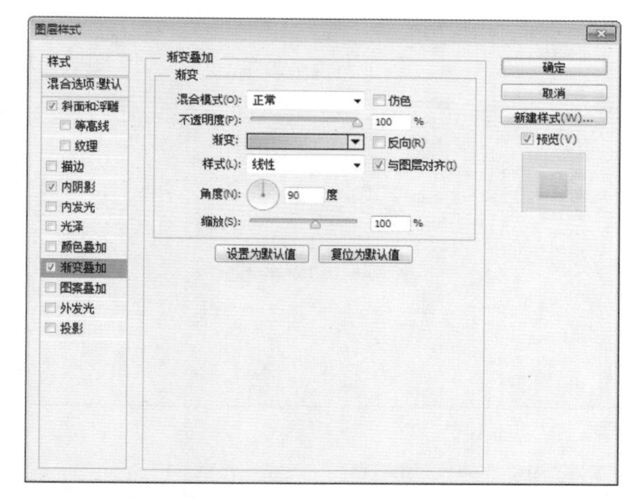

图3.195 设置渐变叠加

04 选中“投影”复选框，将“混合模式”更改为正常，“颜色”更改为灰色（R：156，G：162，B：173），取消“使用全局光”复选框，“角度”更改为90度，“距离”更改为3像素，“大小”更改为6像素，如图3.196所示。

05 在“图层”面板中，选中“圆角矩形 3 拷贝”图层，单击面板底部的“添加图层样式”按钮fx，在菜单中选择“投影”命令，在弹出的对话框中将“混合模式”更改为正常，“颜色”更改为灰色（R：94，G：100，B：114），“不透明度”更改为90%，取消“使用全局光”复选框，将“角度”更改为90度，“距离”更改为1像素，“大小”更改为1像素，完成之后单击“确定”按钮，如图3.197所示。

06 在“图层”面板中，选中“圆角矩形 3 拷贝”图层，将其图层“填充”更改为0%，如图3.198所示。

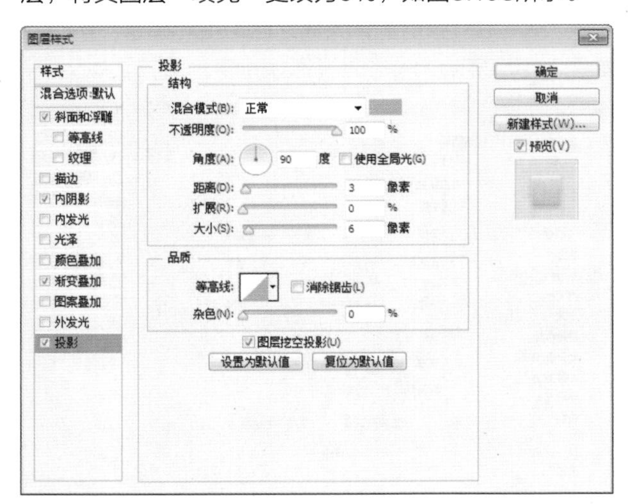

图3.196 设置投影

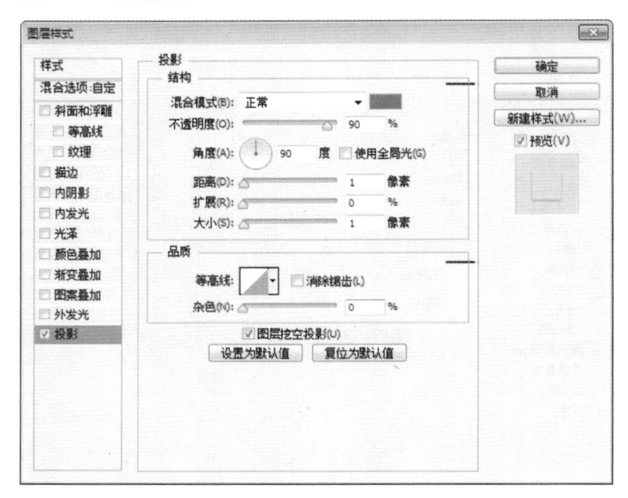

图3.197 设置投影

图3.198 更改填充

步骤3 绘制指示图形

01 选择工具箱中的“圆角矩形工具”，在选项栏中将“填充”更改为白色，“描边”为无，“半径”为6像素，在进度条中间上方位置绘制一个圆角矩形，此时将生成一个“圆角矩形 4”图层，如图3.199所示。

02 选择工具箱中的“矩形工具”，在选项栏中将“填充”更改为白色，“描边”为无，选中“圆角矩形 4”图层，在圆角矩形靠底部位置按住Shift键绘制一个矩形，按Ctrl+T组合键对其执行“自由变换”命令，当出现变形框以后在选项栏中的“旋转”后方文本框中输入45，完成之后按Enter键确认，如图3.200所示。

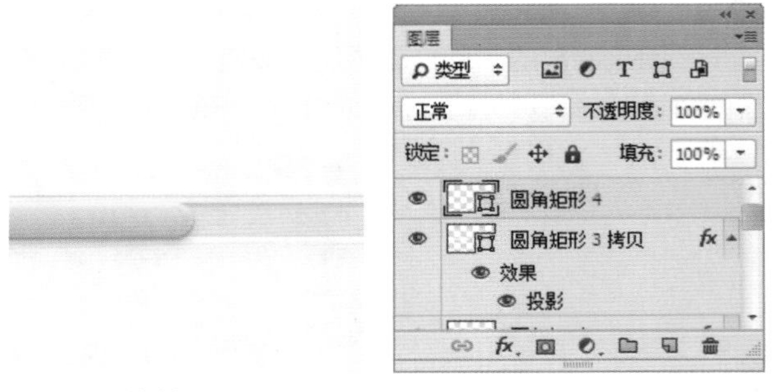

图3.199 绘制图形

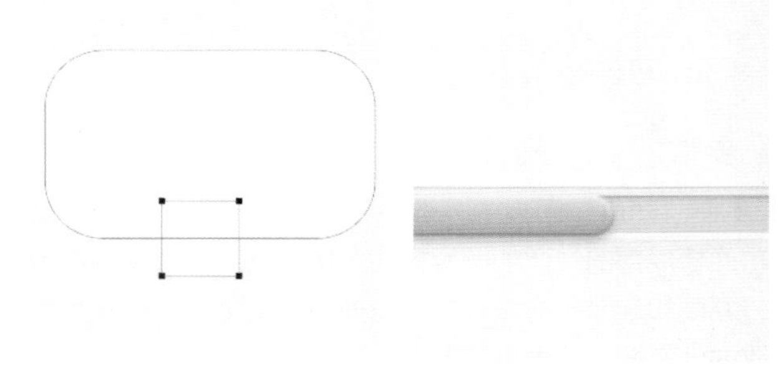

图3.200 绘制图形

03 在“图层”面板中，选中“圆角矩形 4”图层，单击面板底部的“添加图层样式”按钮，在菜单中选择“斜面和浮雕”命令，在弹出的对话框中将“大小”更改为4像素，“软化”更改为2像素，取消“使用全局光”复选框，“角度”更改为90度，“高光模式”中的“不透明度”更改为30%，“阴影模式”中的“不透明度”更改为5%，如图3.201所示。

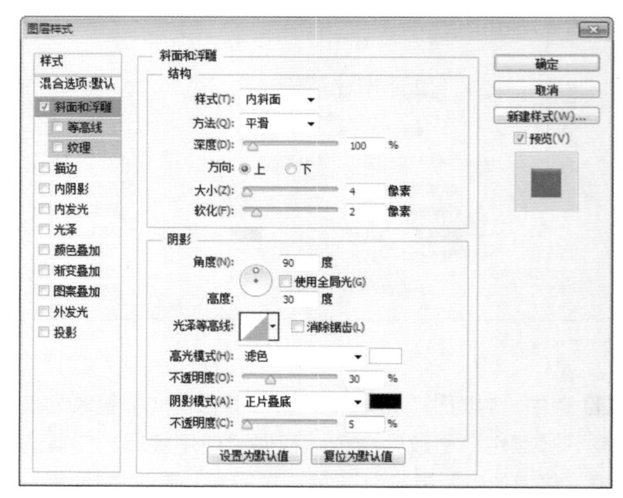

图3.201 设置斜面和浮雕

04 选中“渐变叠加”复选框，将“渐变”更改为灰色（R：214，G：220，B：230）到灰色（R：240，G：243，B：248），如图3.202所示。

05 选中“外发光”复选框，将“混合模式”更改为正常，“不透明度”更改为20%，“颜色”更改为灰色（R：94，G：100，B：114），“大小”更改为1像素，如图3.203所示。

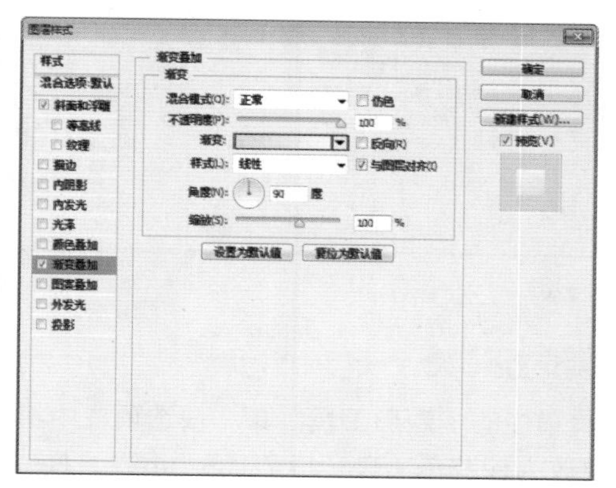

图3.202 设置渐变叠加

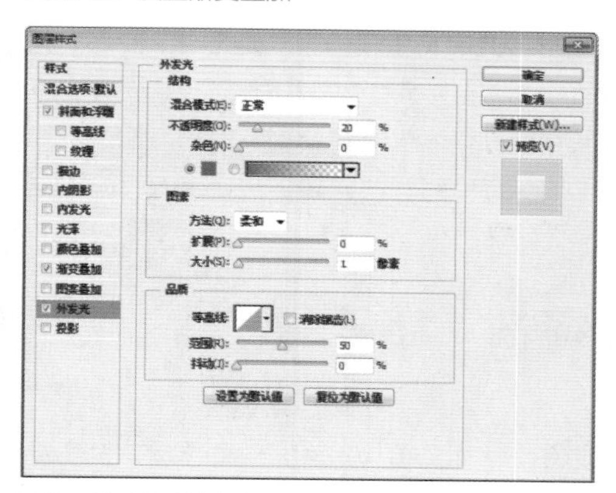

图3.203 设置外发光

06 选中“投影”复选框，将“混合模式”更改为正常，“颜色”更改为灰色（R：156，G：162，B：173），“不透明度”更改为60%，取消“使用全局光”复选框，“角度”更改为90度，“距离”更改为3像素，“大小”更改为5像素，完成之后单击“确定”按钮，如图3.204所示。

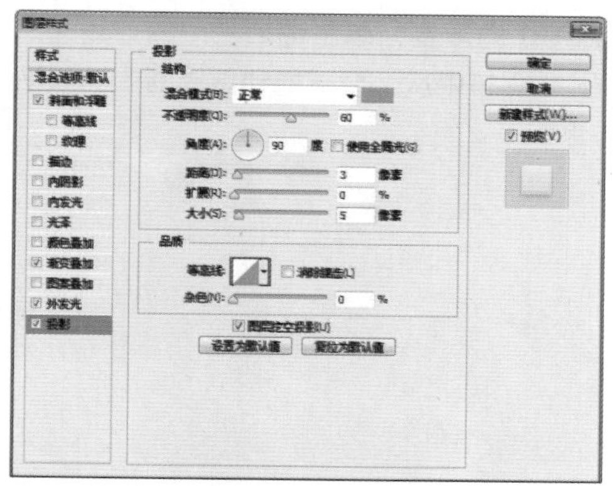

图3.204 设置投影

07 选择工具箱中的“横排文字工具” **T**，在画布适当位置添加文字，这样就完成了效果制作，最终效果如图3.205所示。

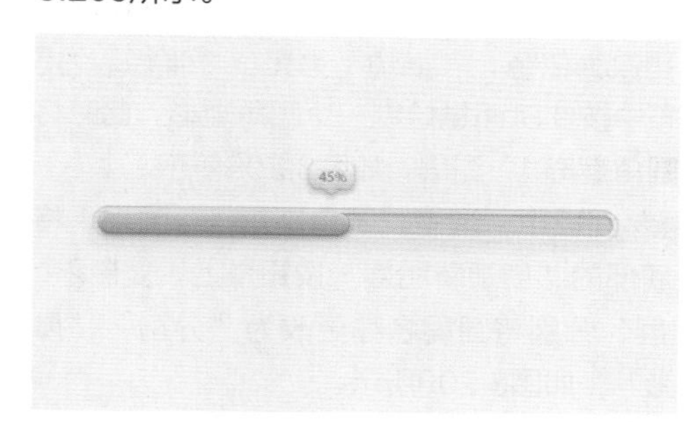

图3.205 最终效果

实例 045 图标应用栏

实例分析

本例讲解图标应用栏制作，在制作过程中以清新的绿色作为主色调，整个应用栏的造型简约且时尚，制作过程相当简单，最终效果如图3.206所示。

- **素材位置** | 素材文件\第3章\图标应用栏
- **案例位置** | 案例文件\第3章\图标应用栏.psd
- **视频位置** | 多媒体教学\实例045 图标应用栏.avi
- **难易指数** | ★★☆☆☆

图3.206 最终效果

步骤1 制作背景绘制轮廓

01 执行菜单栏中的“文件”|“新建”命令，在弹出的对话框中设置“宽度”为400像素，“高度”为300像素，“分辨率”为72像素/英寸，新建一个空白画布。

02 选择工具箱中的“渐变工具”，编辑灰色（R：247，G：247，B：247）到灰色（R：234，G：230，B：230）的渐变，单击选项栏中的“线性渐变”按钮，在画布中从上至下拖动填充渐变，如图3.207所示。

图3.207 填充渐变

03 选择工具箱中的“圆角矩形工具”，在选项栏中将“填充”更改为白色，“描边”为无，“半径”为5像素，在画布中按住Shift键绘制一个圆角矩形，此时将生成一个“圆角矩形 1”图层，如图3.208所示。

04 在“图层”面板中，选中“圆角矩形 1”图层，将其拖至面板底部的“创建新图层”按钮上，复制2个“拷贝”图层，分别将图层名称更改为“分割”“厚度”及“阴影”，如图3.209所示。

图3.208 绘制图形

图3.209 复制图层

05 在“图层”面板中，选中“阴影”图层，单击面板底部的“添加图层样式”按钮，在菜单中选择“投影”命令，在弹出的对话框中将“颜色”更改为深黄色（R：140，G：120，B：98），“不透明度”更改为50%，取消“使用全局光”复选框，将“角度”更改为110度，“距离”更改为3像素，“大小”更改为3像素，完成之后单击“确定”按钮，如图3.210所示。

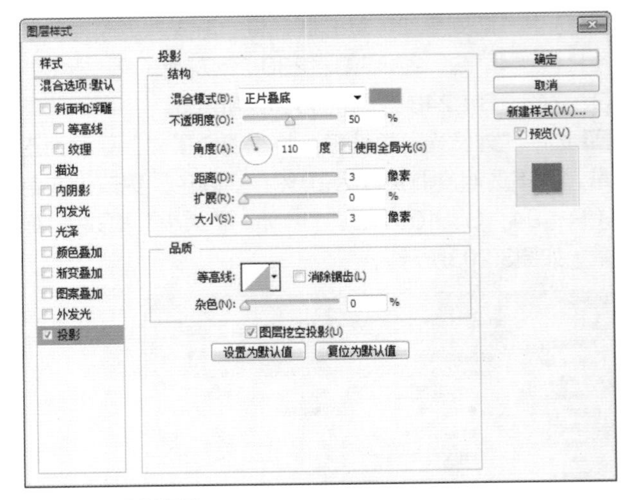

图3.210 设置投影

步骤2 制作投影

01 选择工具箱中的“矩形工具”，在选项栏中将“填充”更改为深灰色（R：177，G：167，B：160），“描边”为无，在刚才绘制的圆角矩形下方位置绘制一个矩形，此时将生成一个“矩形 1”图层，如图3.211所示。

图3.211 绘制图形

02 选中“矩形 1”图层，执行菜单栏中的“滤镜”|“模糊”|“动感模糊”命令，在弹出的对话框中将“角度”更改为90度，“距离”更改为35像素，设置完成之后单击“确定”按钮，如图3.212所示。

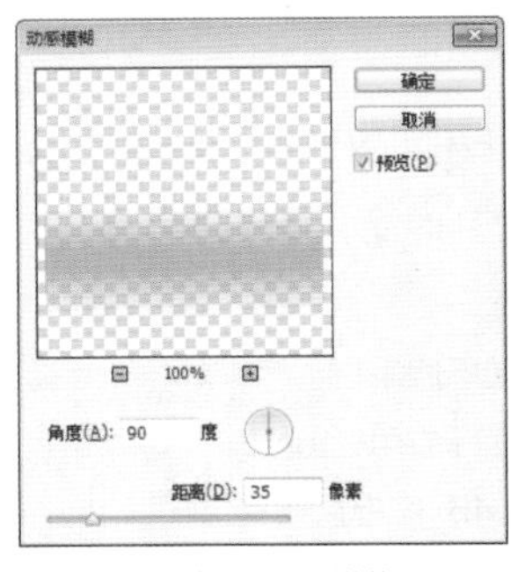

图3.212 设置动感模糊

03 选中“矩形 1”图层，执行菜单栏中的“滤

镜”|“模糊”|“高斯模糊”命令，在弹出的对话框中将“半径”更改为3像素，完成之后单击“确定”按钮，如图3.213所示。

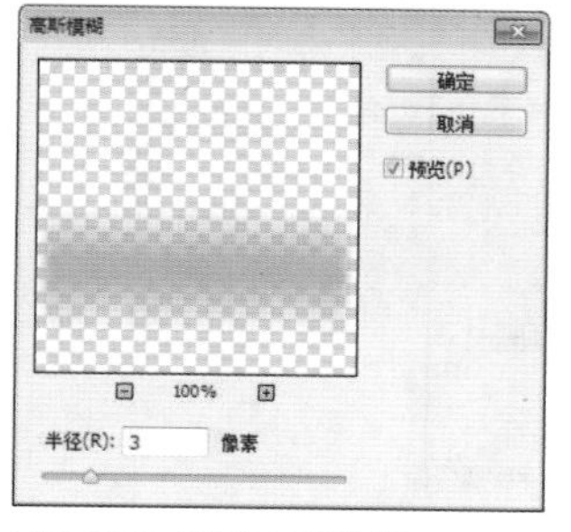

图3.213 设置高斯模糊

04 选中“矩形 1”图层，按Ctrl+T组合键对其执行“自由变换”命令，将图像高度缩小，完成之后按Enter键确认。

05 选中“矩形 1”图层，按Ctrl+T组合键对其执行“自由变换”命令，单击鼠标右键，从弹出的快捷菜单中选择“斜切”命令，将图像变形，完成之后按Enter键确认，如图3.214所示。

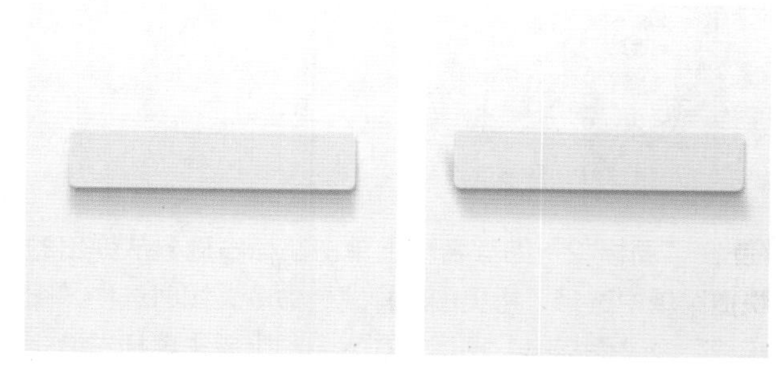

图3.214 将图像变形

06 在“图层”面板中，选中“矩形 1”图层，单击面板底部的“添加图层蒙版”按钮，为其图层添加图层蒙版，如图3.215所示。

07 选择工具箱中的“画笔工具”，在画布中单击鼠标右键，在弹出的面板中选择一种圆角笔触，将“大小”更改为50像素，“硬度”更改为0%，如图3.216所示。

图3.215 添加图层蒙版

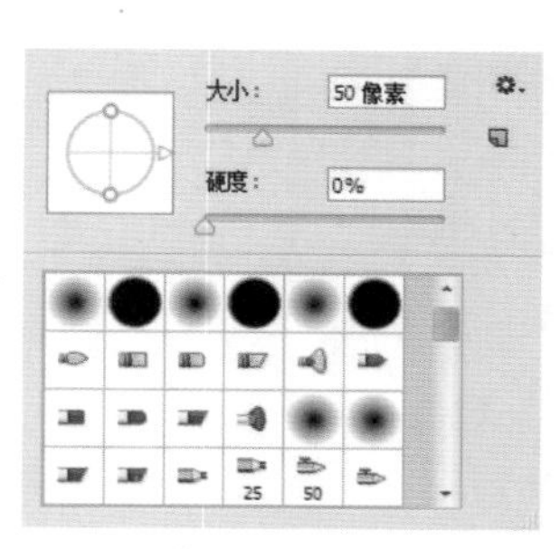

图3.216 设置笔触

08 将前景色更改为黑色，在其图像上部分区域涂抹将其隐藏，如图3.217所示。

09 选中“厚度”图层，将其图形颜色更改为（R：250，G：250，B：250），按Ctrl+T组合键对其执行“自由变换”命令，将图形适当旋转，完成之后按Enter键确认，如图3.218所示。

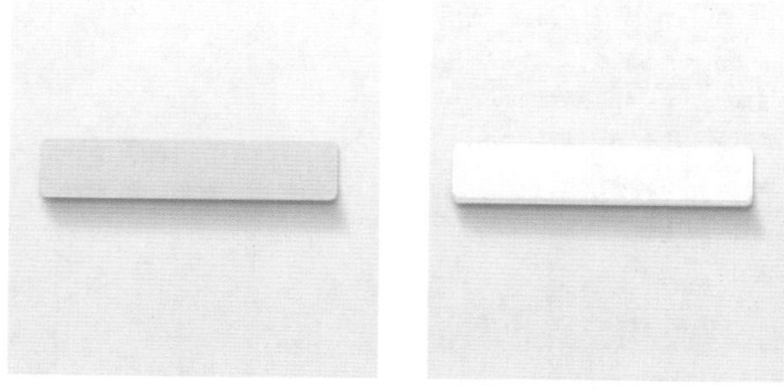

图3.217 隐藏图像　　图3.218 缩小图形

10 选中“分割”图层，将图形颜色更改为绿色（R：158，G：192，B：122），如图3.219所示。

11 选择工具箱中的“直接选择工具”，选中圆角矩形右侧锚点按Delete键将其删除，如图3.220所示。

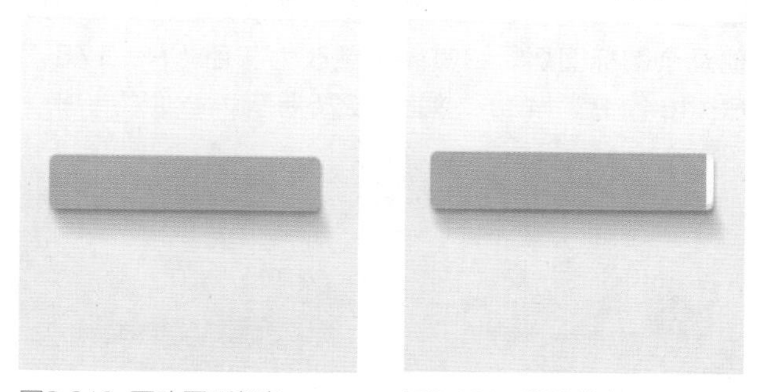

图3.219 更改图形颜色　　图3.220 删除锚点

12 选择工具箱中的“直接选择工具”，选中圆角矩形右侧2个锚点向左侧拖动将图形变形，如图3.221所示。

图3.221 将图形变形

13 在“图层”面板中，选中“分割”图层，将其拖至面板底部的“创建新图层”按钮上，复制1个“分割 拷贝”图层，选中“分割 拷贝”图层，将图形颜色更改为绿色（R：188，G：220，B：152），如图3.222所示。

14 选中“分割 拷贝”图层，按Ctrl+T组合键对其执行“自由变换”命令，单击鼠标右键，从弹出的快捷菜单中选择“斜切”命令，将图像高度缩小以制作厚度效果，完成之后按Enter键确认，如图3.223所示。

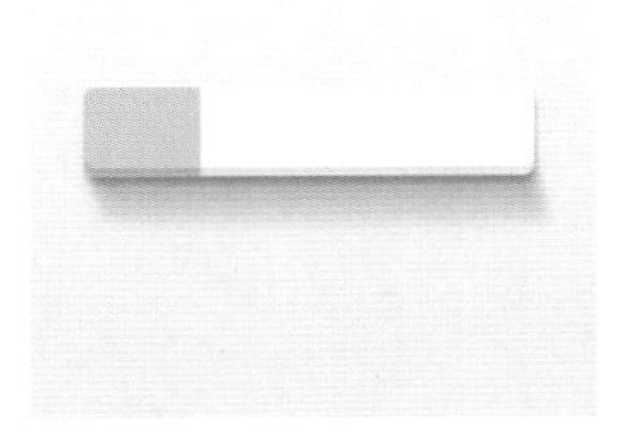

图3.222 复制图层　　图3.223 变换图形

步骤3 添加素材

01 执行菜单栏中的“文件”|“打开”命令，打开“图标.psd”文件，将打开的素材拖入画布中适当位置，如图3.224所示。

02 选中“图标”图层，将其颜色更改为白色，选中其他几个图标图层，将其颜色更改为灰色（R：176，G：164，B：140），如图3.225所示。

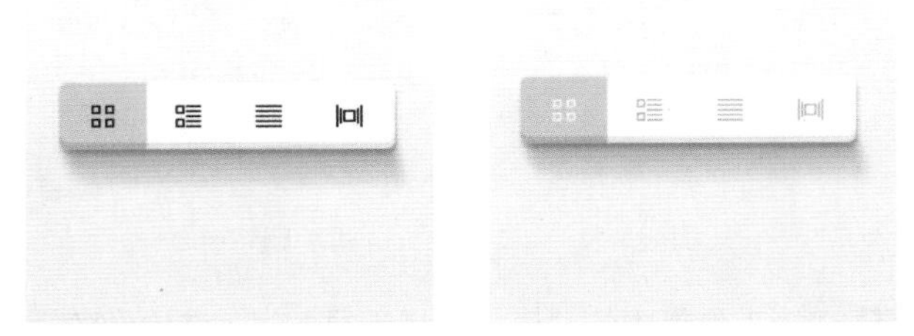

图3.224 添加素材　　图3.225 更改颜色

03 在“图层”面板中，选中“图标”图层，单击面板底部的“添加图层样式”按钮fx，在菜单中选择“投影”命令，在弹出的对话框中将“混合模式”更改为正常，“颜色”更改为绿色（R：123，G：153，B：90），“不透明度”更改为35%，“距离”更改为1像素，完成之后单击“确定”按钮，如图3.226所示。

04 在“图标”图层名称上单击鼠标右键，从弹出的快捷菜单中选择“拷贝图层样式”命令，在“图标 2”图层名称上单击鼠标右键，从弹出的快捷菜单中选择“粘贴图层样式”命令，双击其图层名称将“颜色”更改为灰色（R：226，G：226，B：226），如图3.227所示。

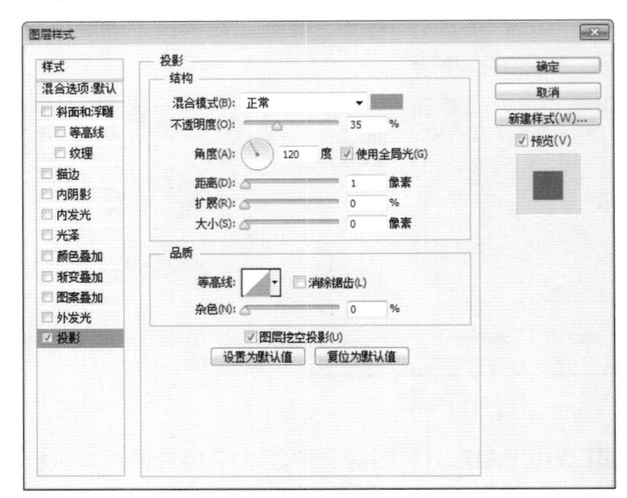

图3.226 设置投影

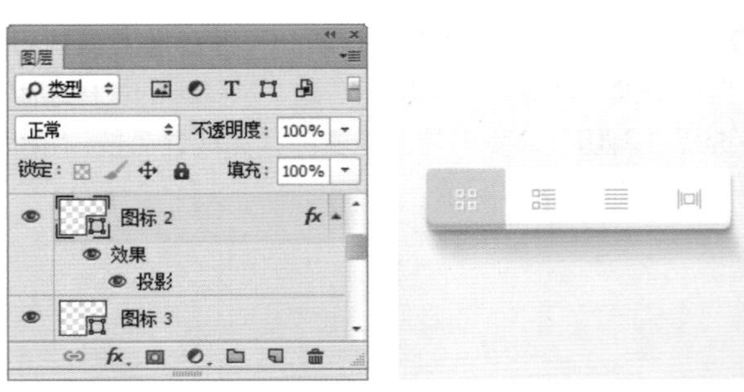

图3.227 拷贝并粘贴图层样式

05 在“图标 2”图层名称上单击鼠标右键，从弹出的快捷菜单中选择“拷贝图层样式”命令，同时选中“图标 3”及“图标 4”图层，在其名称上单击鼠标右键，从弹出的快捷菜单中选择“粘贴图层样式”命令，这样就完成了效果制作，最终效果如图3.228所示。

图3.228 最终效果

实例 046 下拉式菜单

实例分析

本例讲解下拉式菜单制作，其制作以经典的主观交互设计为重点，通过直观的界面向用户展示一个简单易用的菜单，最终效果如图3.229所示。

- **素材位置** | 素材文件\第3章\下拉式菜单
- **案例位置** | 案例文件\第3章\下拉式菜单.psd
- **视频位置** | 多媒体教学\实例046 下拉式菜单.avi
- **难易指数** | ★★☆☆☆

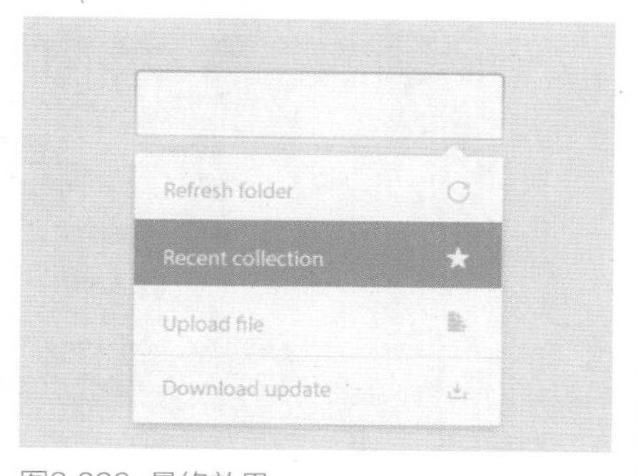

图3.229 最终效果

步骤1 制作渐变背景

01 执行菜单栏中的“文件”|“新建”命令，在弹出的对话框中设置“宽度”为400像素，“高度”为300像素，“分辨率”为72像素/英寸，新建一个空白画布，将画布填充为灰色（R：227，G：223，B：222）。

02 选择工具箱中的“圆角矩形工具”，在选项栏中将“填充”更改为浅灰色（R：248，G：246，B：245），“描边”为无，“半径”为2像素，在画布中绘制一个圆角矩形，此时将生成一个“圆角矩形 1”图层，如图3.230所示。

图3.230 绘制图形

03 在“图层”面板中，选中“圆角矩形 1”图层，单击面板底部的“添加图层样式”按钮，在菜单中选择“描边”命令，在弹出的对话框中将“大小”更改为2像素，“不透明度”更改为80%，“填充类型”更改为渐变，“渐变”更改为灰色（R：220，G：212，B：210）到灰色（R：180，G：170，B：167），如图3.231所示。

04 选中“投影”复选框，将“混合模式”更改为正常，“颜色”更改为白色，“不透明度”更改为50%，“角度”更改为90度，“距离”更改为3像素，“大小”更改为1像素，完成之后单击“确定”按钮，如图3.232所示。

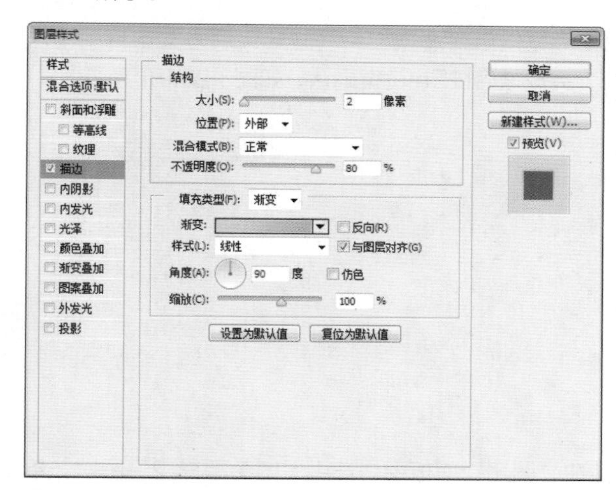

图3.231 设置描边

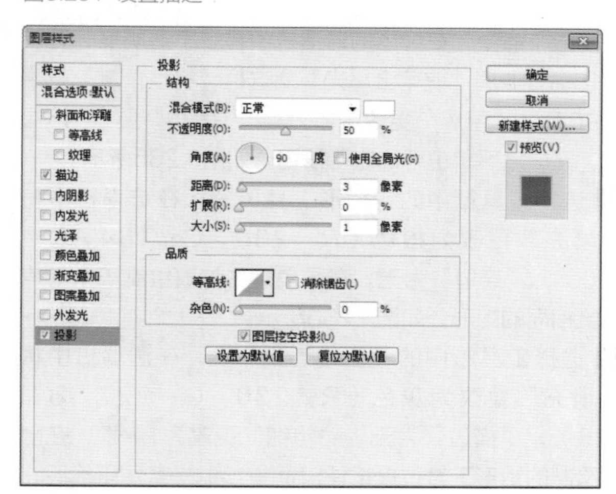

图3.232 设置投影

05 选择工具箱中的“圆角矩形工具” ，在选项栏中将“填充”更改为浅灰色（R：248，G：246，B：245），“描边”为无，“半径”为2像素，在刚才绘制的圆角矩形下方位置再次绘制一个圆角矩形，此时将生成一个“圆角矩形 2”图层，如图3.233所示。

图3.233 绘制图形

06 选择工具箱中的“矩形工具” ，在选项栏中将“填充”更改为浅灰色（R：248，G：246，B：245），“描边”为无，选中“圆角矩形 2”图层，在刚才绘制的圆角矩形右上角位置按住Shift键绘制一个矩形，按Ctrl+T组合键对其执行“自由变换”命令，当出现变形框以后在选项栏中“旋转”后方文本框中输入45，完成之后按Enter键确认，如图3.234所示。

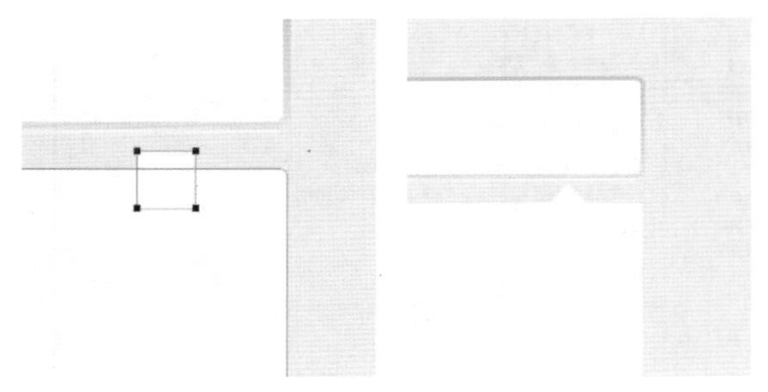
图3.234 绘制图形并旋转

07 在“图层”面板中，选中“圆角矩形 2”图层，单击面板底部的“添加图层样式”按钮 fx，在菜单中选择“投影”命令，在弹出的对话框中将“不透明度”更改为15%，取消“使用全局光”复选框，将“角度”更改为90度，“距离”更改为2像素，“大小”更改为6像素，完成之后单击“确定”按钮，如图3.235所示。

08 选择工具箱中的“矩形工具” ，在选项栏中将“填充”更改为橙色（R：230，G：134，B：100），“描边”为无，在圆角矩形位置绘制一个与其宽度相同的矩形，如图3.236所示。

09 选择工具箱中的“直线工具” ，在选项栏中将“填充”更改为灰色（R：230，G：227，B：226），“描边”为无，“粗细”更改为1像素，在刚才绘制的矩形下方位置按住Shift键绘制一条水平线段，如图3.237所示。

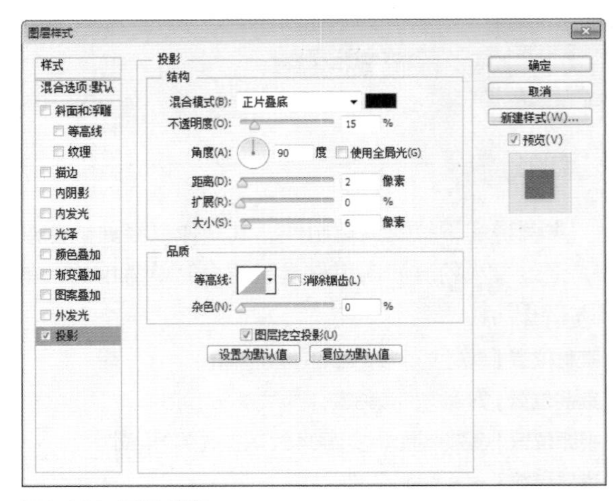

图3.235 设置投影

图3.236 绘制矩形　　图3.237 绘制直线

步骤2 添加素材及文字

01 执行菜单栏中的“文件”|“打开”命令，打开“图标.psd”文件，将打开的素材拖入画布中适当位置并缩小同时更改图标颜色，如图3.238所示。

图3.238 添加素材

02 选择工具箱中的“横排文字工具” T，在画布适当位置添加文字，这样就完成了效果制作，最终效果如图3.239所示。

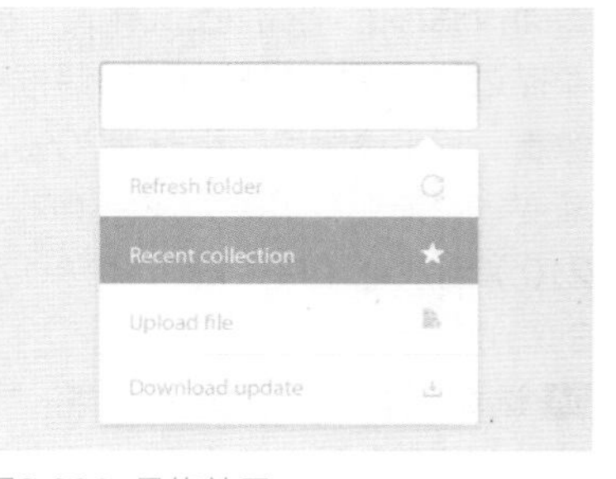

图3.239 最终效果

实例 047 运行进度标示

实例分析

本例讲解运行进度标示制作，将经典的文字与进度信息结合，整个视觉效果传递了一种最为直接的信息，最终效果如图3.240所示。

- **素材位置** | 无
- **案例位置** | 案例文件\第3章\运行进度标示.psd
- **视频位置** | 多媒体教学\实例047 运行进度标示.avi
- **难易指数** | ★★☆☆☆

图3.240 最终效果

步骤1 制作条纹背景

01 执行菜单栏中的“文件”|“新建”命令，在弹出的对话框中设置“宽度”为800像素，“高度”为600像素，“分辨率”为72像素/英寸，新建一个空白画布，将画布填充为浅蓝色（R：224，G：230，B：233），如图3.241所示。

02 单击面板底部的“创建新图层”按钮，新建一个“图层1”图层，如图3.242所示。

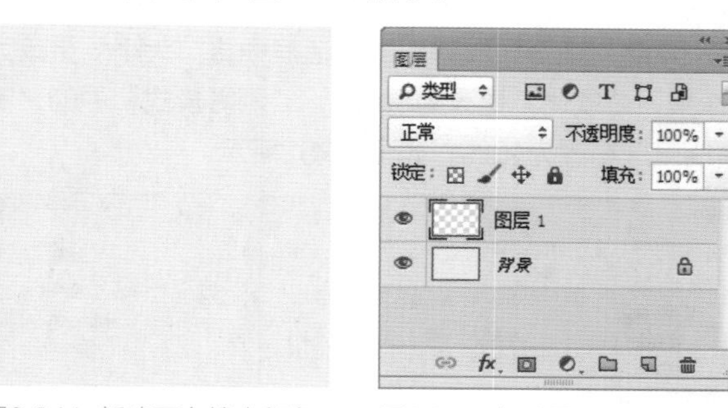

图3.241 新建画布填充颜色　图3.242 新建图层

03 执行菜单栏中的“文件”|“新建”命令，在弹出的对话框中设置“宽度”为6素，“高度”为6像素，“分辨率”为72像素/英寸，“颜色模式”为RGB颜色，“背景内容”为透明，新建一个空白透明画布。

04 选择工具箱中的“缩放工具”，在画布中单击鼠标右键，从弹出的快捷菜单中选择“按屏幕大小缩小”命令，将当前画布放至最大，如图3.243所示。

图3.243 放大画布

05 选择工具箱中的“矩形工具”，在选项栏中将“填充”更改为白色，“描边”为无，在画布左上角位置按住Shift键绘制一个矩形，此时将生成一个“矩形1”图层，如图3.244所示。

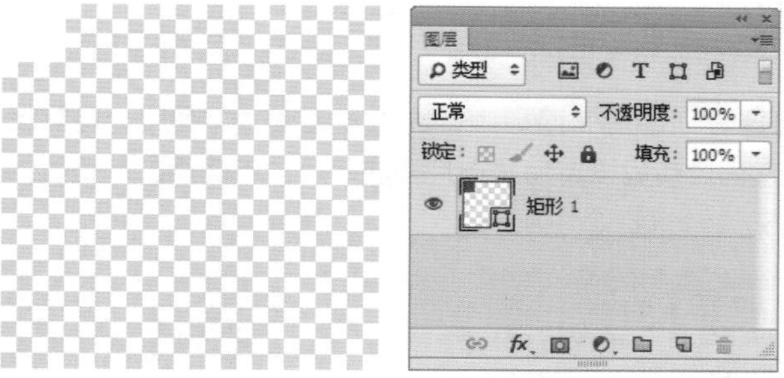

图3.244 绘制图形

06 选中“矩形1”图层，在画布中按住Alt键向右下角方向拖动，将图形复制5份，同时选中所有图层按Ctrl+E组合键将其合并，如图3.245所示。

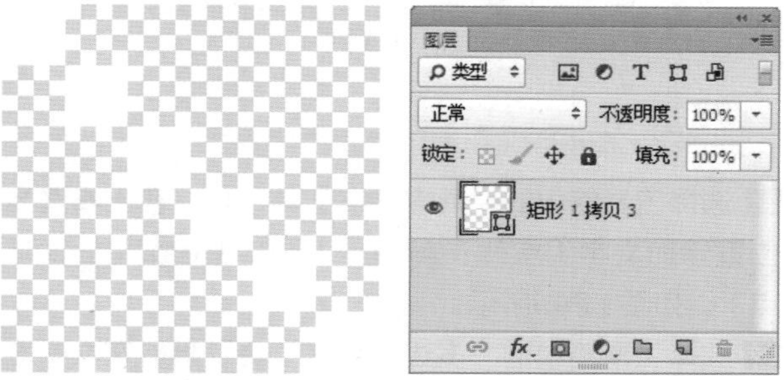

图3.245 复制并合并图层

07 执行菜单栏中的“编辑”|“定义图案”命令，在弹出的对话框中将“名称”更改为纹理，完成之后单击“确定”按钮，如图3.246所示。

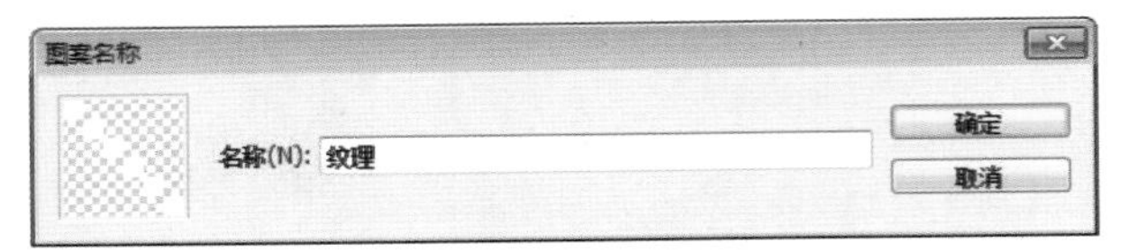

图3.246 定义图案

08 选中“图层1”图层，执行菜单栏中的“编辑”|“填充”命令，在弹出的对话框中选择“使用”为图案，单击“自定图案”后方的按钮，在弹出的面板中选择最底部刚才定义的“纹理”图案，完成之后单击“确定”按钮，如图3.247所示。

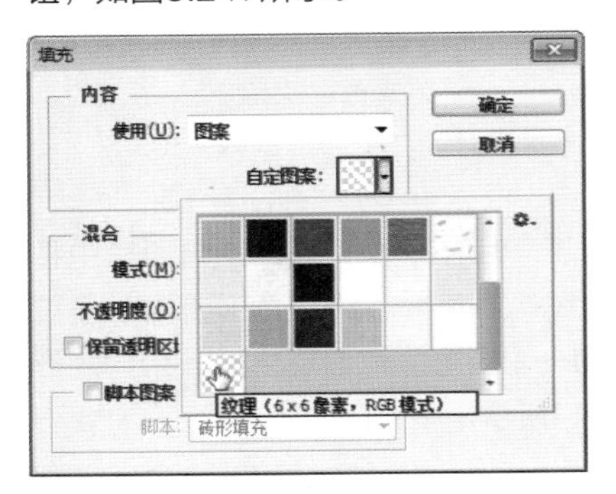

图3.247 设置填充

09 在“图层”面板中，选中“图层 1”图层，将其图层混合模式设置为“正片叠底”，“不透明度”更改为5%，如图3.248所示。

图3.248 设置图层混合模式

步骤2 添加文字

01 选择工具箱中的“横排文字工具” T，在画布适当位置添加文字（字体：Arial，样式：Bold，大小65点），如图3.249所示。

02 选择工具箱中的“多边形套索工具”，在文字左侧部分绘制一个不规则选区，如图3.250所示

03 在“图层”面板中，选中“LOADING 59%”图层，在其图层名称上单击鼠标右键，从弹出的快捷菜单中选择“栅格化图层”命令，执行菜单栏中的“图层”|“新建”|“通过剪切的图层”命令，此时将生成一个“图层 2”图层，如图3.251所示。

图3.249 添加文字

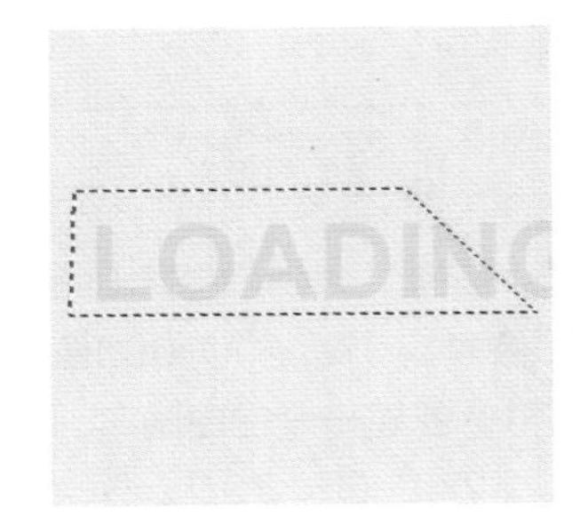

图3.250 绘制选区

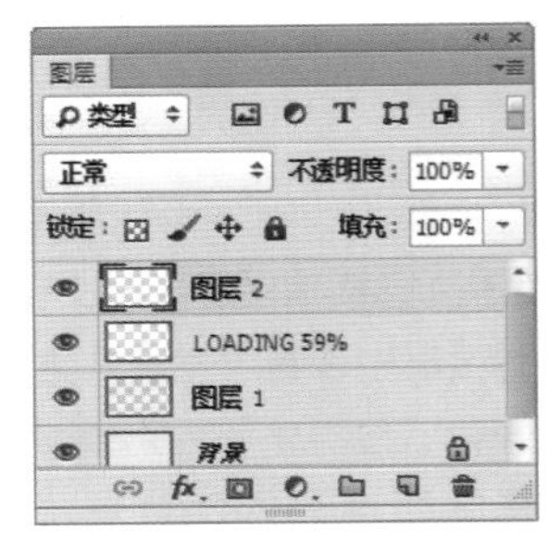

图3.251 剪切图层

04 在“图层”面板中，选中“图层 2”图层，单击面板底部的“添加图层样式”按钮 fx，在菜单中选择“斜面和浮雕”命令，在弹出的对话框中将“大小”更改为1像素，“软化”更改为5像素，“阴影模式”中的“不透明度”更改为10%，如图3.252所示。

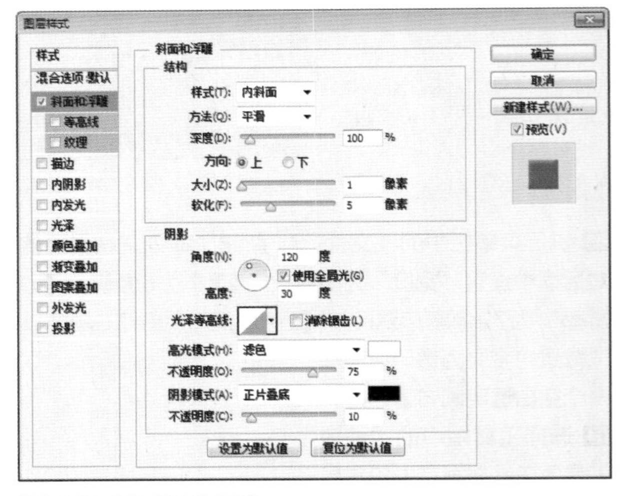

图3.252 设置斜面和浮雕

05 选中“描边”复选框，将“大小”更改为1像素，“颜色”更改为紫色（R：202，G：64，B：116），如图3.253所示。

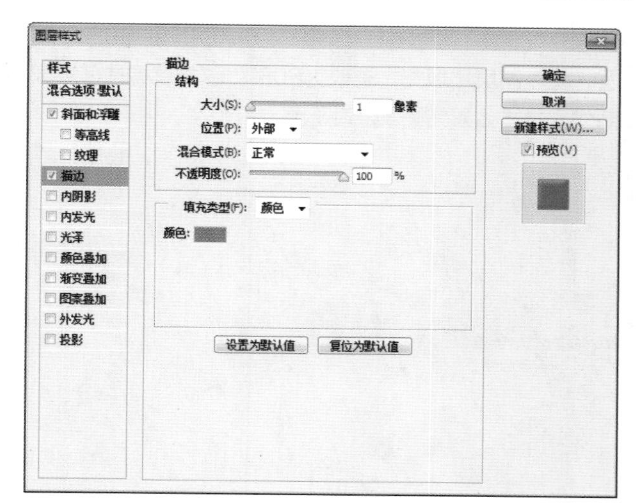

图3.253 设置描边

06 选中“渐变叠加”复选框，将“混合模式”更改为正片叠底，“渐变”更改为紫色（R：255，G：96，B：156）到紫色（R：255，G：120，B：177），如图3.254所示。

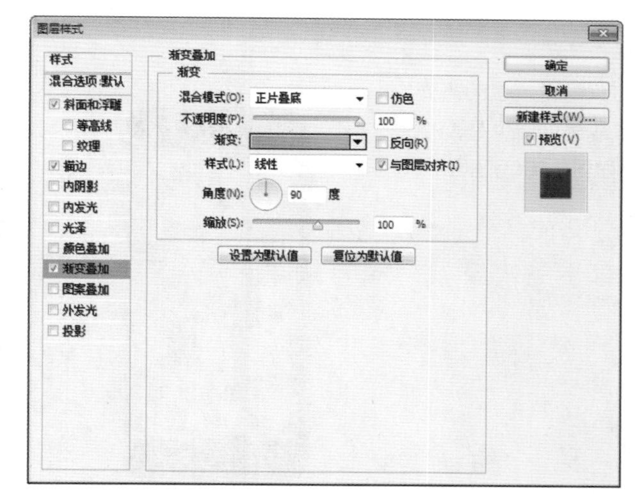

图3.254 设置渐变叠加

07 选中“图案叠加”复选框，单击“图案”后方按钮，在弹出的面板中选择之前定义的“纹理”，如图3.255所示。

08 选中“投影”复选框，将“不透明度”更改为50%，“距离”更改为1像素，“大小”更改为1像素，完成之后单击“确定”按钮，如图3.256所示。

09 在“图层”面板中，选中“LOADING 59%”图层，单击面板底部的“添加图层样式”按钮 *fx*，在菜单中选择“内阴影”命令，在弹出的对话框中将“混合模式”更改为叠加，“距离”更改为1像素，如图3.257所示。

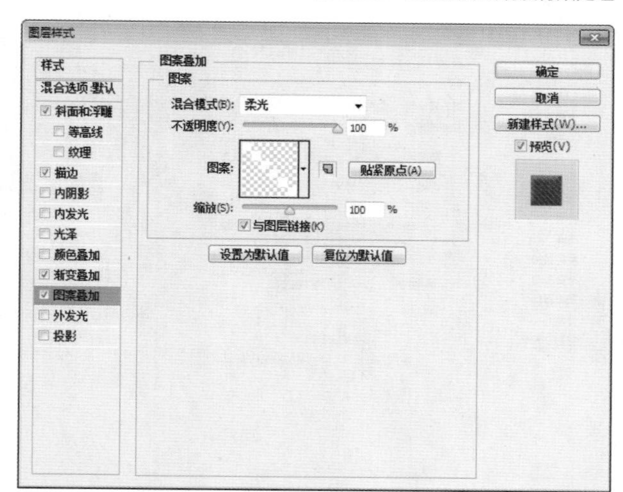

图3.255 设置图案叠加

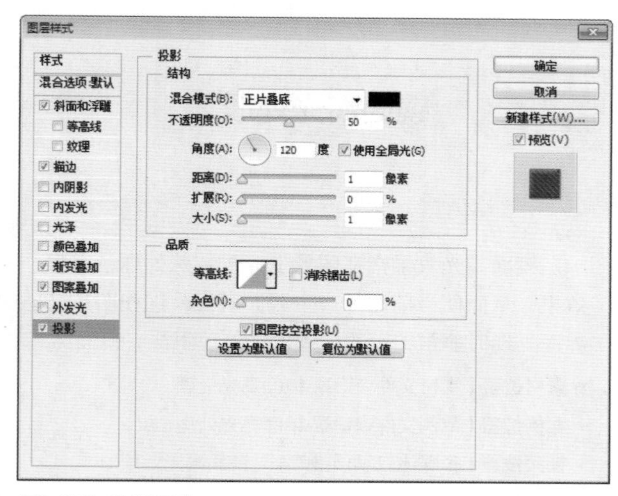

图3.256 设置投影

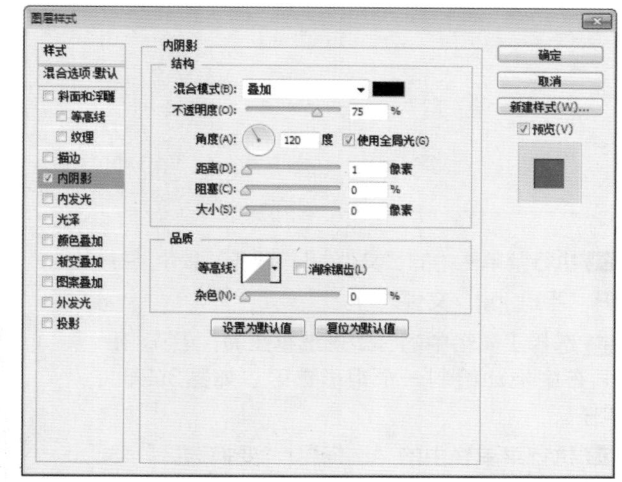

图3.257 设置内阴影

10 选中“投影”复选框，将“混合模式”更改为柔光，“颜色”更改为白色，“距离”更改为1像素，完成之后单击“确定”按钮，如图3.258所示。

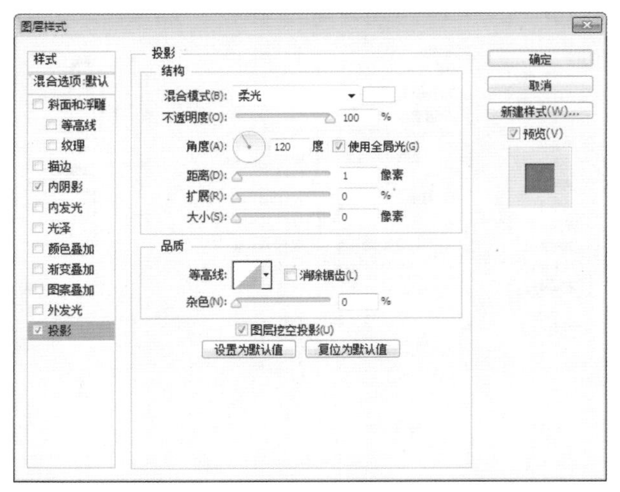

图3.258 设置投影

11 在“图层”面板中，选中“LOADING 59%”图层，将其图层“填充”更改为80%，这样就完成了效果制作，最终效果如图3.259所示。

图3.259 最终效果

实例048 镜面高光处理

实例分析

镜面高光效果指在图片上通过特殊处理，产生一种类似镜面产生的高光效果，从而使当前图片产生镜面质感，这在图片处理中非常常见，也是APP界面处理时非常实用的一种设计处理手法。镜面高光效果如图3.260所示。

- **素材位置** | 素材文件\第3章\镜面高光处理
- **案例位置** | 案例文件\第3章\镜面高光处理.psd
- **视频位置** | 多媒体教学\实例048 镜面高光处理.avi
- **难易指数** | ★★☆☆☆

图3.260 最终效果

01 执行菜单栏中的“文件”|“打开”命令，打开“手机.jpg”文件。

02 选择工具箱中的“矩形选框工具”，在画布中拖动绘制一个矩形选区，如图3.261所示。

03 执行菜单栏中的“选择”|“变换选区”命令，在选区上将出现一个变换框，将光标放置在变换框外侧拖动，将其适当旋转，通过旋转拖曳将选区调整到合适的位置，如图3.262所示。

图3.261 绘制选区

图3.262 变换选区

04 按Enter键确认变换。选择工具箱中的“魔棒工具”，在选项栏中单击“从选区减去”按钮，将光标放置在要减选的背景位置，如图3.263所示，单击鼠标将多余的部分选区减去，如图3.264所示。

图3.263 减选选区位置

图3.264 减选后的效果

05 在“图层”面板中创建一个新的图层——图层1，如图3.265所示。将其填充为白色#ffffff，按Ctrl+D组合键取消选区，如图3.266所示。

06 在“图层”面板中，修改“图层1”的“不透明度”为20%，镜面高光效果处理完成，最终效果如图3.267所示。

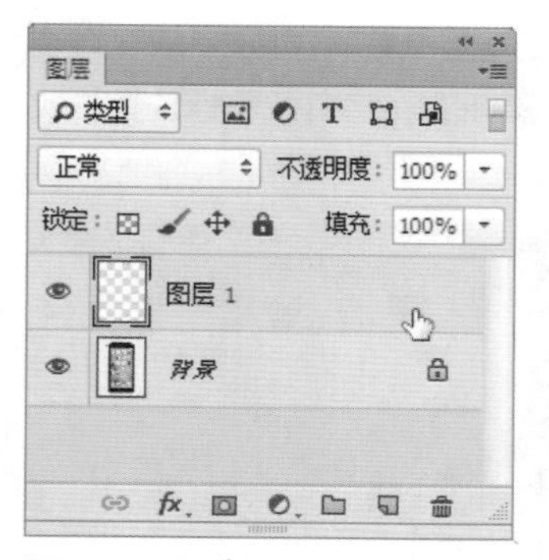

图3.265 新建图层

图3.266 填充白色

图3.267 调整不透明度及最终效果

实例 049 播放器控件质感效果

实例分析

播放器控件质感效果能显著地提升视觉，增强控件的美观性及观赏性，效果如图3.268所示。

- **素材位置** | 素材文件\第3章\播放器控件质感效果
- **案例位置** | 案例文件\第3章\播放器控件质感效果.psd
- **视频位置** | 多媒体教学\实例049 播放器控件质感效果.avi
- **难易指数** | ★★☆☆☆

图3.268 播放器控件质感效果

01 执行菜单栏中的“文件”|“打开”命令，打开“播放器控件质感效果.psd”文件。

02 选择工具箱中的“直线工具”，在选项栏中将“填充”更改为白色，“描边”更改为无，“粗细”更改为2像素，在控件顶部边缘按住Shift键绘制一条水平线段，将生成一个“形状 1”图层，如图3.269所示。

03 在“图层”面板中，为“形状 1”图层添加图层蒙版，如图3.270所示。

04 选择工具箱中的“渐变工具”，打开“渐变编辑器”面板，选择黑、白、黑渐变，将白色色标位置更改为70%，如图3.271所示。

图3.269 绘制线段

图3.270 添加图层蒙版

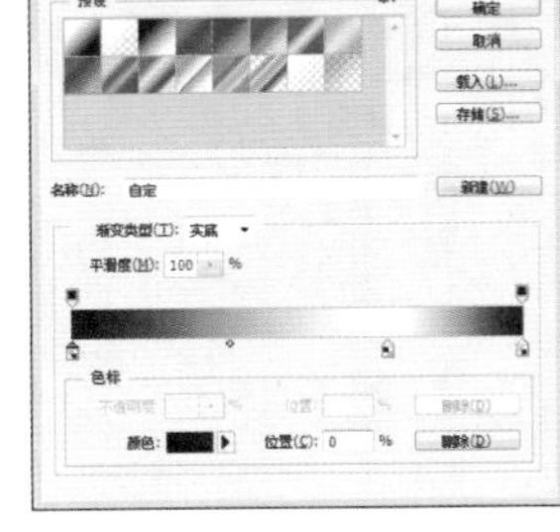

图3.271 设置渐变

05 在线段位置按住Shift键从右向左侧拖动将部分线段隐藏，如图3.272所示。

06 选中“形状 1”图层，将其图层混合模式更改为“叠加”，如图3.273所示。

07 在“图层”面板中，选中“形状 1”图层，将其拖至面板底部的“创建新图层”按钮上，复制1个“形状 1拷贝”图层，如图3.274所示。

08 选中“形状 1 拷贝”图层，按Ctrl+T组合键执行“自由变换”命令，单击鼠标右键，从弹出的快捷菜单中选择“旋转90度（顺时针）”命令，再将其移至控件图像右侧边缘位置，完成之后按Enter键确认，最终效果如图3.275所示。

图3.272 隐藏线段

图3.273 设置图层混合模式

图3.274 复制图层

图3.275 变换图形及最终效果

实例 050 流星效果

实例分析

为纯净的天空背景添加流星特效可以令整个画面元素更加丰富，视觉效果更出色，效果如图3.276所示。

- **素材位置** | 素材文件\第3章\流星效果
- **案例位置** | 案例文件\第3章\流星效果.psd
- **视频位置** | 多媒体教学\实例050 流星效果.avi
- **难易指数** | ★★☆☆☆

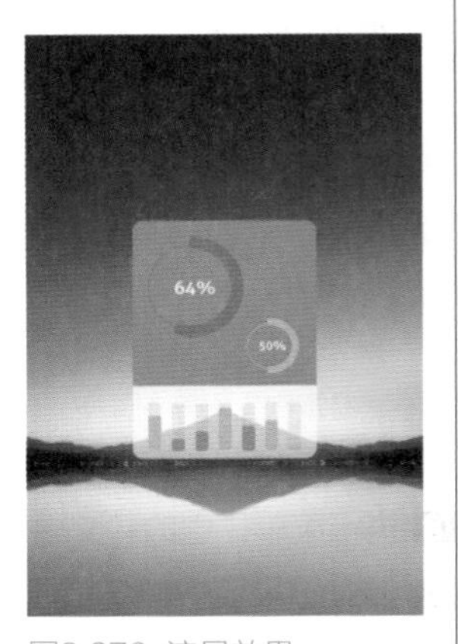

图3.276 流星效果

01 执行菜单栏中的“文件”|“打开”命令，打开“流星效果.psd”文件。

02 选择工具箱中的“直线工具”，在选项栏中将“填充”更改为白色，“描边”为无，“粗细”更改为1像素，在背景右上角位置绘制一条倾斜线段，将生成一个“形状1”图层，将其移至“统计插件”图层下方，如图3.277所示。

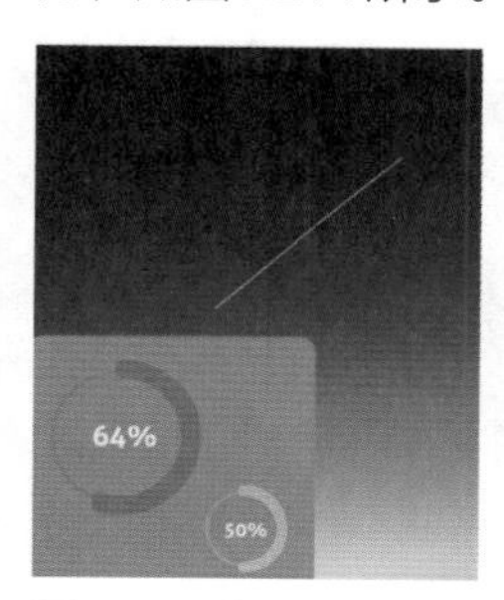

图3.277 绘制线段

03 在“图层”面板中，选中“形状 1”图层，单击面板底部的“添加图层蒙版”按钮，为其添加图层蒙版，如图3.278所示。

04 选择工具箱中的“渐变工具”按钮，编辑黑色到白色的渐变，单击选项栏中的“线性渐变”按钮，在线段上拖动将部分线段隐藏，如图3.279所示。

05 选中“形状 1”图层，将其图层混合模式更改为叠加，如图3.280所示。

06 选中“形状 1”图层，按住Alt键拖动将其复制，再将生成的“形状 1 拷贝”图层“不透明度”更改为30%，如图3.281所示。

07 以同样的方法将线段再复制数份并分别更改其不透明度及大小，最终效果如图3.282所示。

图3.278 添加图层蒙版

图3.279 隐藏线段

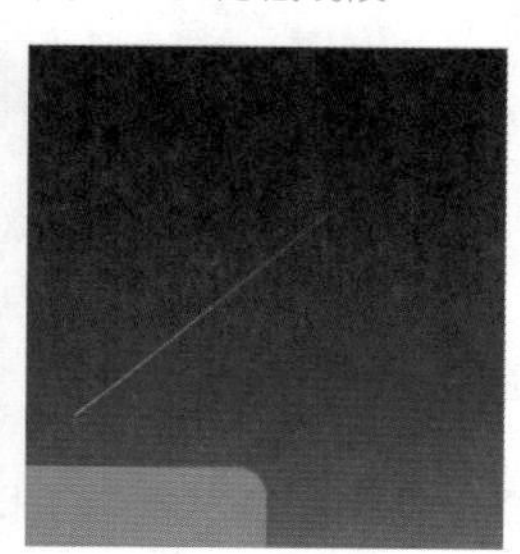

图3.280 更改图层混合模式

图3.281 更改不透明度及效果

图3.282 复制线段及最终效果

实例 051 卷边效果

实例分析

卷边效果指图片某个角呈现卷曲状，形成一种卷角的艺术效果，具有比较真实的视觉感觉，其制作方法比较简单，效果如图3.283所示。

- **素材位置 |** 素材文件\第3章\卷边效果
- **案例位置 |** 案例文件\第3章\卷边效果.psd
- **视频位置 |** 多媒体教学\实例051　卷边效果.avi
- **难易指数 |** ★★★☆☆

图3.283 卷边效果

01 执行菜单栏中的“文件”|“打开”命令，打开“卷边素材.psd”文件。

02 选择工具箱中的“多边形套索工具”，在“相片”图层中图像左上角绘制1个三角形选区，选中右上角部分图像，按Delete键将选区中图像删除，再按Ctrl+D组合键取消选区，如图3.284所示。

图3.284 删除部分图像

03 选择工具箱中的“钢笔工具”，在选项栏中单击“选择工具模式”按钮，在弹出的选项中选择“形状”，将“填充”更改为白色，“描边”为无，在刚才删除图像后的位置绘制1个卷边效果图形，此时将生成一个“形状 1”图层，如图3.285所示。

图3.285 绘制图形

04 添加图层样式，渐变叠加：“不透明度”为30%，“渐变”为黑色到白色再到黑色，将白色色标位置更改为50%，“角度”为108度，“缩放”为50%，添加渐变叠加及效果如图3.286所示。

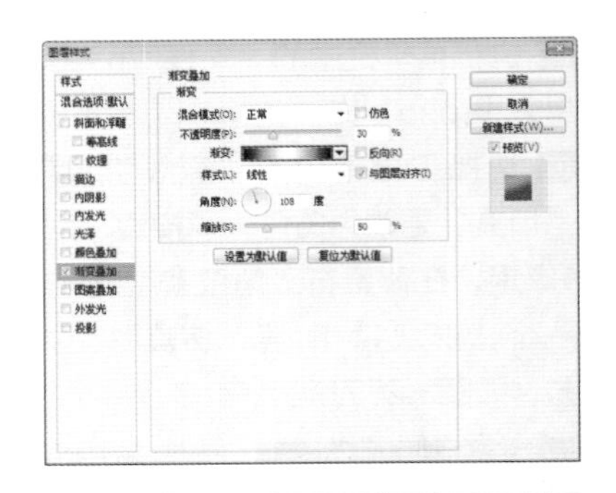

图3.286 渐变叠加设置及效果

05 添加图层样式，投影：“不透明度”为30%，“角度”为135度，“距离”为3像素，“大小”为4像素，添加投影及最终效果如图3.287所示。

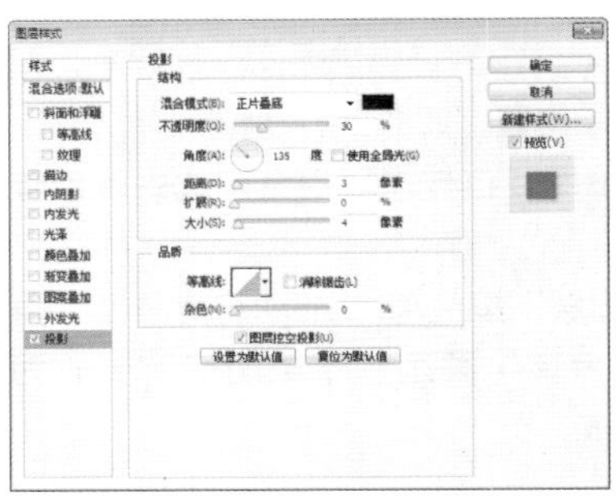

图3.287 投影样式设置及最终效果

实例 052 为欢迎界面添加装饰元素

实例分析

本例讲解为欢迎页添加装饰元素，应用的欢迎界面形式有很多种，以应用主题为出发点，可以设计出对应的欢迎页效果，假如为其添加装饰则整个界面会更加好看，最终效果如图3.288所示。

- **素材位置 |** 素材文件\第3章\为欢迎页添加装饰元素
- **案例位置 |** 案例文件\第3章\为欢迎页添加装饰元素.psd
- **视频位置 |** 多媒体教学\实例052 为欢迎界面添加装饰元素.avi
- **难易指数 |** ★★☆☆☆

图3.288 最终效果

01 执行菜单栏中的“文件”|“打开”命令，打开“欢迎页.jpg”文件，如图3.289所示。

02 单击面板底部的“创建新图层”按钮，新建一个“图层 1”图层。

03 按键盘上“D”键恢复默认前景色和背景色，执行菜单栏中的“滤镜”|“渲染”|“云彩”命令，如图3.290所示。

图3.289 打开素材

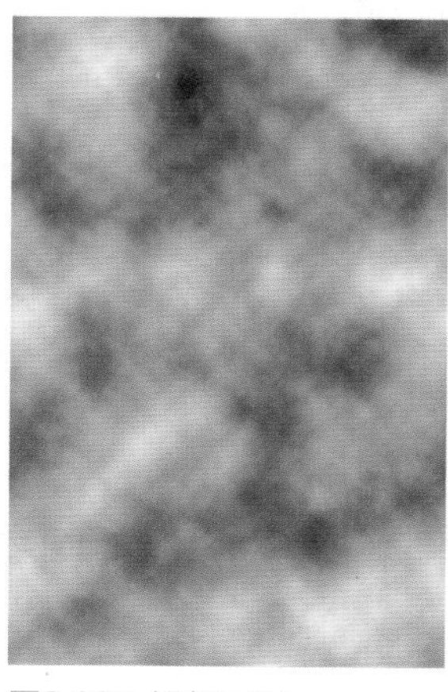

图3.290 添加云彩

04 在“图层”面板中，选中“图层 1”图层，将其图层混合模式设置为“滤色”，如图3.291所示。

图3.291 设置图层混合模式

05 在“图层”面板中，选中“图层 1”图层，将其拖至面板底部的“创建新图层”按钮上，复制1个“图层 1 拷贝”图层，如图3.292所示。

图3.292 复制图层

06 执行菜单栏中的“图像”|“调整”|“色阶”命令，在弹出的对话框中将其数值更改为（125，1，255），完成之后单击“确定”按钮，如图3.293所示。

图3.293 调整色阶

07 在“图层”面板中，将“图层1”和“图层1拷贝”合并，重命名为“图层1”，选中“图层 1”图层，单击面板底部的“添加图层蒙版”按钮，为其图层添加图层蒙版，如图3.294所示。

08 选择工具箱中的“画笔工具”按钮，在画布中单击鼠标右键，在弹出的面板中选择1种圆角笔触，将“大小”更改为250像素，“硬度”更改为0%，如图3.295所示。

图3.294 添加图层蒙版

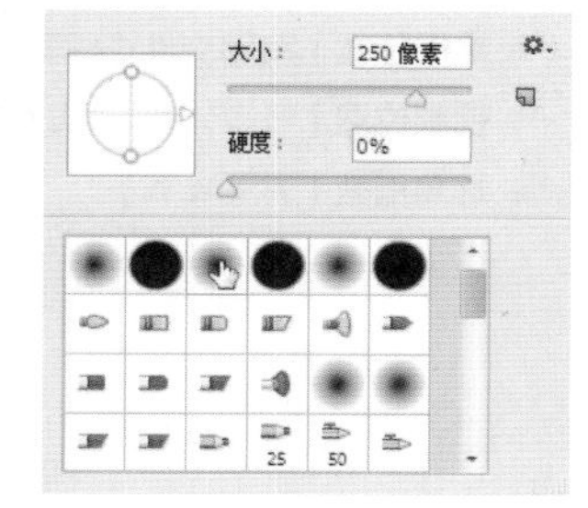

图3.295 设置笔触

09 将前景色更改为黑色，在图像上部分区域涂抹将其隐藏，如图3.296所示。

10 选择工具箱中的“横排文字工具”，添加文字（禹卫书法行书），如图3.297所示。

图3.296 隐藏图像

图3.297 添加文字

11 选择工具箱中的“钢笔工具”，在选项栏中单击“选择工具模式”按钮 路径 ，在弹出的选项中选择“形状”，将“填充”更改为白色，“描边”更改为无。

12 在文字位置绘制1个不规则图形，将生成一个“形状1”图层，如图3.298所示。

13 将图形复制数份，并适当调整其大小，这样就完成了效果制作最终效果如图3.299所示。

图3.298 绘制图形

图3.299 最终效果

实例 053 为界面添加场景元素

实例分析

本例讲解为界面添加场景元素，本例中欢迎页是一款购物应用界面，主题十分突出，制作重点在于场景元素的添加，整个制作过程比较简单，最终效果如图3.300所示。

- **素材位置** | 素材文件\第3章\为界面添加场景元素
- **案例位置** | 案例文件\第3章\为界面添加场景元素.psd
- **视频位置** | 多媒体教学\实例053 为界面添加场景元素.avi
- **难易指数** | ★★☆☆☆

图3.300 最终效果

01 执行菜单栏中的“文件”|“打开”命令，打开“购物应用界面.jpg”文件。

02 选择工具箱中的“钢笔工具”，在选项栏中单击“选择工具模式”按钮 路径 ，在弹出的选项中选择“形状”，将“填充”更改为白色，“描边”更改为无。

03 在界面左上角位置绘制1个不规则图形，将生成一个“形状 1”图层，如图3.301所示。

04 将图形复制两份，将生成“形状 1 拷贝”“形状 1 拷贝 2”两个新图层，分别将两个图形适当缩小，如图3.302所示。

图3.301 绘制图形

图3.302 复制图形

05 在“图层”面板中，选中“形状 1 拷贝”图层，将其图层混合模式设置为“柔光”，“不透明度”更改为50%，如图3.303所示。

图3.303 设置图层混合模式

06 选择工具箱中的“椭圆工具”，在选项栏中将“填充”更改为白色，“描边”为无，在界面右上角按住Shift键绘制一个圆形，将生成一个“椭圆 1”图层，如图3.304所示。

图3.304 绘制图形

07 在“图层”面板中，选中“椭圆 1”图层，将其拖至面板底部的“创建新图层”按钮上，复制2个“拷贝”图层，如图3.305所示。

图3.305 复制图层

08 在“图层”面板中，选中“椭圆 1”图层，将其图层混合模式设置为“柔光”，“不透明度”更改为30%，如图3.306所示。

图3.306 设置图层混合模式

09 用同样的方法更改为“椭圆 1 拷贝”图层混合模式，并将图形等比缩小，如图3.307所示。

图3.307 设置图层混合模式

10 选中“椭圆 1 拷贝 2”图层，将其“填充”更改为黄色（R：252，G：224，B：80），再按Ctrl+T组合键对其执行“自由变换”命令，将图形等比缩小，完成之后按Enter键确认，这样就完成了效果制作，最终效果如图3.308所示。

图3.308 最终效果

实例 054 制作解锁状态

实例分析

本例讲解制作解锁状态，本例是一款经典的解锁效果制作，制作过程比较简单，主要以文字与状态图形结合，最终效果如图3.309所示。

- **素材位置 |** 素材文件\第3章\解锁状态
- **案例位置 |** 案例文件\第3章\解锁状态.psd
- **视频位置 |** 多媒体教学\实例054 制作解锁状态.avi
- **难易指数 |** ★★☆☆☆

图3.309 最终效果

01 执行菜单栏中的“文件”|“打开”命令，打开“待机界面.jpg”文件。

02 选择工具箱中的“横排文字工具” T，添加文字（方正兰亭细黑），如图3.310 所示。

03 选择工具箱中的“钢笔工具”，在选项栏中单击“选择工具模式”按钮 路径 ，在弹出的选项中选择“形状”，将“填充”更改为无，“描边”更改为白色，“粗细”为1点。

04 在文字左侧位置绘制1个三角形箭头，将生成一个“形状 1”图层，如图3.311所示。

图3.310 添加文字

> 滑动来解锁

图3.311 绘制箭头

05 同时选中除“背景”外两个图层，按Ctrl+E组合键将图层合并，此时将生成一个“形状 1”图层。选中“形状 1”图层。单击面板底部的“添加图层蒙版”按钮，为其图层添加图层蒙版，如图3.312所示。

06 选择工具箱中的“画笔工具”按钮，在画布中单击鼠标右键，在弹出的面板中选择1种圆角笔触，将“大小”更改为150像素，“硬度”更改为0%，如图3.313所示。

图3.312 添加图层蒙版

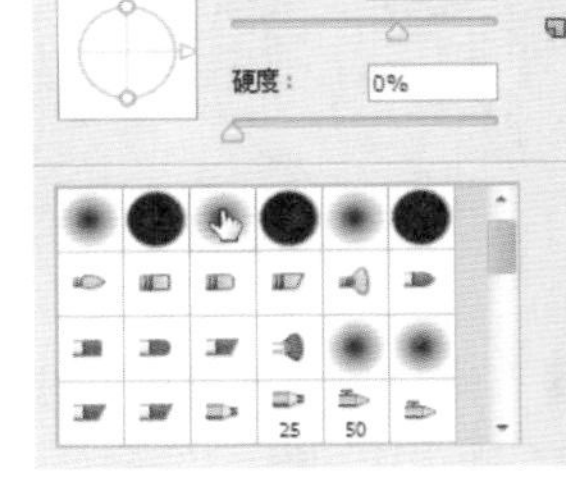

图3.313 设置笔触

07 在选项栏中将“不透明度”更改为20%，将前景色更改为黑色，在文字部分区域涂抹将其隐藏，这样就完成了效果制作，最终效果如图3.314所示。

图3.314 最终效果

实例 055 制作相片效果

实例分析

本例讲解制作相片效果，其相片效果十分真实，以立体感的图像作为主视觉，在制作过程中注意阴影效果的处理，最终效果如图3.315所示。

- **素材位置 |** 素材文件\第3章\相片效果
- **案例位置 |** 案例文件\第3章\相片效果.psd
- **视频位置 |** 多媒体教学\实例055 制作相片效果.avi
- **难易指数 |** ★★☆☆☆

图3.315 最终效果

01 执行菜单栏中的“文件”|“打开”命令，打开“格子背景.jpg、小女孩.jpg”文件，将小女孩素材图像拖入格子背景中，其图层名称将更改为“图层 1”，如图3.316所示。

图3.316 打开素材

02 在“图层”面板中，选中“图层 1”图层，单击面板底部的“添加图层样式”按钮fx，在菜单中选择“描边”命令，在弹出的对话框中将“大小”更改为10像素，“位置”更改为内部，“颜色”更改为白色，完成之后单击“确定”按钮，如图3.317所示。

03 选择工具箱中的“矩形工具”▭，在选项栏中将“填充”更改为深蓝色（R：4，G：17，B：21），“描边”为无，沿小女孩图像边缘绘制一个矩形，将生成一个“矩形 1”图层，将其移至“图层 1”图层下方，如图3.318所示。

04 选中“矩形 1”图层，按Ctrl+T组合键对其执行“自由变换”命令，单击鼠标右键，从弹出的快捷菜单中选择“变形”命令，拖动变形框控制点将图形变形，完成之后按Enter键确认，如图3.319所示。

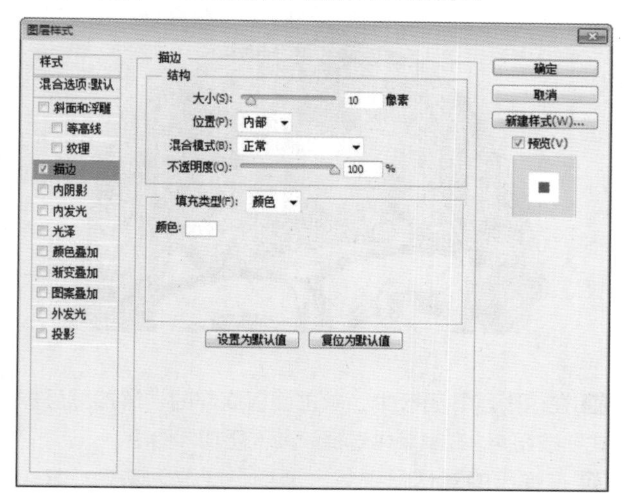

图3.317 设置描边

图3.318 绘制矩形

图3.319 将图像变形

05 执行菜单栏中的“滤镜”|“模糊”|“高斯模糊”命令，在弹出的对话框中单击“栅格化”按钮，然后在弹出的对话框中将“半径”更改为2像素，完成之后单击“确定”按钮，如图3.320所示。

06 选中“矩形 1”图层，将其图层“不透明度”更改为50%，如图3.321所示。

图3.320 添加高斯模糊

图3.321 更改图层不透明度

07 选择工具箱中的“椭圆工具”，在选项栏中将“填充”更改为黑色，“描边”为无，在图像顶部按住Shift键绘制一个圆形，将生成一个“椭圆 1”图层，如图3.322所示。

图3.322 绘制图形

08 在“图层”面板中，单击面板底部的“添加图层样式”按钮fx，在菜单中选择“渐变叠加”命令。

09 在弹出的对话框中将“渐变”更改为灰色（R：85，G：85，B：85）到灰色（R：230，G：230，B：230），如图3.323所示。

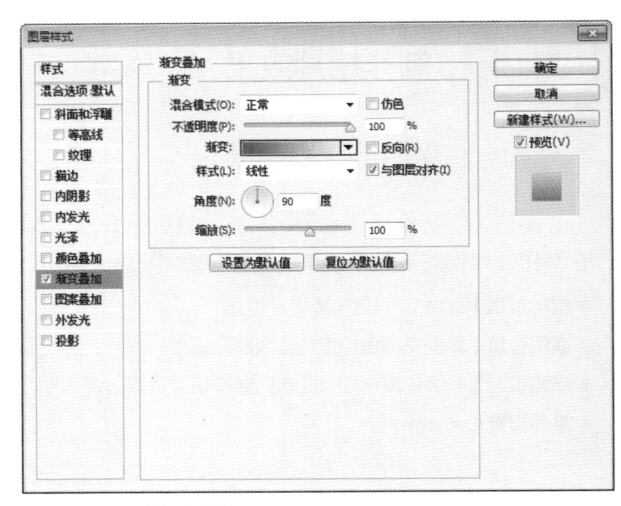

图3.323 设置渐变叠加

10 选中“投影”复选框，将“不透明度”更改为50%，取消“使用全局光”复选框，将“角度”更改为90度，“距离”更改为2像素，“大小”更改为3像素，完成之后单击“确定”按钮，这样就完成了效果制作，最终效果如图3.324所示。

图3.324 最终效果

扁平化风格UI设计

内容摘要

扁平化设计也叫简约设计、极简设计，它的核心就是去掉冗余的装饰效果，在设计中去掉多余的透视、纹理、渐变等能做出3D效果的元素，并且在设计元素上强调抽象、极简、符号化。扁平化设计与拟物化设计形成鲜明对比，扁平化在移动系统上不仅界面美观、简洁，而且达到降低功耗、延长待机时间和提高运算速度的目的。作为手机领域风向标的苹果手机最新推出的iOS使用了扁平化设计。本章就以扁平化为设计理念，将不同UI设计控件的扁平化设计案例进行解析，让读者对扁平化设计有充分的了解，进而掌握设计技巧。

教学目标

了解扁平化设计原理
学习扁平化设计概念
掌握扁平化UI设计方法

实例056 理论知识1——何为扁平化设计

扁平化设计也叫简约设计、极简设计，它的核心就是去掉冗余的装饰效果，在摒弃高光、阴影等能造成透视感的效果，通过抽象、简化、符号化的设计元素来表现。界面上极简抽象、矩形色块、大字体、光滑、现代感十足，让你去意会这是个什么东西。其交互核心在于功能本身的使用，所以去掉了冗余的界面和交互。

古希腊时，人们的绘画都是平面的，在二维线条中讲述我们立体的世界。文艺复兴之后，写实风格日渐风靡，艺术家们都追求用笔触还原生活里的真实。如今扁平化的返璞归真让绘画也汲取了新鲜的养分。

作为手机领域风向标的苹果手机最新推出的iOS使用了扁平化设计，随着iOS8 的更新以及更多 APPLE 产品的出现，扁平化设计已经成为 UI 类设计的大方向。这段时间以来，扁平化设计一直是设计师之间的热门话题，现在已经形成一种风气，其他的智能系统也开始扁平化，例如Windows、Mac OS、Android系统的设计已经往扁平化设计发展。扁平化尤其在如今的移动智能设备上应用广泛，如手机、平板，更少的按钮和选项让界面更加干净整齐，使用起来格外简洁、明了，扁平化可以更加简单直接地将信息和事物的工作方式展示出来，减少认知障碍的产生。

在扁平化设计目前最有力的典范是微软的Windows以及Windows Phone和Windows RT的Metro界面，Microsoft为扁平化用户体验开拓者。与扁平化设计相比，在目前也可以说之前最为流行的是Skeuomorphic设计，最为典型的就是苹果iOS系统中拟物化的设计，让我们感觉到虚拟物与实物的接近程度，iOS、安卓也已向扁平化改变。

实例057 理论知识2——扁平化设计的优缺点

扁平化设计与拟物化设计形成鲜明对比，扁平化在移动系统上不仅界面美观、简洁，而且达到降低功耗、延长待机时间和提高运算速度的目的。当然扁平化设计也有缺点。

1. 扁平化设计的优点

扁平化的流行不是偶然的，它有自己的优点。

- 降低移动设备的硬件需求，提高运行速度，延长电池使用寿命和待机时间，使用更加高效。
- 简约而不简单，搭配一流的网格、色彩，让看久了拟物化的用户感觉焕然一新。
- 突出内容主题，减弱各种渐变、阴影、高光等拟真实视觉效果对用户视线的干扰，信息传达更加简单、直观，缓解审美疲劳。
- 设计更容易，开发更简单，扁平化设计更简约，条理清晰，在适应不同屏幕尺寸方面更加容易设计修改，有更好的适当性。

2. 扁平化设计的缺点

扁平化虽然有很多优点，但对于不适应的人来说，缺点也是有的。

- 因为在色彩和立体感上的缺失，用户化验度降低，特别是在一些非移动设备上，过于简单。
- 由于设计简单，造成直观感缺乏，有时候需要学习才可以了解，造成一定的学习成本。
- 简单的线条和色彩，造成传达的感情不丰富，甚至过于冷淡。

实例058 理论知识3——扁平化设计四大原则

扁平化设计虽然简单，但也需要特别的技巧，否则整个设计会由于过于简单而缺少吸引力，甚至没有个性，不能给用户留下深刻的印象。扁平化设计可以遵循以下四大原则。

1. 拒绝使用特效

从扁平化的定义可以看出，扁平化设计属于极简设计，力求去除冗余的装饰效果，在设计上追求二维效果，所以在设计时要去掉修饰，如阴影、斜面、浮雕、渐变、羽化，远离写实主义，通过抽象、简化或符号化的设计手法将其表现出来。因为扁平化设计属于二维平面设计，所以各个图片、按钮、导航等不要有交叉、重叠，以免产生三维感觉，如图4.1所示。

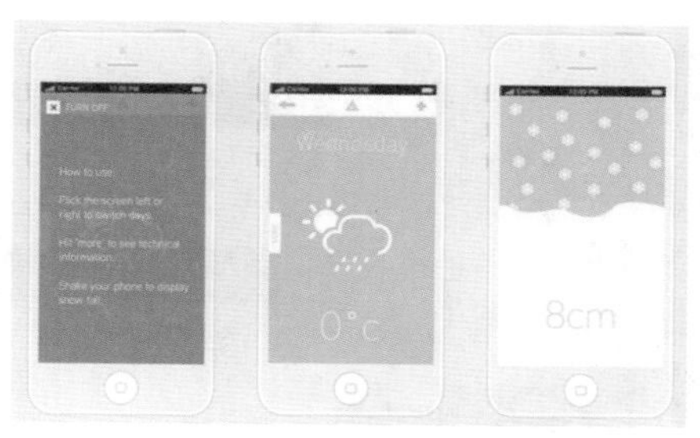

图4.1 扁平化效果

2. 极简几何元素

扁平化设计中，在按钮、图标、导航、菜单等设计中多使用简单的几何元素，如矩形、圆形、多边形等，使设计整体上趋近极简主义设计理念，通过简单的图形达到设计目的。对于相似的几何元素，可以通过不同颜色的填充来进行区别，而且简化按钮和选项，做到极简效果。极简几何元素如图4.2所示。

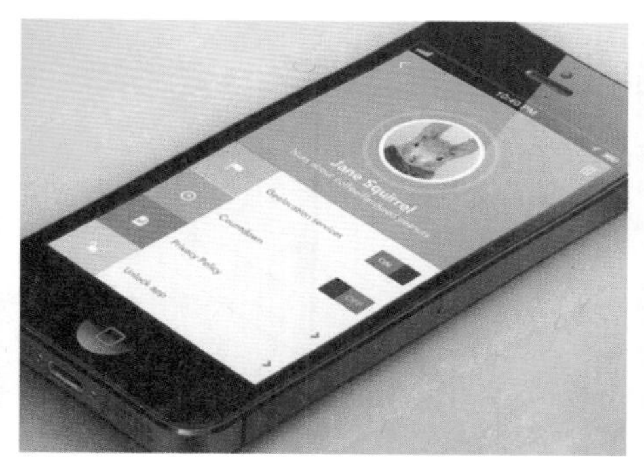

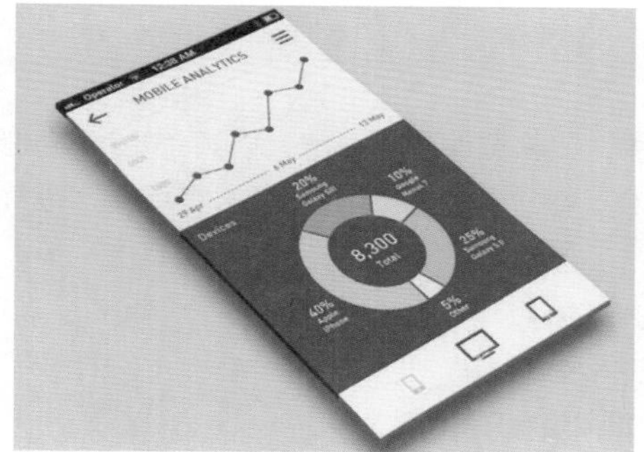

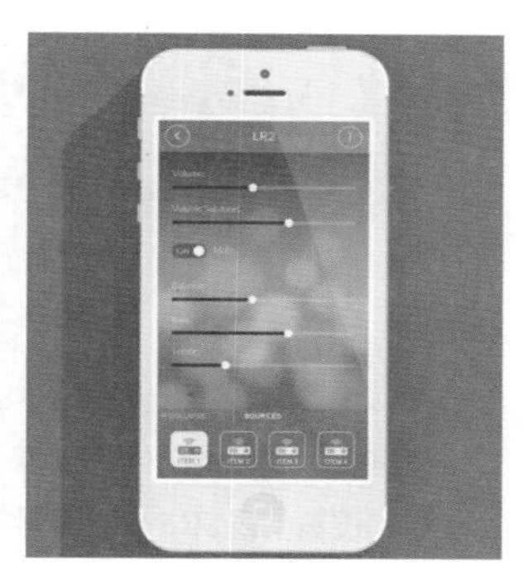

图4.2 极简几何元素

3. 注重版式设计

扁平化设计时因为其简洁性，在排版时极易形成信息堆积，造成过度负荷的感觉，使用户在过量的信息规程中应接不暇，所以在版式上就有特别的要求，尽量减少用户界面中的元素，而且在字体和图形的设计上，注意文字大小和图片大小，文字要多采用无衬线字体，而且要精练文字内容，还要注意选择一些特殊的字体，以起到醒目的作用，通过字体和图片大小和比重来区分元素，以带来视觉上的宁静。版式设计效果如图4.3所示。

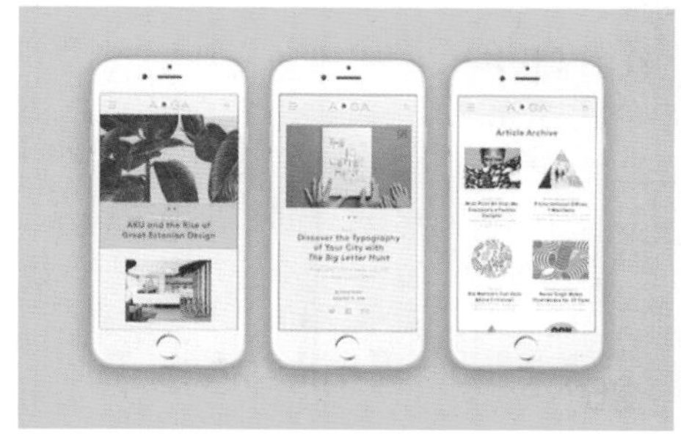

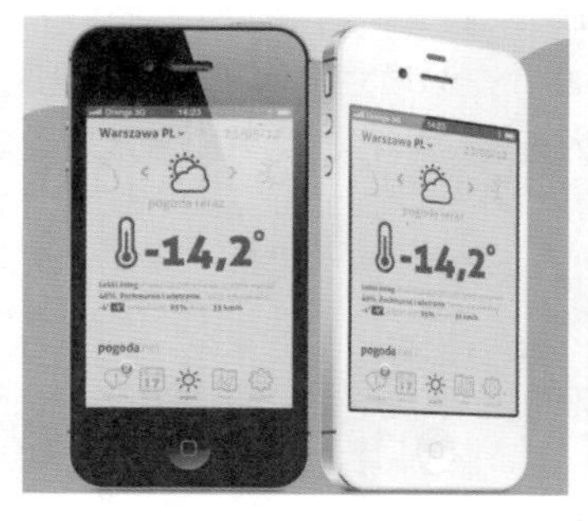

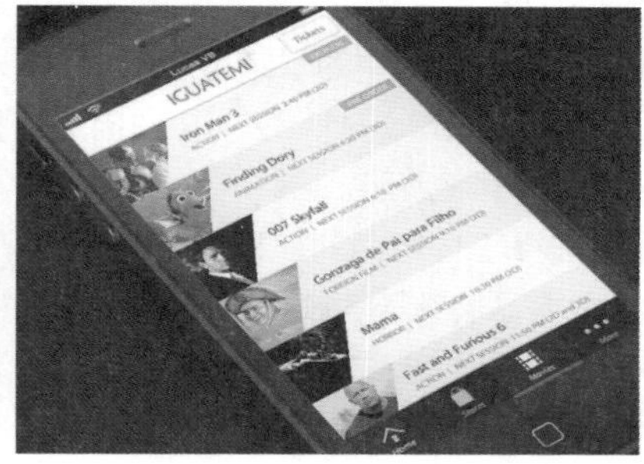

图4.3 版式设计

4. 颜色具有多样性

扁平化设计中，颜色的使用是非常重要的，力求色彩鲜艳、明亮，在选色上要注意颜色的多样性，以更多的颜色、更炫丽的颜色，来划分界面不同范围，以免造成平淡的视觉感受。在颜色的选择上，有一些颜色特别受欢迎，设计者要特别注意，如复古浅橙色、紫色、绿色、蓝色、青色等。颜色多样性效果如图4.4所示。

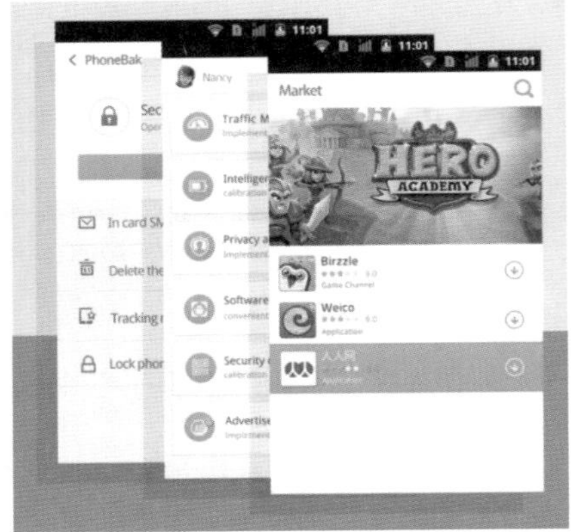

图4.4 颜色多样性

实例 059 绘制开关控件

实例分析

本例讲解绘制开关控件，此款控件十分简洁，以圆角矩形与圆形相结合，并且与直观的文字提示相结合，整个控件表现出很强的实用性，最终效果如图4.5所示。

- **素材位置 |** 素材文件\第4章\开关控件
- **案例位置 |** 案例文件\第4章\开关控件.psd
- **视频位置 |** 多媒体教学\实例059 绘制开关控件.avi
- **难易指数 |** ★☆☆☆☆

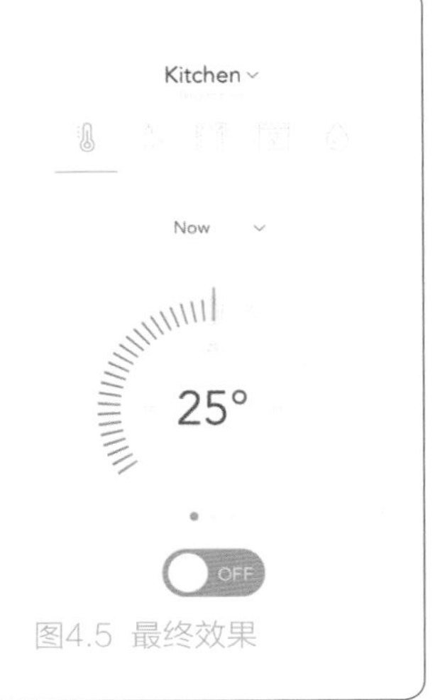

图4.5 最终效果

01 执行菜单栏中的“文件”|“打开”命令，打开“测量应用界面.jpg”文件。

02 选择工具箱中的“圆角矩形工具”，在选项栏中将“填充”更改为红色（R：250，G：50，B：82），“描边”为无，“半径”为100像素，绘制一个圆角矩形，如图4.6所示。

03 选择工具箱中的“椭圆工具”，在选项栏中将“填充”更改为白色，“描边”为无，在圆角矩形左侧按住Shift键绘制一个圆形，如图4.7所示。

04 选择工具箱中的“横排文字工具” T，添加文字（方正兰亭细黑），这样就完成了效果制作，最终效果如图4.8所示。

图4.6 绘制图形

图4.7 绘制圆形

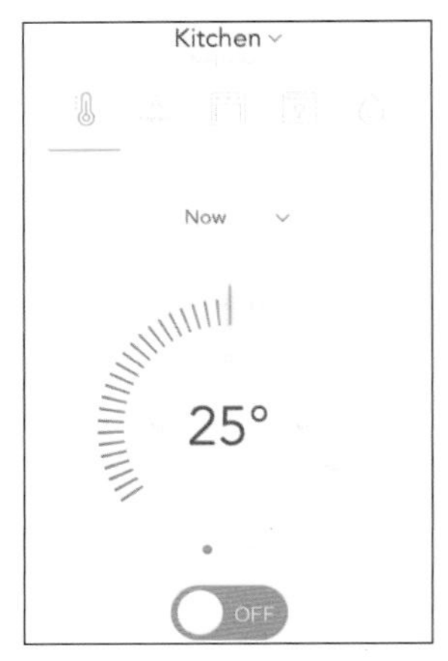

图4.8 最终效果

实例 060 制作体验按钮

实例分析

本例讲解制作体验按钮，其制作十分简单，以矩形按钮为主图形，再添加文字信息即可完成效果制作，最终效果如图4.9所示。

- **素材位置 |** 素材文件\第4章\体验按钮
- **案例位置 |** 案例文件\第4章\体验按钮.psd
- **视频位置 |** 多媒体教学\实例060 制作体验按钮.avi
- **难易指数 |** ★☆☆☆☆

图4.9 最终效果

01 执行菜单栏中的“文件”|“打开”命令，打开“购票界面.jpg”文件。

02 选择工具箱中的“矩形工具”，在选项栏中将“填充”更改为蓝色（R：21，G：164，B：213），“描边”为橙，绘制一个矩形，如图4.10所示。

03 选择工具箱中的“横排文字工具”T，添加文字（方正兰亭黑），这样就完成了效果制作，最终效果如图4.11所示。

图4.10 绘制矩形

图4.11 最终效果

实例 061 制作储存进度环

实例分析

本例讲解制作储存进度环，此界面是一款存储应用界面，通过制作储存进度环，可以直观地观察当前应用的使用量，其制作过程比较简单，最终效果如图4.12所示。

- **素材位置 |** 素材文件\第4章\储存进度环
- **案例位置 |** 案例文件\第4章\储存进度环.psd
- **视频位置 |** 多媒体教学\实例061 制作储存进度环.avi
- **难易指数 |** ★☆☆☆☆

图4.12 最终效果

01 执行菜单栏中的“文件”|“打开”命令，打开“储存应用界面.jpg”文件。

02 选择工具箱中的“椭圆工具”，在选项栏中将“填充”更改为无，“描边”为灰色（R：230，G：231，B：225），“宽度”为7点，以百分比数字位置为中心，按住Shift键绘制一个圆，将生成一个“椭圆1”图层，如图4.13所示。

03 在“图层”面板中，选中“椭圆 1”图层，将其拖至面板底部的“创建新图层”按钮上，复制1个“椭圆 1拷贝”图层。

04 在“椭圆 1拷贝”图层名称上单击鼠标右键，在弹出的菜单中选择“栅格化图层”命令，单击面板上方的“锁定透明像素”按钮，将透明像素锁定，如图4.14所示。

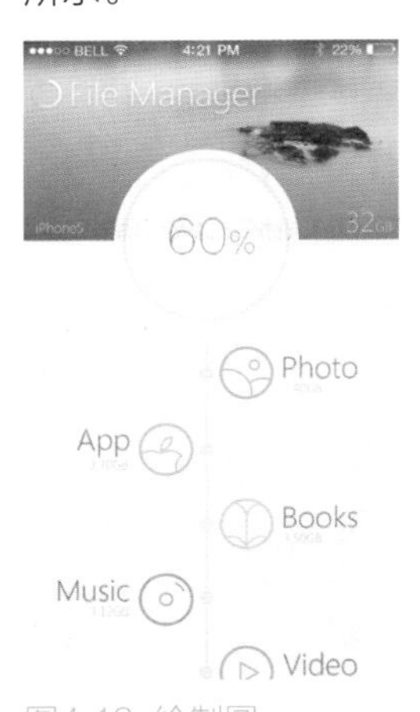

图4.13 绘制圆

图4.14 复制图层

05 选择工具箱中的“多边形套索工具”，在图像顶部位置绘制一个三角形选区，如图4.15所示。

06 将选区填充为绿色（R：123，G：224，B：70），完成之后按Ctrl+D组合键将选区取消，如图4.16所示。

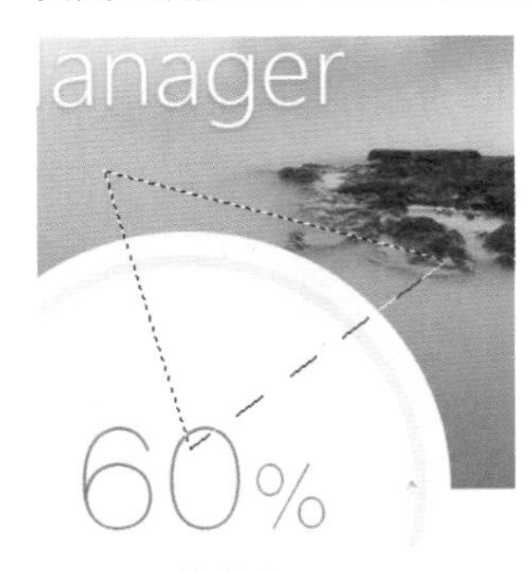

图4.15 绘制选区

图4.16 填充颜色

07 以同样方法在圆环其他位置绘制选区，并为圆环填充颜色，这样就完成了效果制作，最终效果如图4.17所示。

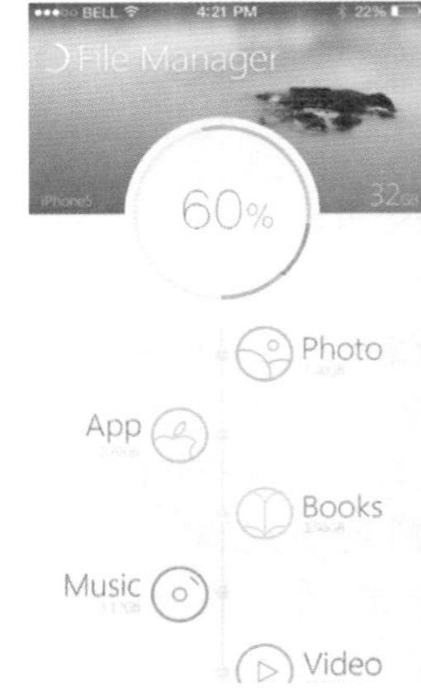

图4.17 最终效果

实例 062 健康应用图标制作

实例分析

本例讲解健康应用图标制作，此款图标以圆角矩形为基准轮廓图形，将心形与之搭配，通常色彩的应用，完美地表现出健康类应用的主题特征，最终效果如图4.18所示。

- **素材位置** | 无
- **案例位置** | 案例文件\第4章\健康应用图标制作.psd
- **视频位置** | 多媒体教学\实例062 健康应用图标制作.avi
- **难易指数** | ★☆☆☆☆

图4.18 最终效果

01 执行菜单栏中的“文字”|“新建”命令，在弹出的对话框中设置“宽度”为500像素，“高度”为400像素，“分辨率”为72像素/英寸，新建一个空白画布。

02 选择工具箱中的“圆角矩形工具”，在选项栏中将“填充”更改为黑色，“描边”更改为无，设置“半径”为100像素，按住Shift键绘制一个圆角矩形，将生成一个“圆角矩形 1”图层，如图4.19所示。

图4.19 绘制图形

03 在“图层”面板中，单击面板底部的“添加图层样式”按钮fx，在菜单中选择“渐变叠加”命令。

04 在弹出的对话框中将“渐变”更改为红色（R：253，G：103，B：103）到浅红色（R：254，G：168，B：145），“角度”为130度，完成之后单击“确定”按钮，如图4.20所示。

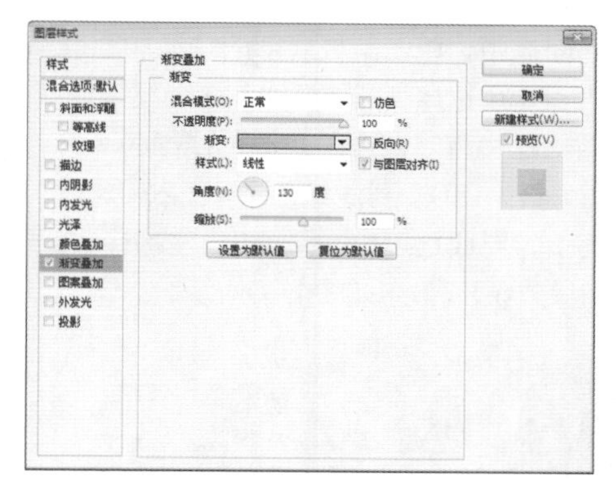

图4.20 设置渐变叠加

05 选择工具箱中的“自定形状工具”，在画布中单击鼠标右键，在弹出的面板中选择“红心形卡”形状，如图4.21所示。

06 在选项栏中将“填充”更改为白色，“描边”为无，在圆角矩形中间位置按住Shift键绘制1个心形，如图4.22所示。

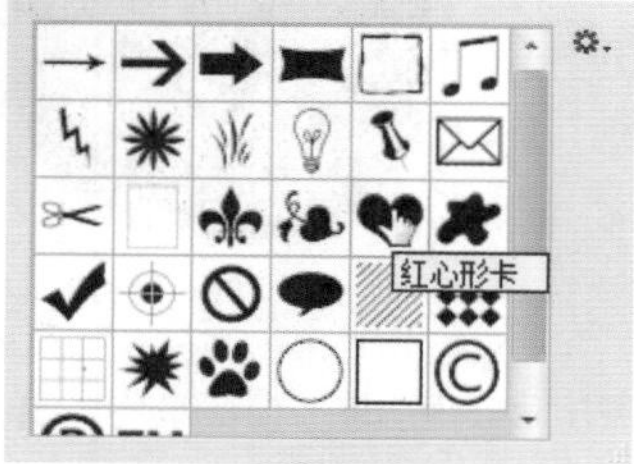

图4.21 选择形状

图4.22 绘制心形

07 在“图层”面板中，单击面板底部的“添加图层样式”按钮fx，在菜单中选择“渐变叠加”命令。

08 在弹出的对话框中将“渐变”更改为浅红色（R：250，G：193，B：199）到浅红色（R：250，G：240，B：237），“角度”为130度，完成之后单击“确定”按钮，这样就完成了效果制作最终效果，如图4.23所示。

图4.23 设置渐变叠加

实例 063 定位图标制作

实例分析

本例讲解定位图标制作，其图标效果十分简洁，以圆形为基础图形，通过元素的添加，令图标具有相当不错的观赏性及可识别性，最终效果如图4.24所示。

- **素材位置 |** 无
- **案例位置 |** 案例文件\第4章\定位图标制作.psd
- **视频位置 |** 多媒体教学\实例063　定位图标制作.avi
- **难易指数 |** ★☆☆☆☆

图4.24 最终效果

01 执行菜单栏中的“文字”|“新建”命令，在弹出的对话框中设置“宽度”为500像素，“高度”为400像素，

“分辨率”为72像素/英寸，新建一个空白画布。

02 选择工具箱中的“圆角矩形工具”▢，在选项栏中将“填充”更改为黑色，“描边”更改为无，设置“半径”为100像素，按住Shift键绘制一个圆角矩形，将生成一个“圆角矩形 1”图层，如图4.25所示。

图4.25 绘制图形

03 在“图层”面板中，单击面板底部的“添加图层样式”按钮fx，在菜单中选择“渐变叠加”命令。

04 在弹出的对话框中将“渐变”更改为绿色（R：113，G：175，B：43）到绿色（R：175，G：232，B：0），“角度”为130度，完成之后单击“确定”按钮，如图4.26所示。

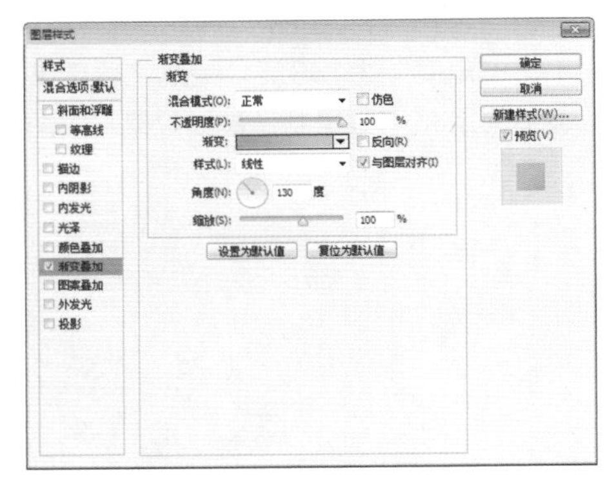

图4.26 设置渐变叠加

05 选择工具箱中的“椭圆工具”◯，在选项栏中将“填充”更改为黑色，“描边”为无，按住Shift键绘制一个圆形，将生成一个“椭圆 1”图层，如图4.27所示。

06 选择工具箱中的“钢笔工具”🖊，在选项栏中单击“选择工具模式”按钮 路径 ，在弹出的选项中选择“形状”，单击“路径操作”按钮▢，在弹出的选项中选择“合并形状”，在圆下方绘制1个图形，如图4.28所示。

图4.27 绘制圆

图4.28 绘制图形

07 选择工具箱中的“椭圆工具”◯，在黑色图形顶部按住Alt键同时绘制1个圆形路径，将部分图形减去，如图4.29所示。

08 在“图层”面板中，单击面板底部的“添加图层样式”按钮fx，在菜单中选择“渐变叠加”命令。

09 在弹出的对话框中将“渐变”更改为浅绿色（R：210，G：213，B：160）到浅绿色（R：230，G：243，B：195），完成之后单击“确定”按钮，这样就完成了效果制作，最终效果如图4.30所示。

图4.29 减去图形

图4.30 最终效果

实例 064 日历图标制作

实例分析

本例讲解日历图标制作，日历图标的表现形式有多种，本例所讲解的是一种最为直观的日历图标，以直观醒目的文字与圆角矩形结合，整个图标表现出很强的主题特征，最终效果如图4.31所示。

- **素材位置 |** 无
- **案例位置 |** 案例文件\第4章\日历图标制作.psd
- **视频位置 |** 多媒体教学\实例064 日历图标制作.avi
- **难易指数 |** ★☆☆☆☆

图4.31 最终效果

01 执行菜单栏中的“文字”|“新建”命令，在弹出的对话框中设置“宽度”为500像素，“高度”为400像素，“分辨率”为72像素/英寸，新建一个空白画布。

02 选择工具箱中的“圆角矩形工具”，在选项栏中将“填充”更改为黑色，“描边”为无，“半径”为50像素，按住Shift键绘制一个圆角矩形，将生成一个“圆角矩形 1”图层，如图4.32所示。

图4.32 绘制图形

03 在“图层”面板中，单击面板底部的“添加图层样式”按钮fx，在菜单中选择“渐变叠加”命令。

04 在弹出的对话框中将“渐变”更改为红色（R：255，G：77，B：90）到红色（R：255，G：93，B：110），完成之后单击“确定”按钮，如图4.33所示。

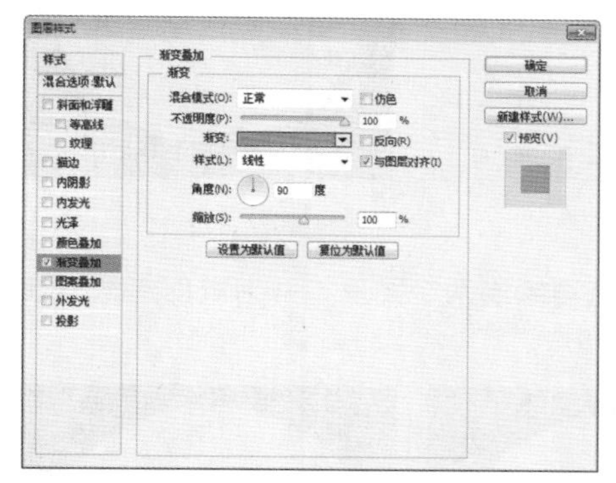

图4.33 设置渐变叠加

05 选择工具箱中的“椭圆工具”，在选项栏中将“填充”更改为白色，“描边”为无，按住Shift键绘制一个圆形，将生成一个“椭圆 1”图层，如图4.34所示。

06 选择工具箱中的“横排文字工具”T，添加文字（方正兰亭黑、方正兰亭中粗黑），如图4.35所示。

图4.34 绘制圆

图4.35 添加文字

07 在“图层”面板中，选中“椭圆 1”图层，单击面板底部的“添加图层蒙版”按钮，为其添加图层蒙版，如图4.36所示。

08 按住Ctrl键单击“FEB”图层缩览图，将其载入选区，在按住Ctrl＋Shift键的同时单击“2”图层缩览图，将其加选载入选区，如图4.37所示。

图4.36 添加图层蒙版

图4.37 载入选区

09 将选区填充为黑色，将部分图形隐藏，制作镂空效果，完成之后按Ctrl+D组合键将选区取消，将文字图层删除，这样就完成了效果制作，最终效果如图4.38所示。

图4.38 最终效果

实例 065 闹钟图标制作

实例分析

本例讲解闹钟图标制作，其图标效果十分简洁，以圆形为基础图形，通过元素的添加，令图标具有相当不错的观赏性及可识别性，最终效果如图4.39所示。

- **素材位置** | 无
- **案例位置** | 案例文件\第4章\闹钟图标制作.psd
- **视频位置** | 多媒体教学\实例065　闹钟图标制作.avi
- **难易指数** | ★★☆☆☆

图4.39 最终效果

01 执行菜单栏中的“文字”|“新建”命令，在弹出的对话框中设置“宽度”为500像素，“高度”为400像素，“分辨率”为72像素/英寸，新建一个空白画布，将画布填充为蓝色（CR：15，G：20，B49）。

02 选择工具箱中的“椭圆工具”，在选项栏中将“填充”更改为黑色，“描边”为无，按住Shift键绘制一个圆形，将生成一个“椭圆 1”图层，如图4.40所示。

图4.40 绘制图形

03 在“图层”面板中，单击面板底部的“添加图层样式”按钮fx，在菜单中选择“渐变叠加”命令。

04 在弹出的对话框中将“渐变”更改为蓝色（R：180，G：212，B：217）到蓝色（R：230，G：247，B：250），完成之后单击“确定”按钮，如图4.41所示。

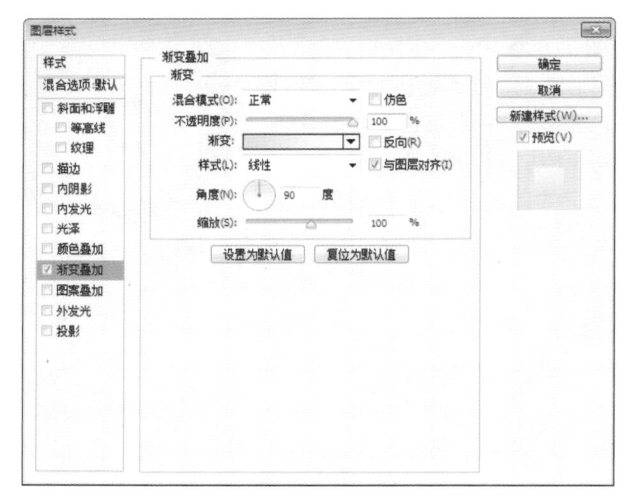

图4.41 设置渐变叠加

05 在“椭圆 1”图层名称上单击鼠标右键，在弹出的菜单中选择“栅格化图层样式”命令，如图4.42所示。

06 选择工具箱中的“钢笔工具”，在选项栏中单击“选择工具模式”按钮，在弹出的选项中选择“形状”，将“填充”更改为浅蓝色（R：163，G：225，B：242），“描边”更改为无。

07 在圆靠下半部分的位置绘制1个不规则图形，将生成一个“形状 1”图层，如图4.43所示。

图4.42 栅格化图层样式

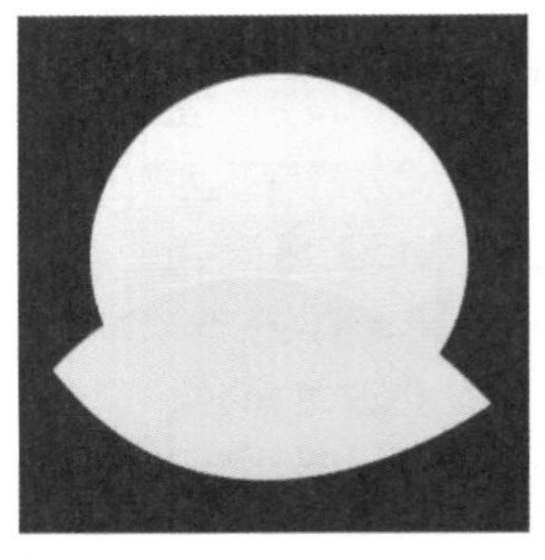

图4.43 绘制图形

08 执行菜单栏中的“图层”|“创建剪贴蒙版”命令，为当前图层创建剪贴蒙版将部分图像隐藏，如图4.44所示。

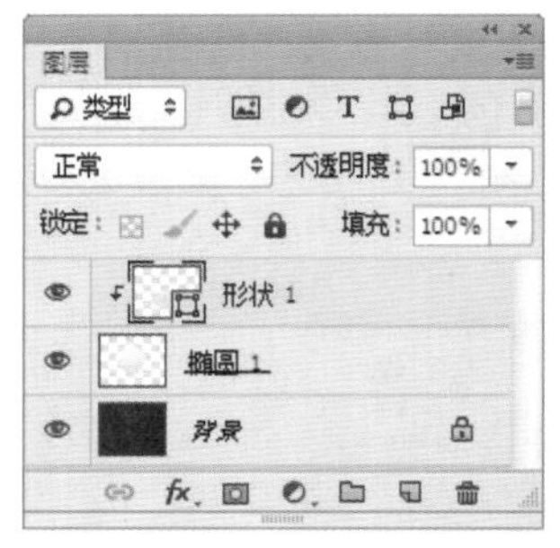

图4.44 创建剪贴蒙版

09 以同样方法再绘制两个图形，并为其创建剪贴蒙版，如图4.45所示。

图4.45 绘制图形

10 选择工具箱中的“椭圆工具”，在选项栏中将“填充”更改为黑色，“描边”为无，按住Shift键绘制一个圆形，将生成一个“椭圆 2”图层，如图4.46所示。

11 在“图层”面板中，选中“椭圆 2”图层，将其图层“填充”更改为0%。

图4.46 绘制图形

12 在“图层”面板中，选中“椭圆 2”图层，单击面板底部的“添加图层样式”按钮fx，在菜单中选择“描边”命令，在弹出的对话框中将“大小”更改为4像素，“混合模式”更改为柔光，“颜色”更改为白色，如图4.47所示。

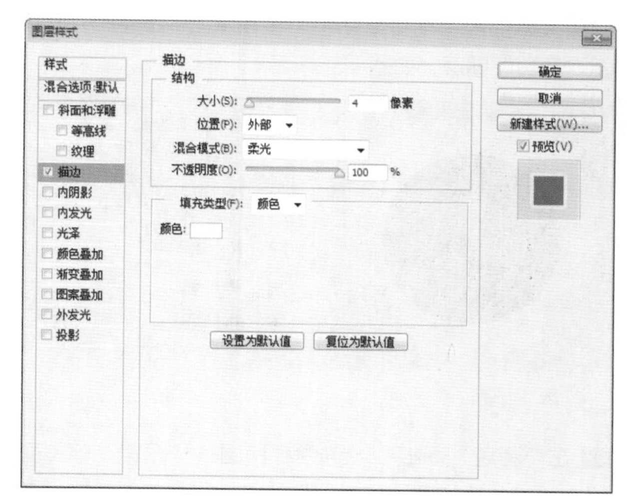

图4.47 设置描边

13 选中“渐变叠加”复选框，将“混合模式”更改为正片叠底，“渐变”更改为紫色（R：87，G：42，B：255）到蓝色（R：46，G：158，B：254），“角度”为45度，完成之后单击“确定”按钮，如图4.48所示。

14 选择工具箱中的“圆角矩形工具”，在选项栏中将“填充”更改为浅青色（R：205，G：229，B：233），“描边”为无，“半径”为10像素，绘制一个稍小的圆角矩形，将生成一个“圆角矩形 1”图层，如图4.49所示。

15 将圆角矩形复制1份并适当旋转，这样就完成了效果制作最终效果如图4.50所示。

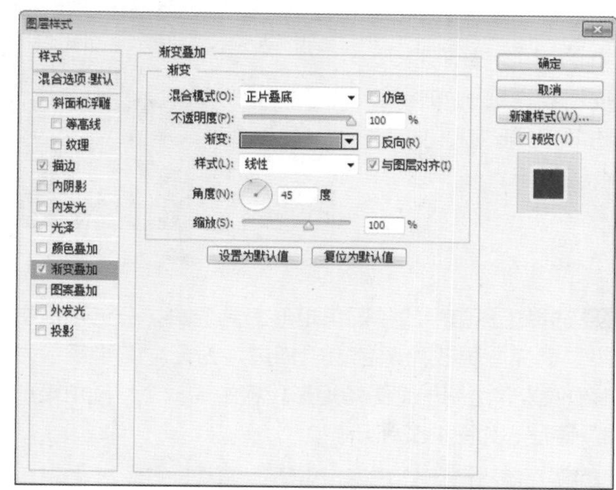

图4.48 设置渐变叠加

图4.49 绘制圆角矩形

图4.50 最终效果

实例 066 小雨伞图标制作

实例分析

本例讲解小雨伞图标制作，此款图标在制作过程中以大半圆角矩形为基础图形，以椭圆为辅助图形，将两者结合，并绘制线条突出雨伞特征，整个制作过程比较简单，最终效果如图4.51所示。

- **素材位置** | 无
- **案例位置** | 案例文件\第4章\小雨伞图标制作.psd
- **视频位置** | 多媒体教学\实例066 小雨伞图标制作.avi
- **难易指数** | ★★☆☆☆

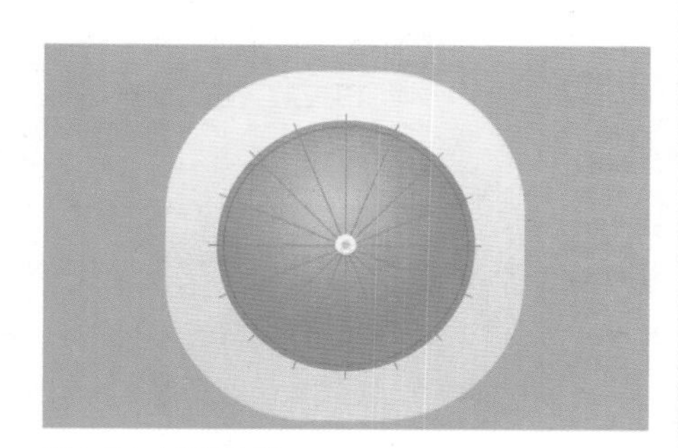
图4.51 最终效果

01 执行菜单栏中的“文字”|“新建”命令，在弹出的对话框中设置“宽度”为500像素，“高度”为450像素，

“分辨率”为72像素/英寸，新建一个空白画布。

02 选择工具箱中的“渐变工具”，编辑浅红色（R：205，G：142，B：160）到浅紫色（R：165，G：143，B：207）的渐变，单击选项栏中的“线性渐变”按钮，在画布中拖动填充渐变，如图4.52所示。

图4.52 填充渐变

03 选择工具箱中的“圆角矩形工具”，在选项栏中将“填充”更改为黑色，“描边”为无，“半径”为120像素，绘制一个圆角矩形，将生成一个“圆角矩形1”图层，如图4.53所示。

图4.53 绘制圆角矩形

04 在“图层”面板中，单击面板底部的“添加图层样式”按钮fx，在菜单中选择“渐变叠加”命令。

05 在弹出的对话框中将“渐变”更改为浅黄色（R：224，G：208，B：196）到浅黄色（R：250，G：240，B：230），完成之后单击“确定”按钮，如图4.54所示。

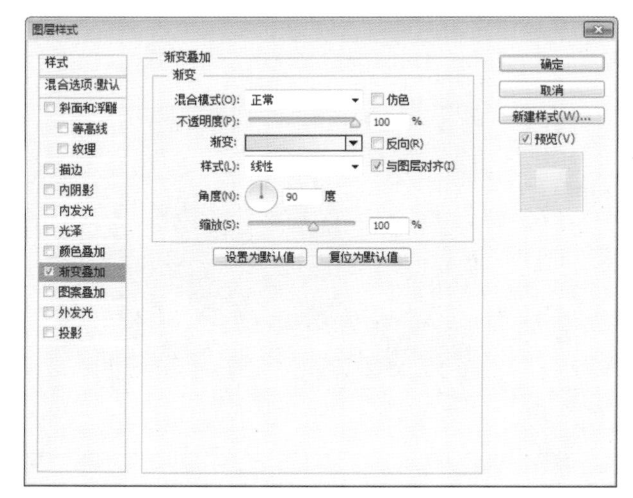

图4.54 设置渐变叠加

06 选择工具箱中的“椭圆工具”，在选项栏中将“填充”更改为黑色，“描边”为无，在圆角矩形中间位置按住Shift键绘制一个圆形，将生成一个“椭圆 1”图层，如图4.55所示。

07 在“图层”面板中，选中“椭圆 1”图层，将其拖至面板底部的“创建新图层”按钮上，复制1个“椭圆 1 拷贝”图层，如图4.56所示。

图4.55 绘制图形

图4.56 复制图层

08 在“图层”面板中，选中“椭圆 1”图层，单击面板底部的“添加图层样式”按钮fx，在菜单中选择“渐变叠加”命令。

09 在弹出的对话框中将“渐变”更改为红色（R：252，G：164，B：146）到红色（R：230，G：65，B：65），“样式”为径向，完成之后单击“确定”按钮，如图4.57所示。

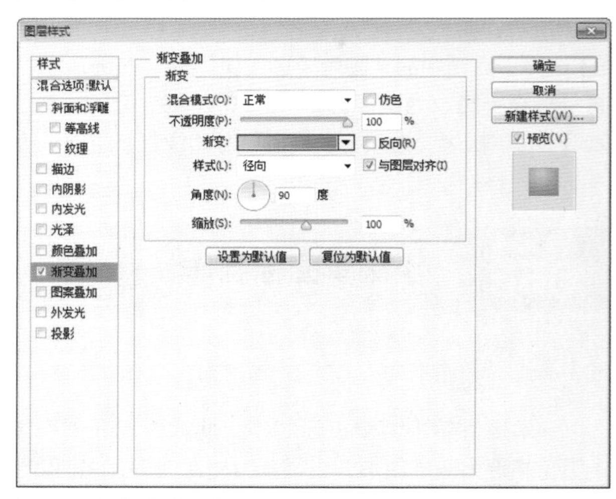

图4.57 添加渐变叠加

10 选中“椭圆 1 拷贝”图层，将“填充”更改为无，“描边”为红色（R：216，G：30，B：30），“宽度”为1点，再将其等比缩小，如图4.58所示。

11 选择工具箱中的“直线工具”，在选项栏中将“填充”更改为红色（R：230，G：65，B：65），“描边”为无，“粗细”更改为1像素，按住Shift键绘制一条线段，将生成一个“形状1”图层，如图4.59所示。

12 在“图层”面板中，选中“形状 1”图层，将其拖至面板底部的“创建新图层”按钮上，复制1个“形状 1 拷贝”图层。

13 按Ctrl+T组合键执行“自由变换”命令，单击鼠标右键，从弹出的快捷菜单中选择“旋转90度（顺时针）”命令，完成之后按Enter键确认，如图4.60所示。

图4.58　变换图形

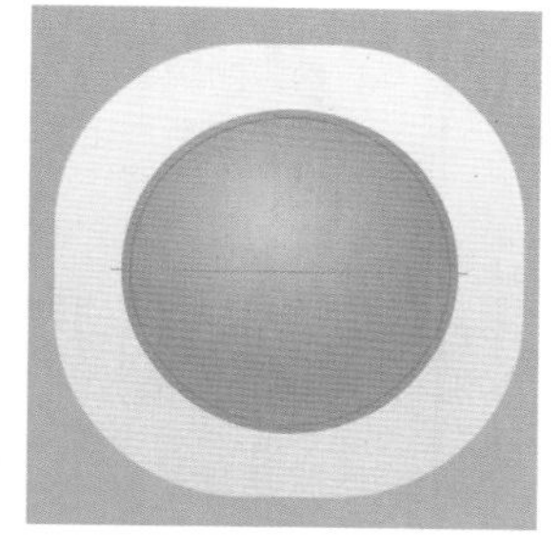

图4.59　绘制线段

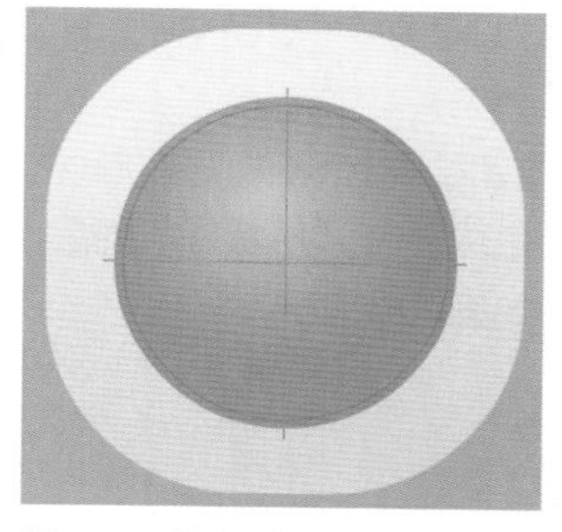

图4.60　旋转线段

14 同时选中“形状 1”及“形状 1 拷贝”图层，按Ctrl+E组合键将图层合并，此时将生成一个“形状 1 拷贝”图层。

15 将“形状 1 拷贝”图层拖至面板底部的“创建新图层”按钮上，复制1个“形状 1 拷贝 2”图层，如图4.61所示。

图4.61　复制图层

16 按Ctrl+T组合键对复制的线段，执行“自由变换”命令，当出现框以后在选项栏中“旋转”后方文本框中输入45，完成之后按Enter键确认，如图4.62所示。

17 以同样方法将图层合并及复制，并旋转制作雨伞特征效果，如图4.63所示。

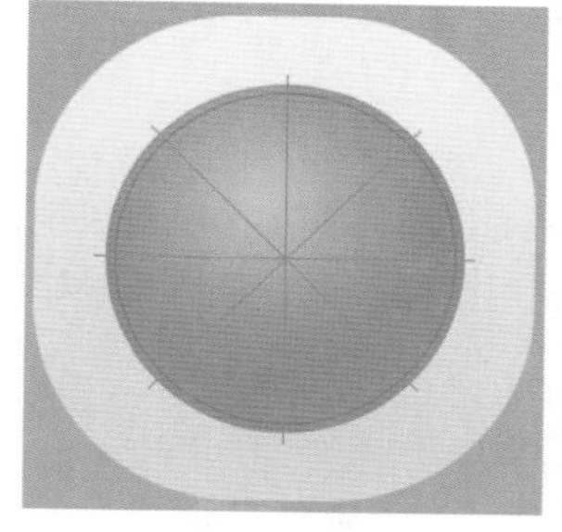

图4.62　旋转线段

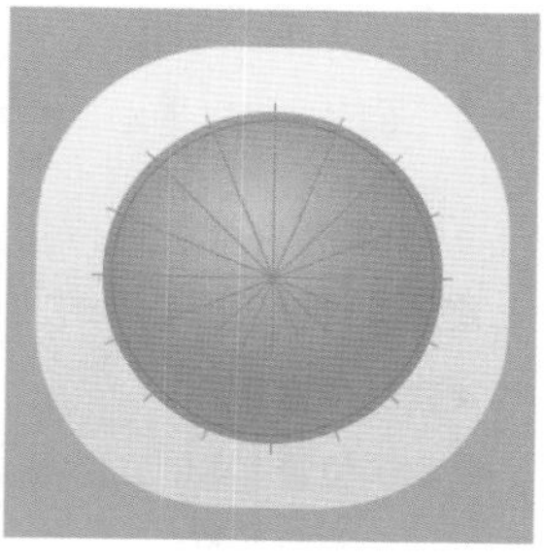

图4.63　复制图形

18 选择工具箱中的“椭圆工具”，在选项栏中将“填充”更改为浅黄色（R：252，G：247，B：240），“描边”为无，在圆的中心位置按住Shift键绘制一个圆形，将生成1个“椭圆 2”图层，如图4.64所示。

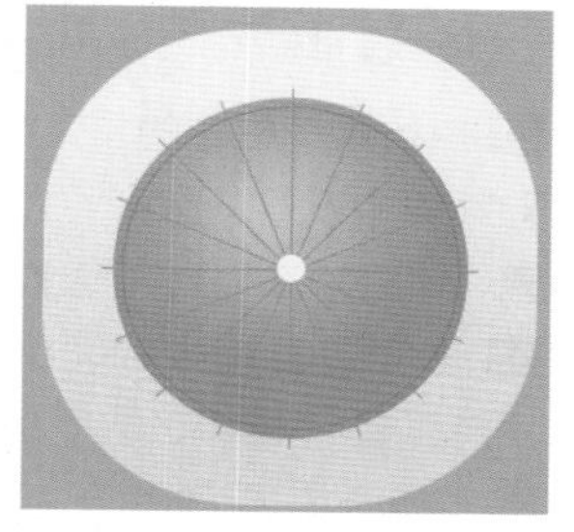

图4.64　绘制圆

19 在“图层”面板中，选中“椭圆 2”图层，将其拖至面板底部的“创建新图层”按钮上，复制1个“椭圆 2 拷贝”图层。

20 选中“椭圆 2 拷贝”图层，将其“填充”为黄色（R：224，G：188，B：138），再按Ctrl+T组合键对其执行“自由变换”命令，将图形等比缩小，完成之后按Enter键确认，如图4.65所示。

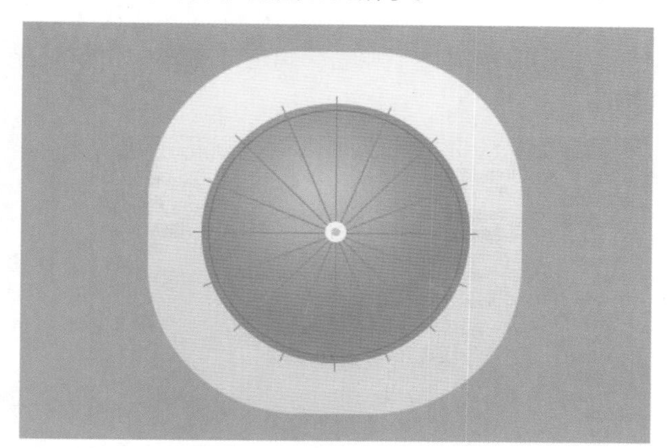

图4.65　最终效果

实例 067 加速应用图标制作

实例分析

本例讲解加速应用图标制作，此款图标以圆角矩形为主图形，通过绘制小火箭图形，制作出完美的加速应用图标效果，最终效果如图4.66所示。

- **素材位置** | 无
- **案例位置** | 案例文件\第4章\加速应用图标制作.psd
- **视频位置** | 多媒体教学\实例067 加速应用图标制作.avi
- **难易指数** | ★★☆☆☆

图4.66 最终效果

步骤1 绘制主轮廓

01 执行菜单栏中的“文字”|“新建”命令，在弹出的对话框中设置“宽度”为500像素，“高度”为400像素，“分辨率”为72像素/英寸，新建一个空白画布。

02 选择工具箱中的“圆角矩形工具”，在选项栏中将“填充”更改为黑色，“描边”为无，“半径”为50像素，按住Shift键绘制一个圆角矩形，将生成一个“圆角矩形 1”图层，如图4.67所示。

图4.67 绘制图形

03 在“图层”面板中，单击面板底部的“添加图层样式”按钮fx，在菜单中选择“渐变叠加”命令。

04 在弹出的对话框中将“渐变”更改为蓝色（R：33，G：176，B：250）到蓝色（R：48，G：202，B：255），完成之后单击“确定”按钮，如图4.68所示。

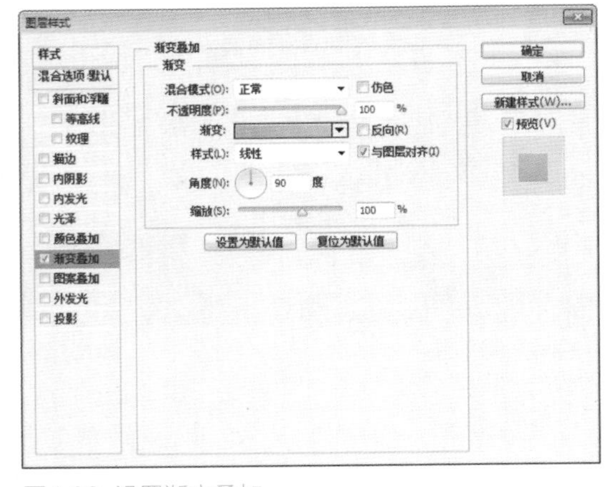

图4.68 设置渐变叠加

05 选择工具箱中的“钢笔工具”，在选项栏中单击“选择工具模式”按钮 路径 ，在弹出的选项中选择“形状”，将“填充”更改为黑色，“描边”更改为无。

06 绘制1个不规则图形，将生成一个“形状 1”图层，如图4.69所示。

图4.69 绘制图形

07 在“图层”面板中，选中“形状 1”图层，将其拖至面板底部的“创建新图层”按钮上，复制1个“形状 1 拷贝”图层，如图4.70所示。

08 选中“形状 1 拷贝”图层，按Ctrl+T组合键对其执行“自由变换”命令，单击鼠标右键，从弹出的快捷菜单中选择“水平翻转”命令，完成之后按Enter键确认，将图形与原图形对齐，如图4.71所示。

09 同时选中“形状 1 拷贝”及“形状 1”图层，按Ctrl+E组合键将图层合并，此时将生成一个“形状 1 拷贝”图层。

图4.70 复制图层

图4.71 变换图形

10 选择工具箱中的“椭圆工具”，按住Alt键同时在图形顶部绘制1个圆形路径，将部分图形减去，如图4.72所示。

11 选择工具箱中的“椭圆工具”，在选项栏中将“填充”更改为黑色，“描边”为无，按住Shift键同时在镂空图形位置绘制一个圆形，将生成一个“椭圆 1”图层，如图4.73所示。

图4.72 制作镂空图形

图4.73 绘制圆

提示

按住 Alt 键是减去图形，按住 Shift 键是加选至图形中。

12 将“椭圆1”和“形状1拷贝”图层命令并生成“椭圆1”图层，选择工具箱中的“钢笔工具”，单击选项栏中“路径操作”按钮，在弹出的选项中选择“减去顶层形状”，图形底部位置再次绘制1个三角形路径，减去部分图形，如图4.74所示。

图4.74 绘制路径

13 在“图层”面板中，单击面板底部的“添加图层样式”按钮，在菜单中选择“渐变叠加”命令。

14 在弹出的对话框中将“渐变”更改为浅蓝色（R：238，G：254，B：255）到浅蓝色（R：187，G：250，B：252），完成之后单击“确定”按钮，如图4.75所示。

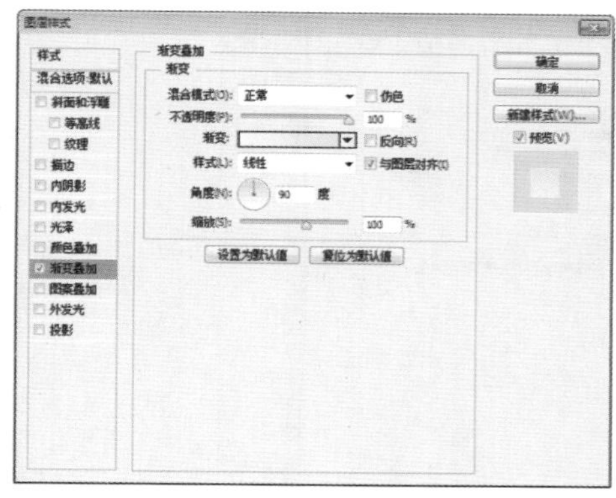

图4.75 设置渐变叠加

步骤2 处理细节图像

01 选择工具箱中的“椭圆工具”，在选项栏中将“填充”更改为蓝色（R：62，G：214，B：252），“描边”为无，绘制一个椭圆图形，将生成一个“椭圆 2”图层，如图4.76所示。

02 选择工具箱中的“直接选择工具”，选中椭圆底部锚点将其删除，如图4.77所示。

图4.76 绘制椭圆

图4.77 删除锚点

03 在“图层”面板中，选中“椭圆 2”图层，将其图层“不透明度”更改为50%，再将其移至“椭圆 1”图层下方，如图4.78所示。

04 在“椭圆 1”图层名称上单击鼠标右键，在弹出的菜单中选择“栅格化图层样式”命令，如图4.79所示。

图4.78 更改不透明度

图4.79 栅格化图层样式

05 选择工具箱中的“矩形选框工具”，在“椭圆 1”图层中图像底部绘制1个矩形选区，如图4.80所示。

06 执行菜单栏中的“图层”|“新建”|“通过剪切的图层”命令，此时将生成1个“图层 1”图层，如图4.81所示。

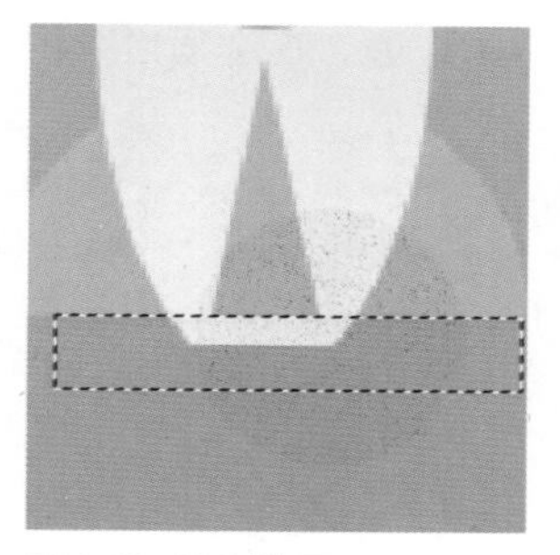

图4.80 绘制选区

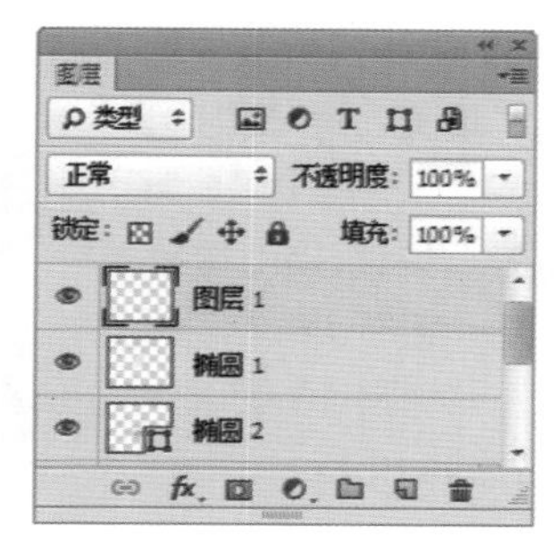

图4.81 通过剪切的图层

07 在“图层”面板中，选中“图层1”图层，单击面板上方的“锁定透明像素”按钮，将透明像素锁定，将图像填充为蓝色（R：62，G：214，B：252），填充完成之后再次单击此按钮将其解除锁定，如图4.82所示。

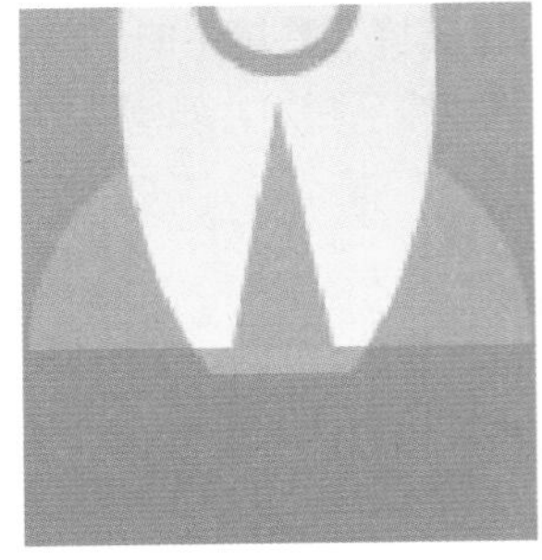

图4.82 填充颜色

08 同时选中除“圆角矩形 1”之外所有图层，按Ctrl+T组合键对其执行“自由变换”命令，将图形适当旋转，完成之后按Enter键确认，这样就完成了效果制作最终效果如图4.83所示。

图4.83 最终效果

实例 068 旅行应用图标制作

实例分析

本例讲解旅行应用图标制作，此制作以圆为基础图形，通过绘制山脉、公路等场景元素，完美体现出旅行的特征，最终效果如图4.84所示。

- **素材位置 |** 无
- **案例位置 |** 案例文件\第4章\旅行应用图标制作.psd
- **视频位置 |** 多媒体教学\实例068 旅行应用图标制作.avi
- **难易指数 |** ★★☆☆☆

图4.84 最终效果

步骤1 制作主图形

01 执行菜单栏中的“文字”|“新建”命令，在弹出的对话框中设置“宽度”为500像素，“高度”为400像素，“分辨率”为72像素/英寸，新建一个空白画布，将画布填充为黄色（R：255，G：246，B：230）。

02 选择工具箱中的“椭圆工具”，在选项栏中将“填充”更改为黑色，“描边”为无，按住Shift键绘制一圆形，将生成一个“椭圆 1”图层，如图4.85所示。

图4.85 绘制图形

03 在弹出的对话框中将“渐变”更改为浅绿色（R：220，G：240，B：214）到青色（R：127，G：212，B：192），完成之后单击“确定”按钮，如图4.86所示。

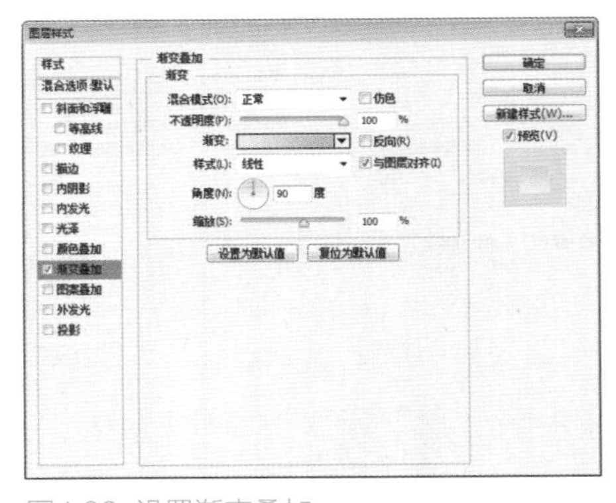

图4.86 设置渐变叠加

04 在“椭圆 1”图层名称上单击鼠标右键，在弹出的菜单中选择“栅格化图层样式”命令。

05 选择工具箱中的“钢笔工具”，在选项栏中单击“选择工具模式”按钮，在弹出的选项中选择“形状”，将“填充”更改为黄色（R：255，G：223，B：120），“描边”更改为无。

06 在圆上绘制1个不规则图形，将生成一个“形状 1”图层，如图4.87所示。

07 执行菜单栏中的“图层”|“创建剪贴蒙版”命令，为当前图层创建剪贴蒙版将部分图形隐藏，如图4.88所示。

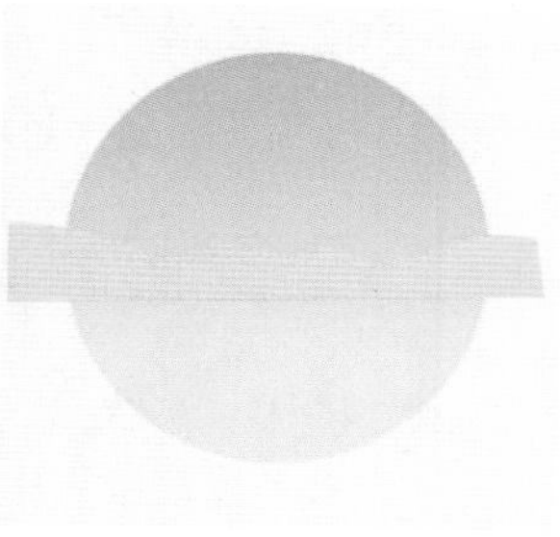

图4.87 绘制图形

图4.88 创建剪贴蒙版

08 将图形复制两份，并分别更改其颜色后适当变形，如图4.89所示。

图4.89 复制图形

09 选择工具箱中的“矩形工具”，在选项栏中将“填充”更改为黄色（R：255，G：203，B：100），“描边”为无，再绘制一个矩形，如图4.90所示。

10 执行菜单栏中的“图层”|“创建剪贴蒙版”命令，为当前图层创建剪贴蒙版将部分图形隐藏，如图4.91所示。

11 选择工具箱中的“钢笔工具”，在选项栏中单击“选择工具模式”按钮，在弹出的选项中选择“形状”，将“填充”更改为黑色，“描边”更改为无。

12 在圆上绘制1个不规则图形，将生成一个“形状 2”图层，如图4.92所示。

图4.90 绘制图形

图4.91 创建剪贴蒙版

图4.92 绘制图形

13 在“图层”面板中，单击面板底部的“添加图层样式”按钮，在菜单中选择“渐变叠加”命令。

14 在弹出的对话框中将“渐变”更改为棕色（R：103，G：64，B：50）到棕色（R：180，G：130，B：113），完成之后单击“确定”按钮，如图4.93所示。

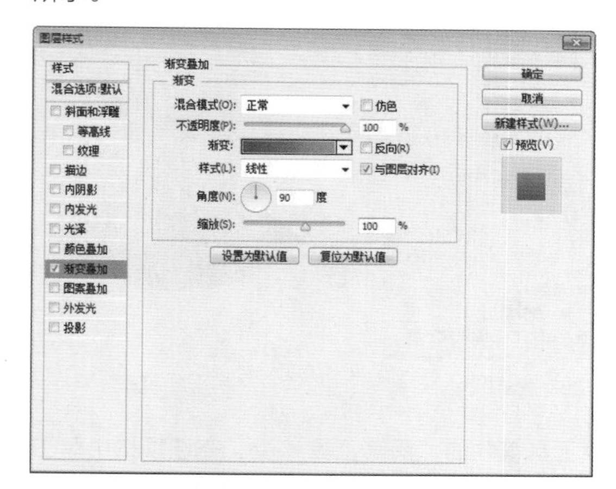

图4.93 设置渐变叠加

15 执行菜单栏中的“图层”|“创建剪贴蒙版”命令，为当前图层创建剪贴蒙版将部分图形隐藏，如图4.94所示。

图4.94 创建剪贴蒙版

步骤2 添加细节元素

01 选择工具箱中的“直线工具”，在选项栏中将“填充”更改为无，“描边更改为”为黄色（R：255，G：203，B：102），“宽度”更改为3点“粗细”更改为3像素。

02 单击“设置形状描边类型”按钮，在弹出的选项中选择第2种描边类型，再单击“更多选项”按钮，在弹出的面板中将其数值更改为“虚线”2，“间隙”2，按住Shift键绘制一条线段，将生成一个“形状3”图层，如图4.95所示。

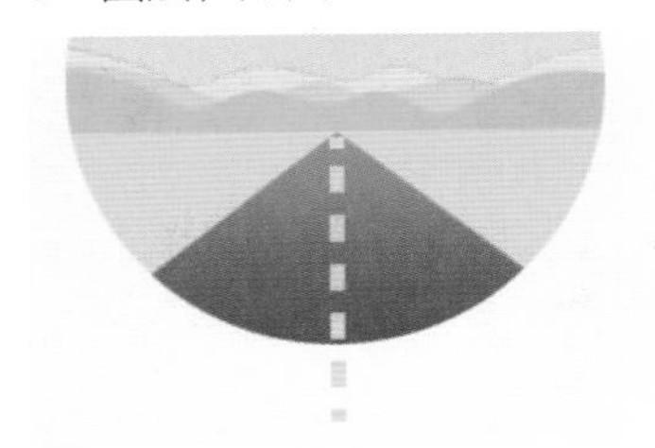

图4.95 绘制线段

03 在“形状 3”图层名称上单击鼠标右键，在弹出的菜单中选择“栅格化图层”命令，如图4.96所示。

04 按Ctrl+T组合键对图像执行“自由变换”命令，单击鼠标右键，从弹出的快捷菜单中选择“透视”命令，拖动变形框控制点将其变形，完成之后按Enter键确认，如图4.97所示。

图4.96 栅格化图层

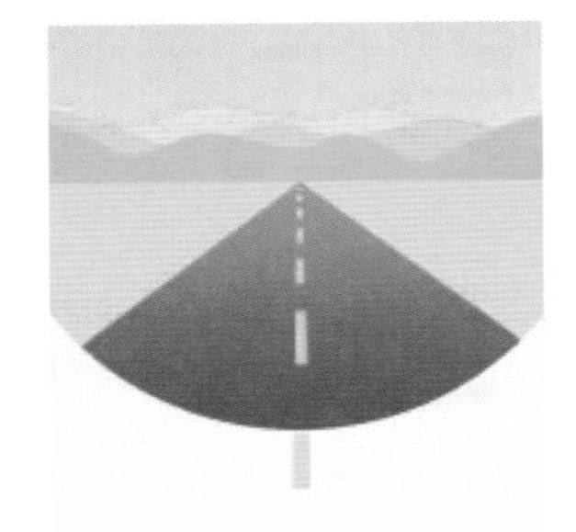

图4.97 将图像变形

05 选择工具箱中的“钢笔工具”，在选项栏中单击“选择工具模式”按钮，在弹出的选项中选择“形状”，将“填充”更改为白色，“描边”更改为无。

06 在图形靠左侧边缘绘制1个不规则图形，将生成一个“形状 4”图层，如图4.98所示。

图4.98 绘制图形

07 在“图层”面板中，选中“形状 4”图层，将其拖至面板底部的“创建新图层”按钮上，复制1个“形状 4 拷贝”图层，如图4.99所示。

08 选中“形状 4 拷贝”图层，按Ctrl+T组合键对其执行“自由变换”命令，单击鼠标右键，从弹出的快捷菜单中选择“水平翻转”命令，完成之后按Enter键确认，将图像向右侧平移，如图4.100所示。

图4.99 复制图层

图4.100 变换图像

09 同时选中“形状 4 拷贝”“形状 4”及“形状 3”图层，执行菜单栏中的“图层”|“创建剪贴蒙版”命令，为当前图层创建剪贴蒙版将部分图像隐藏，如图4.101所示。

图4.101 创建剪贴蒙版

10 选择工具箱中的“椭圆工具”，在选项栏中将“填充”更改为黄色（R：255，G：168，B：0），“描边”为无，在山脉位置按住Shift键绘制一个圆形制作太阳，将生成一个“椭圆 2”图层，将其移至“椭圆1”图层上方，如图4.102所示。

图4.102 绘制圆

11 选择工具箱中的“钢笔工具”，在选项栏中单击“选择工具模式”按钮，在弹出的选项中选择“形状”，将“填充”更改为浅黄色（R：255，G：222，B：186），“描边”更改为无。

12 在太阳位置绘制1个不规则图形，将生成一个“形状

5”图层，如图4.103所示。

13 将云朵图像复制多份，并适当变换，这样就完成了效果制作，最终效果如图4.104所示。

图4.103 绘制图形

图4.104 最终效果

实例 069 扁平分享图标

实例分析

本例讲解分享图标制作，此款图标同样是一款经典流行的扁平化图标，制作过程比较简单，重点在于图形的组合，最终效果如图4.105所示。

- **素材位置 |** 无
- **案例位置 |** 案例文件\第4章\扁平分享图标.psd
- **视频位置 |** 多媒体教学\实例069 扁平分享图标.avi
- **难易指数 |** ★★☆☆☆

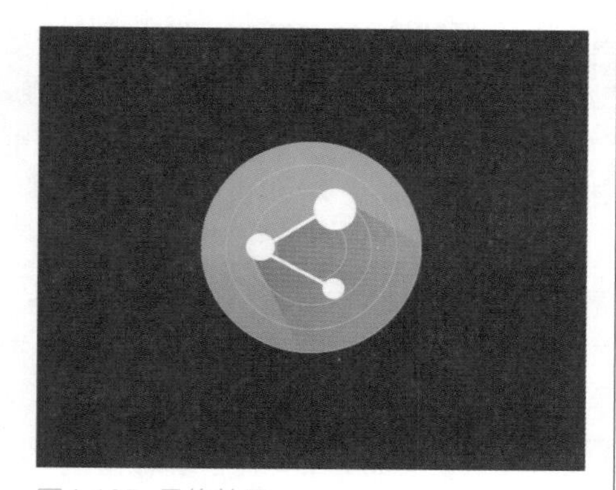

图4.105 最终效果

步骤1 绘制圆形

01 执行菜单栏中的“文件”|“新建”命令，在弹出的对话框中设置“宽度”为600像素，“高度”为500像素，“分辨率”为72像素/英寸，新建一个空白画布，将画布填充为灰色（R：34，G：34，B：34）。

02 选择工具箱中的“椭圆工具”，在选项栏中将“填充”更改为白色，“描边”为无，在画布中间位置按住Shift键绘制一个圆形，此时将生成一个“椭圆 1”图层，选中“椭圆 1”图层，将其拖至面板底部的“创建新图层”按钮上，复制1个“椭圆 1 拷贝”图层，如图4.106所示。

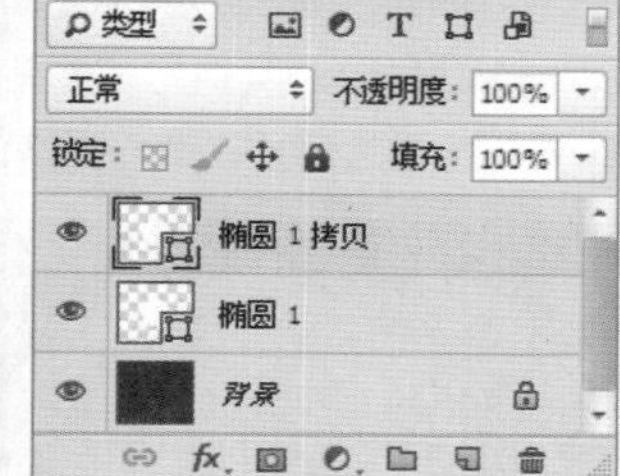

图4.106 绘制图形并复制图层

03 在“图层”面板中，选中“椭圆 1”图层，单击面板底部的“添加图层样式”按钮，在菜单中选择“内阴影”命令，在弹出的对话框中将“混合模式”更改为叠加，“颜色”更改为白色，取消“使用全局光”复选框，“角度”更改为90度，“阻塞”更改为50%，“大小”更改为1像素，如图4.107所示。

04 选中“渐变叠加”复选框，将“渐变”更改为绿色（R：12，G：172，B：126）到绿色（R：102，G：

210，B：30），完成之后单击“确定”按钮，如图4.108所示。

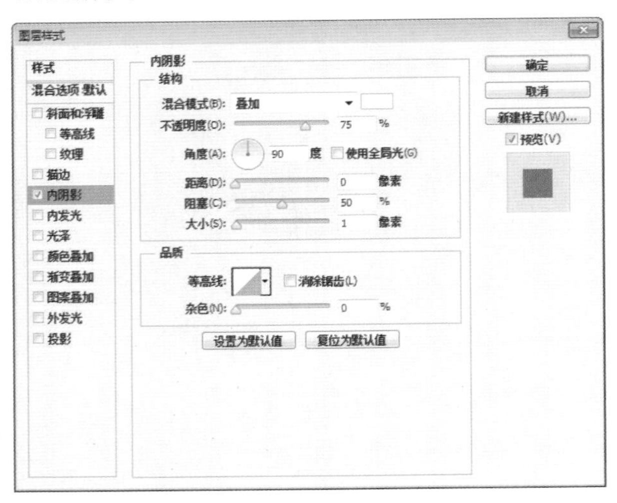

图4.107 设置内阴影

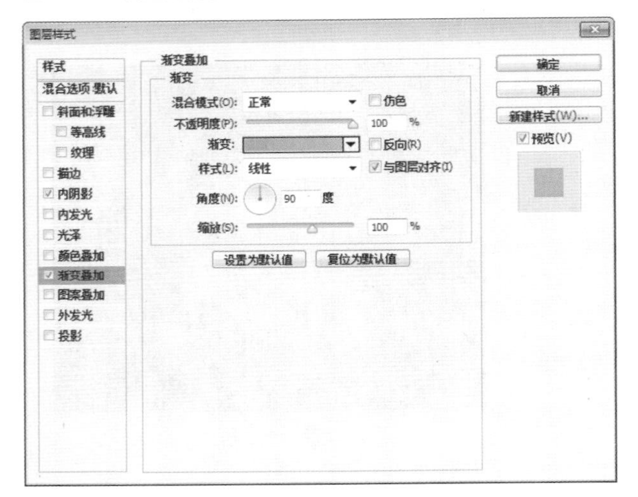

图4.108 设置渐变叠加

05 选中“椭圆 1 拷贝”图层，将其“填充”更改为无，“描边”更改为白色，“大小”更改为1点，按Ctrl+T组合键对其执行“自由变换”命令，将图形等比缩小，完成之后按Enter键确认，如图4.109所示。

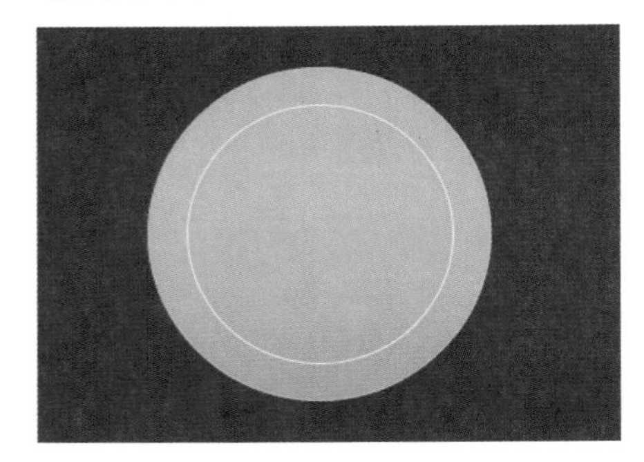

图4.109 变换图形

06 在“图层”面板中，选中“椭圆 1 拷贝”图层，将其图层混合模式设置为“叠加”，如图4.110所示。

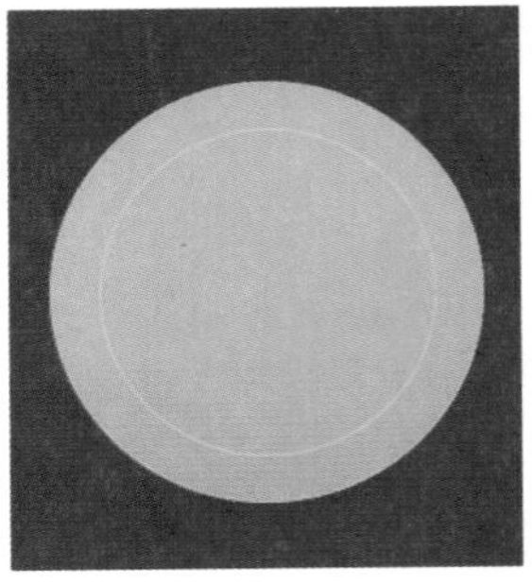

图4.110 设置图层混合模式

07 在“图层”面板中，选中“椭圆1 拷贝”图层，将其拖至面板底部的“创建新图层”按钮上，复制“椭圆1 拷贝 2”及“椭圆1 拷贝 3”2个新的图层，如图4.111所示。

08 分别选中“椭圆 1 拷贝 2”及“椭圆 1 拷贝 3”按Ctrl+T组合键对其执行“自由变换”命令，将图形等比缩小，完成之后按Enter键确认，如图4.112所示。

图4.111 复制图层

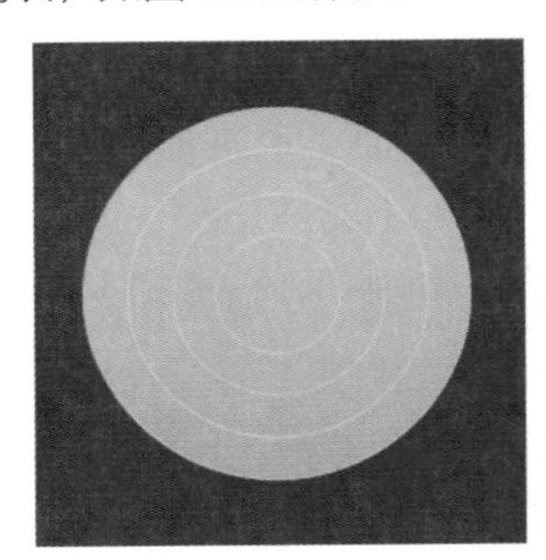

图4.112 缩小图形

步骤2 绘制装饰图形

01 选择工具箱中的“椭圆工具”，在选项栏中将“填充”更改为白色，“描边”为无，在图标靠左侧位置按住Shift键绘制一个圆形，此时将生成一个“椭圆2”图层，如图4.113所示。

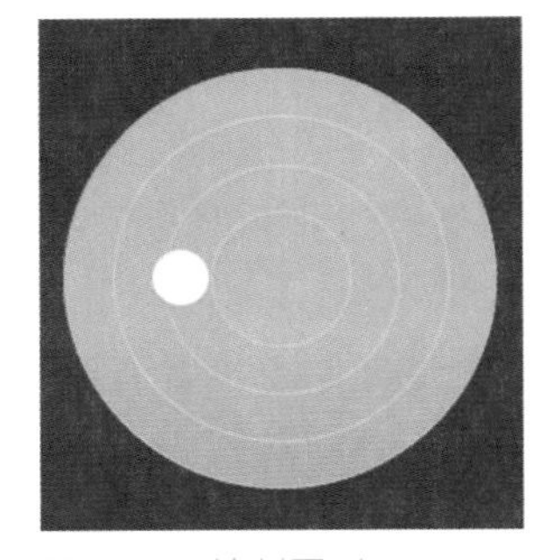

图4.113 绘制图形

02 在“图层”面板中，选中“椭圆 2”图层，将其拖至面板底部的“创建新图层”按钮上，复制“椭圆2 拷贝”及“椭圆2 拷贝 2”2个新的图层，如图4.114所示。

03 分别选中“椭圆2 拷贝”及“椭圆2 拷贝 2”图层，在画布中将图形适当缩放并移动，如图4.115所示。

图4.114 复制图层

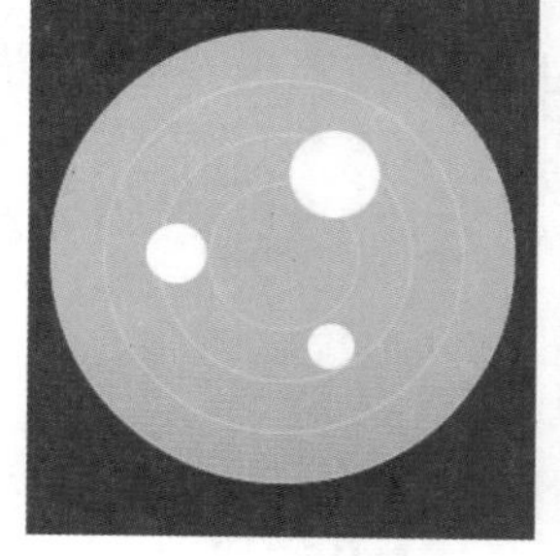

图4.115 变换图形

04 选择工具箱中的“直线工具”，在选项栏中将“填充”更改为白色，“描边”为无，“粗细”更改为4像素，在刚才绘制的椭圆图形之间绘制线段将其相连接，如图4.116所示。

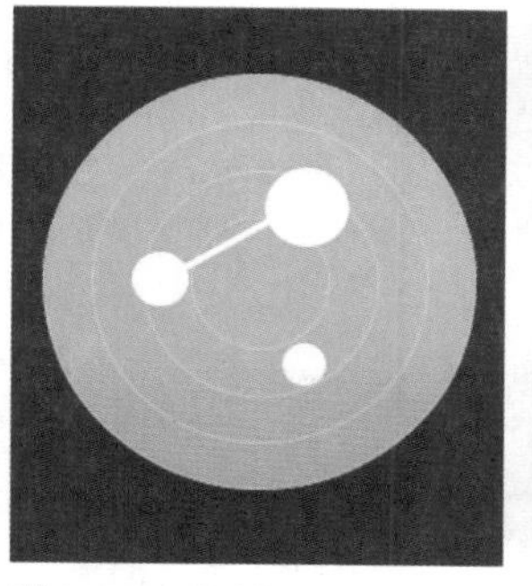

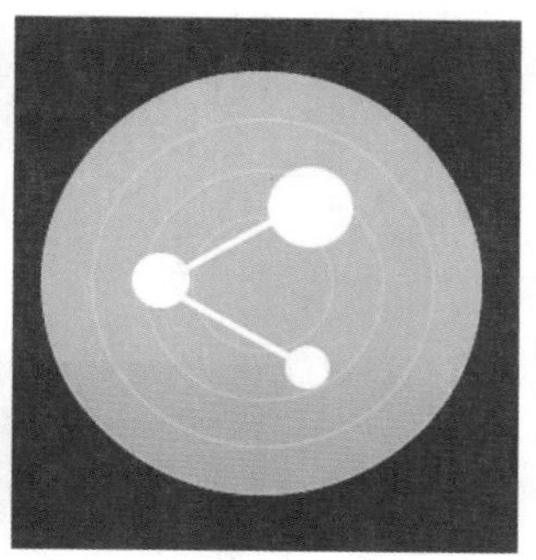

图4.116 绘制图形

提示

除了绘制直线将图形连接之外还可以使用“钢笔工具”绘制描边图形将椭圆图形连接。

05 在“图层”面板中，选中“椭圆 1 拷贝 3”图层，单击面板底部的“添加图层蒙版”按钮，为其添加图层蒙版，如图4.117所示。

06 选择工具箱中的“多边形套索工具”，在画布中其图形上部分区域绘制选区以选中图形部分区域，如图4.118所示。

图4.117 添加图层蒙版

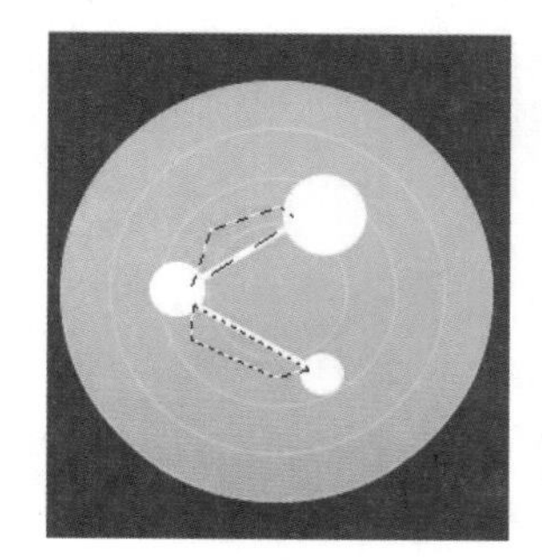

图4.118 绘制选区

07 将选区填充为黑色将部分图形隐藏，完成之后按Ctrl+D组合键将选区取消，如图4.119所示。

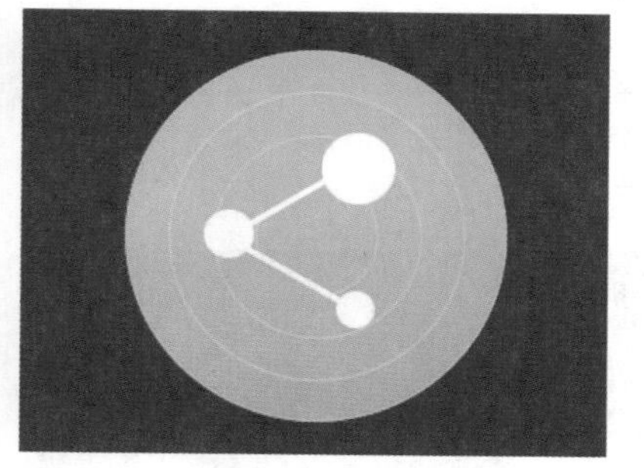

图4.119 隐藏图形

提示

隐藏的图形是左侧椭圆右侧两个线段交叉的区域，所以在绘制选区时可以根据自己的习惯进行绘制。

步骤3 制作投影

01 选择工具箱中的“钢笔工具”，在选项栏中单击“选择工具模式”按钮 路径，在弹出的选项中选择“形状”，将“填充”更改为深绿色（R：6，G：34，B：25），“描边”更改为无，在分享标识图形右下角位置绘制1个不规则图形，此时将生成一个“形状3”图层，将其移至“椭圆 1”图层上方，如图4.120所示。

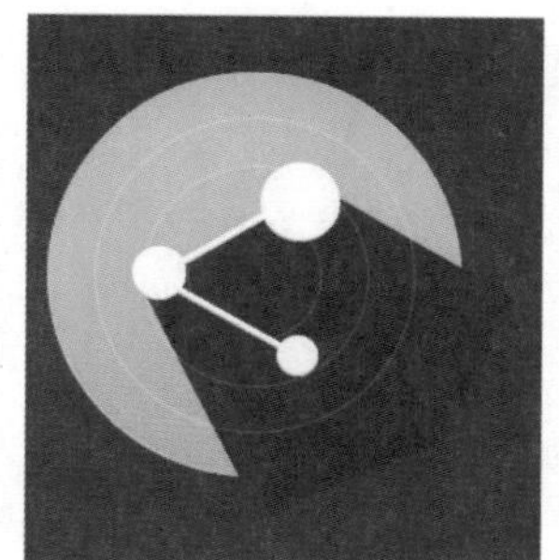

图4.120 绘制图形

02 在“图层”面板中，选中“形状 3”图层，单击面板底部的“添加图层蒙版”按钮，为其添加图层蒙版，如图4.121所示。

图4.121 添加图层蒙版

03 选择工具箱中的“渐变工具”，编辑黑色到白色的渐变，单击选项栏中的“线性渐变”按钮，在其图形上拖动将部分图形隐藏，再将其图层“不透明度”更改为40%，如图4.122所示。

04 按住Ctrl键单击“椭圆 1”图层缩览图，将其载入选区，执行菜单栏中的“选择”|“反向”命令将选区反向，如图4.123所示。

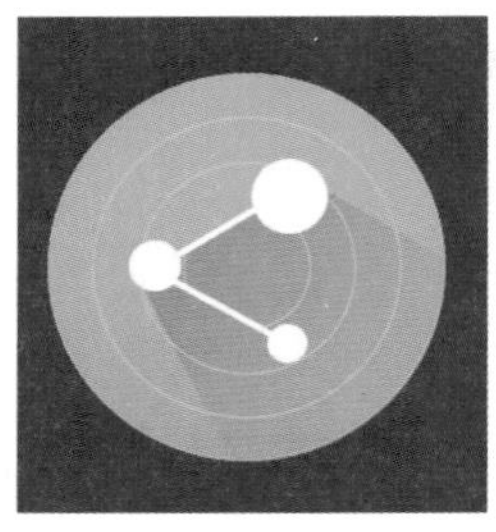
图4.122 设置渐变并隐藏图形

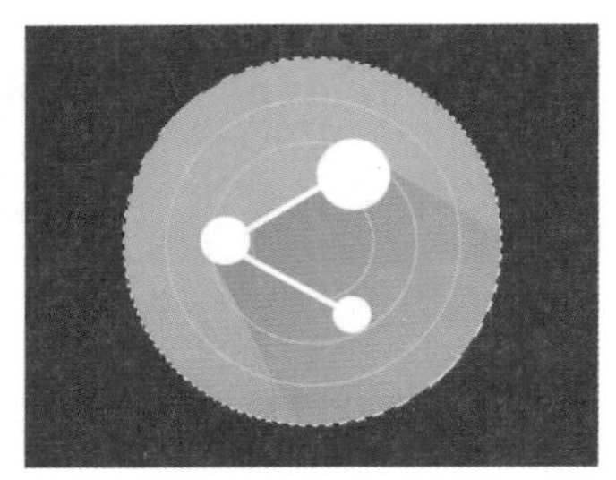
图4.123 载入选区并反向

05 将选区填充为黑色将部分图形隐藏，完成之后按Ctrl+D组合键将选区取消，这样就完成了效果制作，最终效果如图4.124所示。

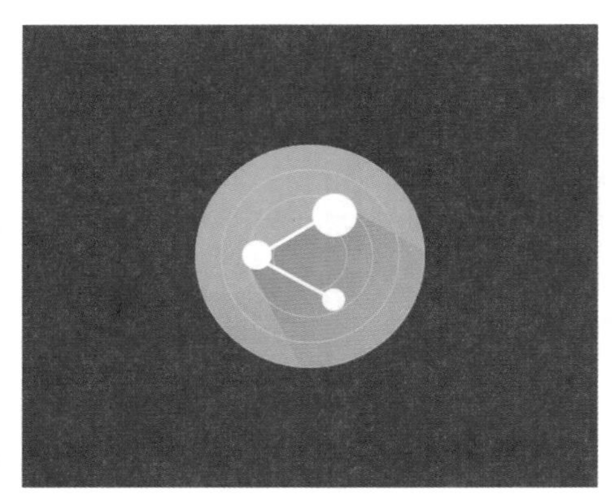
图4.124 最终效果

实例 070 资讯图标

实例分析

本例讲解资讯图标制作，其制作同其他扁平化图标相似，制作十分简单，在制作过程中以体现新闻及前沿信息为主，所以以蓝色作为图标主色调，最终效果如图4.125所示。

- **素材位置 |** 无
- **案例位置 |** 案例文件\第4章\资讯图标.psd
- **视频位置 |** 多媒体教学\实例070 资讯图标.avi
- **难易指数 |** ★★★☆☆

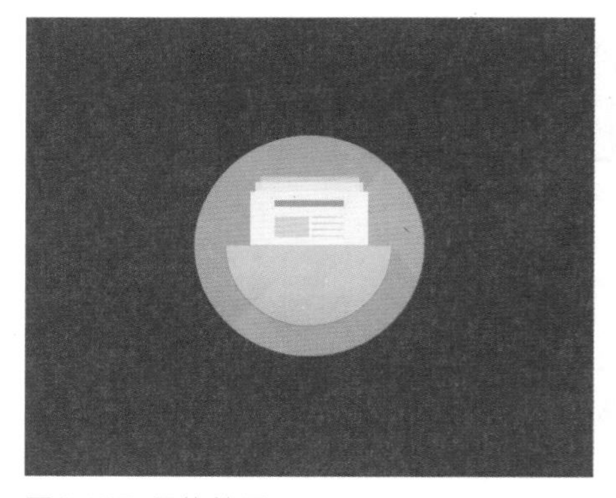
图4.125 最终效果

步骤1 制作纯色背景

01 执行菜单栏中的“文件”|“新建”命令，在弹出的对话框中设置“宽度”为600像素，“高度”为500像素，“分辨率”为72像素/英寸，新建一个空白画布，将画布填充为深蓝色（R：30，G：36，B：42），如图4.126所示。

02 选择工具箱中的“椭圆工具”，在选项栏中将“填充”更改为白色，“描边”为无，在画布中间位置按住Shift键绘制一个圆形，此时将生成一个“椭圆 1”图层，选中“椭圆 1”图层，将其拖至面板底部的“创建新图层”按钮上，复制1个“椭圆 1 拷贝”图层，如图4.127所示。

图4.126 新建画布

图4.127 复制图层

03 在“图层”面板中，选中“椭圆 1”图层，单击面板底部的“添加图层样式”按钮 fx，在菜单中选择“渐变叠加”命令，在弹出的对话框中将“渐变”更改为蓝色（R：13，G：132，B：236）到蓝色（R：30，G：154，B：254），完成之后单击“确定”按钮，如图4.128所示。

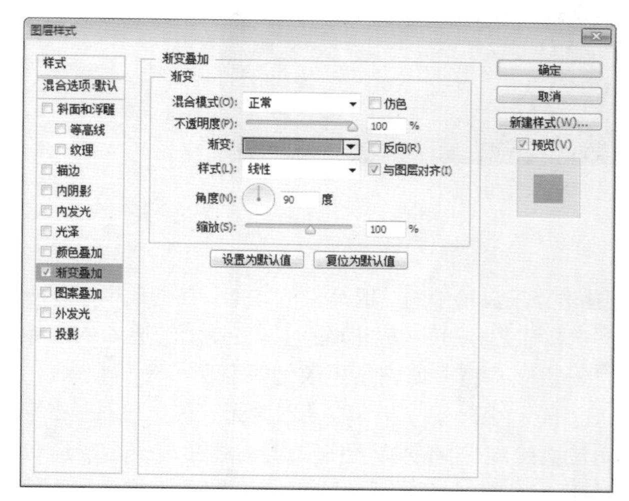

图4.128 设置渐变叠加

04 选中“椭圆 1 拷贝”图层，按Ctrl+T组合键对其执行“自由变换”命令，将图像等比缩小，完成之后按Enter键确认，如图4.129所示。

05 选择工具箱中的“直接选择工具”，选中椭圆图形顶部锚点按Delete键将其删除，如图4.130所示。

图4.129 缩小图形

图4.130 删除锚点

06 在“图层”面板中，选中“椭圆 1 拷贝”图层，单击面板底部的“添加图层样式”按钮 fx，在菜单中选择“内阴影”命令，在弹出的对话框中将“混合模式”更改为柔光，“颜色”更改为白色，取消“使用全局光”复选框，“角度”更改为90度，“距离”更改为1像素，“大小”更改为1像素，如图4.131所示。

07 选中“渐变叠加”复选框，将“渐变”更改为蓝色（R：3，G：170，B：206）到青色（R：5，G：211，B：248），如图4.132所示。

08 选中“投影”复选框，将“不透明度”更改为50%，取消“使用全局光”复选框，“角度”更改为90度，“距离”更改为1像素，“大小”更改为1像素，完成之后单击“确定”按钮，如图4.133所示。

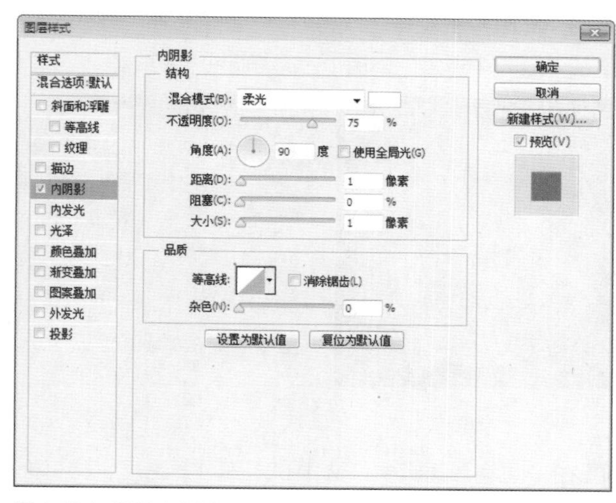

图4.131 设置内阴影

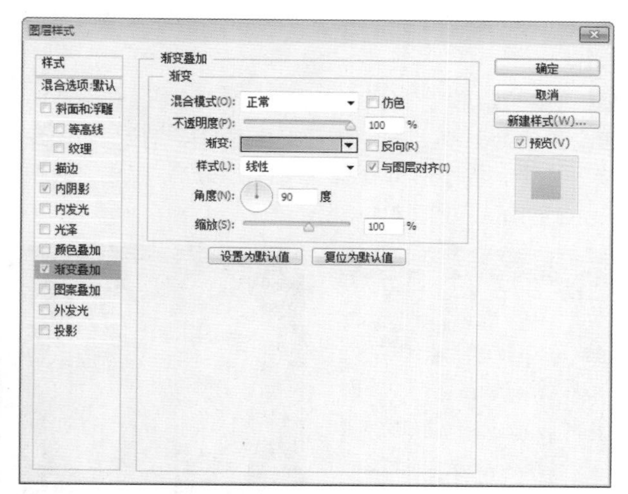

图4.132 设置渐变叠加

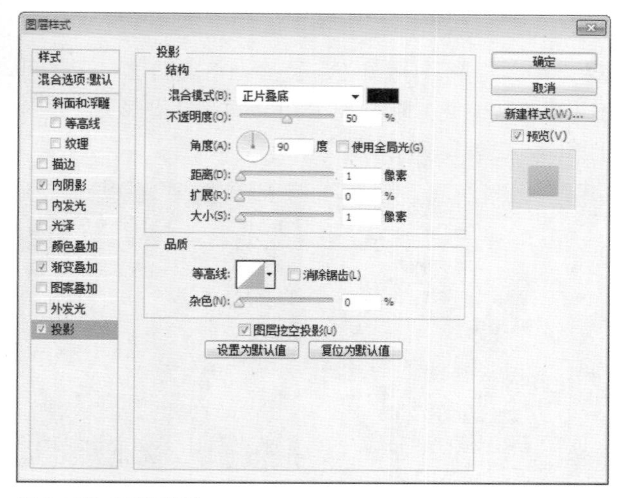

图4.133 设置投影

09 选择工具箱中的“矩形工具”，在选项栏中将

“填充”更改为灰色（R：225，G：234，B：240），“描边”为无，在半圆图形上方位置绘制一个矩形，此时将生成一个“矩形 1”图层，将“矩形 1”移至“椭圆 1 拷贝”图层下方，如图4.134所示。

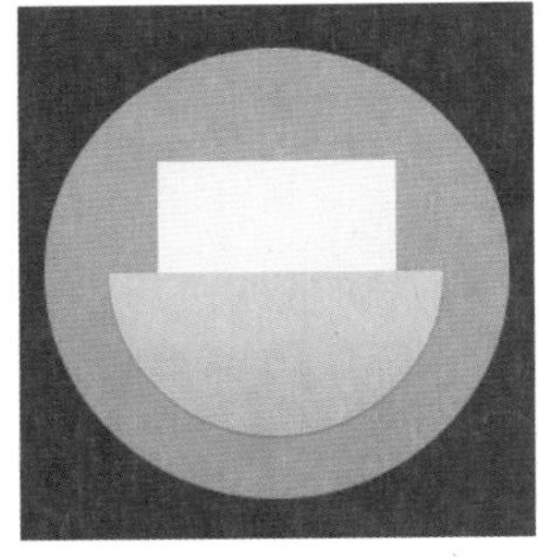

图4.134 绘制图形

10 在“图层”面板中，选中“矩形 1”图层，将其拖至面板底部的“创建新图层”按钮上，复制“矩形 1 拷贝”及“矩形 1 拷贝 2”2个新的图层，如图4.135所示。

11 选中“矩形 1 拷贝 2”图层，将其图层“不透明度”更改为80%，按Ctrl+T组合键对其执行“自由变换”命令，将图形宽度缩小并向上移动，完成之后按Enter键确认，如图4.136所示。

图4.135 复制图层

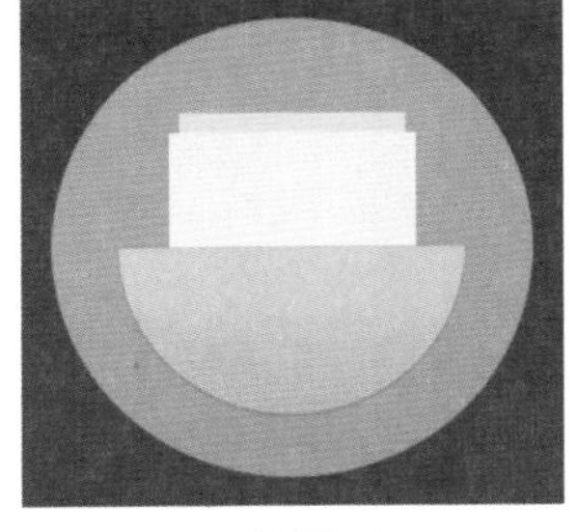

图4.136 变换图形

12 选中“矩形 1 拷贝 2”图层，将其图层“不透明度”更改为50%，以刚才同样的方法缩小图形宽度并向上移动，如图4.137所示。

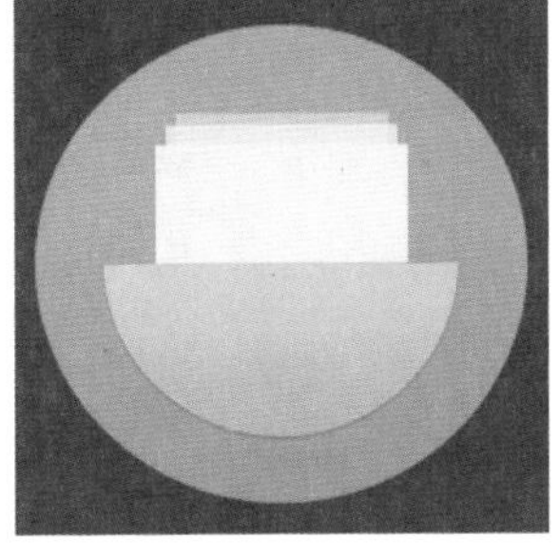

图4.137 变换图形

13 选择工具箱中的“矩形工具”，在刚才绘制的矩形图形位置绘制数个灰色图形，如图4.138所示。

图4.138 绘制图形

步骤2 添加投影

01 选择工具箱中的“钢笔工具”，在选项栏中单击“选择工具模式”按钮，在弹出的选项中选择“形状”，将“填充”更改为深蓝色（R：4，G：93，B：140），“描边”更改为无，在半圆图形右下角位置绘制1个不规则图形，此时将生成一个“形状 1”图层，将“形状 1”图层移至“椭圆 1 拷贝”图层下方，如图4.139所示。

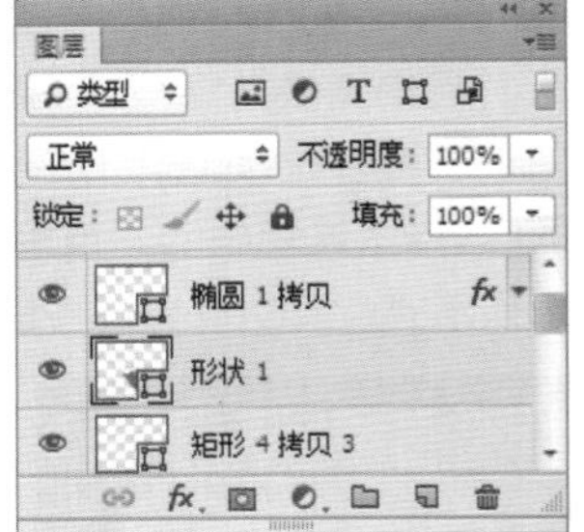

图4.139 绘制图形

02 在“图层”面板中，选中“形状 1”图层，单击面板底部的“添加图层蒙版”按钮，为其添加图层蒙版，如图4.140所示。

03 按住Ctrl键单击“椭圆 1”图层缩览图，将其载入选区，执行菜单栏中的“选择”|“反向”命令将选区反向，将选区填充为黑色将部分图形隐藏，完成之后按Ctrl+D组合键将选区取消，如图4.141所示。

图4.140 添加图层蒙版

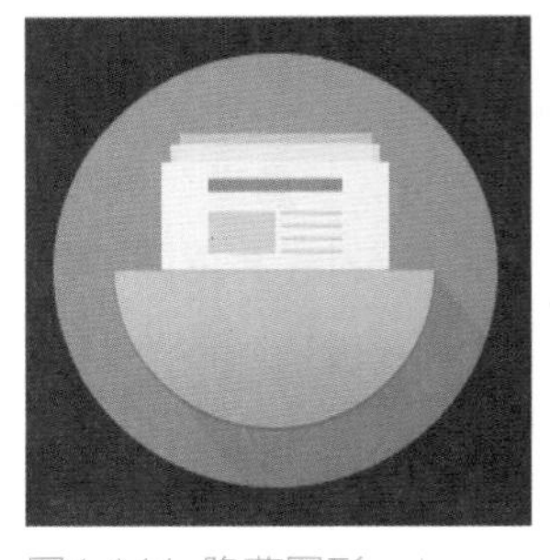

图4.141 隐藏图形

04 在“图层”面板中，选中“椭圆 1”图层，将其拖至面板底部的“创建新图层”按钮上，复制一个“椭圆 1 拷贝 2”图层，如图4.142所示。

05 选择工具箱中的“直接选择工具”，选中椭圆图形左侧锚点按Delete键将其删除，再将图形适当旋转，如图4.143所示。

图4.142 复制图层

图4.143 删除锚点

06 在“图层”面板中，选中“椭圆 1 拷贝 2”图层，将其图层混合模式设置为“柔光”“不透明度”更改为30%，这样就完成了效果制作，最终效果如图4.144所示。

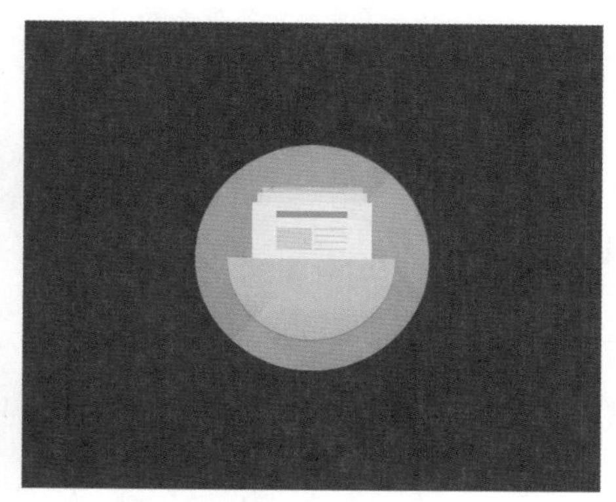

图4.144 最终效果

实例 071 盾牌图标

实例分析

本例讲解盾牌图标制作，其制作虽然简单，但外观效果十分出色，以经典的红白蓝相间的图形组合完美地展示了盾牌图像的特点，最终效果如图4.145所示。

- **素材位置** | 无
- **案例位置** | 案例文件\第4章\盾牌图标.psd
- **视频位置** | 多媒体教学\实例071 盾牌图标.avi
- **难易指数** | ★★☆☆☆

图4.145 最终效果

步骤1 制作渐变背景

01 执行菜单栏中的“文件”|“新建”命令，在弹出的对话框中设置“宽度”为600像素，“高度”为450像素，“分辨率”为72像素/英寸，新建一个空白画布。

02 选择工具箱中的“渐变工具”，编辑白色到黄色（R：226，G：224，B：205）的渐变，单击选项栏中的“径向渐变”按钮，在画布中从中间向右下角方向拖动填充渐变，如图4.146所示。

图4.146 填充渐变

03 选择工具箱中的“椭圆工具”，在选项栏中将“填充”更改为白色，“描边”为无，在画布中间位置按住Shift键绘制一个圆形，此时将生成一个“椭圆 1”图层，如图4.147所示。

04 在“图层”面板中，选中“椭圆 1”图层，将其拖至面板底部的“创建新图层”按钮上，复制3个“拷贝”图层，分别将其图层名称更改为“内圆 2”“内圆”“高光”及“圆”，如图4.148所示。

05 在“图层”面板中，选中“圆”图层，单击面板底部的“添加图层样式”按钮，在菜单中选择“渐变叠加”命令，在弹出的对话框中将“渐变”更改为红色（R：246，G：62，B：40）到红色（R：255，G：

107，B：83），“角度”更改为125度，完成之后单击“确定”按钮，如图4.149所示。

图4.147 绘制图形

图4.148 复制图层

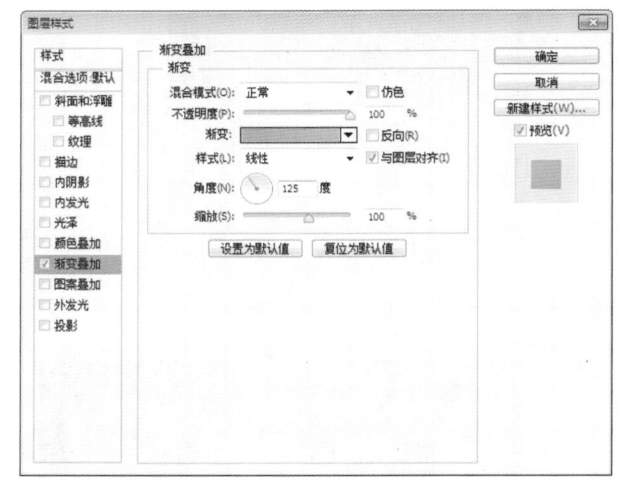

图4.149 设置渐变叠加

06 选中“椭圆 1 拷贝”图层，将其图层“不透明度”更改为30%，颜色更改为红色（R：230，G：48，B：26），按Ctrl+T组合键对其执行“自由变换”命令，将图形高度适当缩小并旋转，完成之后按Enter键确认，如图4.150所示。

图4.150 复制变换图形

07 选中“内圆”图层，将其“填充”更改为无，“描边”更改为白色，“大小”更改为20点，按Ctrl+T组合键对其执行“自由变换”命令，将图形等比缩小，完成之后按Enter键确认，以同样的方法选中“内圆 2”图层，将其图形等比缩小，如图4.151所示。

图4.151 缩小图形

08 在“圆”图层名称上单击鼠标右键，从弹出的快捷菜单中选择“拷贝图层样式”命令，在“内圆 2”图层名称上单击鼠标右键，从弹出的快捷菜单中选择“粘贴图层样式”命令，如图4.152所示。

09 双击“内圆 2”图层样式名称，在弹出的对话框中将“渐变”更改为蓝色（R：58，G：137，B：227）到蓝色（R：106，G：175，B：248），“角度”更改为125度，完成之后单击“确定”按钮，如图4.153所示。

图4.152 粘贴图层样式

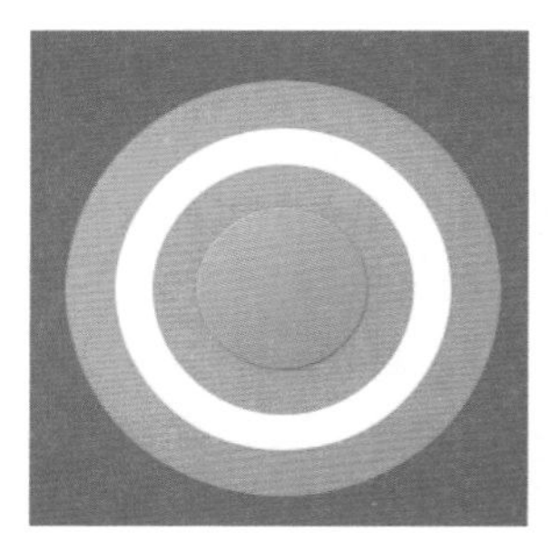

图4.153 设置图层样式

10 选择工具箱中的“多边形工具”，在选项栏中单击按钮，在弹出的面板中选中“星形”复选框，将“缩进边依据”更改为50%，在内圆图形位置绘制一个星形图形，如图4.154所示。

图4.154 绘制图形

> **提示**
>
> 按住 Shift 键可等比例绘制星形。

步骤2 添加投影

01 选择工具箱中的“钢笔工具”，在选项栏中单击“选择工具模式”按钮 路径，在弹出的选项中选择“形状”，将“填充”更改为深蓝色（R：13，G：47，B：86），“描边”更改为无，在图标右下角位置绘制1个不规则图形，此时将生成一个“形状1”图层，将其移至“圆”图层下方，如图4.155所示。

图4.155 绘制图形

02 在“图层”面板中，选中“形状 1”图层，单击面板底部的“添加图层蒙版”按钮，为其添加图层蒙版，如图4.156所示。

03 选择工具箱中的“渐变工具”，编辑黑色到白色的渐变，单击选项栏中的“线性渐变”按钮，在其图形上拖动将部分图形隐藏，如图4.157所示。

图4.156 添加图层蒙版

图4.157 设置渐变并隐藏图形

04 选中“形状 1”图层，将其图层“不透明度”更改为50%，这样就完成了效果制作，最终效果如图4.158所示。

图4.158 最终效果

实例 072 扁平相机图标

实例分析

本例主要讲解的是相机图标制作，其图标的外观清爽、简洁，彩虹条的装饰使这款深色系的镜头最终效果漂亮且沉稳。最终效果如图4.159所示。

- **素材位置 |** 无
- **案例位置 |** 案例文件\第4章\扁平相机图标.psd
- **视频位置 |** 多媒体教学\实例072 扁平相机图标.avi
- **难易指数 |** ★★☆☆☆

图4.159 最终效果

步骤1 绘制图标

01 执行菜单栏中的“文件”|“新建”命令，在弹出的对话框中设置“宽度”为800像素，“高度”为600像素，“分辨率”为72像素/英寸，“颜色模式”为RGB颜色，新建一个空白画布，如图4.160所示。

02 将画布填充为深灰色（R：172，G：174，B：183），如图4.161所示。

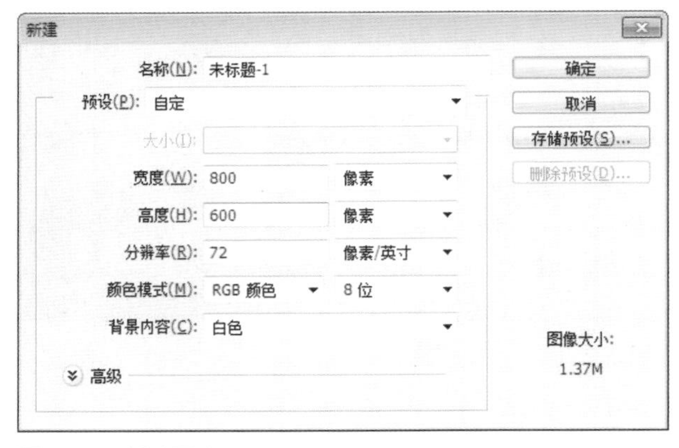

图4.160 新建画布

图4.161 填充颜色

03 单击面板底部的“创建新图层”按钮，新建一个“图层1”图层，如图4.162所示。

04 选中“图层1”图层，将其填充为白色，如图4.163所示。

图4.162 新建图层

图4.163 填充颜色

05 在“图层”面板中，选中“图层1”图层，单击面板底部的“添加图层样式”按钮*fx*，在菜单中选择“渐变叠加”命令，在弹出的对话框中将渐变颜色更改为灰色（R：220，G：224，B：232）到灰色（R：192，G：195，B：200），“缩放”更改为150%，完成之后单击“确定”按钮，如图4.164所示。

06 选中“图层1”图层，将其图层“不透明度”更改为70%，如图4.165所示。

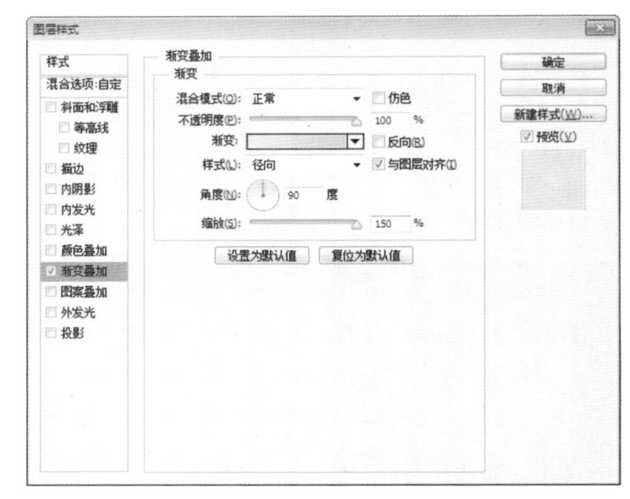

图4.164 设置渐变叠加

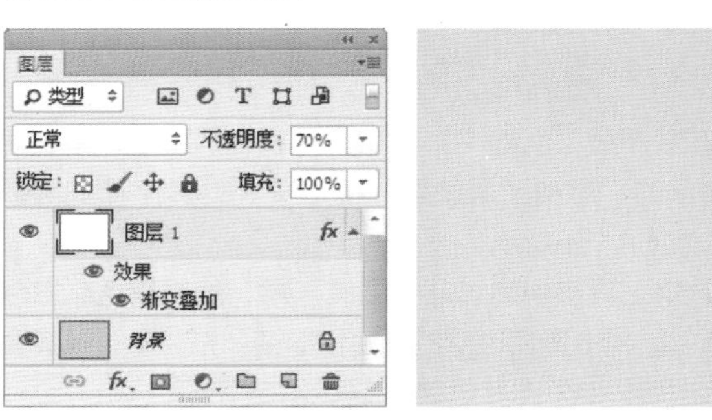

图4.165 更改图层不透明度

07 选择工具箱中的“圆角矩形工具”，在选项栏中将“填充”更改为淡黄色（R：242，G：242，B：220），“描边”为无，“半径”为80像素，在刚画布中绘制一个圆角矩形，此时将生成一个“圆角矩形1”图层，如图4.166所示。

图4.166 绘制图形

08 在“图层”面板中，选中“圆角矩形 1”图层，将其拖至面板底部的“创建新图层”按钮上，复制一个“圆角矩形 1 拷贝”图层，如图4.167所示。

09 选中“圆角矩形 1 拷贝”图层，在画布中将其图形颜色更改为灰色（R：209，G：203，B：185），如

图4.168所示。

图4.167 复制图层

图4.168 更改图形颜色

10 选择工具箱中的“添加锚点工具”，在“圆角矩形1 拷贝”图层中的图形左上角位置单击添加锚点，如图4.169所示。

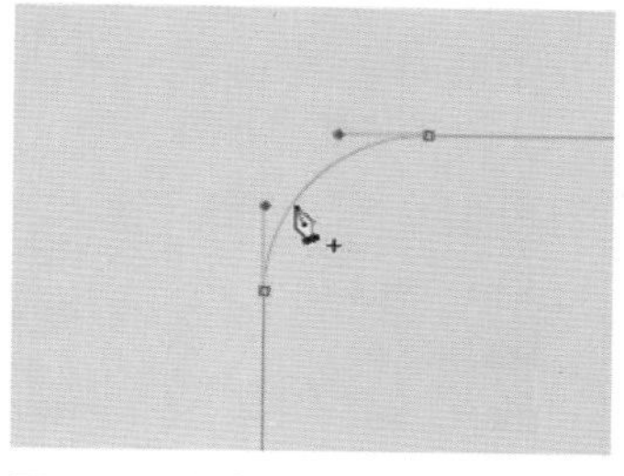

图4.169 添加锚点

11 选择工具箱中的“直接选择工具”，在画布中选中“圆角矩形1 拷贝”图层中的图形左侧部分锚点并按Delete键将其删除，如图4.170所示。

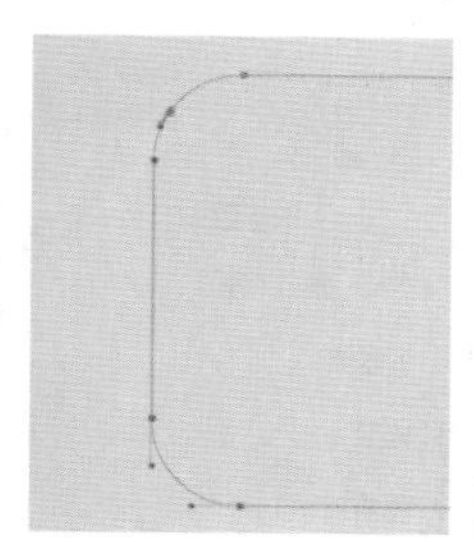

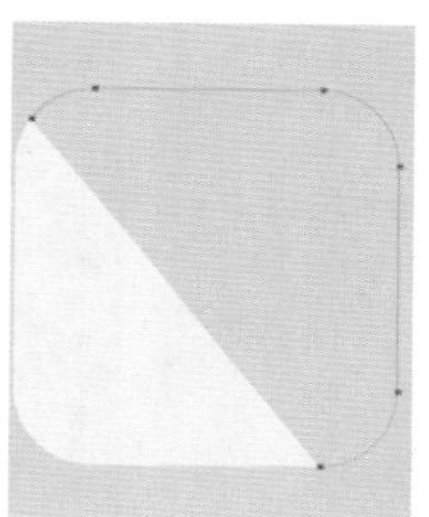

图4.170 选中并删除锚点

12 在“图层”面板中，选中“圆角矩形 1”图层，将其拖至面板底部的“创建新图层”按钮上，复制一个“圆角矩形 1 拷贝2”图层，如图4.171所示。

13 选中“圆角矩形 1 拷贝2”图层，在画布中将其图形颜色更改为深黄色（R：87，G：80，B：43），如图4.172所示。

图4.171 复制图层

图4.172 更改图形颜色

14 选择工具箱中的“直接选择工具”，在画布中选中“圆角矩形1 拷贝2”图层中的图形底部锚点向上移动，如图4.173所示。

15 选择工具箱中的“直接选择工具”，选中“圆角矩形1 拷贝2”图层中的图形底部2个锚点按Delete键将其删除，如图4.174所示。

图4.173 变换图形

图4.174 删除锚点

16 选择工具箱中的“矩形工具”，在选项栏中将“填充”更改为白色，“描边”为无，在画布中“圆角矩形 1 拷贝 2”图层中的图形下方位置绘制一个矩形，此时将生成一个“矩形1”图层，如图4.175所示。

图4.175 绘制图形

17 选中“矩形 1”图层，将其图层“不透明度”更改为50%，如图4.176所示。

图4.176 更改图层不透明度

步骤2 添加装饰

01 选择工具箱中的“矩形工具”，在选项栏中将“填充”更改为红色（R：236，G：47，B：60），

“描边”为无，在圆角矩形左上角位置绘制一个细长矩形并且使矩形底部与“矩形1”图形对齐，此时将生成一个“矩形2”图层，如图4.177所示。

图4.177 绘制图形

02 选中“矩形2”图层，在画布中按住Alt+Shift组合键向右侧拖动，此时将生成一个“矩形2 拷贝”图层，再将其图形颜色更改为稍深的红色（R：212，G：42，B：55），如图4.178所示。

图4.178 复制图形并更改颜色

03 选中“矩形 2 拷贝”图层，在画布中按住Alt+Shift组合键向右侧平移，此时将生成一个“矩形 2 拷贝 2”图层，选中“矩形 2 拷贝 2”图层并将其颜色更改为黄色（R：236，G：234，B：52），如图4.179所示。

图4.179 复制图形并更改颜色

04 用同样的方法复制多个图形并更改不同的图形颜色，如图4.180所示。

05 同时选中“矩形2”到“矩形2 拷贝7”所有相关的图层，执行菜单栏中的“图层”|“新建”|“从图层建立组”，在弹出的对话框中将“名称”更改为“彩虹条”，完成之后单击“确定”按钮，此时将生成一个“彩虹条”组，如图4.181所示。

图4.180 复制图形并更改颜色

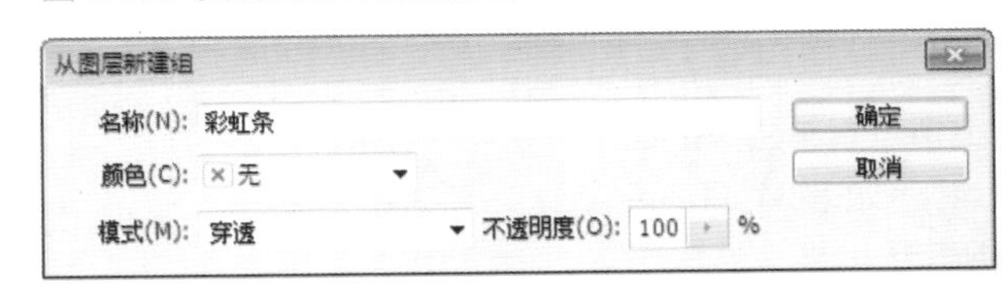

图4.181 从图层新建组

06 在“图层”面板中，选中“彩虹条”组，执行菜单栏中的“图层”|“合并组”命令，将图层合并，此时将生成一个“彩虹条”图层，如图4.182所示。

图4.182 合并组

07 在“图层”面板中，选中“圆角矩形 1 拷贝 2”图层，将其移至“彩虹条”图层下方，如图4.183所示。

图4.183 更改图形顺序

08 选中“彩虹条”图层，执行菜单栏中的“图

层”|“创建剪贴蒙版”命令，为当前图层创建剪贴蒙版，如图4.184所示。

图4.184 创建剪贴蒙版

09 在“图层”面板中，选中“圆角矩形 1”图层，将其拖至面板底部的“创建新图层”按钮上，复制一个“圆角矩形 1 拷贝 3”图层，选中“圆角矩形 1 拷贝 3”图层，在画布中将其图层中的图形颜色更改为白色，并将其移至所有图层最上方，再将其图层“不透明度”更改为8%，如图4.185所示。

图4.185 复制图层并更改图形颜色

10 选择工具箱中的“直接选择工具”，选中“圆角矩形 1 拷贝 3”图层中的图形左上角锚点并按住Shift键向右侧平移，如图4.186所示。

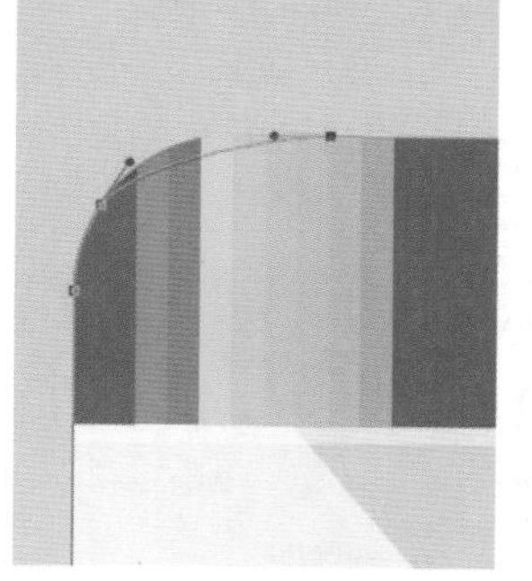
图4.186 移动锚点

11 选择工具箱中的“添加锚点工具”，在图形右下角位置单击添加锚点，如图4.187所示。

12 选择工具箱中的“直接选择工具”，选中部分锚点将其删除，如图4.188所示。

图4.187 添加锚点

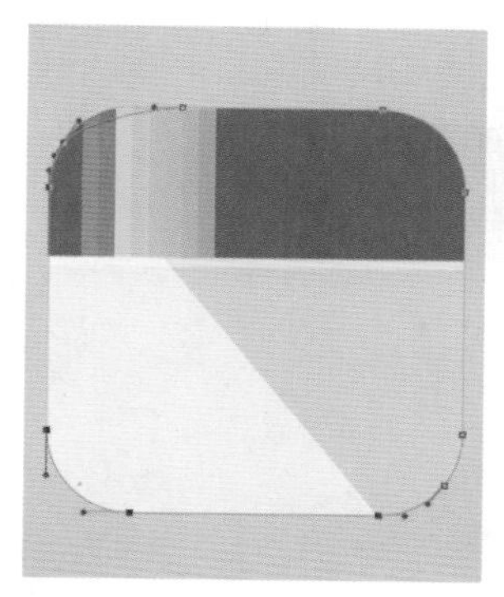

图4.188 删除部分锚点

步骤3 绘制镜头

01 选择工具箱中的“椭圆工具”，在选项栏中将“填充”更改为白色，“描边”为无，在图形中间位置按住Shift键绘制一个圆形，此时将生成一个“椭圆1”图层，如图4.189所示。

图4.189 绘制图形

02 同时选中“椭圆 1”及“圆角矩形1”图层，单击选项栏中的“垂直居中对齐”按钮及“水平居中对齐”按钮，将图形对齐，如图4.190所示。

03 在“图层”面板中，选中“椭圆 1”图层，将其拖至面板底部的“创建新图层”按钮上，复制一个“椭圆 1 拷贝”图层，如图4.191所示。

04 选中“椭圆 1 拷贝”图层，在画布中按Ctrl+T组合键对其执行自由变换，当出现变形框以后按住Alt+Shift

组合键将图形等比缩小，完成之后按Enter键确认，再将其图形颜色更改为深灰色（R：99，G：99，B：99），如图4.192所示。

图4.190 对齐图形

图4.191 复制图层

图4.192 变换图形

05 选中“椭圆1 拷贝”图层，将其图层“不透明度”更改为50%，如图4.193所示。

图4.193 更改图层不透明度

06 选中“椭圆1”图层，在画布中将其图形颜色更改为黑色，再将其图层“不透明度”更改为10%，如图4.194所示。

图4.194 更改图层颜色及不透明度

07 在“图层”面板中，选中“椭圆 1”图层，单击面板底部的“添加图层蒙版”按钮，为其图层添加图层蒙版，如图4.195所示。

08 在“图层”面板中，按住Ctrl键单击“彩虹条”图层缩览图，将其载入选区，如图4.196所示。

图4.195 添加图层蒙版

图4.196 载入选区

09 在画布中执行菜单栏中的“选择”|“反向”命令，将选区反向，再单击“椭圆 1”图层蒙版缩览图，在画布中将选区填充为黑色，将部分图形隐藏，完成之后按Ctrl+D组合键将选区取消，如图4.197所示。

图4.197 隐藏图形

10 在“图层”面板中，选中“椭圆 1 拷贝”图层，将其拖至面板底部的“创建新图层”按钮上，复制一个“椭圆 1 拷贝2”图层，将其移至所有图层上方，再将“不透明度”更改为100%，如图4.198所示。

11 选中“椭圆 1 拷贝2”图层，修改“填充”颜色为灰色（R:220，G:220，B:220），在画布中将其向上稍微移动使其与下方图形形成立体效果，如图4.199所示。

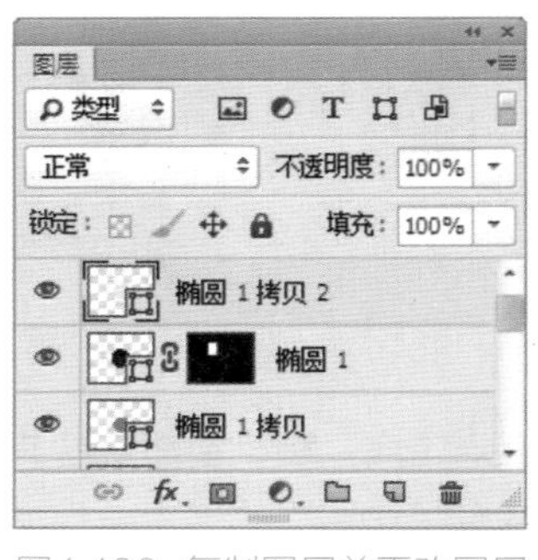

图4.198 复制图层并更改图层顺序

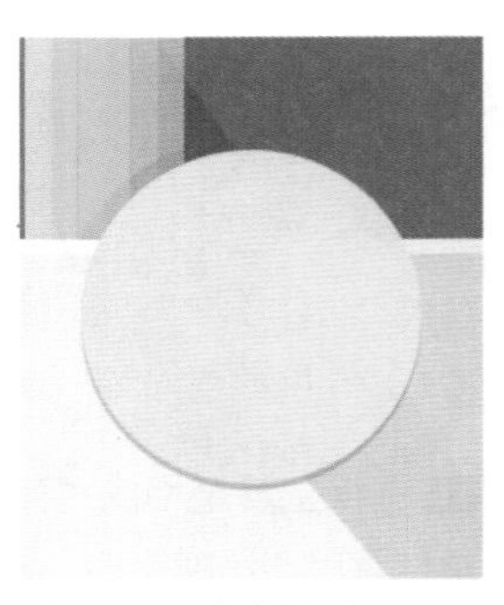

图4.199 移动图形

12 在“图层”面板中，选中“椭圆 1 拷贝2”图层，将其拖至面板底部的“创建新图层”按钮上，复制一个“椭圆 1 拷贝3”图层，选中“椭圆 1 拷贝3”图层将其图层颜色更改为深灰色（R：33，G：34，B：35），再按Ctrl+T组合键对其执行自由变换，当出现变形框以后按住Alt+Shift组合键将图形等比缩小，完成之后按Enter键确认，如图4.200所示。

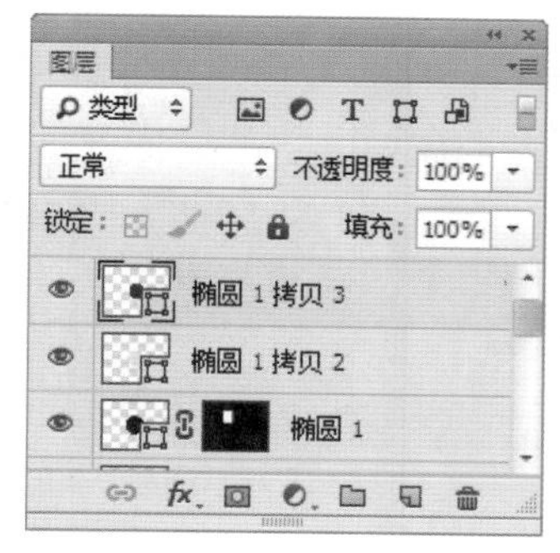

图4.200 复制图层并更改变换图形

13 以同样的方法选中“椭圆1 拷贝3”图层并将其复制2个拷贝图形再将其中的一个图形更改颜色，同时把两个图形分别等比缩小，如图4.201所示。

图4.201 复制并变换图形

14 选择工具箱中的“圆角矩形工具”，在选项栏中将“填充”更改为白色，“描边”为无，“半径”为10像素，在图标右上角位置绘制一个圆角矩形，此时将生成一个“圆角矩形2”图层，如图4.202所示。

图4.202 绘制图形

15 在“图层”面板中，选中“圆角矩形2”图层，将其拖至面板底部的“创建新图层”按钮上，复制一个“圆角矩形2 拷贝”图层，如图4.203所示。

16 选中“圆角矩形2 拷贝”图层，在画布中将其图形颜色更改为深灰色（R：33，G：34，B：35），再将其向上稍微移动，如图4.204所示。

图4.203 复制图层

图4.204 更改图形颜色

17 选中“圆角矩形 2”图层，将其图层“不透明度”更改为20%，如图4.205所示。

图4.205 更改图层不透明度

18 在“图层”面板中，选中“圆角矩形 2 拷贝”图层，将其拖至面板底部的“创建新图层”按钮上，复制一个“圆角矩形 2 拷贝2”图层，“填充”修改为深灰色（R:25，G:25，B:25），如图4.206所示。

图4.206 复制图层

19 选择工具箱中的“直接选择工具”，在画布中选中“圆角矩形 2 拷贝 2”图层中的图形左下角部分锚点将其删除，这样就完成了效果制作，最终效果如图4.207所示。

图4.207 删除锚点及最终效果

实例 073 指南针图标

实例分析

本例主要讲解的是指南针图标，其图标的色彩及造型与IOS风格相同，图标本色的配色相对收敛，采用蓝色为图标主色调再加以深红色的指针使整个图标十分耐看。最终效果如图4.208所示。

- 素材位置 | 无
- 案例位置 | 案例文件\第4章\指南针图标.psd
- 视频位置 | 多媒体教学\实例073 指南针图标.avi
- 难易指数 | ★★★☆☆

图4.208 最终效果

步骤1 绘制图标

01 执行菜单栏中的“文件”|“新建”命令，在弹出的对话框中设置“宽度”为800像素，“高度”为600像素，“分辨率”为72像素/英寸，“颜色模式”为RGB颜色，新建一个空白画布，如图4.209所示。

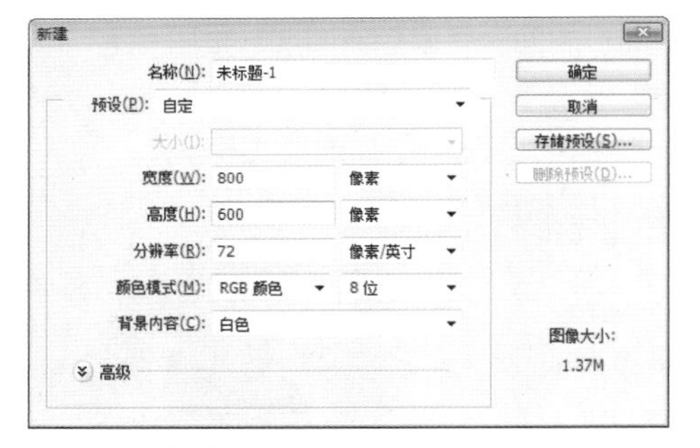

图4.209 新建画布

02 将画布填充为蓝色（R：75，G：90，B：75），如图4.210所示。

图4.210 填充颜色

03 选择工具箱中的“圆角矩形工具”▢，在选项栏中将“填充”更改为蓝色（R：40，G：160，B：225），“描边”为无，“半径”为115像素，在画布中绘制一个圆角矩形，此时将生成一个“圆角矩形1”图层，如图4.211所示。

图4.211 绘制图形

04 在“图层”面板中，选中“圆角矩形1”图层，单击面板底部的“添加图层样式”按钮 fx，在菜单中选择“内发光”命令，在弹出的对话框中将“混合模式”更改为颜色加深，“不透明度”更改为30%，“颜色”更改为蓝色（R：32，G：128，B：180），“大小”更改为230像素，完成之后单击“确定”按钮，如图4.212所示。

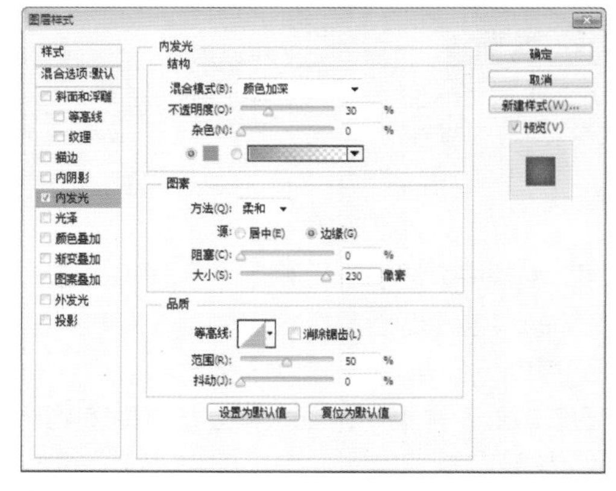

图4.212 设置内发光

05 选择工具箱中的“椭圆工具”，在选项栏中将“填充”更改为白色，“描边”为无，在刚才绘制的圆角矩形位置按住Alt+Shift组合键绘制一个圆形，此时将生成一个“椭圆1”图层，如图4.213所示。

图4.213 绘制图形

06 选择工具箱中的“椭圆工具”，在选项栏中单击“路径操作”按钮，在弹出的选项中选择“减去顶层形状”，在刚才绘制的椭圆图形上按住Alt+Shift组合键以中心为起点绘制一个椭圆路径，将部分图形减去，如图4.214所示。

图4.214 绘制路径减去部分图形

07 选择工具箱中的“矩形工具”，在选项栏中将“填充”更改为白色，“描边”为无，在刚才绘制的椭圆中心位置按住Shift键绘制一个矩形，此时将生成一个“矩形1”图层，如图4.215所示。

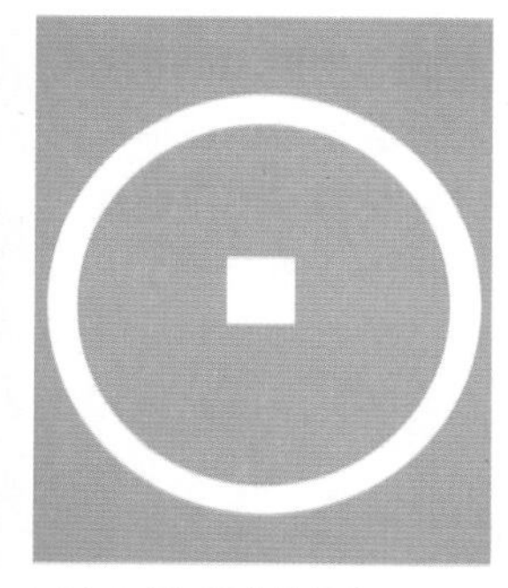

图4.215 绘制图形

08 选中“矩形 1”图层，在画布中按Ctrl+T组合键对其执行自由变换命令，当出现变形框以后在选项栏中“旋转”后方的文本框中输入45度，完成之后按Enter键确认，如图4.216所示。

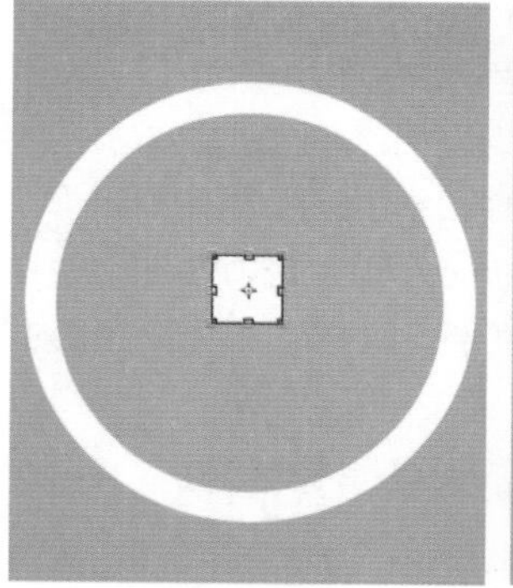

图4.216 变换图形

09 选择工具箱中的“删除锚点工具”，在画布中刚才经过旋转的矩形左侧锚点上单击将其删除，如图4.217所示。

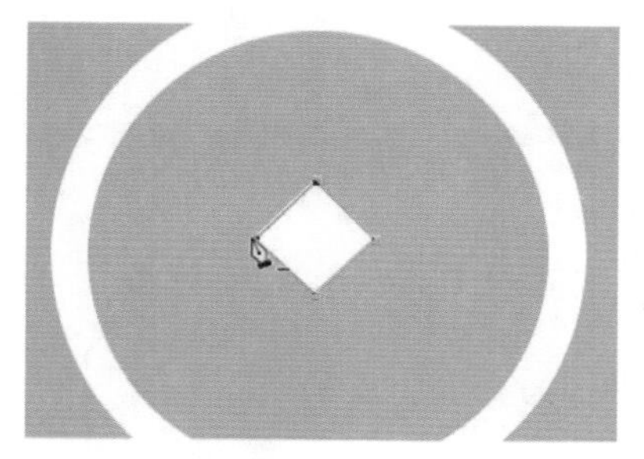

图4.217 删除锚点

10 选中“矩形 1”图层，在画布中按Ctrl+T组合键对其执行自由变换，当出现变形框以后将光标移至变形框右侧控制点向右侧拖动，完成之后按Enter键确认，如图4.218所示。

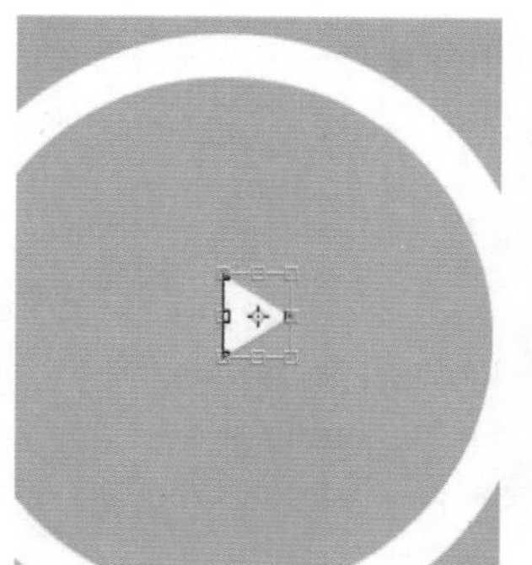
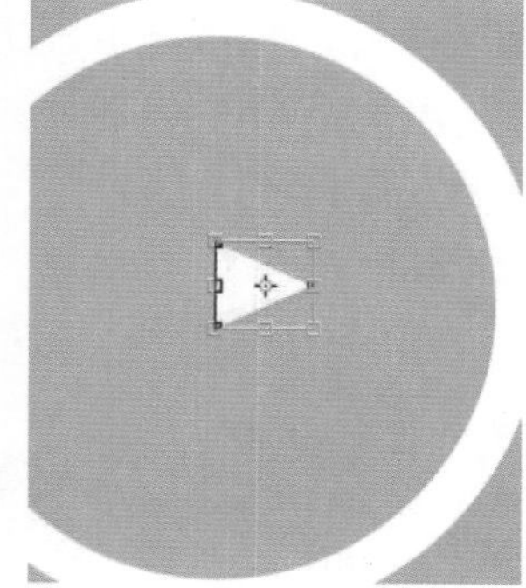

图4.218 变换图形

11 选中“矩形1”图层，在画布中按Ctrl+T组合键对其执行自由变换命令，在出现的变形框中单击鼠标右键，从弹出的快捷菜单中选择“旋转90度（逆时针）”命令，完成之后按Enter键确认，再将其向上移至椭圆顶部位置，如图4.219所示。

12 在“图层”面板中，选中“矩形1”图层，将其拖至面板底部的“创建新图层”按钮上，复制一个“矩形1 拷贝”图层，如图4.220所示。

13 选中“矩形1 拷贝”图层，在画布中按Ctrl+T组合键对其执行自由变换命令，将光标移至出现的变形框上单击鼠标右键，从弹出的快捷菜单中选择“垂直翻转”命令，完成之后按Enter键确认，再按住Shift键将其移至“椭圆1”图层中的图形底部位置并与其顶部边缘对齐，如图4.221所示。

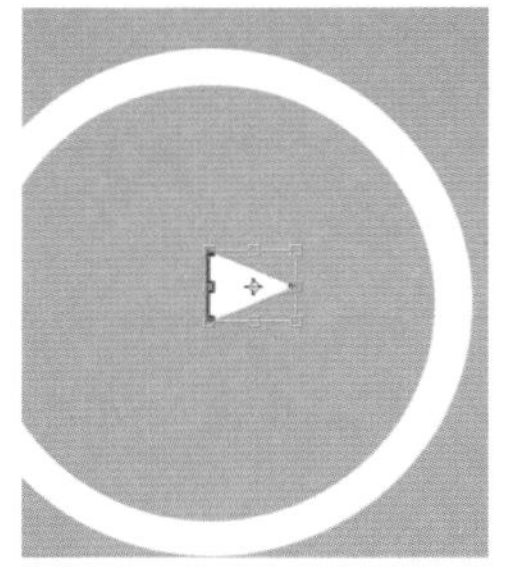

图4.219 变换图形

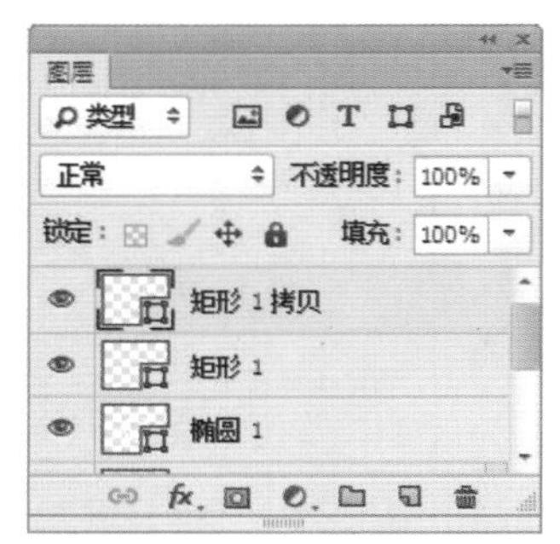

图4.220 复制图层

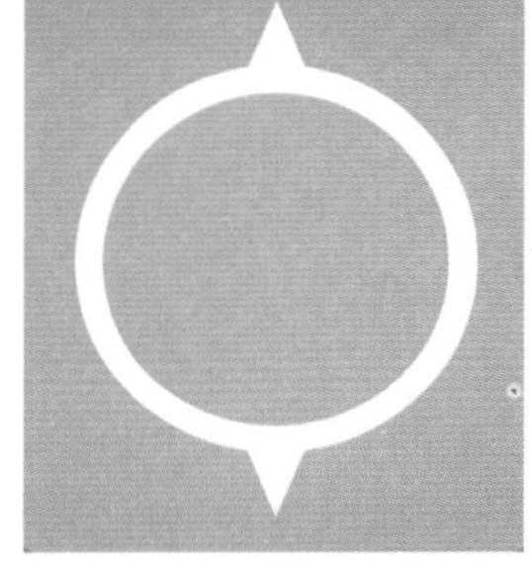

图4.221 变换图形

14 在“图层”面板中，同时选中“矩形1 拷贝”及“矩形1”图层，执行菜单栏中的“图层”|“合并图层”命令，将图层合并，此时将生成一个“矩形1 拷贝”图层，如图4.222所示。

图4.222 合并图层

15 在“图层”面板中，选中“矩形1 拷贝”图层，将其拖至面板底部的“创建新图层”按钮上，复制一个“矩形1 拷贝2”图层，如图4.223所示。

16 选中“矩形 1 拷贝2”图层，在画布中按Ctrl+T组合键对其执行自由变换命令，在出现的变形框中单击鼠标右键，从弹出的快捷菜单中选择“旋转90度（顺时针）”命令，完成之后按Enter键确认，如图4.224所示。

图4.223 复制图层

图4.224 变换图形

17 在“图层”面板中，选中“矩形 1 拷贝 2”图层，将其拖至面板底部的“创建新图层”按钮上，复制一个“矩形 1 拷贝 3”图层，如图4.225所示。

18 选中“矩形1 拷贝3”图层，在画布中按Ctrl+T组合键对其执行自由变换命令，当出现变形框以后在选项栏中“旋转”后方的文本框中输入45度，再按住Alt+Shift组合键将图形等比缩小，完成之后按Enter键确认，如图4.226所示。

图4.225 复制图层

图4.226 变换图形

19 在“图层”面板中，选中“矩形1 拷贝3”图层，将其拖至面板底部的“创建新图层”按钮上，复制一个“矩形1 拷贝4”图层，如图4.227所示。

20 选中“矩形1 拷贝4”图层，在画布中按Ctrl+T组合键对其执行自由变换命令，将光标移至出现的变形框上单击鼠标右键，从弹出的快捷菜单中选择“水平翻转”命令，完成之后按Enter键确认，如图4.228所示。

图4.227 复制图层

图4.228 变换图形

步骤2 制作阴影

01 在“图层”面板中，选中“椭圆1”图层，将其拖至面板底部的“创建新图层”按钮上，复制一个“椭圆1 拷贝”图层，如图4.229所示。

02 选中“椭圆1 拷贝”图层，在画布中按Ctrl+T组合键对其执行自由变换命令，当出现变形框以后按住Alt+Shift组合键将图形等比缩小，完成之后按Enter键确认，再将其颜色更改为黑色，如图4.230所示。

图4.229 复制图层

图4.230 变换图形

03 选择工具箱中的“直接选择工具”，选中刚才经过变换的椭圆内侧的图形路径，按Ctrl+T组合键对其执行自由变换命令，当出现变形框以后按住Alt+Shift组合键将图形等比缩小，完成之后按Enter键确认，如图4.231所示。

图4.231 变换图形

> **提示**
>
> 如果使用“直接选择工具”无法直接选中内侧路径的情况下可按住 Shift 键同时选中内侧椭圆的 4 个锚点即可。

04 在“图层”面板中，选中“椭圆 1 拷贝”图层，将其移至图层最上方，如图4.232所示。

05 选择工具箱中的“钢笔工具”，单击选项栏中的“选择工具模式”按钮，在弹出的下拉列表中选择“形状”，将“填充”更改为黑色，“描边”更改为无，在绘制的罗盘图形顶部位置绘制一个不规则图形并与部分图形边缘对齐，此时将生成一个“形状1”图层，如图4.233所示。

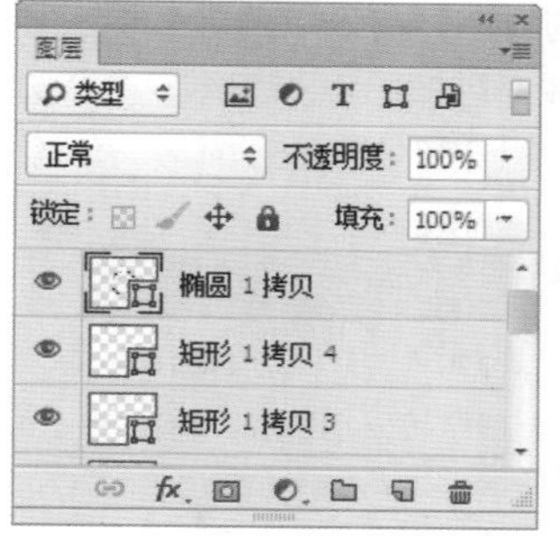

图4.232 更改图层顺序

图4.233 绘制图形

06 在“图层”面板中，选中“形状1”图层，将其拖至面板底部的“创建新图层”按钮上，复制一个“形状1 拷贝”图层，如图4.234所示。

07 选中“形状1 拷贝”图层，在画布中按Ctrl+T组合键对其执行自由变换命令，将光标移至出现的变形框上单击鼠标右键，从弹出的快捷菜单中选择“垂直翻转”命令，完成之后按Enter键确认，再按住Shift键将图形移至罗盘底部相对应的位置，如图4.235所示。

图4.234 复制图层

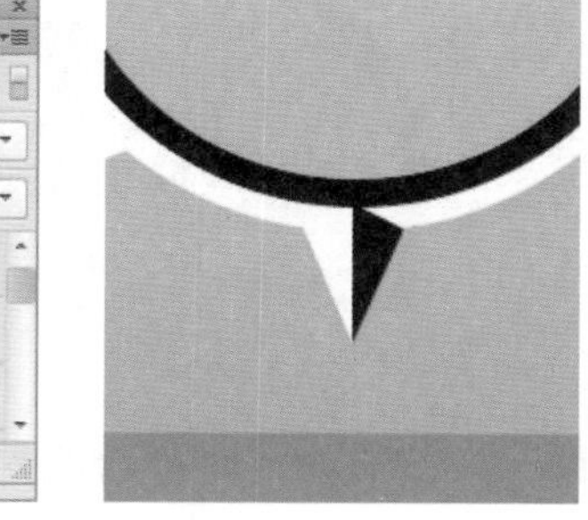

图4.235 翻转移动

08 在“图层”面板中，同时选中“形状1 拷贝”及“形状1”图层，将其拖至面板底部的“创建新图层”按钮上，复制1个“形状1 拷贝2”及“形状1 拷贝3”图层，如图4.236所示。

09 保持“形状1 拷贝2”及“形状1 拷贝3”图层选中状态，在画布中按Ctrl+T组合键对其执行自由变换命令，在出现的变形框中单击鼠标右键，从弹出的快捷菜单中选择“旋转90度（顺时针）”命令，再将图形与相对应的罗盘指针对齐，完成之后按Enter键确认，如图4.237所示。

图4.236 复制图层

图4.237 变换图形

10 用同样的方法在罗盘部分指针位置再次绘制一个不规则图形，此时将生成一个“形状2”图层，如图4.238所示。

图4.238 绘制图形

11 用同样的方法将图形复制多份并变换放在适当位置，如图4.239所示。

图4.239 复制及变换图形

12 同时选中所有和“形状”图层相关的图层以及“椭圆1 拷贝”图层，执行菜单栏中的“图层”|“新建”|“从图层建立组”，在弹出的对话框中将“名称”更改为“阴影”，完成之后单击“确定”按钮，此时将生成一个“阴影”组，如图4.240所示。

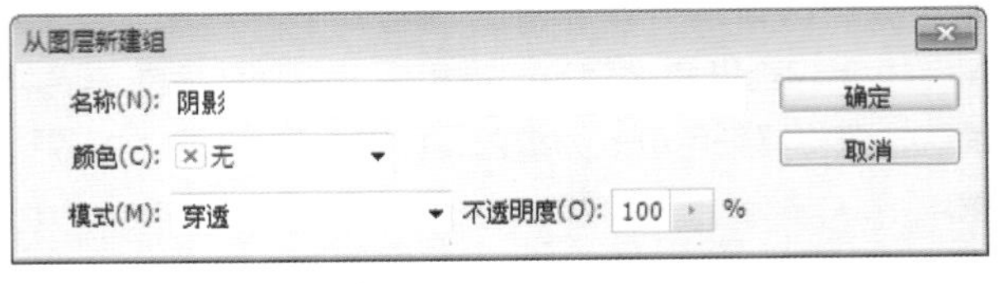

图4.240 从图层新建组

13 选中“阴影”组，将其图层“不透明度”更改为15%，如图4.241所示。

图4.241 更改图层不透明度

14 同时选中除“背景”及“圆角矩形1”图层外的所有图层及组，执行菜单栏中的“图层”|“新建”|“从图层建立组”，在弹出的对话框中将“名称”更改为“罗盘”，完成之后单击“确定”按钮，此时将生成一个“罗盘”组，如图4.242所示。

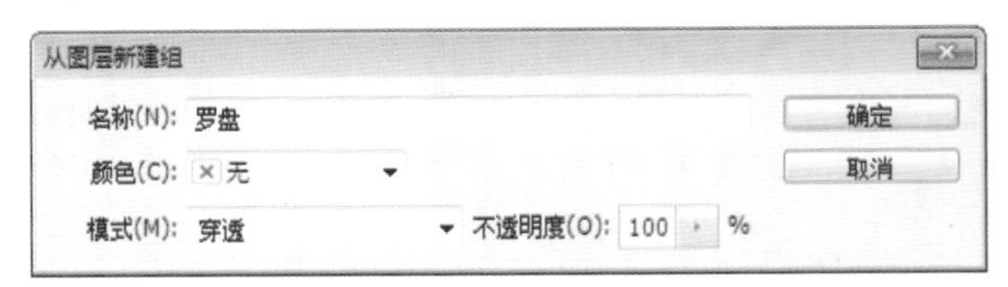

图4.242 从图层新建组

15 在“图层”面板中，选中“罗盘”组，单击面板底部的“添加图层样式”按钮fx，在菜单中选择“投影”命令，在弹出的对话框中将“不透明度”更改为30%，“距离”更改为1像素，“大小”更改为5像素，完成之后单击“确定”按钮，如图4.243所示。

16 选择工具箱中的“矩形工具”■，在选项栏中将“填充”更改为白色，“描边”为无，在刚才绘制的椭圆中心位置按住Shift键绘制一个矩形，此时将生成一个“矩形1”图层，如图4.244所示。

17 选中“矩形 1”图层，在画布中按Ctrl+T组合键对其执行自由变换命令，当出现变形框以后在选项栏中“旋转”后方的文本框中输入45度，完成之后按Enter键确认，如图4.245所示。

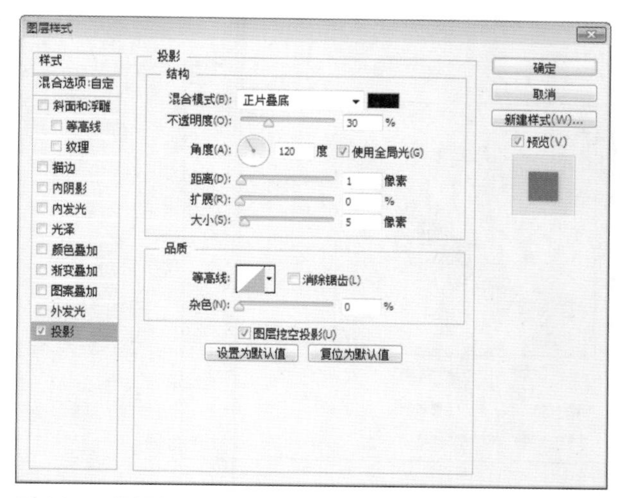

图4.243 设置投影

图4.244 绘制图形

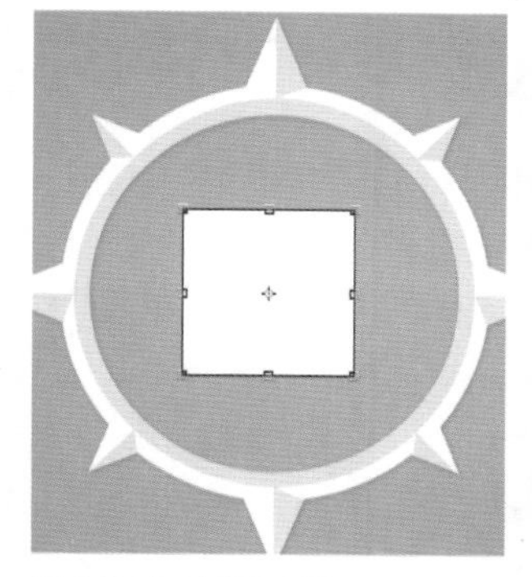

图4.245 变换图形

18 选择工具箱中的“删除锚点工具”，在画布中刚才经过旋转的矩形左侧锚点上单击将其删除，如图4.246所示。

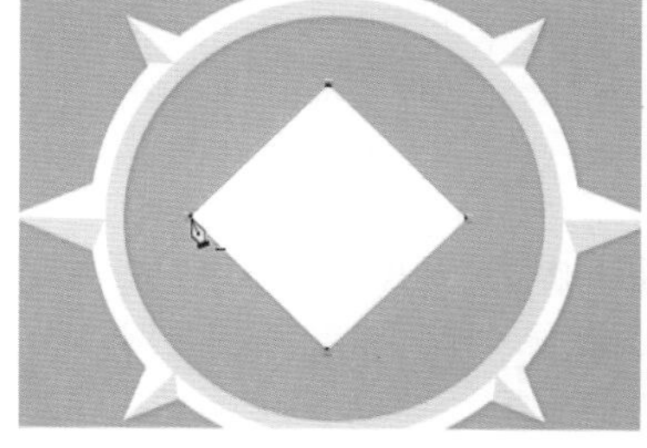

图4.246 删除锚点

19 选中“矩形 1”图层，在画布中按Ctrl+T组合键对其执行自由变换命令，当出现变形框以后将光标移至变形框右侧控制点向右侧拖动，再按住Alt键将图形高度等比缩小，完成之后按Enter键确认，如图4.247所示。

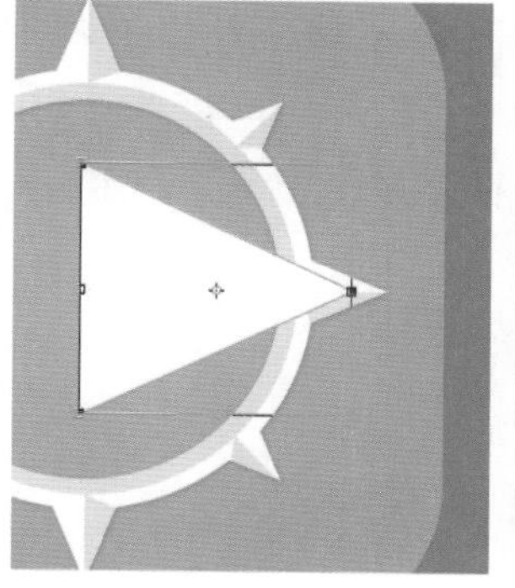

图4.247 变换图形

20 在“图层”面板中，选中“矩形 1”图层，将其拖至面板底部的“创建新图层”按钮上，复制一个“矩形 1 拷贝5”图层，如图4.248所示。

21 选中“矩形 1 拷贝5”图层，在画布中按Ctrl+T组合键对其执行自由变换命令，将光标移至出现的变形框上单击鼠标右键，从弹出的快捷菜单中选择“水平翻转”命令，完成之后按Enter键确认，再按住Shift键将其向左平移并与原图形左侧边缘对齐，如图4.249所示。

图4.248 复制图层

图4.249 变换图形

> **提示**
>
> 复制生成的图层名称以原图层名称为基准递增，如将“矩形 1”复制生成“矩形 1 拷贝”图层，再复制则生成“矩形 1 拷贝 2”图层。

22 在“图层”面板中，同时选中“矩形1 拷贝5”及“矩形1”图层，执行菜单栏中的“图层”|“合并图层”命令，将图层合并，此时将生成一个“矩形1 拷贝5”图层，如图4.250所示。

23 选中“矩形 1 拷贝 5”图层，在画布中按Ctrl+T组合键对其执行自由变换命令，当出现变形框以后将图形适当旋转，完成之后按Enter键确认，如图4.251所示。

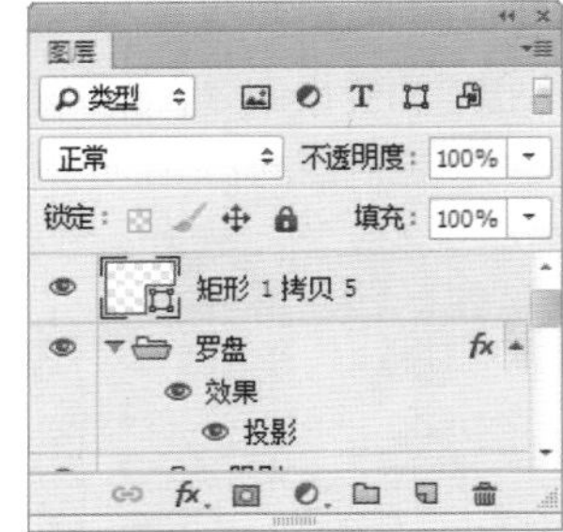

图4.250 合并图层

图4.251 旋转图形

24 在“图层”面板中，选中“矩形 1 拷贝 5”图层，将其拖至面板底部的“创建新图层”按钮上，复制一个“矩形 1 拷贝 6”图层，如图4.252所示。

25 在“图层”面板中，选中“矩形 1 拷贝 5”图层，将其图形颜色更改为黑色，执行菜单栏中的“图层”|“栅格化”|“形状”命令，将当前图形删格化，如图4.253所示。

图4.252 复制图层

图4.253 栅格化形状

步骤3 制作倒影

01 选中“矩形 1 拷贝 5”图层，在画布中按Ctrl+T组合键对其执行自由变换命令，当出现变形框以后按住Alt+Shift组合键将图形等比缩小，完成之后按Enter键确认，在画布中将其向右下角方向稍微移动，如图4.254所示。

图4.254 变换图形

02 选中“矩形 1 拷贝 5”图层，执行菜单栏中的“滤镜”|“模糊”|“高斯模糊”命令，在弹出的对话框中将“半径”更改为10像素，设置完成之后单击“确定”按钮，如图4.255所示。

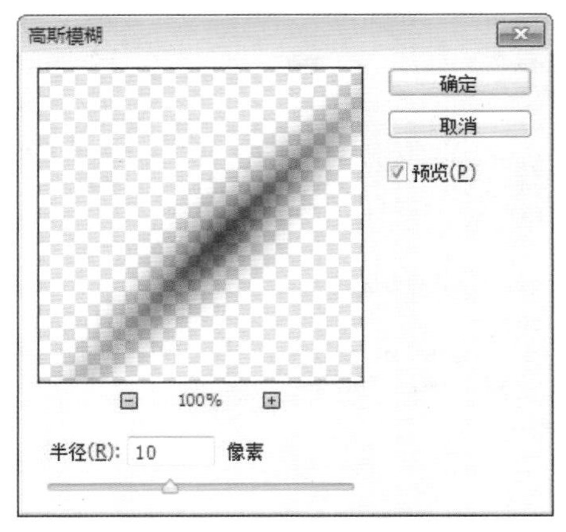

图4.255 设置高斯模糊

03 选中“矩形 1 拷贝 5”图层，将其图层“不透明度”更改为60%，如图4.256所示。

图4.256 更改图层不透明度

04 在“图层”面板中，选中“矩形 1 拷贝 6”图层，将其拖至面板底部的“创建新图层”按钮上，复制一个“矩形 1 拷贝 7”图层，如图4.257所示。

图4.257 复制图层

05 选中“矩形 1 拷贝 6”图层，在画布中将图形填充为灰色（R：244，G：244，B：244），选中“矩形 1 拷贝 6”图层，将其颜色更改为红色（R：228，G：105，B：105），如图4.258所示。

图4.258 更改图形颜色

06 选择工具箱中的“直接选择工具”，选中“矩形 1 拷贝 7”图层中的图形左下角锚点，按Delete键将其删除，如图4.259所示。

图4.259 删除锚点

07 选择工具箱中的“钢笔工具”，单击选项栏中的“选择工具模式”按钮 路径 ，在弹出的下拉列表中选择“形状”，将“填充”更改为黑色，“描边”更改为无，在绘制的指针上绘制一个不规则图形并将其与下方的指针图形边缘对齐，此时将生成一个“形状3”图层，如图4.260所示。

图4.260 绘制图形

08 选中“形状3”图层，将其图层“不透明度”更改为20%，如图4.261所示。

09 选择工具箱中的“椭圆工具”，在选项栏中将“填充”更改为白色，“描边”为无，在指针中间位置按住Shift键绘制一个圆形，此时将生成一个“椭圆2”图层，如图4.262所示。

图4.261 更改图层不透明度

图4.262 绘制图形

10 在“图层”面板中，选中“椭圆2”图层，单击面板底部的“添加图层样式”按钮，在菜单中选择“投影”命令，在弹出的对话框中将“不透明度”更改为30%，“大小”更改为5像素，“距离”更改为5像素，完成之后单击“确定”按钮，如图4.263所示。

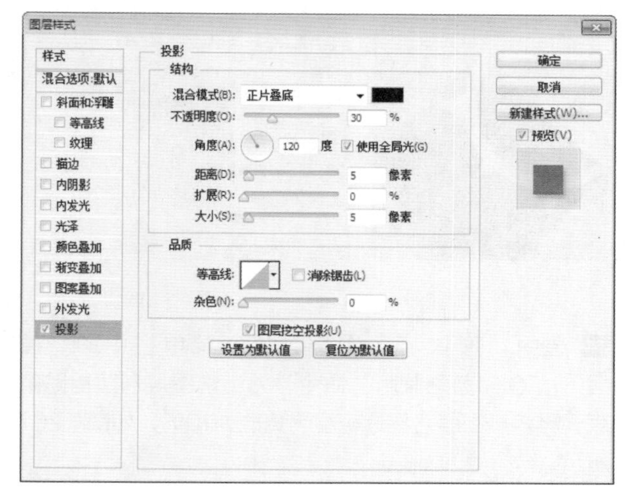

图4.263 设置投影

11 选择工具箱中的“钢笔工具”，单击选项栏中的“选择工具模式”按钮 路径 ，在弹出的下拉列表中选择“形状”，将“填充”更改为黑色，“描边”更改为无，在画布中沿图标边缘绘制一个不规则图形，此时将生成一个“形状4”图层，将“形状4”图层移至“背景”图层上方，如图4.264所示。

图4.264 绘制图形

12 选中“形状4”图层，将其图层“不透明度”更改为10%，如图4.265所示。

图4.265 更改图层不透明度

13 用同样的方法在画布中沿罗盘图形位置边缘绘制一个右下角大于图标的不规则图形，此时将生成一个“形状5”图层，将“形状5”图层移至“圆角矩形 1”图层上方，如图4.266所示。

图4.266 绘制图形

14 选中“形状 5”图层，执行菜单栏中的“图层”|“创建剪贴蒙版”命令，为当前图层创建剪贴蒙版，再将其图层“不透明度”更改为10%，如图4.267所示。

图4.267 创建剪贴蒙版并更改图层不透明度

15 在“图层”面板中，选中“圆角矩形 1”图层，将其拖至面板底部的“创建新图层”按钮上，复制一个“圆角矩形 1 拷贝”图层，并将其移至所有图层最上方，如图4.268所示。

图4.268 复制图层

16 在“图层”面板中，双击“圆角矩形1 拷贝”图层样式名称，在弹出的对话框中取消选中“内发光”复选框，选中“渐变叠加”复选框，将“不透明度”更改为50%，“渐变”更改为白色到透明，并将白色色标“不透明度”更改为60%，“样式”更改为径向，“缩放”更改为150%，如图4.269所示。

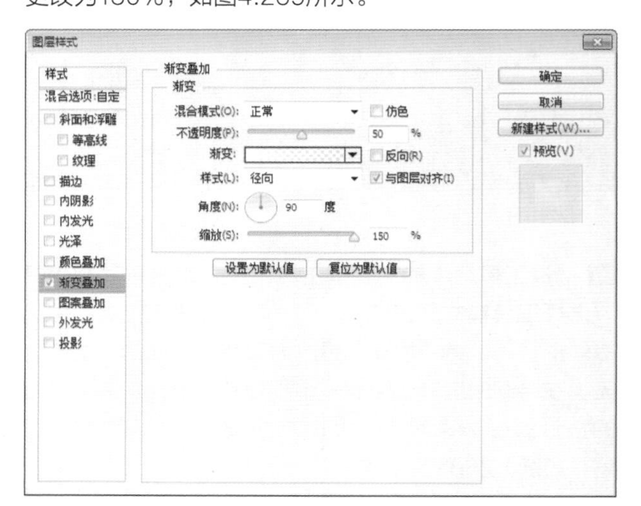

图4.269 设置渐变叠加

17 在“图层”面板中，选中“圆角矩形 1 拷贝”图层，将其图层“填充”更改为0%，这样就完成了效果制作，最终效果如图4.270所示。

图4.270 更改填充及最终效果

实例 074 天气Widget

实例分析

本例主要讲解的是天气Widget制作，其制作看似简单，但是需要着重注意图标的摆放及变换，基础界面的绘制搭配仿真时针造型成就了这样一款完美的天气插件，同时在色彩搭配上也追随了时尚、高端、大气化的风格，最终效果如图4.271所示。

- **素材位置** | 无
- **案例位置** | 案例文件\第4章\天气Widget.psd
- **视频位置** | 多媒体教学\实例074 天气Widget.avi
- **难易指数** | ★★☆☆☆

图4.271 最终效果

步骤1 制作背景

01 执行菜单栏中的“文件”|“新建”命令，在弹出的对话框中设置“宽度”为800像素，“高度”为600像素，“分辨率”为72像素/英寸，“颜色模式”为RGB颜色，新建一个空白画布，如图4.272所示。

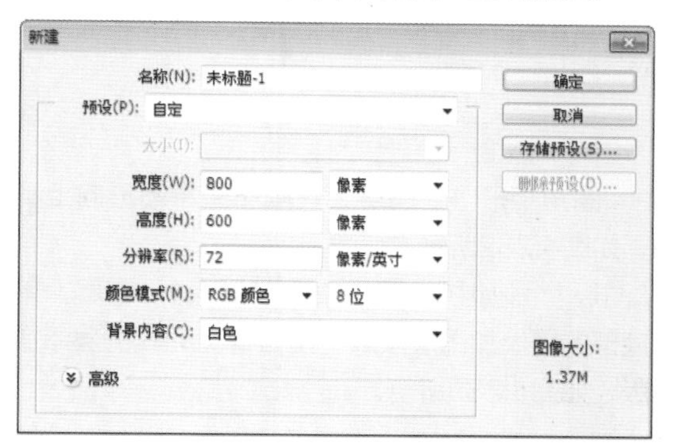

图4.272 新建画布

02 将画布填充为灰色（R：60，G：58，B：56），如图4.273所示。

图4.273 填充颜色

03 单击面板底部的“创建新图层”按钮，新建一个“图层1”图层，选中“图层1”图层并将其填充为白色，如图4.274所示。

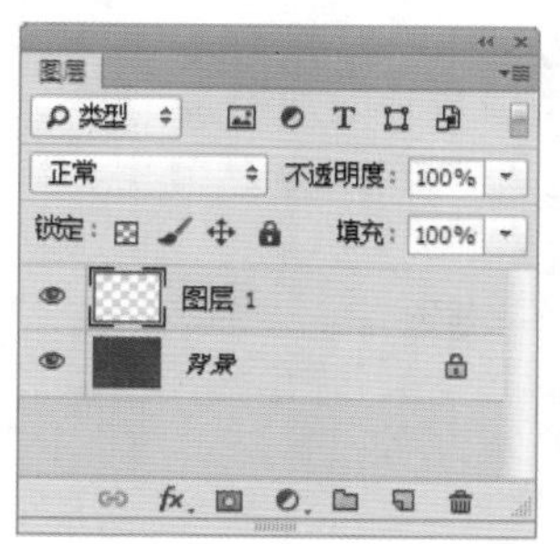

图4.274 新建图层并填充颜色

04 选中“图层1”图层，执行菜单栏中的“滤镜”|“杂色”|“添加杂色”命令，在弹出的对话框中将“数量”更改为3%，分别选中“高斯分布”单选按钮及“单色”复选框，完成之后单击“确定”按钮，如图4.275所示。

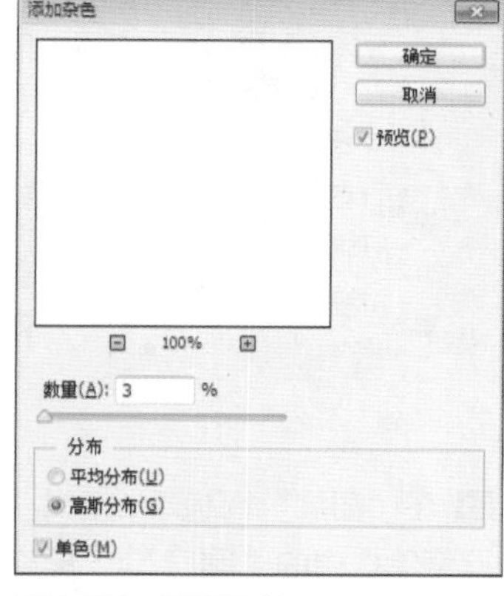

图4.275 添加杂色

05 在“图层”面板中，选中“图层 1”图层，将其图层混合模式设置为“正片叠底”，如图4.276所示。

图4.276 设置图层混合模式

步骤2 绘制界面

01 选择工具箱中的“圆角矩形工具”，在选项栏中将“填充”更改为灰色（R：239，G：239，B：239），“描边”为无，“半径”为5像素，在画布中绘制一个圆角矩形，此时将生成一个“圆角矩形1”图层，如图4.277所示。

图4.277 绘制图形

02 在“图层”面板中，选中“圆角矩形 1”图层，将其拖至面板底部的“创建新图层”按钮上，复制一个“圆角矩形 1 拷贝”图层，如图4.278所示。

03 选中“圆角矩形 1”图层，将其图形颜色更改为黑色，如图4.279所示。

图4.278 复制图层

图4.279 更改图形颜色

04 在“图层”面板中，选中“圆角矩形 1”图层，执行菜单栏中的“图层”|“栅格化”|“形状”命令，将当前图形栅格化，如图4.280所示。

图4.280 栅格化形状

05 选中“圆角矩形 1”图层，执行菜单栏中的“滤镜”|“模糊”|“动感模糊”命令，在弹出的对话框中将“角度”更改为90度，“距离”更改为200像素，设置完成之后单击“确定”按钮，如图4.281所示。

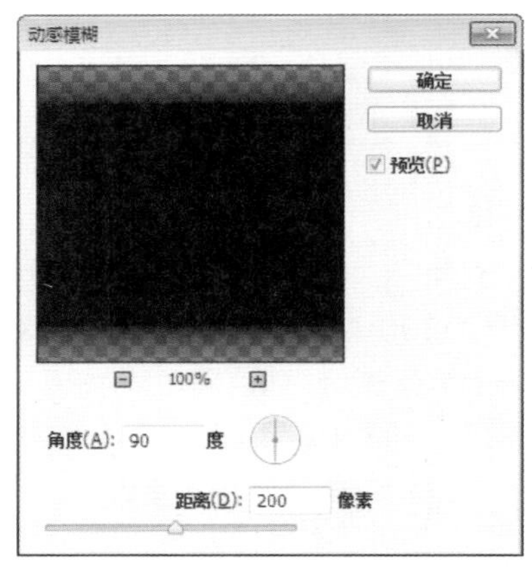

图4.281 设置动感模糊

06 选中“圆角矩形 1”图层，在画布中将图形向上稍微移动，如图4.282所示。

07 在“图层”面板中，选中“圆角矩形 1”图层，单击面板底部的“添加图层蒙版”按钮，为其图层添加图层蒙版，如图4.283所示。

图4.282 移动图形

图4.283 添加图层蒙版

08 选择工具箱中的“矩形选框工具”，在“圆角矩形1”图层中的图形上半部分位置绘制一个矩形选区，如图4.284所示。

09 单击“圆角矩形 1”图层蒙版缩览图，在画布中将选区填充为黑色，将部分图形隐藏，完成之后按Ctrl+D组合键将选区取消，如图4.285所示。

图4.284 绘制选区

图4.285 隐藏图形

10 选中“圆角矩形 1”图层，将其图层“不透明度”更改为80%，如图4.286所示。

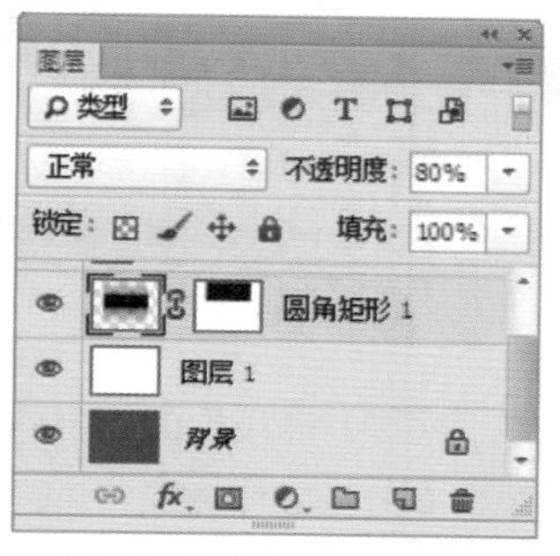

图4.286 更改图层不透明度

11 在“图层”面板中，选中“圆角矩形 1 拷贝”图层，将其拖至面板底部的“创建新图层”按钮上，复制一个“圆角矩形 1 拷贝2”图层，如图4.287所示。

12 选中“圆角矩形 1 拷贝2”图层，将其图形颜色更改为深青色（R：0，G：163，B：130），如图4.288所示。

图4.287 复制图层　　图4.288 更改图形颜色

13 选择工具箱中的“直接选择工具”，选中“圆角矩形 1 拷贝 2”图层中的图形顶部两个锚点并按Delete键将其删除，如图4.289所示。

14 选择工具箱中的“直接选择工具”，选中“圆角矩形 1 拷贝 2”图层中的图形顶部两个锚点向下移动缩小图形高度，如图4.290所示。

图4.289 删除锚点

图4.290 移动锚点缩小图形高度

步骤3 制作界面元素

01 选择工具箱中的“椭圆工具”，在选项栏中将“填充”更改为灰色（R：128，G：128，B：128），“描边”为无，在界面右上角位置按住Shift键绘制一个圆形，此时将生成一个“椭圆1”图层，将其复制一份，如图4.291所示。

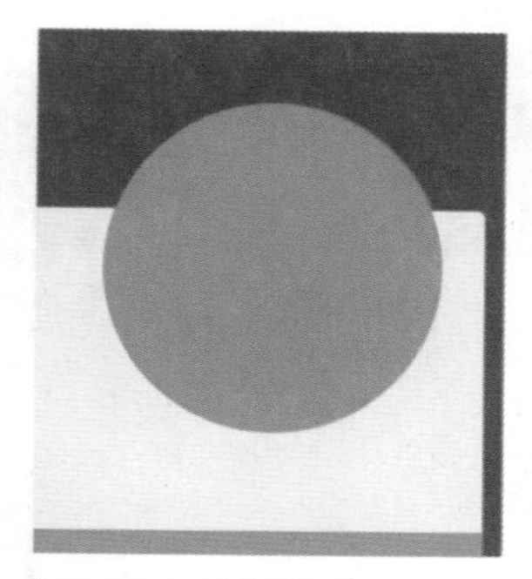

图4.291 绘制图形

02 在“图层”面板中，选中“椭圆 1”图层，执行菜单栏中的“图层”|“栅格化”|“形状”命令，将当前图形栅格化，如图4.292所示。

03 选中“椭圆1”图层，执行菜单栏中的“滤镜”|“模糊”|“高斯模糊”命令，在弹出的对话框中将“半径”更改为20像素，设置完成之后单击“确定”按钮，

如图4.293所示。

图4.292 栅格化形状

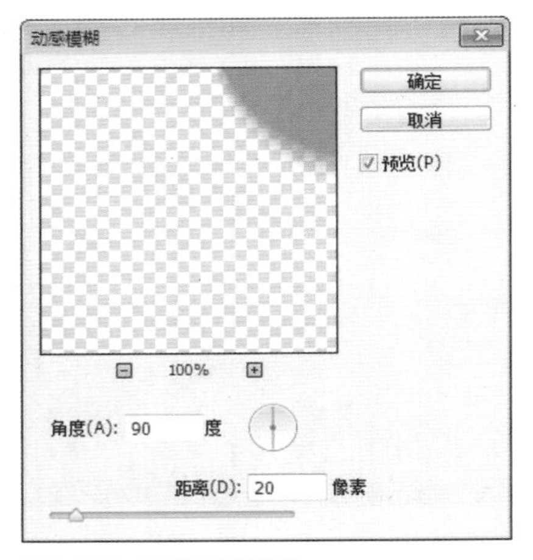

图4.293 设置高斯模糊

04 为“椭圆1”添加图层蒙版，选择工具箱中的“矩形选框工具”，在界面右上角的椭圆位置绘制一个矩形选区，如图4.294所示。

05 单击“椭圆 1”图层蒙版缩览图，在画布中将选区填充为黑色，将部分图形隐藏，完成之后按Ctrl+D组合键将选区取消，如图4.295所示。

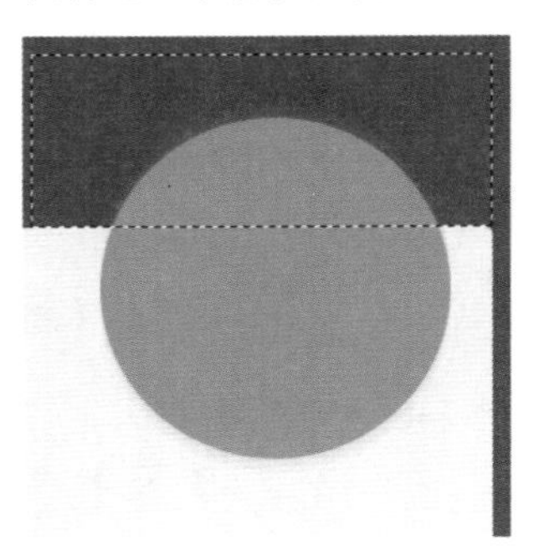

图4.294 绘制选区

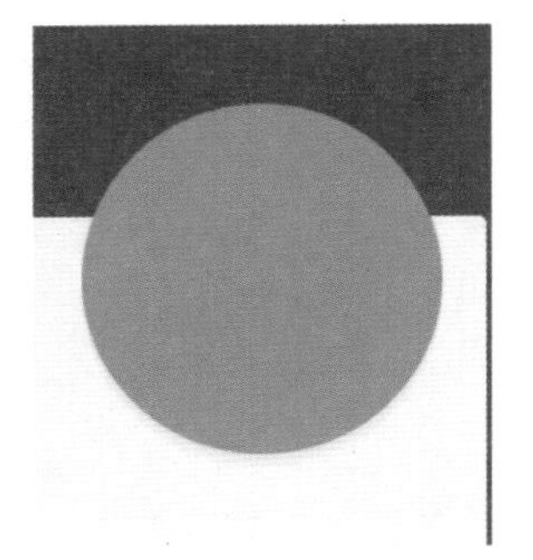

图4.295 隐藏图形

06 选中“椭圆 1 拷贝”图层，将其图形颜色更改为深青色（R：0，G：146，B：117）。

07 选中“椭圆 1 拷贝”图层，在画布中按Ctrl+T组合键对其执行自由变换命令，当出现变形框以后按住Alt+Shift组合键将图形等比缩小，完成之后按Enter键确认，如图4.296所示。

图4.296 变换图形

08 在“图层”面板中，选中“椭圆 1 拷贝”图层，将其拖至面板底部的“创建新图层”按钮上，复制一个“椭圆1 拷贝2”图层，如图4.297所示。

图4.297 复制图层

09 在“图层”面板中，选中“椭圆1 拷贝”图层，单击面板底部的“添加图层样式”按钮，在菜单中选择“描边”命令，在弹出的对话框中将“大小”更改为10像素，“颜色”更改为灰色（R：239，G：239，B：239），完成之后单击“确定”按钮，如图4.298所示。

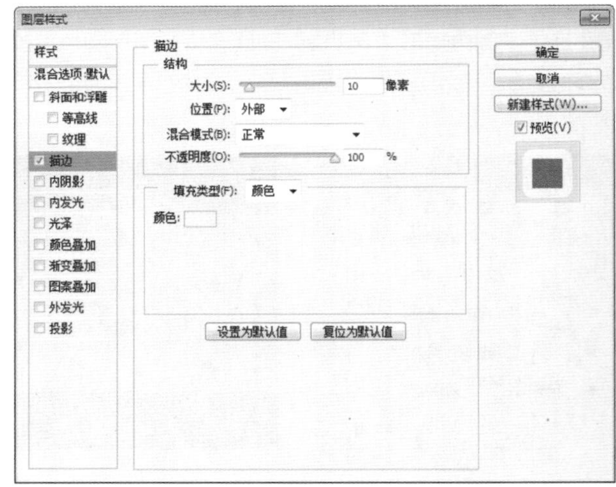

图4.298 设置描边

10 选中“椭圆 1 拷贝 2”图层，在画布中按Ctrl+T组合键对其执行自由变换命令，将光标移至出现的变形框顶部控制点向下拖动，将图形高度缩小，完成之后按Enter键确认，修改其“填充”颜色为深青色（R:0，G:163，B:131），如图4.299所示。

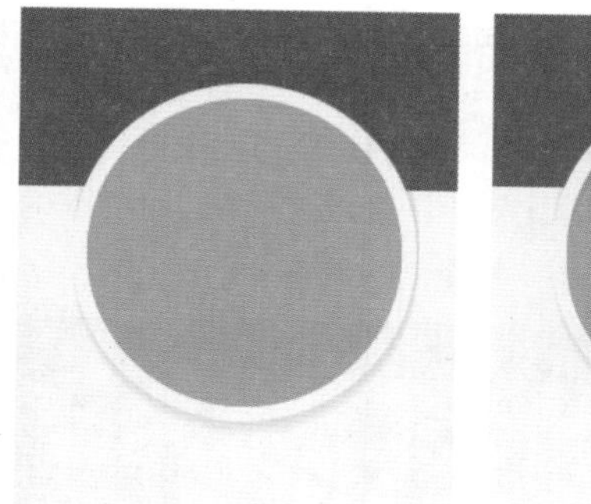

图4.299　缩小图形高度

11 选择工具箱中的“矩形工具”，在画布中绘制钟表指针、刻度及太阳、云朵的图形，如图4.300所示。

图4.300　绘制图形

12 在“图层”面板中，选中刚才绘制的图形所在的图层，单击面板底部的“添加图层样式”按钮 fx，在菜单中选择“投影”命令，为刚才绘制的图形添加投影效果，如图4.301所示。

图4.301　添加图层样式

13 选择工具箱中的“横排文字工具” T，在画布中适当位置添加文字，如图4.302所示。

图4.302　添加文字

实例 075　美食APP界面

实例分析

本例讲解美食APP界面制作，此款界面采用透明质感，整体版式布局十分简洁，美食图像与直观的信息组合成了这样一款漂亮的美食APP界面，最终效果如图4.303所示。

- **素材位置 |** 素材文件\第4章\美食APP界面
- **案例位置 |** 案例文件\第4章\美食APP界面.psd
- **视频位置 |** 多媒体教学\实例075　美食APP界面.avi
- **难易指数 |** ★★★☆☆

图4.303　最终效果

步骤1 绘制图形并添加素材

01 执行菜单栏中的“文件”|“新建”命令，在弹出的对话框中设置“宽度”为500像素，“高度”为500像素，“分辨率”为72像素/英寸，新建一个空白画布。

02 选择工具箱中的“渐变工具”，编辑深蓝色（R：27，G：26，B：48）到紫色（R：67，G：46，B：85）再到紫色（R：90，G：70，B：127）的渐变，将中间紫色色标位置更改为50%，单击选项栏中的“线性渐变”按钮，在画布中从左上角向右下角方向拖动填充渐变，如图4.304所示。

图4.304 填充渐变

03 选择工具箱中的“圆角矩形工具”，在选项栏中将“填充”更改为白色，“描边”为无，“半径”为10像素，在画布中绘制一个圆角矩形，此时将生成一个“圆角矩形 1”图层，如图4.305所示。

图4.305 绘制图形

04 执行菜单栏中的“文件”|“打开”命令，打开“PIZZA.jpg”文件，将打开的素材拖入画布中靠顶部位置，其图层名称将更改为“图层 1”，如图4.306所示。

图4.306 添加素材

05 选中“图层 1”图层，执行菜单栏中的“图层”|“创建剪贴蒙版”命令，为当前图层创建剪贴蒙版将部分图像隐藏，再按Ctrl+T组合键对其执行“自由变换”命令，将图形等比缩小，完成之后按Enter键确认，如图4.307所示。

图4.307 创建剪贴蒙版

06 在“图层”面板中，选中“圆角矩形 1”图层，在其图层名称上单击鼠标右键，从弹出的快捷菜单中选择“栅格化图层”命令，如图4.308所示。

07 选择工具箱中的“矩形选框工具”，在画布中圆角矩形下半部分位置绘制一个矩形选区，如图4.309所示。

图4.308 栅格化图层　　图4.309 绘制选区

08 选中“圆角矩形 1”图层，执行菜单栏中的“图层”|“新建”|“通过剪切的图层”命令，此时将生成一个“图层 2”图层，并将其移至“圆角矩形 1”图层下方，如图4.310所示。

图4.310 通过剪切的图层

09 将“图层 2”图层混合模式设置为“柔光”，“不透明度”更改为50%，如图4.311所示。

图4.311 设置图层混合模式

步骤2 绘制界面元素

01 选择工具箱中的“直线工具”，在选项栏中将“填充”更改为白色，“描边”为无，“粗细”更改为1像素，在图像下方位置按住Shift键绘制一条与界面宽度相同的线段，此时将生成一个“形状1”图层，如图4.312所示。

图4.312 绘制图形

02 将“形状 1”图层混合模式设置为“柔光”，“不透明度”更改为50%，如图4.313所示。

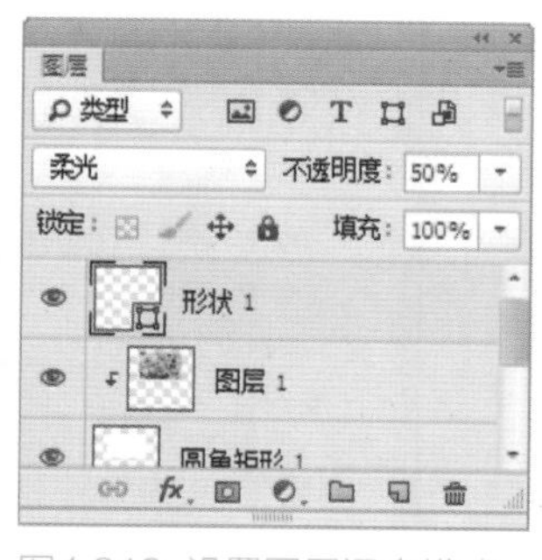

图4.313 设置图层混合模式

03 选中“形状 1”图层，在画布中按住Alt+Shift组合键向下拖动将线段复制数份，如图4.314所示。

图4.314 复制图形

04 选择工具箱中的“矩形工具”，在选项栏中将“填充”更改为白色，“描边”为无，在界面靠底部位置绘制一个与界面宽度相同的矩形，此时将生成一个“矩形 1”图层，如图4.315所示。

图4.315 绘制图形

05 在“图层”面板中，选中“矩形 1”图层，将其拖至面板底部的“创建新图层”按钮上，复制1个“矩形 1 拷贝”图层，如图4.316所示。

06 选中“矩形 1”图层，将其图层“不透明度”更改为10%，选中“矩形 1 拷贝”图层，按Ctrl+T组合键对其执行“自由变换”命令，将图形宽度缩小，完成之后按Enter键确认，如图4.317所示。

图4.316 复制图层

图4.317 变换图形

提示

在缩小矩形宽度时只需拖动一侧控制点。

07 执行菜单栏中的“文件”|“打开”命令，打开“图标.psd”文件，将打开的素材拖入画布中界面右侧位置并适当缩小，同时选中所有素材图像所在图层，将其图层“不透明度”更改为30%，如图4.318所示。

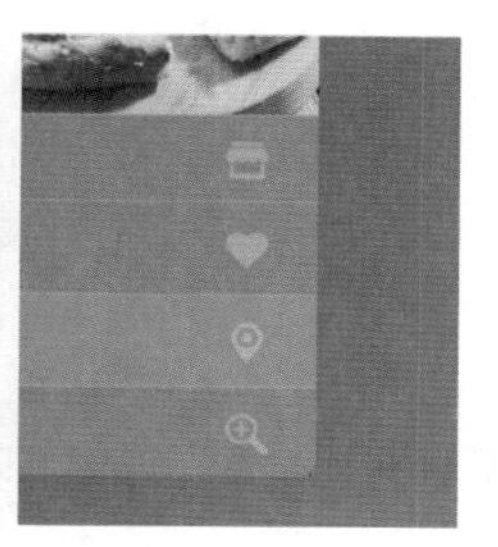

图4.318 添加素材并更改不透明度

08 选择工具箱中的“横排文字工具” T ，在画布适当位置添加文字，这样就完成了效果制作，最终效果如图4.319所示。

图4.319 最终效果

实例 076 私人电台界面

实例分析

本例讲解私人电台界面，其界面相当简洁，同时文字信息清晰明了，以经典的图像作为装饰图像使整个界面的前卫、时尚感极强，最终效果如图4.320所示。

- **素材位置 |** 素材文件\第4章\私人电台界面
- **案例位置 |** 案例文件\第4章\私人电台界面.psd
- **视频位置 |** 多媒体教学\实例076 私人电台界面.avi
- **难易指数 |** ★★★☆☆

图4.320 最终效果

步骤1 绘制主界面

01 执行菜单栏中的“文件”|“新建”命令，在弹出的对话框中设置“宽度”为400像素，“高度”为300像素，“分辨率”为72像素/英寸，新建一个空白画布，将画布填充为浅蓝色（R：210，G：213，B：214）。

02 选择工具箱中的“圆角矩形工具” ，在选项栏中将“填充”更改为灰色（R：237，G：240，B：240），“描边”为无，“半径”为10像素，在画布中绘制一个圆角矩形，此时将生成一个“圆角矩形 1”图层，如图4.321所示。

03 在“图层”面板中，选中“圆角矩形 1”图层，将其拖至面板底部的“创建新图层”按钮 上，复制1个“圆角矩形 1 拷贝”图层，如图4.322所示。

04 选中“圆角矩形 1”图层，执行菜单栏中的“滤镜”|“模糊”|“高斯模糊”命令，在弹出的对话框中将“半径”更改为5像素，完成之后单击“确定”按钮，如图4.323所示。

图4.321 绘制图形

图4.322 复制图层

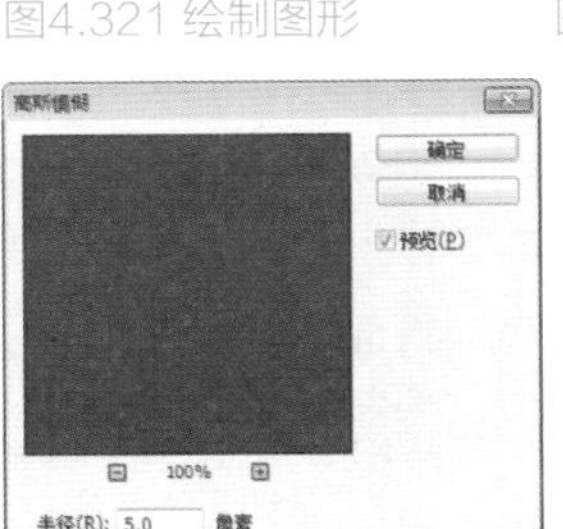

图4.323 设置高斯模糊

05 选中“圆角矩形 1”图层，执行菜单栏中的“滤镜”|“模糊”|“动感模糊”命令，在弹出的对话框中将“角度”更改为90度，“距离”更改为50像素，设置完成之后单击“确定”按钮，再按Ctrl+T组合键对其执行“自由变换”命令，将图像适当缩小，完成之后按Enter键确认，如图4.324所示。

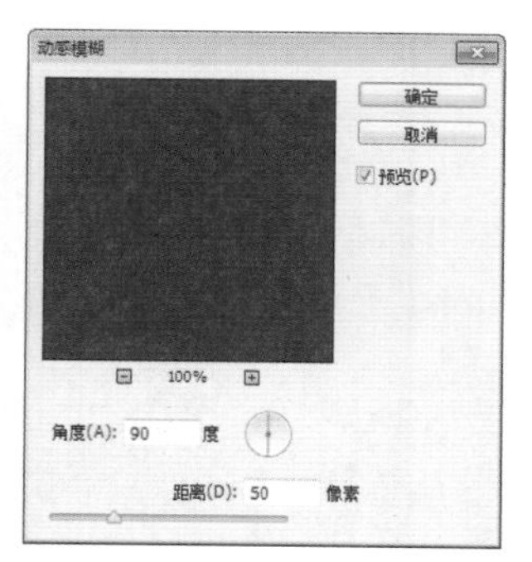

图4.324 设置动感模糊

06 在“图层”面板中，选中“圆角矩形 1”图层，单击面板底部的“添加图层蒙版”按钮，为其图层添加图层蒙版，如图4.325所示。

07 选择工具箱中的“画笔工具”，在画布中单击鼠标右键，在弹出的面板中选择一种圆角笔触，将“大小”更改为150像素，“硬度”更改为0%，在选项栏中将“不透明度”更改为30%，如图4.326所示。

图4.325 添加图层蒙版

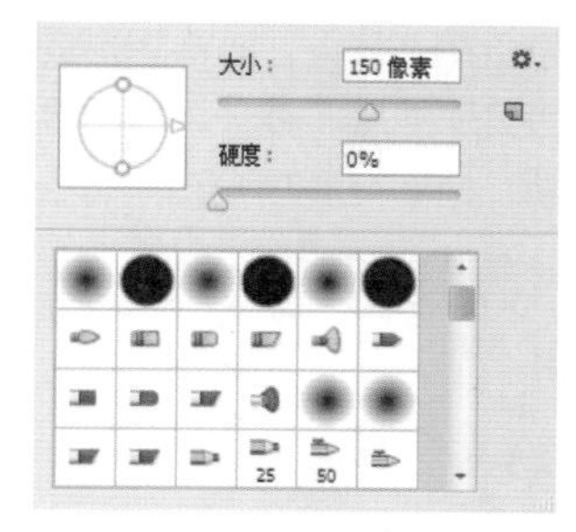

图4.326 设置笔触

08 将前景色更改为黑色，在其图像上部分区域涂抹将其隐藏，如图4.327所示。

图4.327 隐藏图像

步骤2 添加图像

01 执行菜单栏中的“文件”|“打开”命令，打开“图像.jpg”文件，将打开的素材拖入画布中并适当缩小，其图层名称将自动更改为“图层 1”，如图4.328所示。

图4.328 添加素材

02 选中“图层 1”图层，执行菜单栏中的“图层”|“创建剪贴蒙版”命令，为当前图层创建剪贴蒙版将部分图像隐藏，再按Ctrl+T组合键对其执行“自由变换”命令，将图像缩小，完成之后按Enter键确认，如图4.329所示。

图4.329 创建剪贴蒙版

03 在“图层”面板中，选中“图层 1”图层，将其拖至面板底部的“创建新图层”按钮上，复制1个“图层 1拷贝”图层，如图4.330所示。

04 在“图层”面板中，选中“图层 1拷贝”图层，单击面板上方的“锁定透明像素”按钮，将透明像素锁定，将图像填充为深青色（R：127，G：147，B：154），填充完成之后再次单击此按钮将其解除锁定，如图4.331所示。

图4.330 复制图层　图4.331 填充颜色

05 在“图层”面板中，选中“图层 1 拷贝”图层，将其图层混合模式设置为“叠加”，如图4.332所示。

06 选择工具箱中的“圆角矩形工具”，将“填充”更改为灰色（R：206，G：210，B：215）在界面靠下方位置绘制一个细长圆角矩形，此时将生成一个“圆角矩形 2”图层，如图4.333所示。

图4.332 设置图层混合模式

图4.333 绘制图形

07 在“图层”面板中，选中“圆角矩形 2”图层，将其拖至面板底部的“创建新图层”按钮上，复制1个“圆角矩形 2拷贝”图层，然后将其缩短宽度，如图4.334所示。

图4.334 复制图层并缩短宽度

步骤3 添加细节

01 选择工具箱中的“横排文字工具” T，在画布适当位置添加文字，如图4.335所示。

02 执行菜单栏中的“文件”|“打开”命令，打开“图标.psd”文件，将打开的素材拖入界面中文字右侧位置并适当缩小并分别更改其颜色，如图4.336所示。

03 选择工具箱中的“椭圆工具”，在选项栏中将“填充”更改为灰色（R：65，G：65，B：65），“描边”为无，在界面左下角位置按住Shift键绘制一个圆形，此时将生成一个“椭圆 1”图层，如图4.337所示。

图4.335 添加文字

图4.336 添加素材

图4.337 绘制图形

04 在“图层”面板中，选中“椭圆 1”图层，将其拖至面板底部的“创建新图层”按钮上，复制1个“椭圆 1 拷贝”新图层，如图4.338所示。

05 选中“椭圆 1 拷贝”图层，按Ctrl+T组合键对其执行“自由变换”命令，将图形等比缩小，完成之后按Enter键确认，再将图形向右侧平移，再选中“椭圆 1 拷贝”图层，按住Alt+Shift组合键向右侧拖动将图形复制，如图4.339所示。

图4.338 复制图层

图4.339 变换图形

06 执行菜单栏中的“文件”|“打开”命令，打开“图标 2.psd”文件，将打开的素材拖入画布中适当位置并缩小，这样就完成了效果制作，最终效果如图4.340所示。

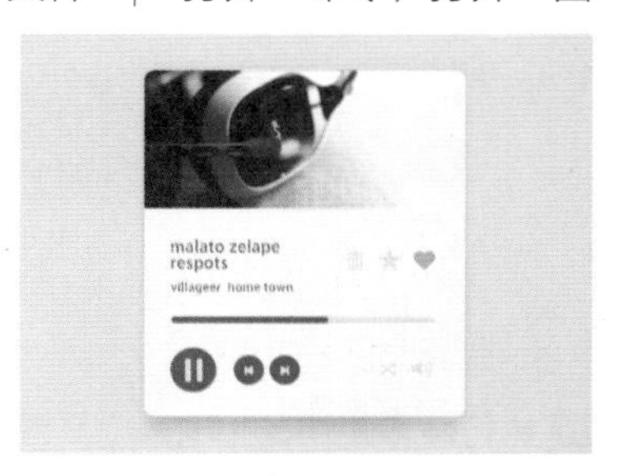

图4.340 添加素材及最终效果

写实质感风格UI设计

内容摘要

本章主要详细介绍超强表现写实风格类UI制作。所谓写实，其实是艺术创作尤其是绘画、雕塑和文学、戏剧中常用的概念，更狭义地讲，属于造型艺术尤其是绘画和雕塑的范畴。无论是面对真实存在的物体，还是想象出来的对象，总是在描述一个真实存在的物质而不是抽象的符号。这样的创作往往被统称为写实，在UI设计中，写实也是非常常见的设计手法，本章精选的实例，将写实型UI设计再现，让读者掌握写实风格UI设计手法。

教学目标

了解写实风格的含义

掌握写实风格UI设计的方法

实例077 理论知识1——写实的艺术表现形式

所谓写实，最基本的解释是据事直书，真实地描绘事物，一般被定义为关于现实和实际而排斥理想主义，它是艺术创作尤其是绘画、雕塑和文学、戏剧中常用的概念，更狭义地讲，属于造型艺术尤其是绘画和雕塑的范畴。无论是面对真实存在的物体，还是想象出来的对象，总是在描述一个真实存在的物质而不是抽象的符号。这样的创作往往被统称为写实。写实是一种文学体裁，也可以是某些作者的写作风格。这类文学形式基本可以在现实中找到生活原型，但又不是生活的照搬。

1. 文字写实

文学写实即现实主义，是文学艺术基本的创作方法之一，其实际运用时间相当早远，但直到19世纪50年代才由法国画家库尔贝和作家夏夫列里作为一个名称提出来，恩格斯为“现实主义”下的定义是：除了细节的真实外，还要真实地再现典型环境中的典型人物，如写实小说，即不同历史下的现实主义写实。

2. 绘画写实

兴起于19世纪的欧洲，又称为现实主义画派，或现实画派。这是一个在艺术创作尤其是绘画、雕塑和文学、戏剧中常用的概念，更狭义地讲，属于造型艺术尤其是绘画和雕塑的范畴。无论是面对真实存在的物体，还是想象出来的对象，绘画者总是在描述一个真实存在的物质而不是抽象的符号。这样的创作往往被统称为写实。遵循这样的创作原则和方法，就叫现实主义，让同个题材的作品有不同呈现。

3. 戏剧写实

写实主义是现代戏剧的主流。在20世纪激烈的社会变迁中，能以对当代写实主义及生活的掌握来吸引一批新的观众。一般认为它是18、19世纪西方工业社会的历史产物。狭义的现实主义是19世纪中叶以后，欧美资本主义社会的新兴文艺思潮。

4. 电影写实

电影新写实主义又叫意大利新写实主义，是第二次世界大战后新写实主义。在意大利兴起的一个电影运动，其特点在关怀人类对抗非人社会力的奋斗，以非职业演员在外景拍摄，从头至尾都以尖锐的写实主义来表达。这类的电影主题大都围绕在“二战”前后，意大利的本土问题，主张以冷静的写实手法呈现中下阶层的生活。在形式上，大部分的新写实主义电影大量采用实景拍摄与自然光，运用非职业演员表演与讲究自然的生活细节描写，相较于战前的封闭与伪装，新写实主义电影反而比较像纪录片，带有不加粉饰的真实感。不过新写实主义电影在国外获得了较多的注意，在意大利本土反而没有什么特别反应，20世纪50年代后，意大利国内的诸多社会问题，因为经济复苏已获疏解，加上主管当局的有意消弭，新写实主义的热潮慢慢消退。

实例078 理论知识2——UI设计的写实表现

而对于设计师而言，UI设计中的视觉风格渐渐向写实主义转变，因为计算机的运算能力越来越强，设计师加入了越来越多的写实细节，如色彩、3D效果、阴影、透明度，甚至一些简单的物理效果，用户界面中充满了各种应用图标，有些图标使用写实的方法，可以让用户一目了然，大大提高用户认识度。当然，有些时候写实的设计并不一定是原始的意思，还有可能是一种近似的表达，如我们看到眼睛图标它可能不代表眼睛，而是代表“查看”或“视图”；如看见齿轮也不一定代表的是“齿轮”，可能是“设置”，这些元素用户在使用现在的智能手机或平板时经常遇到。

写实主义并不一定是照着原始物体通过设计将其完全描绘出来，有时候只需要将基本元素描绘、将重点的部分表达出来即可，如我们经常看到用户界面上的主页按钮，通常会用一个小房子作为图标，但我们发现这个小房子并不是完全照现实中的房子设计，而是将能代表房子的重点元素绘制出来。

在写实创作中，细节太多或太少，都有可能造成用户看不懂的情况，所以要注意取舍，可以先在稿纸上绘制UI草图，用来确定哪些细节需要表达，哪些可以省略。当然，如果一个界面元素和生活的参照物相差太远，会很难辨认；另外如果太写实，有时候又会让人们无法知道你要表达的内容。随着苹果扁平化风格的流行，写实设计的要求越来越难，如何通过简洁的设计表现实体又能完全被识别，这是设计师功力的体现。

写实风格的UI设计欣赏如图5.1所示。

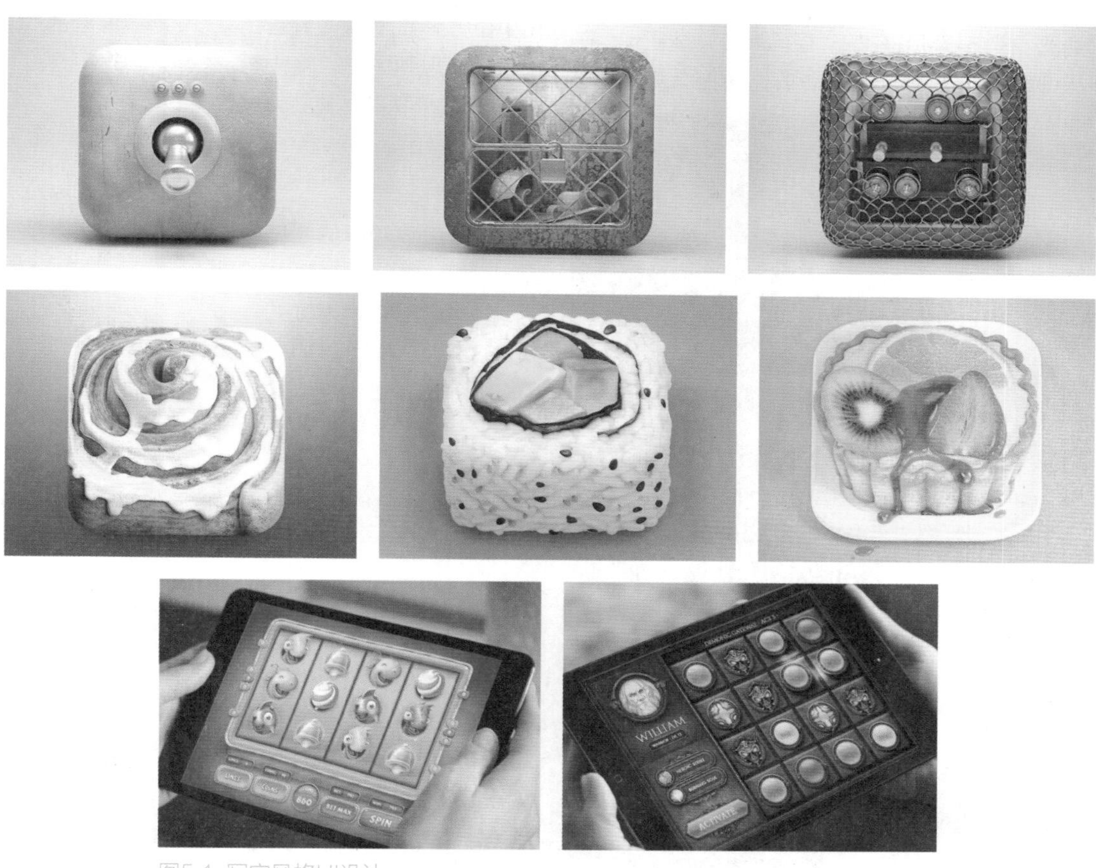

图5.1 写实风格UI设计

实例 079 动感音乐图标制作

实例分析

本例讲解动感音乐图标制作，此款图标在制作过程中以漂亮的人物头像剪影为主视觉图形，通过绘制图形与之相结合，形成一种立体的视觉效果，整体效果十分出色，最终效果如图5.2所示。

- **素材位置** | 素材文件\第5章\动感音乐图标
- **案例位置** | 案例文件\第5章\动感音乐图标.psd
- **视频位置** | 多媒体教学\实例079 动感音乐图标制作.avi
- **难易指数** | ★★☆☆☆

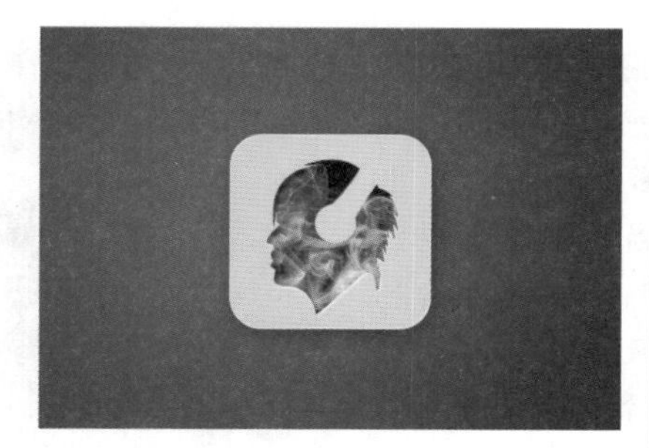

图5.2 最终效果

步骤1 绘制图标轮廓

01 执行菜单栏中的“文字”|“新建”命令，在弹出的对话框中设置“宽度”为550像素，“高度”为400像素，“分辨率”为72像素/英寸，新建一个空白画布。

02 选择工具箱中的“渐变工具”，编辑紫色（R：143，G：27，B：147）到紫色（R：30，G：0，B：50）的渐变，单击选项栏中的“径向渐变”按钮，在画布中从中间向右下角方向拖动填充渐变，如图5.3所示。

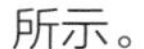

图5.3 填充渐变

03 选择工具箱中的“圆角矩形工具”，在选项栏中将“填充”更改为灰色（R：204，G：204，B：204），“描边”为无，“半径”为30像素，绘制一个圆角矩形，将生成一个“圆角矩形 1”图层，如图5.4所示。

04 执行菜单栏中的“文件”|“打开”命令，打开“剪影.psd、烟雾.jpg”文件，将打开的素材拖入画布中圆角矩形位置并缩小，并将烟雾置于剪影上方，如图5.5所示。

图5.4 绘制图形

图5.5 添加素材

05 选中“图层 1”图层，执行菜单栏中的“图层”|“创建剪贴蒙版”命令，为当前图层创建剪贴蒙版将部分图像隐藏，如图5.6所示。

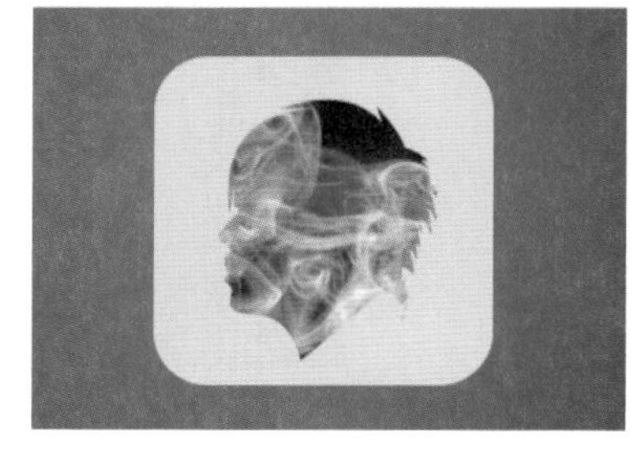

图5.6 创建剪贴蒙版

06 选择工具箱中的“钢笔工具”，在选项栏中单击“选择工具模式”按钮 路径，在弹出的选项中选择“形状”，将“填充”更改为灰色（R：204，G：204，B：204），“描边”更改为无。

07 在剪影右上角位置绘制1个不规则图形，将生成一个“形状 1”图层，如图5.7所示。

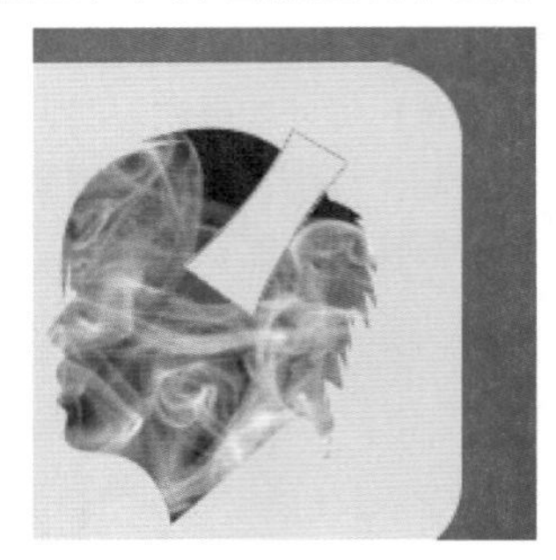

图5.7 绘制图形

08 选择工具箱中的“椭圆工具”，在图形左下角位置按住Shift键的同时绘制一个圆，如图5.8所示。

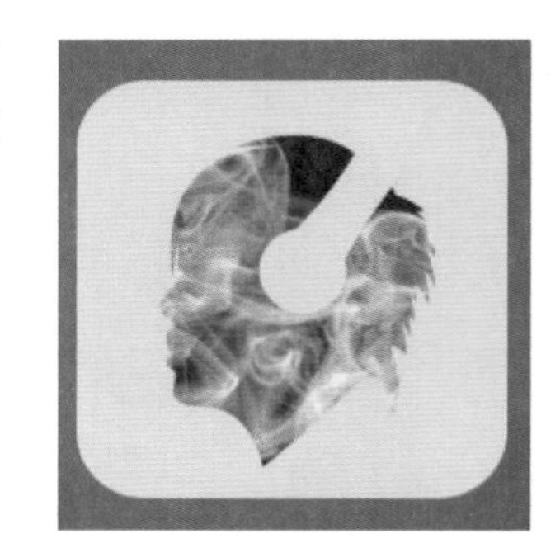

图5.8 绘制图形

09 同时选中“图层 1”及“剪影”图层，按Ctrl+E组合键将图层合并，此时将生成一个“图层 1”图层。

10 在“图层”面板中，选中“图层 1”图层，将其拖至面板底部的“创建新图层”按钮上，复制1个“图层 1 拷贝”图层，将“图层 1 拷贝”图层混合模式更改为正片叠底，如图5.9所示。

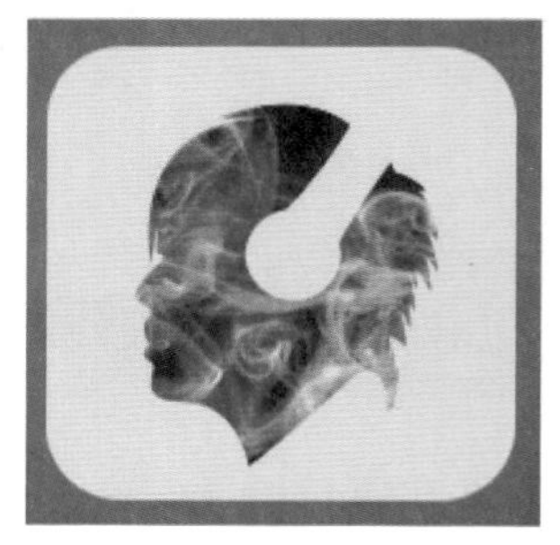

图5.9 复制图层并设置图层混合模式

11 在“图层”面板中，选中“图层1拷贝”图层，单击面板底部的“添加图层蒙版”按钮，为其图层添加图层蒙版，如图5.10所示。

12 选择工具箱中的“画笔工具”，在画布中单击鼠标右键，在弹出的面板中选择1种圆角笔触，将“大小”更改为130像素，“硬度”更改为0%，如图5.11所示。

13 将前景色更改为黑色，在图像上部分区域涂抹将其隐藏，如图5.12所示。

图5.10 添加图层蒙版

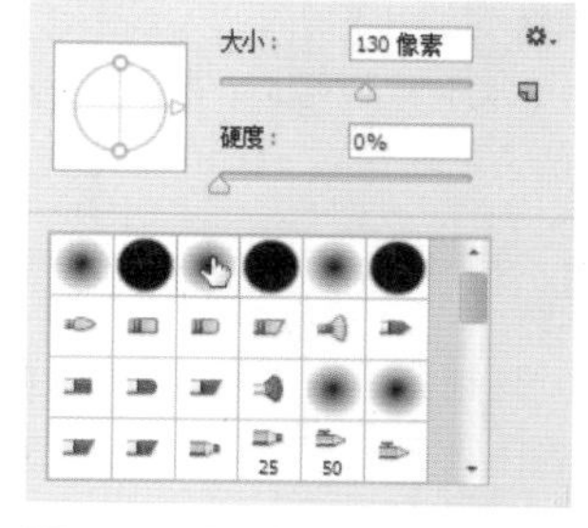

图5.11 设置笔触

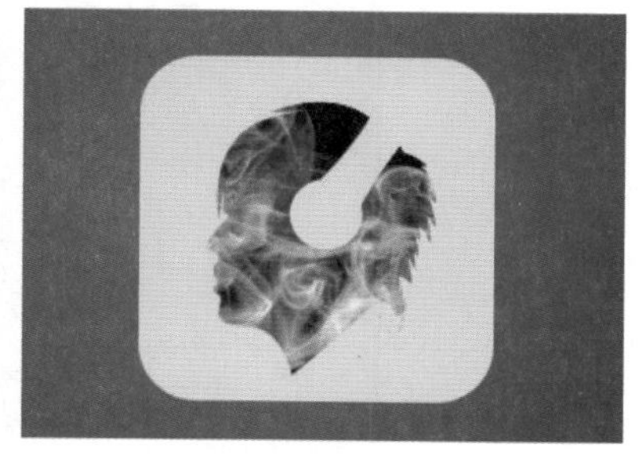

图5.12 隐藏图像

步骤2 处理质感效果

01 同时选中“图层 1 拷贝”及“图层 1”图层，按Ctrl+E组合键将其合并，此时将生成一个“图层 1 拷贝”图层。

02 在“图层”面板中，单击面板底部的“添加图层样式”按钮 *fx*，在菜单中选择“内阴影”命令。

03 在弹出的对话框中将“距离”更改为5像素，“大小”更改为5像素，如图5.13所示。

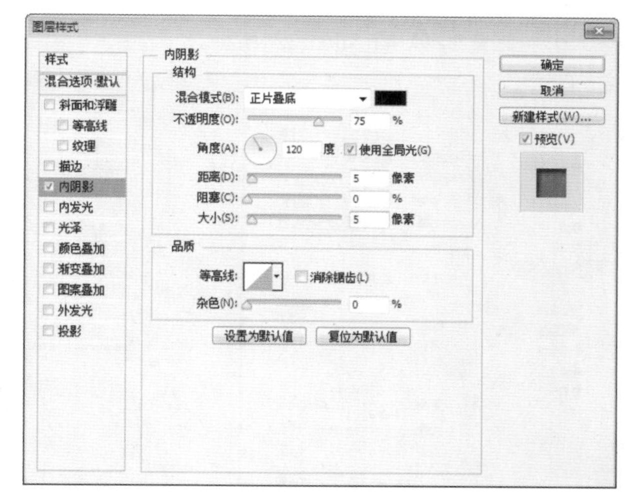

图5.13 设置内阴影

04 选中“投影”复选框，将“混合模式”更改为叠加，“颜色”更改为白色，“不透明度”更改为100%，“距离”更改为2像素，“大小”更改为1像素，完成之后单击“确定”按钮，如图5.14所示。

05 在“图层”面板中，选中“圆角矩形 1”图层，单击面板底部的“添加图层样式”按钮 *fx*，在菜单中选择“斜面和浮雕”命令。

06 在弹出的对话框中将“大小”更改为2像素，“高光模式”更改为叠加，“不透明度”更改为100%，“阴影模式”更改为叠加，“颜色”为白色，“不透明度”更改为100%，如图5.15所示。

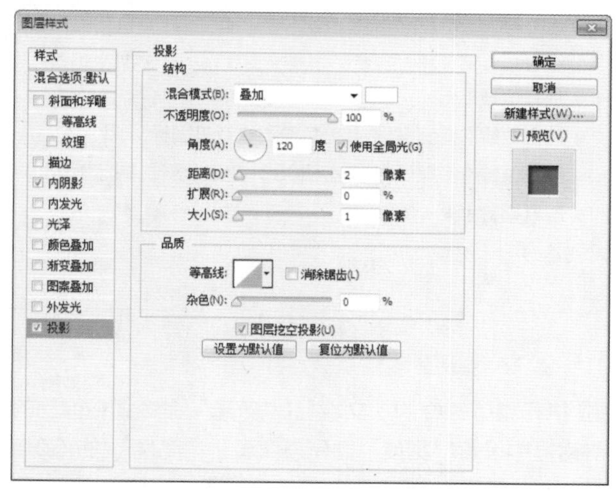

图5.14 设置投影

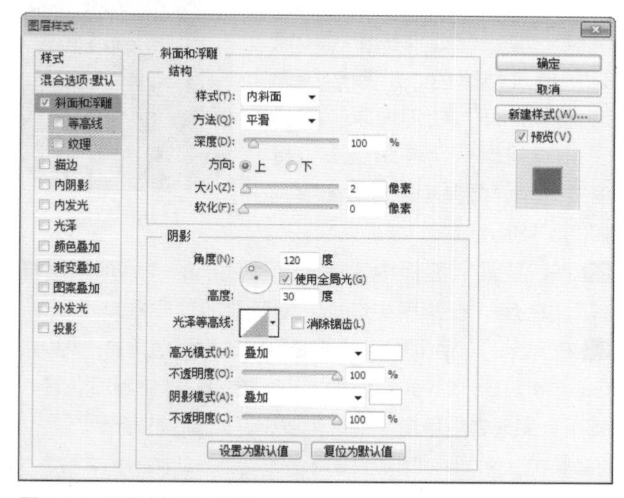

图5.15 设置斜面和浮雕

07 选中“投影”复选框，将“距离”更改为5像素，“大小”更改为25像素，完成之后单击“确定”按钮，这样就完成了效果制作，最终效果如图5.16所示。

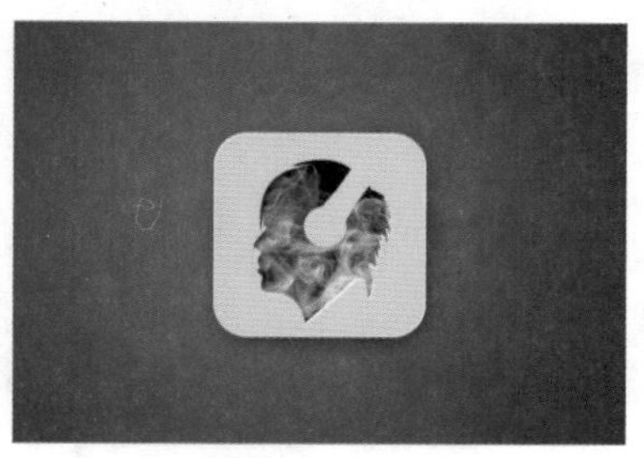

图5.16 最终效果

实例 080 精致收音机图标制作

实例分析

本例讲解精致收音机图标制作，此款图标十分精致，其制作过程并不复杂，主要以暖色调为机身颜色，添加小孔及控制元素即可完成整个图标制作，最终效果如图5.17所示。

- **素材位置** | 无
- **案例位置** | 案例文件\第5章\精致收音机图标.psd
- **视频位置** | 多媒体教学\实例080 精致收音机图标制作.avi
- **难易指数** | ★★★☆☆

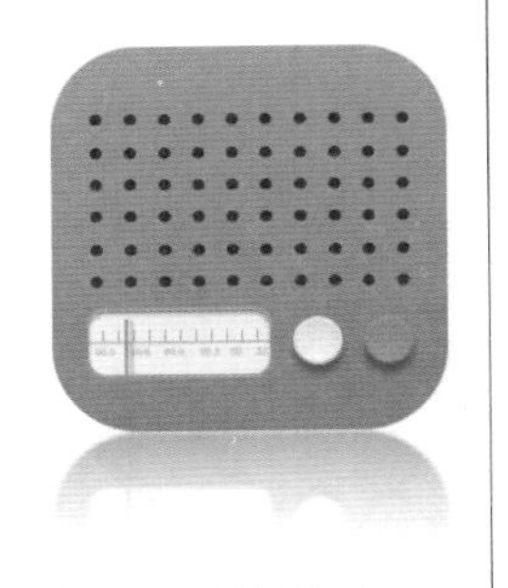
图5.17 最终效果

步骤1 绘制主图形

01 执行菜单栏中的“文字”|“新建”命令，在弹出的对话框中设置“宽度”为550像素，“高度”为400像素，“分辨率”为72像素/英寸，新建一个空白画布。

02 选择工具箱中的“圆角矩形工具”，在选项栏中将“填充”更改为黑色，“描边”为无，“半径”为50像素，按住Shift键绘制一个圆角矩形，将生成一个“圆角矩形 1”图层，如图5.18所示。

图5.18 绘制图形

03 在“图层”面板中，单击面板底部的“添加图层样式”按钮fx，在菜单中选择“渐变叠加”命令。

04 在弹出的对话框中将“渐变”更改为红色（R：190，G：44，B：15）到红色（R：228，G：60，B：15），完成之后单击“确定”按钮，如图5.19所示。

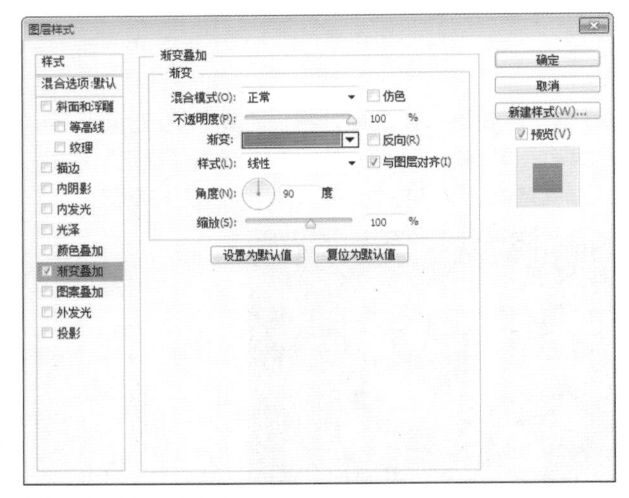

图5.19 设置渐变叠加

05 选择工具箱中的“横排文字工具” T，按键盘上的Tab上方按键，输入符号（宋体），将“颜色”更改为深红色（R：52，G：0，B：0），如图5.20所示。

图5.20 添加文字

06 在“图层”面板中，单击面板底部的“添加图层样式”按钮fx，在菜单中选择“内发光”命令。

07 在弹出的对话框中将“混合模式”更改为正片叠底，“不透明度”为100%，“颜色”更改为黑色，“大小”更改为2像素，如图5.21所示。

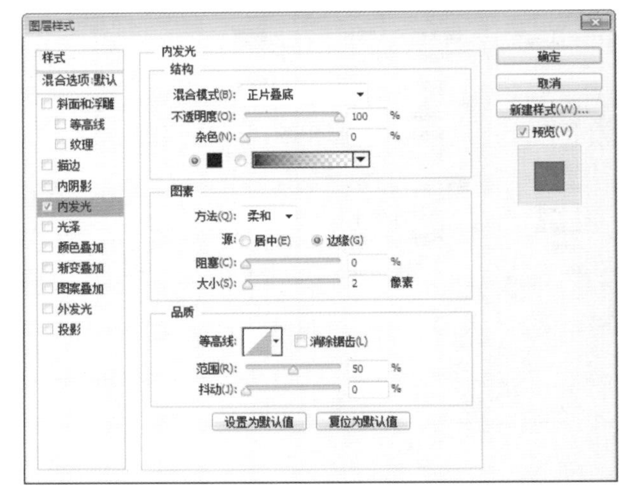

图5.21 设置内发光

08 选中“投影”复选框，将“混合模式”更改为叠加，“颜色”更改为白色，“不透明度”更改为100%，取消“使用全局光”复选框，将“角度”更改为90度，“距离”更改为1像素，“大小”更改为1像素，完成之后单击“确定”按钮，如图5.22所示。

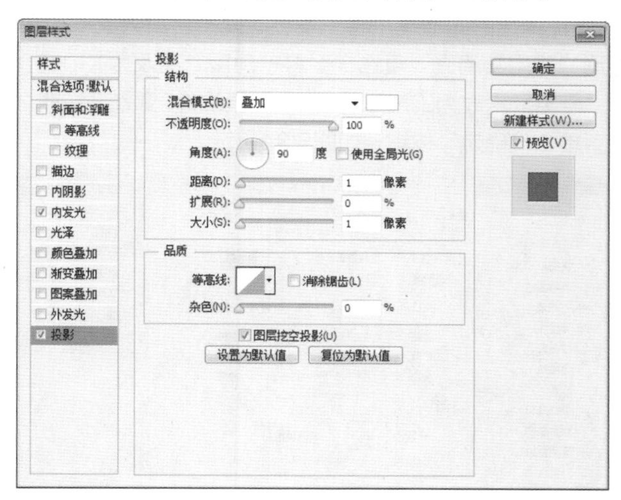

图5.22 设置投影

09 按Ctrl+Alt+T组合键将字符向下方移动复制1份，如图5.23所示。

10 按住Ctrl+Alt+Shift组合键的同时按多次T键，执行多重复制命令，将字符复制多份，如图5.24所示。

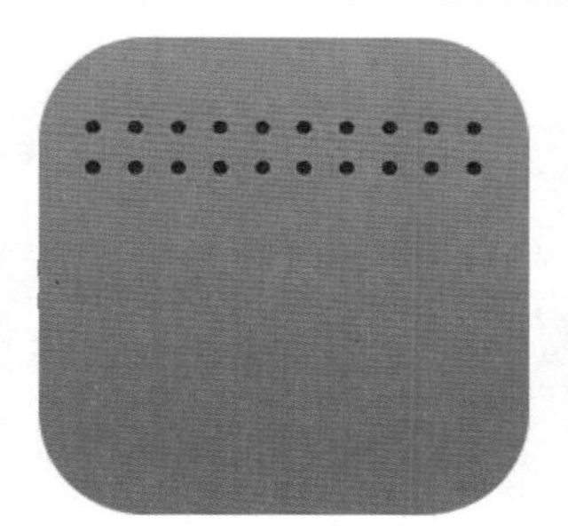

图5.23 变换复制

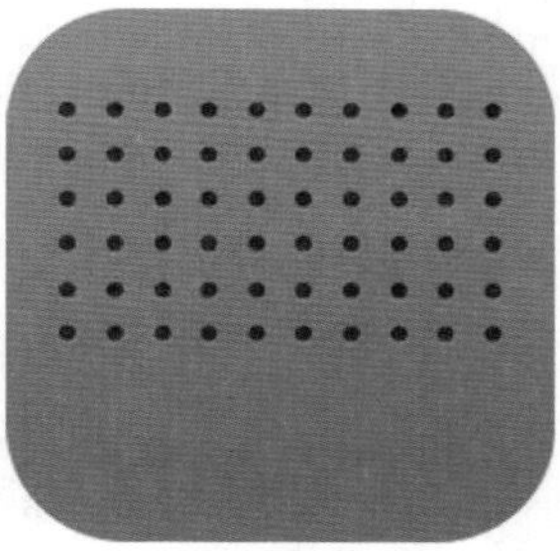

图5.24 多重复制

11 选择工具箱中的“圆角矩形工具”，在选项栏中将“填充”更改为灰色（R：232，G：232，B：232），“描边”为无，“半径”为10像素，绘制一个圆角矩形，将生成一个“圆角矩形 2”图层，如图5.25所示。

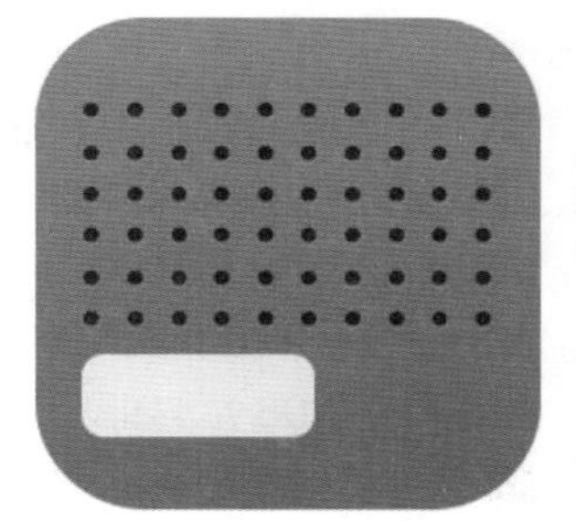

图5.25 绘制图形

12 在“图层”面板中，单击面板底部的“添加图层样式”按钮，在菜单中选择“斜面和浮雕”命令。

13 在弹出的对话框中将“大小”更改为2像素，取消“使用全局光”复选框，“角度”更改为-90度，“高光模式”更改为叠加，“不透明度”更改为100%，“阴影模式”更改为叠加，“不透明度”更改为100%，如图5.26所示。

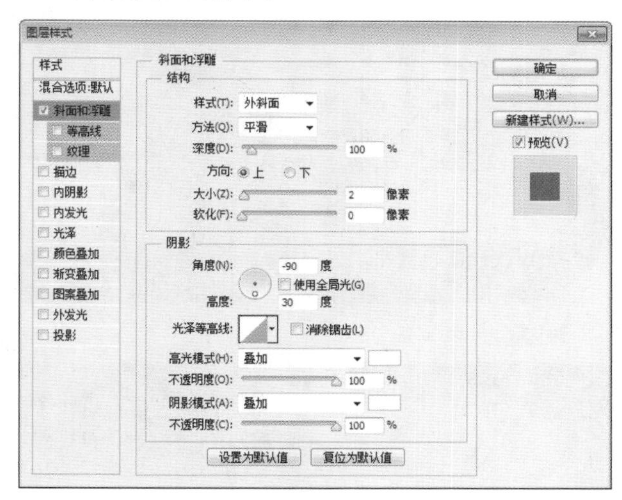

图5.26 设置斜面和浮雕

14 选中“内阴影”复选框，将“混合模式”更改为正常，“颜色”为深红色（R：64，G：10，B：0），取消“使用全局光”复选框，“角度”更改为90度，“距离”更改为2像素，“大小”更改为3像素，完成之后单击“确定”按钮，如图5.27所示。

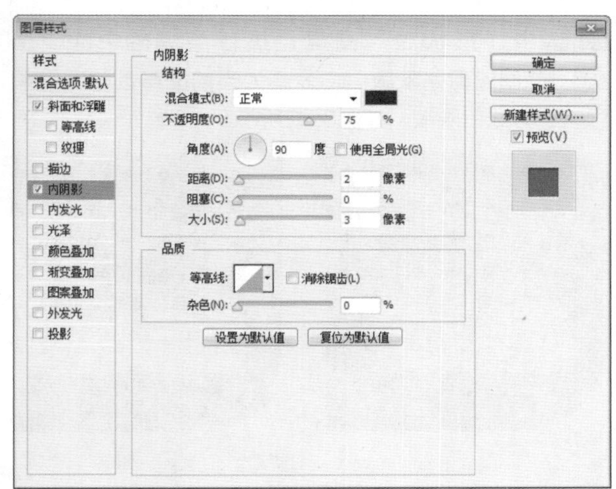

图5.27 设置内阴影

步骤2 添加细节元素

01 选择工具箱中的“直线工具”，在选项栏中将“填充”更改为灰色（R：150，G：140，B：140），“描边”为无，“粗细”更改为1像素，按住Shift键绘制一条线段，将生成一个“形状1”图层。

02 以同样方法在上方再次绘制1条稍短线段，如图5.28所示。

03 按Ctrl+Alt+T组合键将线段向右侧平移复制1份，如

图5.29所示。

04 按住Ctrl+Alt+Shift组合键的同时按多次T键，执行多重复制命令，将其复制多份，如图5.30所示。

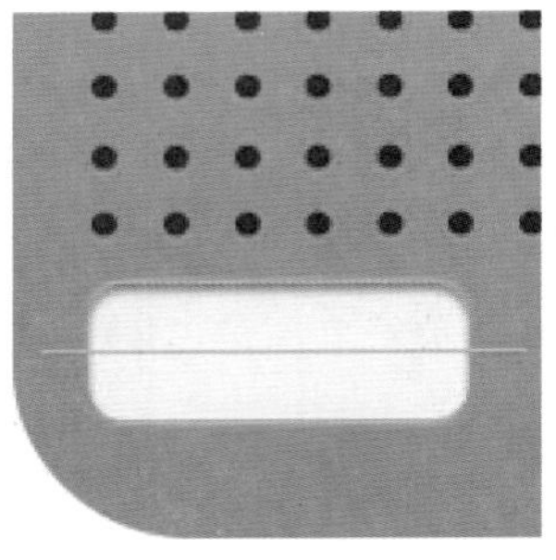

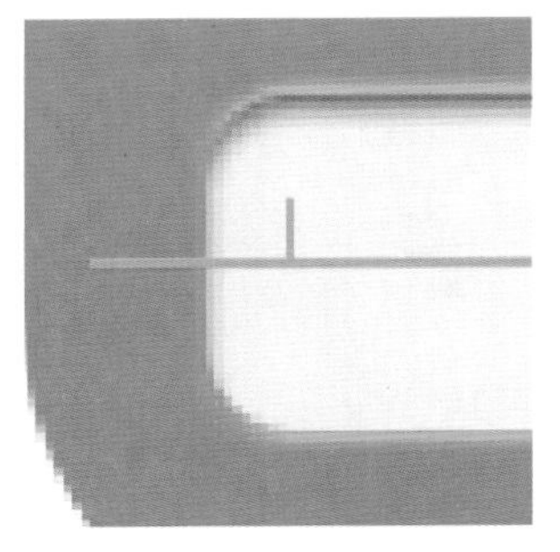

图5.28 绘制线段

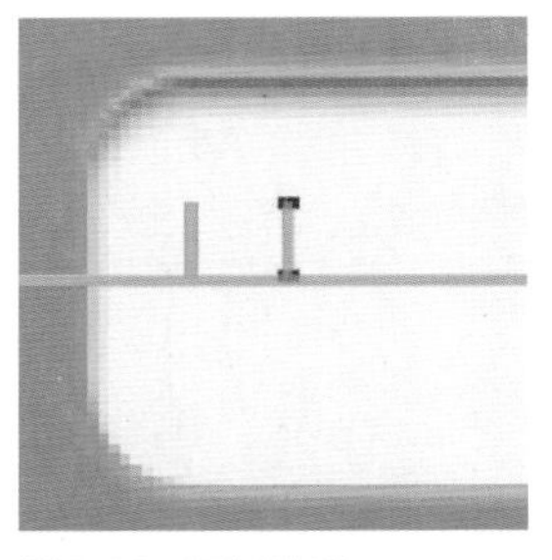

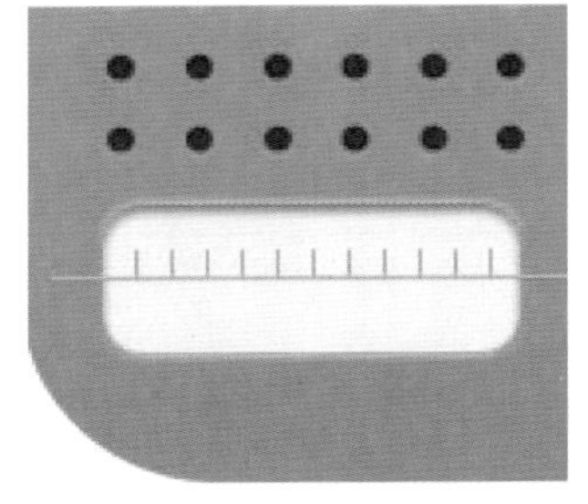

图5.29 复制线段　　图5.30 多重复制

05 选择工具箱中的“横排文字工具” T ，添加文字（方正兰亭超细黑），如图5.31所示。

06 选中“形状 1”图层，执行菜单栏中的“图层”|“创建剪贴蒙版”命令，为当前图层创建剪贴蒙版将部分线段隐藏，如图5.32所示。

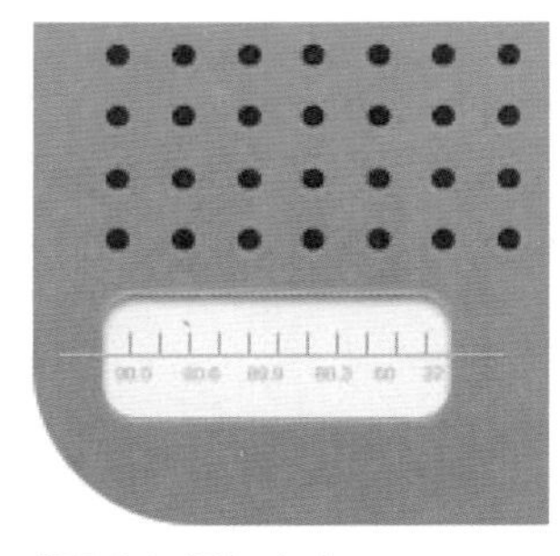

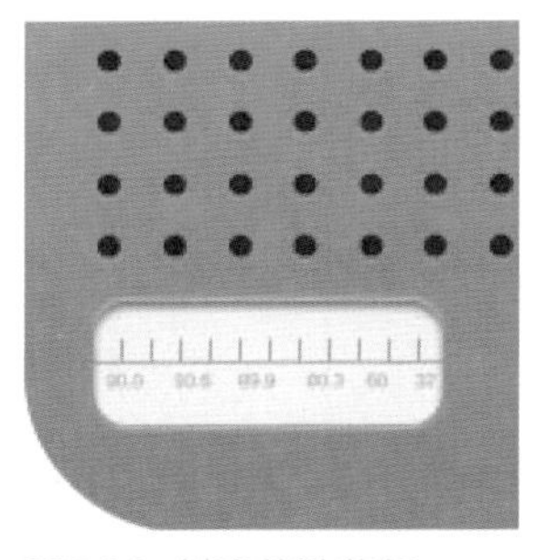

图5.31 添加文字　　图5.32 创建剪贴蒙版

07 选择工具箱中的“直线工具” ⁄ ，在选项栏中将“填充”更改为红色（R：255，G：24，B：0），“描边”为无，“粗细”更改为2像素，按住Shift键绘制一条线段，如图5.33所示。

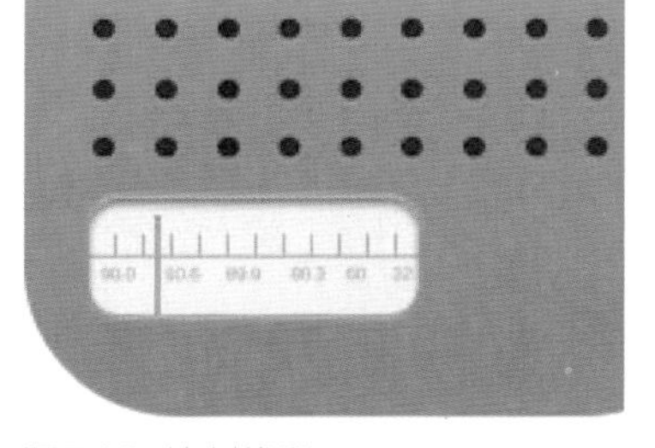

图5.33 绘制线段

08 在“图层”面板中，单击面板底部的“添加图层样式”按钮 fx ，在菜单中选择“投影”命令。

09 在弹出的对话框中将“不透明度”更改为30%，取消“使用全局光”复选框，将“角度”更改为180度，“距离”更改为3像素，“大小”更改为2像素，完成之后单击“确定”按钮，如图5.34所示。

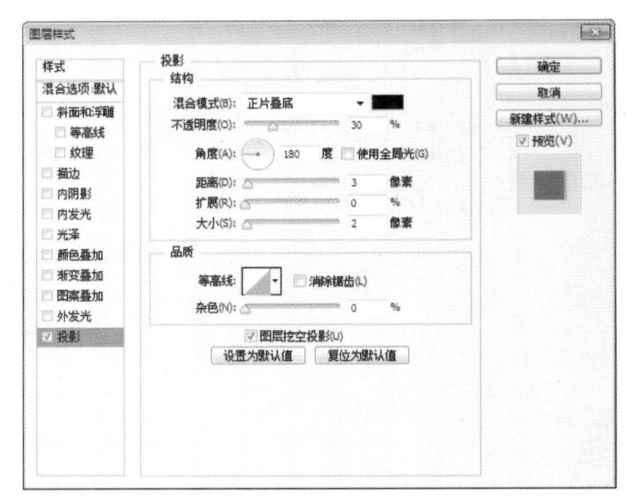

图5.34 设置投影

10 选择工具箱中的“椭圆工具” ⬭ ，在选项栏中将“填充”更改为黑色，“描边”为无，在指示窗右侧按住Shift键绘制一个圆形，将生成一个“椭圆 1”图层，如图5.35所示。

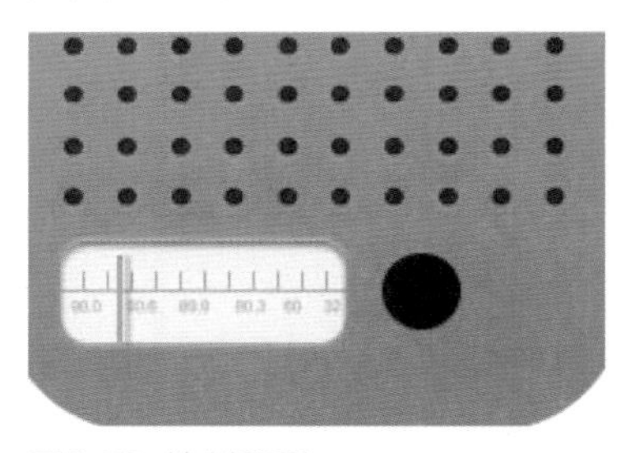

图5.35 绘制图形

11 在“图层”面板中，单击面板底部的“添加图层样式”按钮 fx ，在菜单中选择“渐变叠加”命令。

12 在弹出的对话框中将“渐变”更改为灰色（R：248，G：248，B：248）到灰色（R：214，G：210，B：208），如图5.36所示。

13 选中“斜面与浮雕”复选框，将“大小”更改为2像素，取消“使用全局光”复选框，“角度”更改为90度，“阴影模式”中的“不透明度”更改为45%，如图5.37所示。

14 选中“投影”复选框，将“混合模式”更改为正片叠底，“颜色”更改为红色（R：66，G：15，B：5），“不透明度”更改为50%，取消“使用全局光”

复选框，将“角度”更改为90度，“距离”更改为5像素，“大小”更改为5像素，完成之后单击“确定”按钮，如图5.38所示。

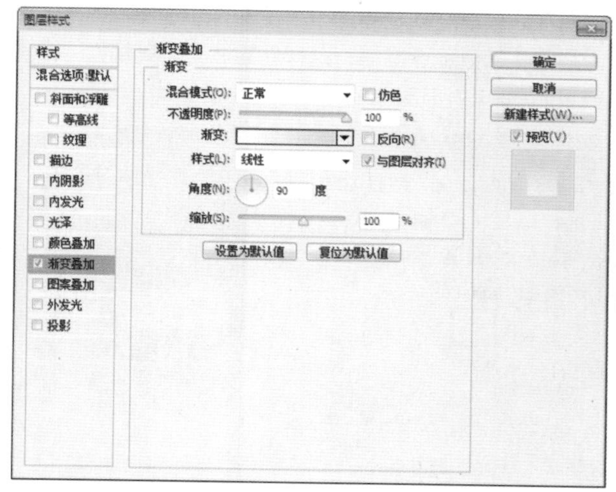

图5.36 设置渐变叠加

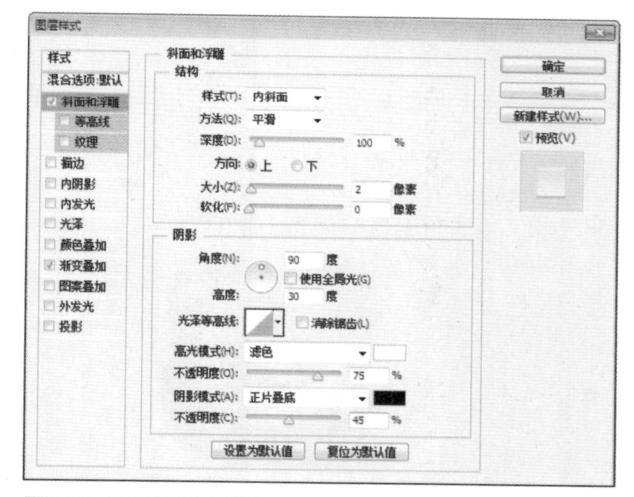

图5.37 设置斜面和浮雕

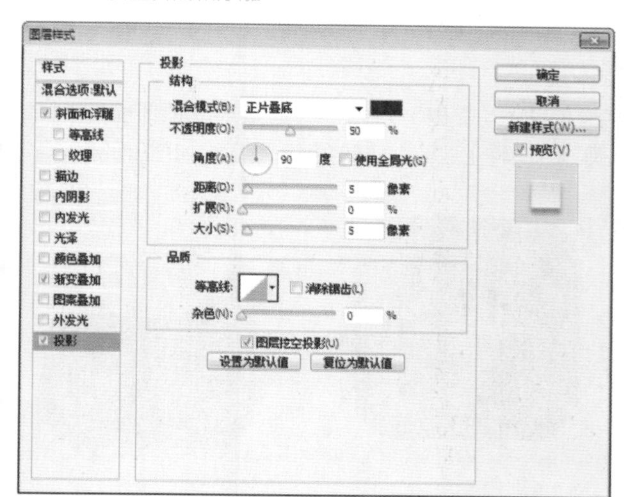

图5.38 设置投影

15 将圆向右侧平移复制1份，将生成1个“椭圆 1 拷贝”图层，如图5.39所示。

16 双击“椭圆 1 拷贝”图层样式名称，在弹出的对话框中选中“渐变叠加”复选框，将“渐变”更改为红色（R：233，G：54，B：0）到红色（R：204，G：42，B：3），如图5.40所示。

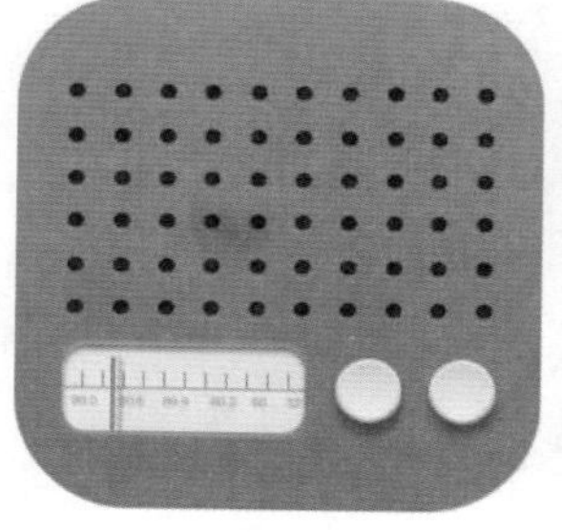

图5.39 复制图形　　图5.40 更改图层样式

17 选中“斜面与浮雕”复选框，将“高光模式”更改为叠加，完成之后单击“确定”按钮，如图5.41所示。

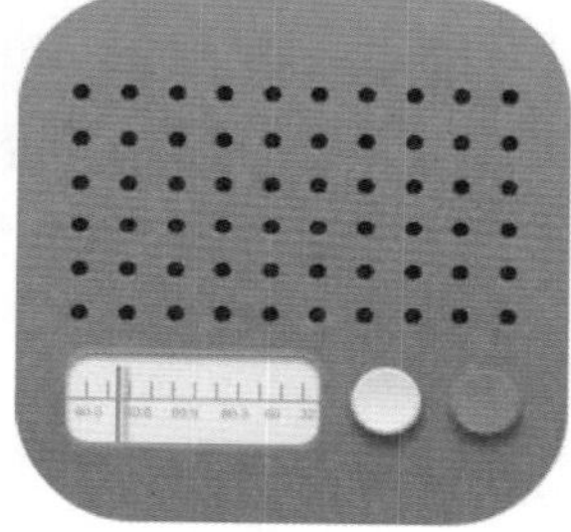

图5.41 设置斜面与浮雕

18 同时选中除“背景”之外所有图层，按Ctrl+G组合键将其编组，将生成的组名称更改为“图标”，如图5.42所示。

19 在“图层”面板中，选中“图标”组，将其拖至面板底部的“创建新图层”按钮上，复制1个“图标 拷贝”组，选中“图标”组，按Ctrl+E组合键将其合并，如图5.43所示。

图5.42 将图层编组　　图5.43 复制组

20 按Ctrl+T组合键对图像执行“自由变换”命令，单击鼠标右键，从弹出的快捷菜单中选择“垂直翻转”命令，完成之后按Enter键确认，将图形与原图形对齐，如图5.44所示。

21 执行菜单栏中的“滤镜”|“模糊”|“高斯模糊”命令，在弹出的对话框中将“半径”更改为1像素，完成之后单击“确定”按钮，如图5.45所示。

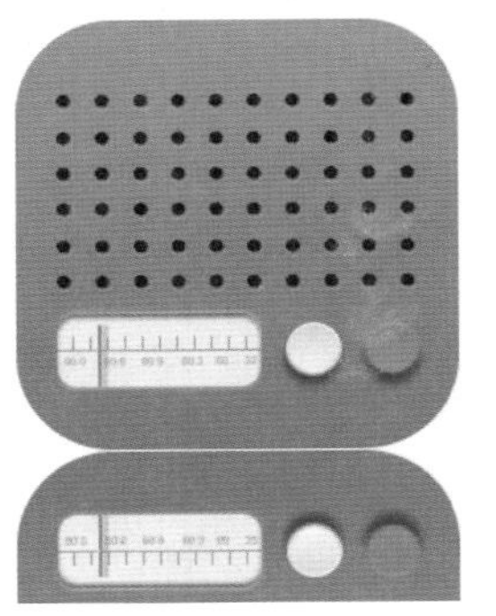

图5.44 变换图像

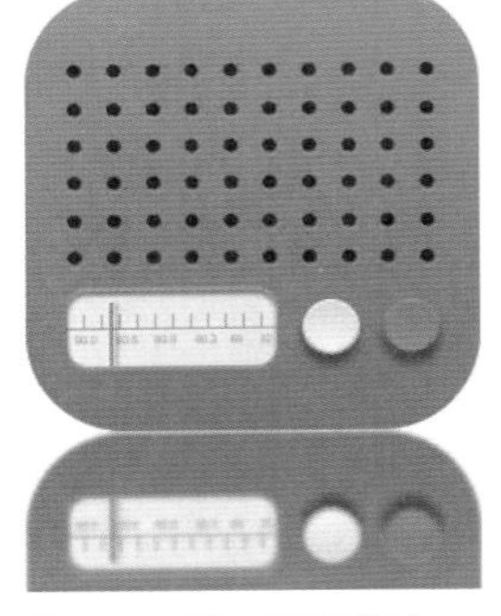

图5.45 添加高斯模糊

22 在“图层”面板中，选中“图标”图层，单击面板底部的“添加图层蒙版”按钮，为其添加图层蒙版，如图5.46所示。

23 选择工具箱中的“渐变工具”，编辑黑色到白色的渐变，单击选项栏中的“线性渐变”按钮，在图像上拖动将部分图像隐藏，这样就完成了效果制作，最终效果如图5.47所示。

图5.46 添加图层蒙版

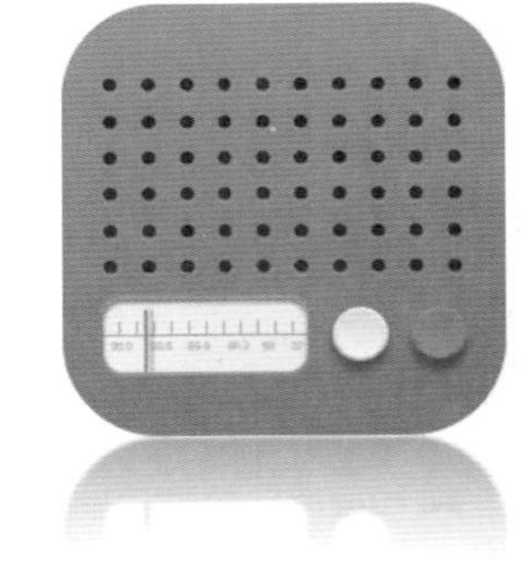

图5.47 最终效果

实例 081 电影胶盘图标制作

实例分析

本例讲解电影胶盘图标制作，其胶盘效果十分出色，金属质感与纹理处处体现出图标的精致感，最终效果如图5.48所示。

- **素材位置** | 无
- **案例位置** | 案例文件\第5章\电影胶盘图标.psd
- **视频位置** | 多媒体教学\实例081 电影胶盘图标制作.avi
- **难易指数** | ★★☆☆☆

图5.48 最终效果

步骤1 制作图标主体

01 执行菜单栏中的“文件”|“新建”命令，在弹出的对话框中设置“宽度”为400像素，“高度”为300像素，“分辨率”为72像素/英寸，新建一个空白画布将其填充为黄色（R：254，G：210，B：77）。

02 选择工具箱中的“圆角矩形工具”，在选项栏中将“填充”更改为深蓝色（R：22，G：30，B：40），“描边”为无，“半径”为40像素，按住Shift键绘制一个圆角矩形，此时将生成一个“圆角矩形 1”图层，如图5.49所示。

03 选择工具箱中的“椭圆工具”，在选项栏中将“填充”更改为蓝色（R：108，G：197，B：248），“描边”为无，在圆角矩形顶部绘制1个椭圆，此时将生成一个“椭圆 1”图层，如图5.50所示。

图5.49 绘制图形

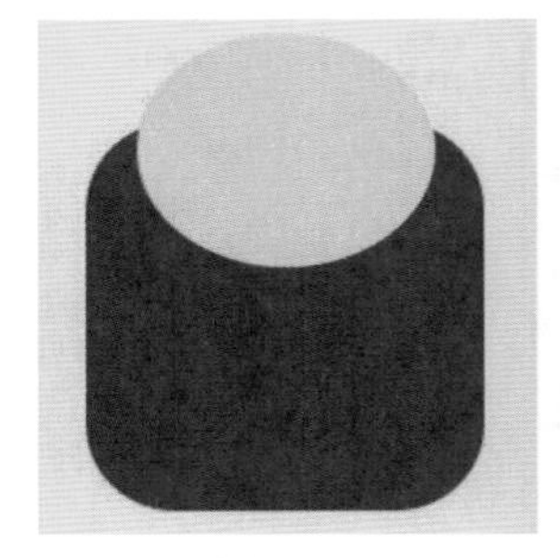

图5.50 绘制椭圆

04 选中“椭圆 1”图层，执行菜单栏中的“滤

镜”|“模糊”|“高斯模糊”命令，在弹出的对话框中单击“栅格化”按钮，然后在弹出的对话框中将“半径”更改为30像素，完成之后单击“确定”按钮，如图5.51所示。

05 将其图层混合模式设置为“颜色减淡”，“不透明度”更改为80%，如图5.52所示。

图5.51 添加高斯模糊

图5.52 设置图层混合模式

06 选中“椭圆 1”图层，执行菜单栏中的“图层”|“创建剪贴蒙版”命令，为当前图层创建剪贴蒙版将部分图像隐藏，如图5.53所示。

图5.53 创建剪贴蒙版

07 选择工具箱中的“椭圆工具”，在选项栏中将“填充”更改为黄色（R：254，G：210，B：77），“描边”为无，按住Shift键绘制一个圆形，此时将生成一个“椭圆 2”图层，如图5.54所示。

08 选择工具箱中的“椭圆工具”，在圆左侧按Alt键并绘制1个圆形路径将部分图形减去，如图5.55所示。

图5.54 绘制圆

图5.55 减去图形

09 选择工具箱中的“路径选择工具”，选中圆形路径，将其复制3份，如图5.56所示。

10 选择工具箱中的“椭圆工具”，在中间位置以同样方法绘制1个圆形路径将部分图形减去，如图5.57所示。

图5.56 复制路径

图5.57 减去图形

11 在“图层”面板中，选中“椭圆 2”图层，单击面板底部的“添加图层样式”按钮，在菜单中选择“内阴影”命令。

12 在弹出的对话框中将“混合模式”更改为叠加，“颜色”更改为白色，“不透明度”更改为100%，取消“使用全局光”复选框，“角度”更改为90度，“距离”更改为1像素，“大小”更改为1像素，如图5.58所示。

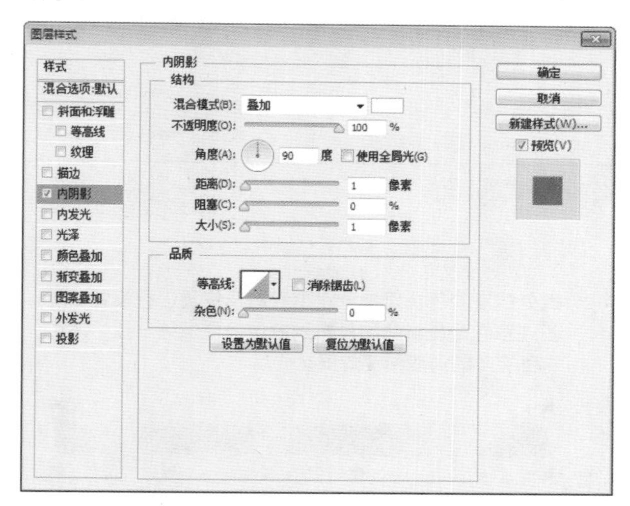

图5.58 设置内阴影

13 选中“投影”复选框，将“混合模式”更改为正常，“不透明度”更改为30%，“距离”更改为4像素，“大小”更改为5像素，如图5.59所示。

14 选中“渐变叠加”复选框，将“渐变”更改为灰色系渐变，“样式”为角度，完成之后单击“确定”按钮，如图5.60所示。

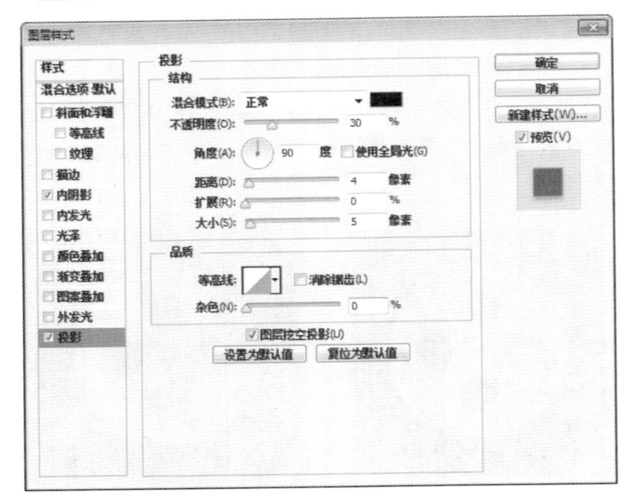

图5.59 设置投影

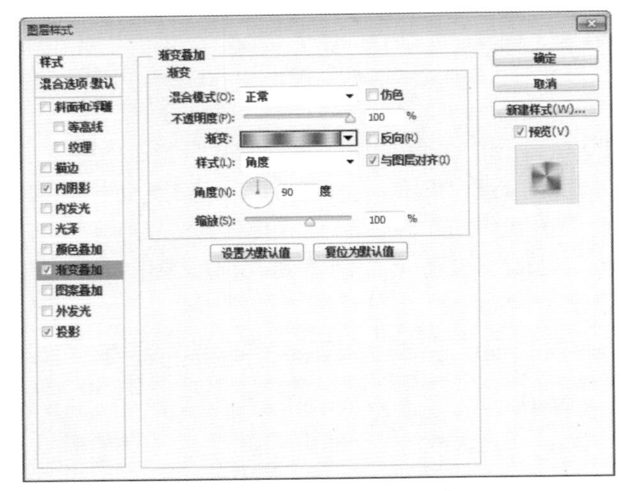

图5.60 设置渐变叠加

提示

此处的渐变色标可参考以下数量及位置进行设置。需要注意的是最左侧和最右侧的色标要保持一致，才可得到完美的角度渐变效果。

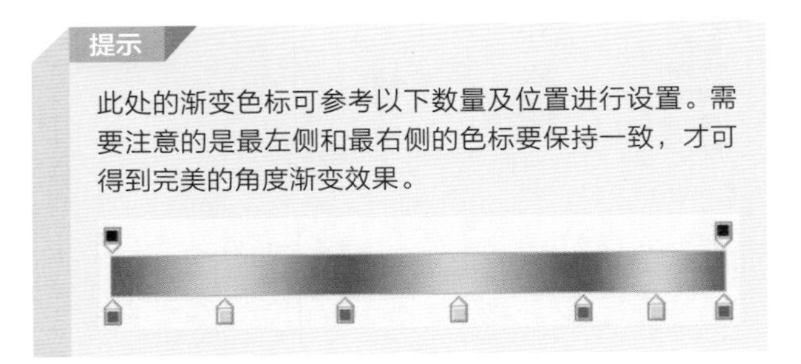

步骤2 处理细节质感

01 单击面板底部的“创建新图层”按钮，新建一个“图层1”图层，将其填充为白色。

02 执行菜单栏中的“滤镜”|“杂色”|“添加杂色”命令，在弹出的对话框中分别选中“高斯分布”复选按钮及“单色”复选框，将“数量”更改为150%，完成之后单击“确定”按钮，如图5.61所示。

03 执行菜单栏中的“滤镜”|“模糊”|“径向模糊”命令，在弹出的对话框中分别选中“旋转”及“最好”单选按钮，将“数量”更改为100%，完成之后单击“确定”按钮，如图5.62所示。

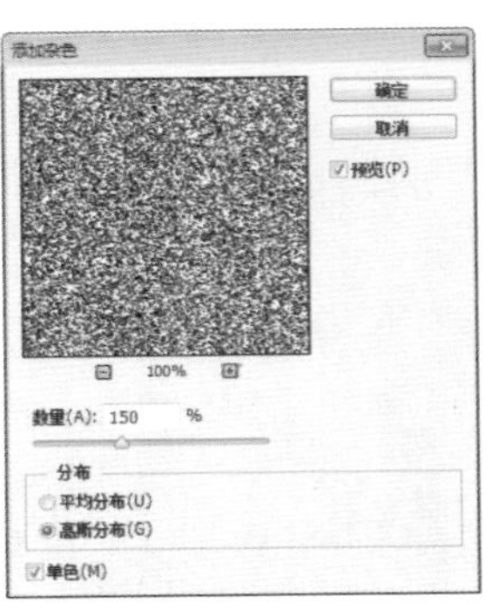

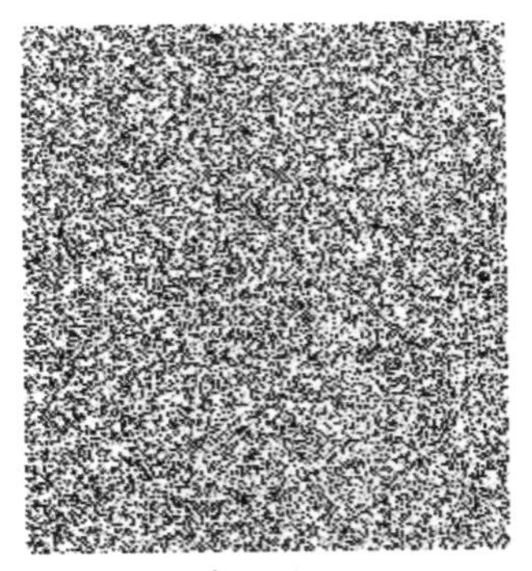

图5.61 设置添加杂色

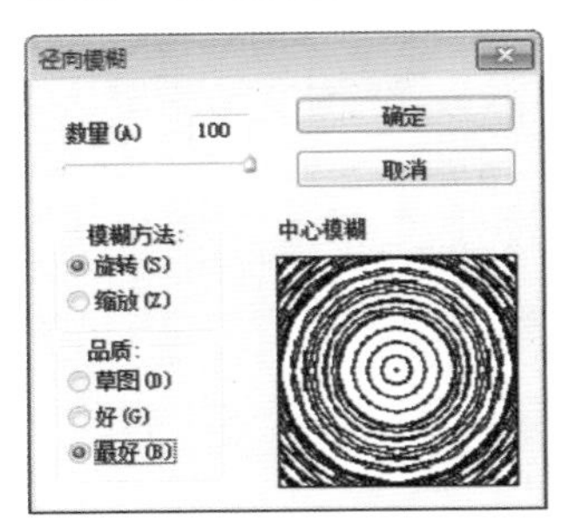

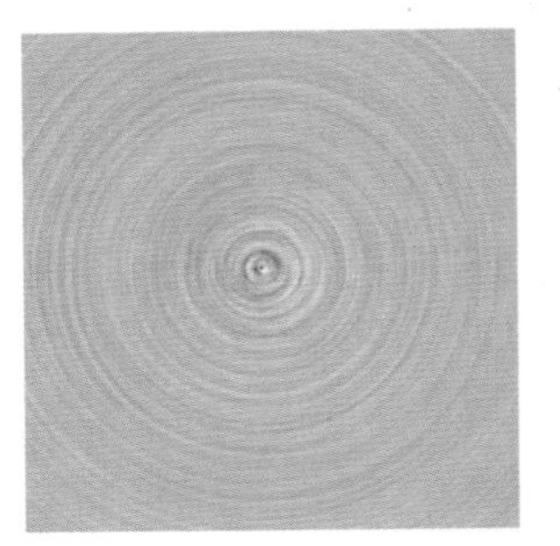

图5.62 设置径向模糊

04 按Ctrl+F组合键数次重复执行径向模糊命令，如图5.63所示。

05 执行菜单栏中的“滤镜”|“锐化”|“锐化”命令，再按Ctrl+F组合键数次重复执行锐化命令，如图5.64所示。

图5.63 径向模糊图像

图5.64 锐化图像

06 选中“图层 1”图层，按Ctrl+T组合键对其执行“自由变换”命令，将图像等比缩小，完成之后按Enter键确认，如图5.65所示。

07 按住Ctrl键单击“椭圆 2”图层缩览图，将其载入选区，如图5.66所示。

08 执行菜单栏中的“选择”|“反向”命令将选区反向，将选区中图像删除，完成之后按Ctrl+D组合键将选区取消，如图5.67所示。

09 在“图层”面板中，选中“图层1”图层，将其图层混合模式设置为“叠加”，如图5.68所示。

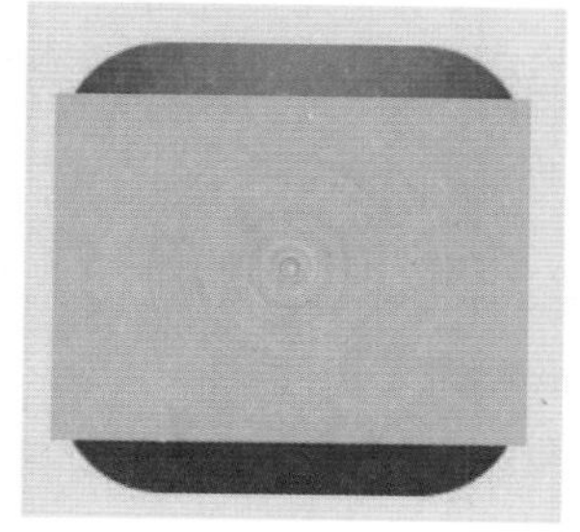
图5.65 缩小图像

图5.66 载入选区

图5.67 删除图像

图5.68 设置图层混合模式

10 选择工具箱中的“圆角矩形工具”，在选项栏中将“填充”更改为深蓝色（R：6，G：14，B：22），“描边”为无，“半径”为40像素。

11 在图标位置绘制一个圆角矩形，此时将生成一个“圆角矩形 2”图层，将其移至“背景”图层上方，如图5.69所示。

12 执行菜单栏中的“滤镜”|“模糊”|“高斯模糊”命令，在弹出的对话框中单击“栅格化”按钮，然后在弹出的对话框中将“半径”更改为3像素，完成之后单击“确定”按钮，如图5.70所示。

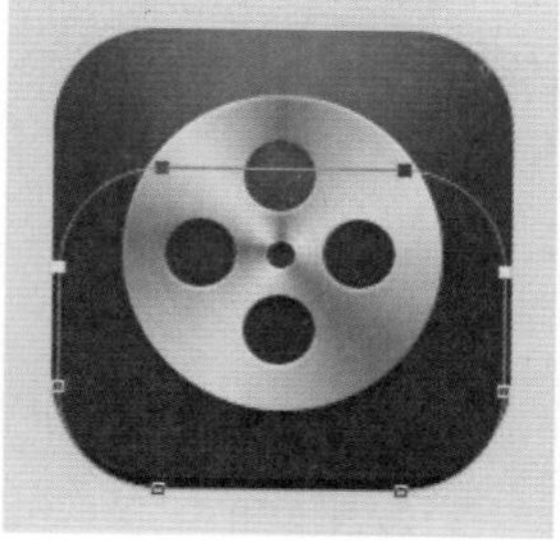
图5.69 绘制图形

图5.70 设置高斯模糊

13 执行菜单栏中的“滤镜”|“模糊”|“动感模糊”命令，在弹出的对话框中将“角度”更改为90度，“距离”更改为30像素，设置完成之后单击“确定”按钮，这样就完成了效果制作，最终效果如图5.71所示。

图5.71 最终效果

实例 082 小音箱图标制作

实例分析

本例讲解小音箱图标制作，此款小图标的质感很强，以木纹作为背景纹理，与椭圆图形相结合，整个图标表现出很强的质感效果，最终效果如图5.72所示。

- **素材位置** | 素材文件\第5章\小音箱图标
- **案例位置** | 案例文件\第5章\小音箱图标.psd
- **视频位置** | 案例文件\第5章\小音箱图标制作.psd
- **难易指数** | ★★★☆☆

图5.72 最终效果

步骤1 绘制图标主图形

01 执行菜单栏中的“文件”|“新建”命令，在弹出的对话框中设置“宽度”为500像素，“高度”为400像素，

“分辨率”为72像素/英寸，新建一个空白画布。

02 选择工具箱中的“圆角矩形工具”▢，在选项栏中将“填充”更改为黑色，“描边”为无，“半径”为40像素，按住Shift键绘制一个圆角矩形，此时将生成一个“圆角矩形 1”图层，如图5.73所示。

03 执行菜单栏中的“文件”|“打开”命令，打开“木纹.jpg”文件，将打开的素材拖入画布中并适当缩小，其图层名称将更改为“图层 1”，如图5.74所示。

图5.73 绘制圆角矩形

图5.74 添加素材

04 选中“图层 1”图层，按Ctrl+T组合键对其执行“自由变换”命令，将图像等比缩小，完成之后按Enter键确认。

05 执行菜单栏中的“图层”|“创建剪贴蒙版”命令，为当前图层创建剪贴蒙版将部分图像隐藏，如图5.75所示。

06 同时选中“图层 1”及“圆角矩形 1”图层，按Ctrl+E组合键将其合并，此时将生成一个“图层 1”图层，如图5.76所示。

图5.75 创建剪贴蒙版

图5.76 合并图层

07 在“图层”面板中，单击面板底部的“添加图层样式”按钮fx，在菜单中选择“渐变叠加”命令。

08 在弹出的对话框中将“混合模式”更改为柔光，“渐变”更改为黑色到白色，如图5.77所示。

09 选中“斜面与浮雕”复选框，将“大小”更改为30像素，取消“使用全局光”复选框，“角度”更改为90，“高光模式”中的“不透明度”更改为20%，“阴影模式”中的“不透明度”更改为10%，完成之后单击“确定”按钮，如图5.78所示。

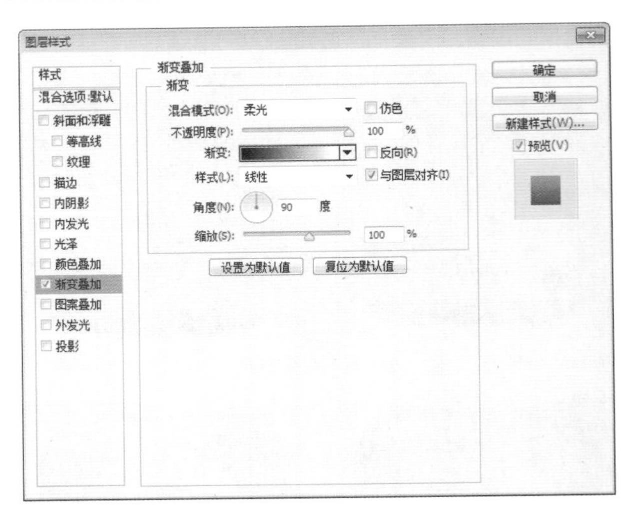

图5.77 设置渐变叠加

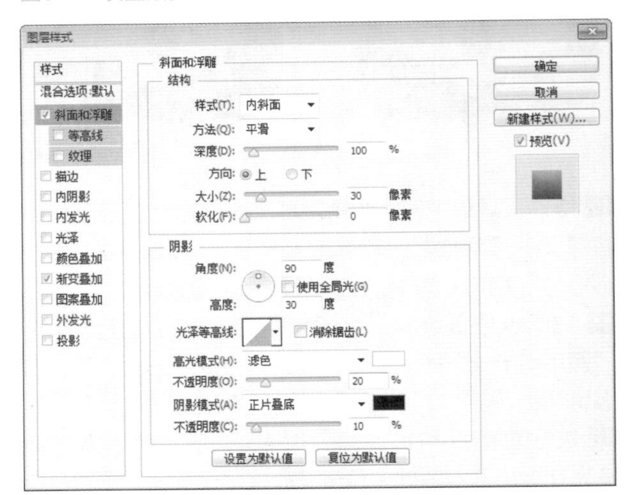

图5.78 设置斜面和浮雕

10 选择工具箱中的“椭圆工具”◯，在选项栏中将“填充”更改为黑色，“描边”为无，按住Shift键绘制一个圆形，将生成一个“椭圆 1”图层，如图5.79所示。

11 在“图层”面板中，选中“椭圆 1”图层，将其拖至面板底部的“创建新图层”按钮▣上，复制3个“拷贝”图层，分别将其图层名称更改为“防尘罩”“内部”“圆环”“音盆”及“轮廓”，如图5.80所示。

图5.79 绘制圆

图5.80 复制图层

12 在“图层”面板中，选中“轮廓”图层，单击面板底部的“添加图层样式”按钮 *fx*，在菜单中选择“渐变叠加”命令。

13 在弹出的对话框中将“混合模式”更改为柔光，“渐变”更改为白色到黑色，如图5.81所示。

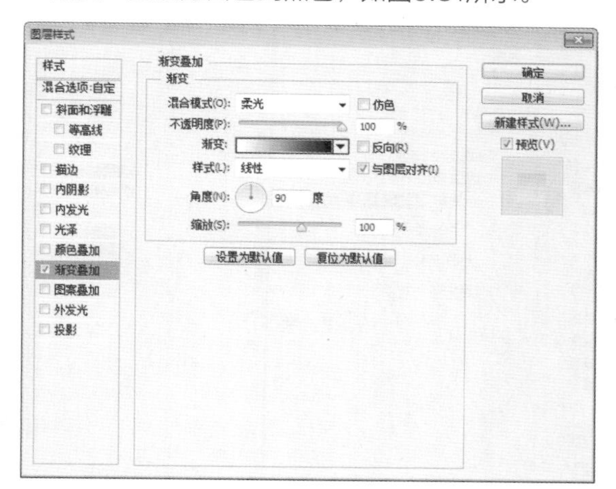

图5.81　设置渐变叠加

14 在“图层”面板中，选中“轮廓”图层，将其图层“填充”更改为0%，如图5.82所示。

图5.82　更改填充

15 选中“音盆”图层，按Ctrl+T组合键对其执行“自由变换”命令，将图形等比缩小，完成之后按Enter键确认，如图5.83所示。

图5.83　缩小图形

16 在“图层”面板中，单击面板底部的“添加图层样式”按钮 *fx*，在菜单中选择“渐变叠加”命令。

17 在弹出的对话框中将“渐变”更改为灰色（R：56，G：58，B：57）到灰色（R：26，G：26，B：26）再到灰色（R：56，G：58，B：57），将中间色标“位置”更改为50%，完成之后单击“确定”按钮，如图5.84所示。

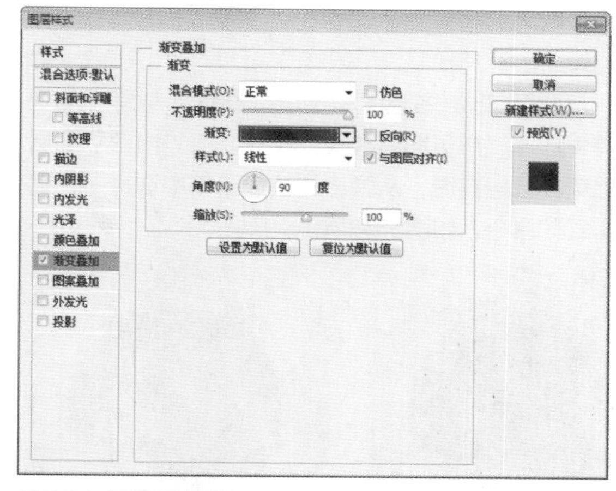

图5.84　设置渐变叠加

18 选中“圆环”图层，将“填充”更改为无，“描边”为灰色（R：40，G：40，B：40），“宽度”为1点，再按Ctrl+T组合键对其执行“自由变换”命令，将图形等比缩小，完成之后按Enter键确认，如图5.85所示。

图5.85　缩小图形

19 在“图层”面板中，选中“圆环”图层，单击面板底部的“添加图层样式”按钮 *fx*，在菜单中选择“投影”命令。

20 在弹出的对话框中将“混合模式”更改为叠加，“颜色”更改为白色，“不透明度”更改为100%，取消“使用全局光”复选框，将“角度”更改为90度，“距离”更改为1像素，“大小”更改为1像素，完成之后单击“确定”按钮，如图5.86所示。

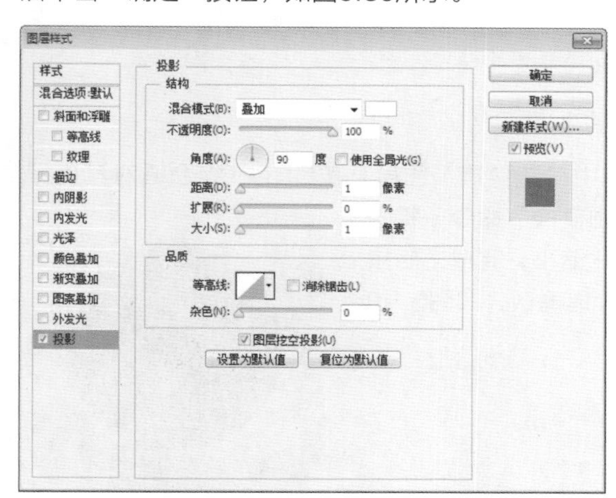

图5.86　设置投影

21 选中“内部”图层，按Ctrl+T组合键对其执行“自由变换”命令，将图形等比缩小，完成之后按Enter键确认，如图5.87所示。

22 在“音盆”图层名称上单击鼠标右键，从弹出的快捷菜单中选择“拷贝图层样式”命令，在“内部”图层名称上单击鼠标右键，从弹出的快捷菜单中选择“粘贴图层样式”命令，如图5.88所示。

图5.87 缩小图形

图5.88 粘贴图层样式

23 双击“内部”图层样式名称，在弹出的对话框中选中“内发光”复选框，将“混合模式”更改为正常，“不透明度”为60%，“颜色”为黑色，“大小”为20，完成之后单击“确定”按钮，如图5.89所示。

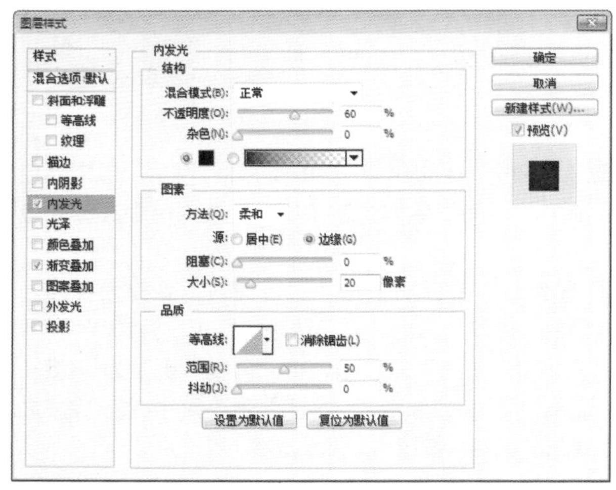

图5.89 设置内发光

步骤2 处理音箱细节

01 选中“防尘罩”图层，按Ctrl+T组合键对其执行“自由变换”命令，将图形等比缩小，完成之后按Enter键确认，如图5.90所示。

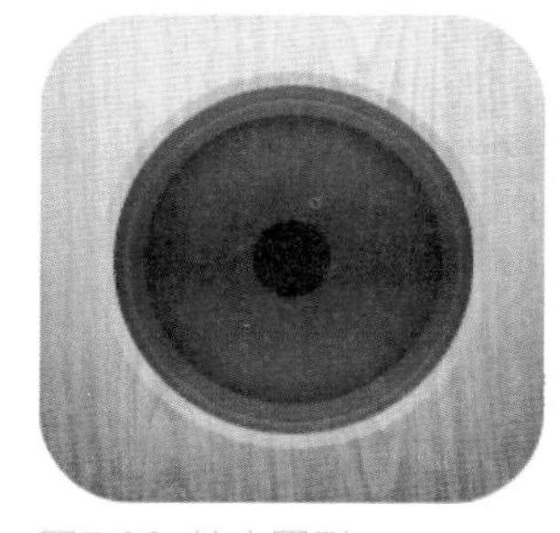

图5.90 缩小图形

02 在“图层”面板中，选中“防尘罩”图层，单击面板底部的“添加图层样式”按钮 fx，在菜单中选择“渐变叠加”命令。

03 在弹出的对话框中将“渐变”更改为灰色（R：18，G：18，B：18）到灰色（R：100，G：100，B：100），如图5.91所示。

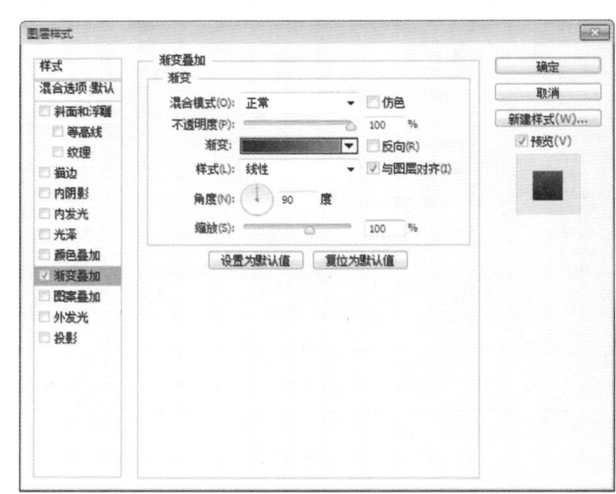

图5.91 设置渐变叠加

04 选中“内阴影”复选框，将“混合模式”更改为叠加，“颜色”更改为白色，“不透明度”更改为100%，取消“使用全局光”复选框，“角度”更改为-90度，“距离”更改为2像素，如图5.92所示。

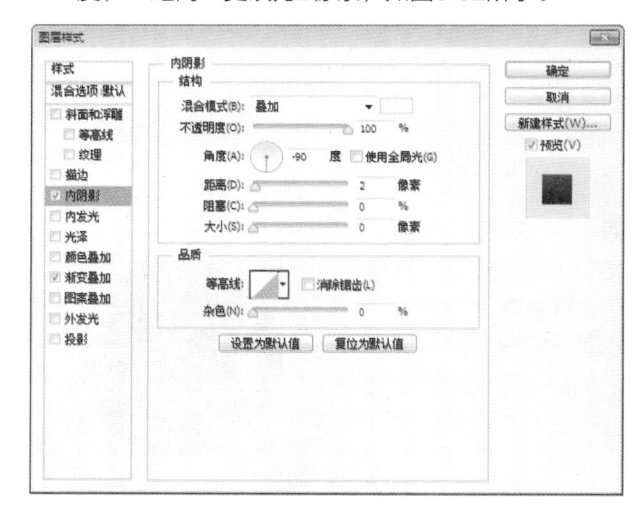

图5.92 设置内阴影

05 选中“外发光”复选框，将“混合模式”更改为叠加，“不透明度”为50%，“颜色”更改为黑色，“大小”更改为3像素，完成之后单击“确定”按钮，如图5.93所示。

06 选择工具箱中的“椭圆工具”，在选项栏中将“填充”更改为深黄色（R：36，G：14，B：0），

"描边"为无，在图标底部绘制一个椭圆图形，将生成一个"椭圆 1"图层，将其移至"背景"图层上方，如图5.94所示。

07 执行菜单栏中的"滤镜"|"模糊"|"高斯模糊"命令，在弹出的对话框中单击"栅格化"按钮，然后在弹出的对话框中将"半径"更改为3像素，完成之后单击"确定"按钮，如图5.95所示。

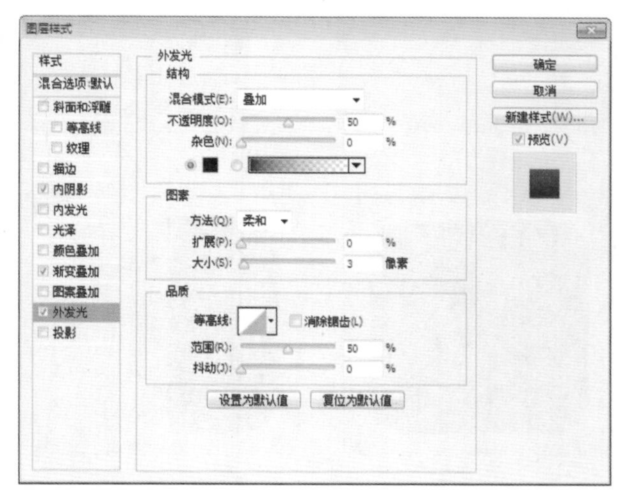

图5.93 设置外发光

图5.94 绘制图形

图5.95 添加高斯模糊

08 执行菜单栏中的"滤镜"|"模糊"|"动感模糊"命令，在弹出的对话框中将"角度"更改为0度，"距离"更改为90像素，设置完成之后单击"确定"按钮，这样就完成了效果制作，最终效果如图5.96所示。

图5.96 最终效果

实例 083 开关图标制作

实例分析

本例讲解开关图标制作，其制作过程比较简单，以左右开关的形式完美呈现出图标特征，通过添加对应的质感，写实效果同样出色，最终效果如图5.97所示。

- **素材位置 |** 无
- **案例位置 |** 案例文件\第5章\开关图标.psd
- **视频位置 |** 多媒体教学\实例083　开关图标制作.avi
- **难易指数 |** ★★★☆☆

图5.97 最终效果

步骤1 制作开关主体

01 执行菜单栏中的"文件"|"新建"命令，在弹出的对话框中设置"宽度"为500像素，"高度"为400像素，"分辨率"为72像素/英寸，新建一个空白画布。

02 选择工具箱中的"渐变工具"，编辑蓝色（R：176，G：210，B：236）到蓝色（R：50，G：57，B：132）的渐变，单击选项栏中的"径向渐变"按钮，在画布中拖动填充渐变。

03 选择工具箱中的"圆角矩形工具"，在选项栏中将"填充"更改为白色，"描边"为无，"半径"为40像素，按住Shift键绘制一个圆角矩形，此时将生成一个“圆角矩形 1”图层，如图5.98所示。

图5.98 绘制圆角矩形

04 在“图层”面板中，选中“圆角矩形 1”图层，单击面板底部的“添加图层样式”按钮*fx*，在菜单中选择“渐变叠加”命令。

05 在弹出的对话框中将“渐变”更改为蓝色（R：163，G：186，B：218）到蓝色（R：246，G：250，B：253），完成之后单击“确定”按钮，如图5.99所示。

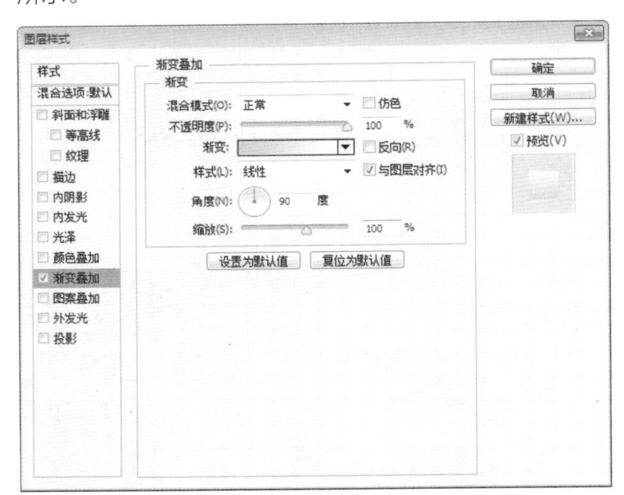

图5.99 设置渐变叠加

06 选择工具箱中的“圆角矩形工具”，在选项栏中将“填充”更改为蓝色（R：114，G：151，B：213），“描边”为无，“半径”为35像素，按住Shift键绘制一个圆角矩形，将生成一个“圆角矩形 2”图层，如图5.100所示。

07 选中“圆角矩形 2”图层，将其拖至面板底部的“创建新图层”按钮上，复制1个“圆角矩形 2 拷贝”图层，如图5.101所示。

08 选中“圆角矩形 2 拷贝”图层，将其“填充”更改为黑色，再将其稍微等比缩小，如图5.102所示。

09 选择工具箱中的“直接选择工具”，选中圆角矩形右侧锚点将其删除，再拖动剩余的锚点缩短其宽度，如图5.103所示。

图5.100 绘制图形

图5.101 复制图层

图5.102 变换图形

图5.103 拖动锚点

10 选中“圆角矩形 2 拷贝”图层，将其拖至面板底部的“创建新图层”按钮上，复制1个“圆角矩形 2 拷贝 2”图层。

11 将“圆角矩形 2 拷贝”图层中图形“填充”更改为蓝色（R：159，G：189，B：224），如图5.104所示。

12 将“圆角矩形 2 拷贝 2”图层中图形“填充”更改为蓝色（R：200，G：220，B：243），选择工具箱中的“直接选择工具”，拖动锚点缩小图形高度，如图5.105所示。

图5.104 更改填充

图5.105 拖动锚点

13 在“图层”面板中，选中“圆角矩形 2 拷贝 2”图层，单击面板底部的“添加图层样式”按钮*fx*，在菜单中选择“投影”命令。

14 在弹出的对话框中将“混合模式”更改为叠加，“颜色”更改为白色，“不透明度”更改为60%，取消

“使用全局光”复选框，将“角度”更改为90度，“距离”更改为2像素，“大小”更改为2像素，完成之后单击“确定”按钮，如图5.106所示。

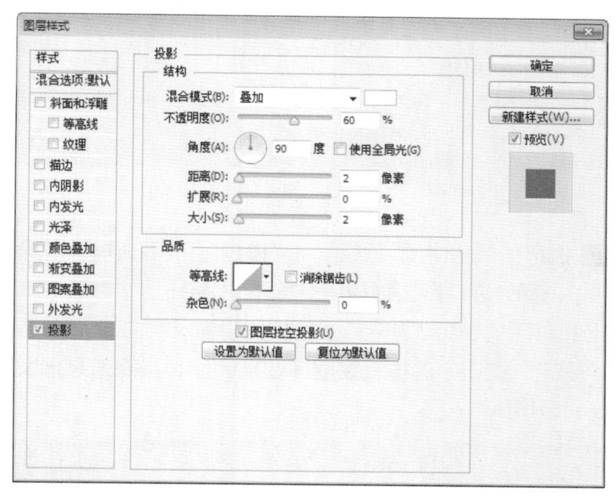

图5.106 设置投影

15 同时选中“圆角矩形 2 拷贝 2”及“圆角矩形 2 拷贝”图层，在画布中按将其向右侧平移复制一份。

16 按Ctrl+T组合键对其执行“自由变换”命令，单击鼠标右键，从弹出的快捷菜单中选择“旋转180度”命令，再单击鼠标右键，从弹出的快捷菜单中选择“垂直翻转”命令，完成之后按Enter键确认，如图5.107所示。

17 双击生成的“圆角矩形 2 拷贝 3”图层样式名称，在弹出的对话框中将“角度”更改为-90度，完成之后单击“确定”按钮，如图5.108所示。

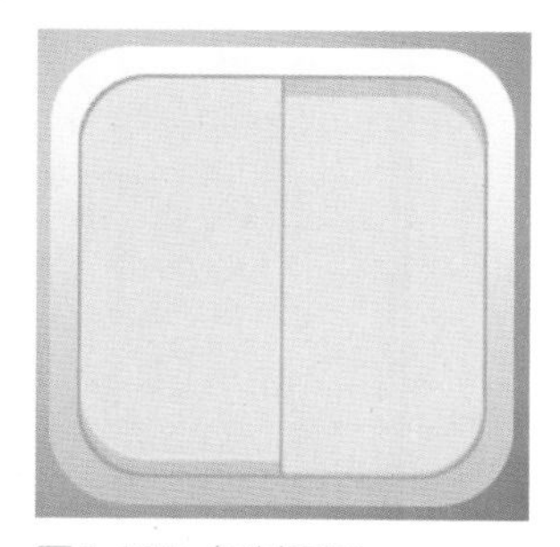

图5.107 复制图形

图5.108 设置图层样式

18 在“图层”面板中，选中“圆角矩形 2”图层，单击面板底部的“添加图层样式”按钮fx，在菜单中选择“投影”命令。

19 在弹出的对话框中将“混合模式”更改为叠加，“颜色”更改为蓝色（R：82，G：95，B：158），“不透明度”更改为100%，取消“使用全局光”复选框，将“角度”更改为130度，“距离”更改为5像素，“大小”更改为5像素，完成之后单击“确定”按钮，如图5.109所示。

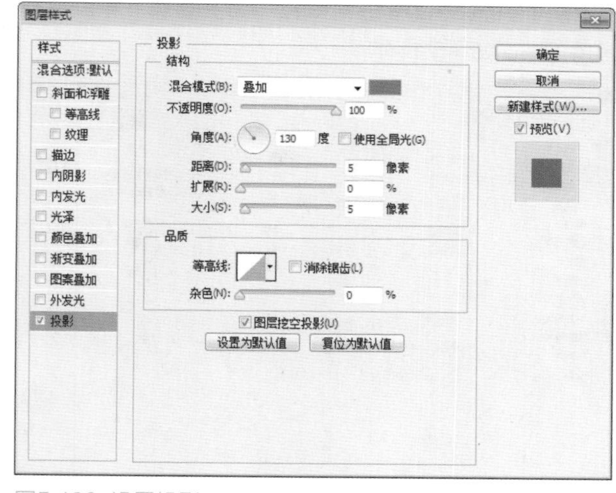

图5.109 设置投影

步骤2 处理图标细节

01 选择工具箱中的“圆角矩形工具”，在选项栏中将“填充”更改为绿色（R：136，G：203，B：20），“描边”为无，“半径”为10像素，在形状左下角绘制一个圆角矩形，将生成一个“圆角矩形 3”图层，如图5.110所示。

图5.110 绘制图形

02 在“图层”面板中，单击面板底部的“添加图层样式”按钮fx，在菜单中选择“内阴影”命令。

03 在弹出的对话框中将“不透明度”更改为30%，取消“使用全局光”复选框，“角度”更改为90度，“距离”更改为2像素，“大小”更改为2像素，如图5.111所示。

04 选中“投影”复选框，将“混合模式”更改为叠加，“颜色”更改为白色，“不透明度”更改为100%，取消“使用全局光”复选框，将“角度”更改为90度，“距离”更改为1像素，“大小”更改为2像素，完成之后单击“确定”按钮，如图5.112所示。

05 选中圆角矩形，将其向右上角复制1份，如图5.113所示。

06 选择工具箱中的“圆角矩形工具”，在选项栏中将“填充”更改为深蓝色（R：53，G：70，B：114），“描边”为无，“半径”为35像素，绘制一个圆角矩形，如图5.114所示。

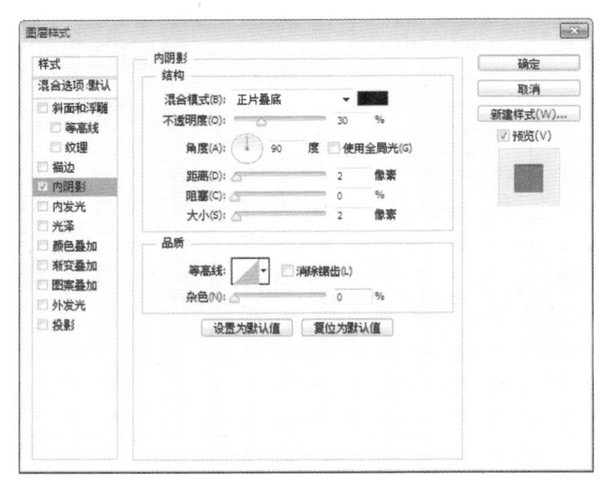

图5.111 设置内阴影

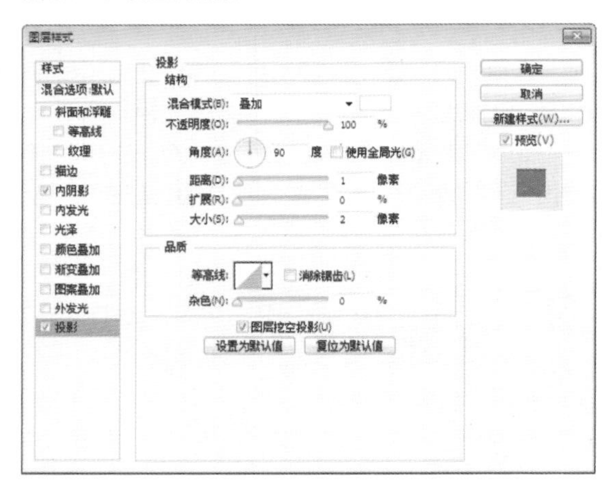

图5.112 设置投影

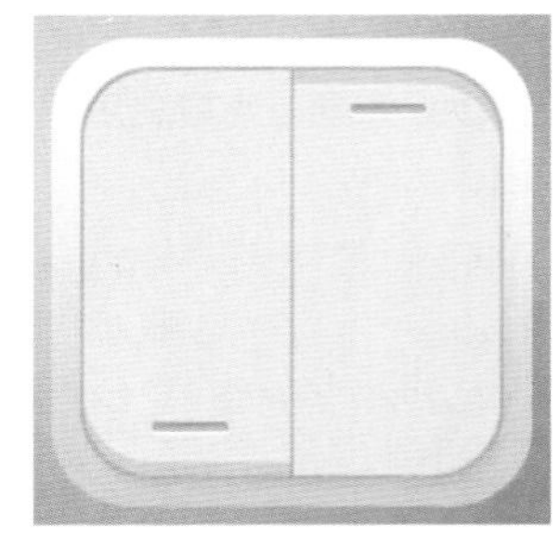

图5.113 复制图形

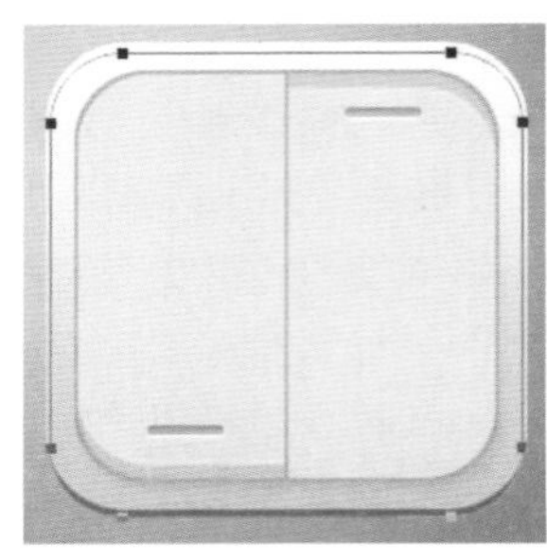

图5.114 绘制图形

07 执行菜单栏中的“滤镜”|“模糊”|“高斯模糊”命令，在弹出的对话框中单击“栅格化”按钮，然后在弹出的对话框中将“半径”更改为3像素，完成之后单击“确定”按钮，这样就完成了效果制作，最终效果如图5.115所示。

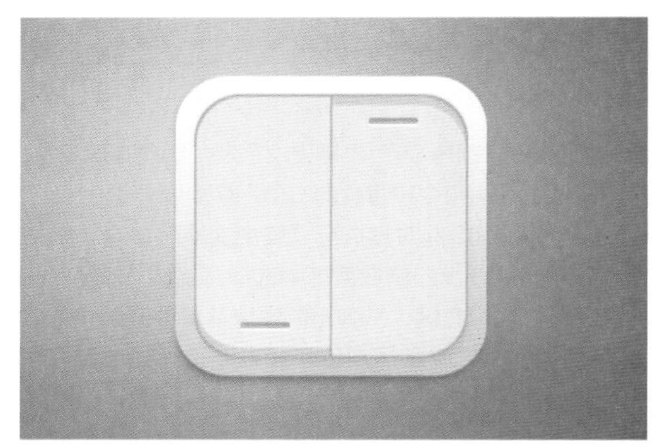

图5.115 最终效果

实例 084 立体CD机制作

实例分析

本例讲解立体CD机制作，此款图标具有十分出色的质感，很强的立体感，整个制作过程比较简单，重点在于对渐变的使用，最终效果如图5.116所示。

- **素材位置 |** 无
- **案例位置 |** 案例文件\第5章\立体CD机.psd
- **视频位置 |** 多媒体教学\实例084 立体CD机制作.avi
- **难易指数 |** ★★★☆☆

图5.116 最终效果

步骤1 绘制CD机主图形

01 执行菜单栏中的“文件”|“新建”命令，在弹出的对话框中设置“宽度”为530像素，“高度”为400像素，“分辨率”为72像素/英寸，新建一个空白画布。

02 选择工具箱中的“渐变工具”，编辑灰色（R：30，G：21，B：21）到灰色（R：47，G：48，B：49）再到灰色（R：33，G：34，B：35）的渐变，将中间灰色色标位置更改为70%，单击选项栏中的“线性渐变”按钮，在画布中拖动填充渐变，如图5.117所示。

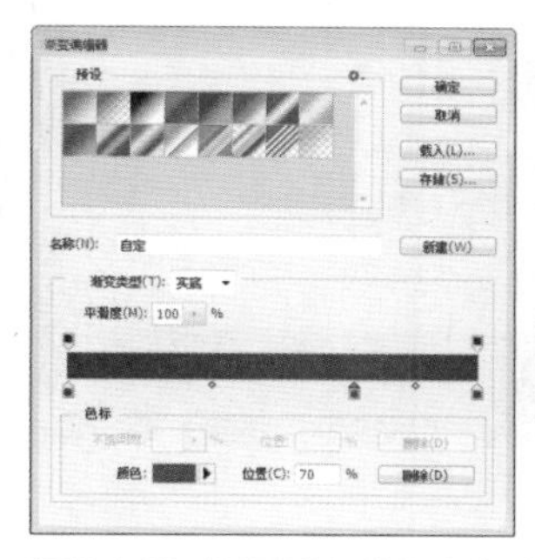

图5.117 编辑渐变并填充渐变

03 选择工具箱中的“圆角矩形工具”，在选项栏中将“填充”更改为白色，“描边”为无，“半径”为40像素，按住Shift键绘制一个圆角矩形，将生成一个“圆角矩形 1”图层，如图5.118所示。

04 在“图层”面板中，选中“圆角矩形 1”图层，将其拖至面板底部的“创建新图层”按钮上，复制一个“圆角矩形 1 拷贝”图层。

图5.118 绘制图形

05 选中“圆角矩形 1 拷贝”图层，将其更改为任意明显的颜色，以同样方法将图形透视变形，如图5.119所示。

06 在“图层”面板中，选中“圆角矩形 1 ”图层，单击面板底部的“添加图层样式”按钮，在菜单中选择“渐变叠加”命令。

图5.119 将图形变形

07 在弹出的对话框中将“渐变”更改为灰色系渐变，“角度”更改为0度，完成之后单击“确定”按钮，如图5.120所示。

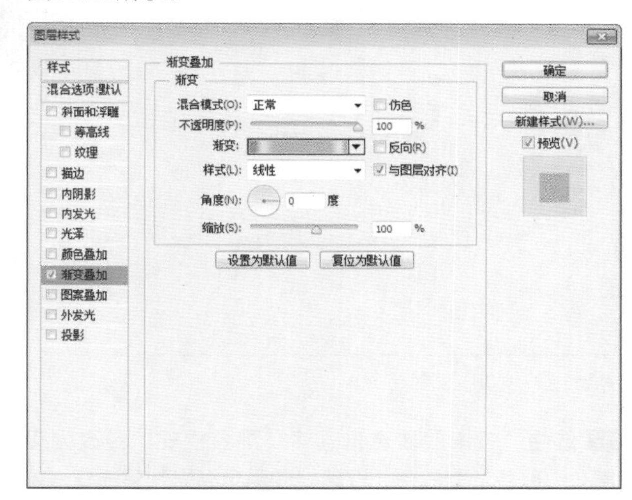

图5.120 设置渐变叠加

提示

在设置渐变时可参考以下渐变色标的数量及位置。需要注意的是添加渐变效果之后保证图形的质感。

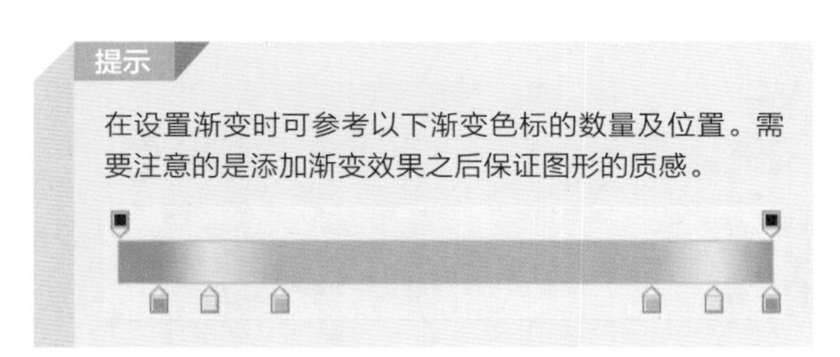

08 在“图层”面板中，选中“圆角矩形 1 拷贝”图层，单击面板底部的“添加图层蒙版”按钮，为其图层添加图层蒙版，如图5.121所示。

09 按住Ctrl键单击“圆角矩形 1”图层缩览图，将其载入选区，执行菜单栏中的“选择”|“反向”命令将选区反向，将选区填充为黑色将部分图形隐藏，完成之后按Ctrl+D组合键将选区取消，如图5.122所示。

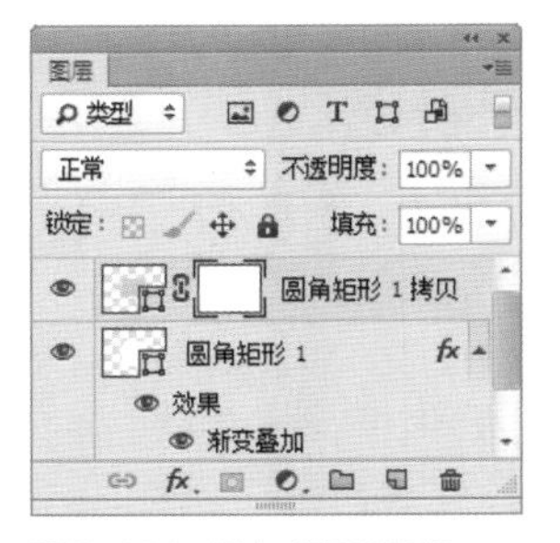

图5.121 添加图层蒙版

图5.122 隐藏图形

10 在“图层”面板中，选中“圆角矩形 1 拷贝”图层，单击面板底部的“添加图层样式”按钮fx，在菜单中选择“渐变叠加”命令。

11 在弹出的对话框中将“渐变”更改为灰色（R：200，G：200，B：200）到白色，如图5.123所示。

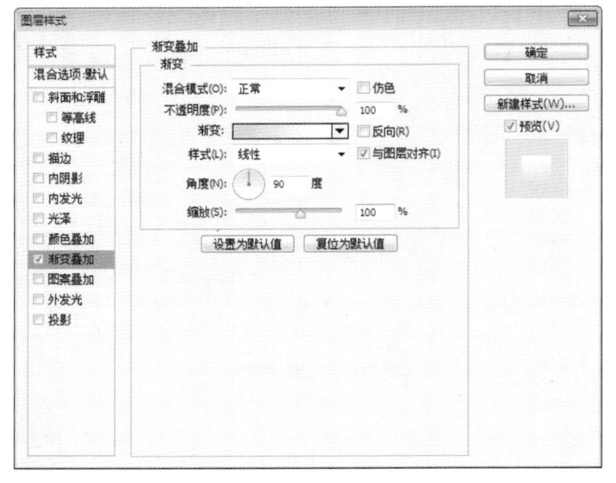

图5.123 设置渐变叠加

12 选中“投影”复选框，将“混合模式”更改为正常，“颜色”为白色，取消“使用全局光”复选框，将“角度”更改为90度，“距离”更改为1像素，完成之后单击“确定”按钮，如图5.124所示。

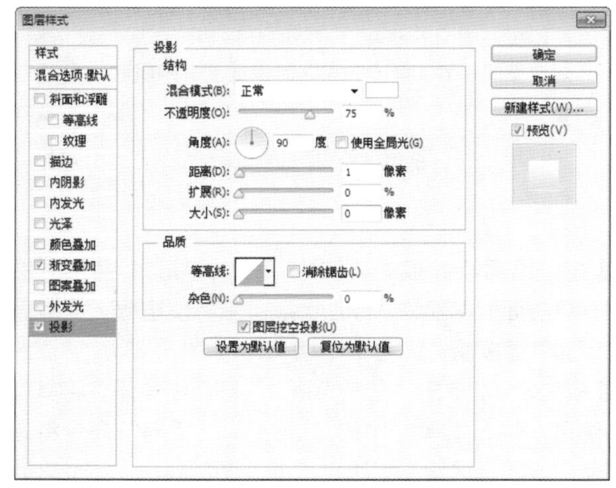

图5.124 设置投影

步骤2 处理细节元素

01 选择工具箱中的“圆角矩形工具”，在选项栏中将“填充”更改为灰色（R：57，G：57，B：57），“描边”为无，“半径”为10像素，绘制一个圆角矩形，将生成一个“圆角矩形 2”图层，如图5.125所示。

图5.125 绘制图形

02 在“图层”面板中，单击面板底部的“添加图层样式”按钮fx，在菜单中选择“内阴影”命令。

03 在弹出的对话框中将“不透明度”更改为100%，取消“使用全局光”复选框，“角度”更改为90度，“距离”更改为2像素，“大小”更改为3像素，完成之后单击“确定”按钮，如图5.126所示。

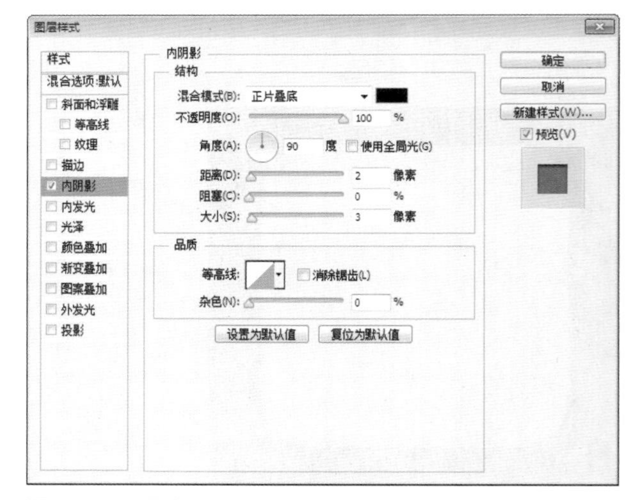

图5.126 设置内阴影

04 选择工具箱中的“椭圆工具”，在选项栏中将“填充”更改为紫色（R：232，G：76，B：136），“描边”为无，在刚才绘制的圆角矩形位置绘制1个椭圆，将生成一个“椭圆 1”图层，如图5.127所示。

05 在“图层”面板中，单击面板底部的“添加图层样式”按钮fx，在菜单中选择“描边”命令，在弹出的对话框中将“大小”更改为3像素，“位置”为内部，“填充类型”为渐变，“渐变”更改为灰色系，“角度”为0，完成之后单击“确定”按钮，如图5.128所示。

图5.127 绘制图形

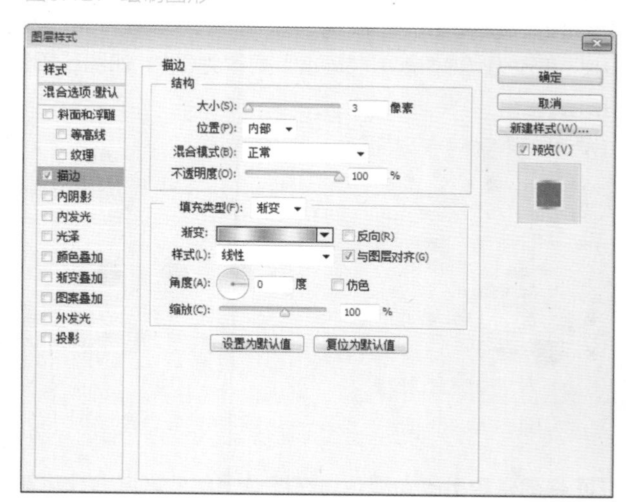

图5.128 设置描边

06 在“椭圆 1”图层名称上单击鼠标右键，在弹出的菜单中选择“栅格化图层样式”命令。

07 选择工具箱中的“矩形选框工具”，在图像上半部分位置绘制1个矩形选区，将选区中图像删除，完成之后按Ctrl+D组合键将选区取消，如图5.129所示。

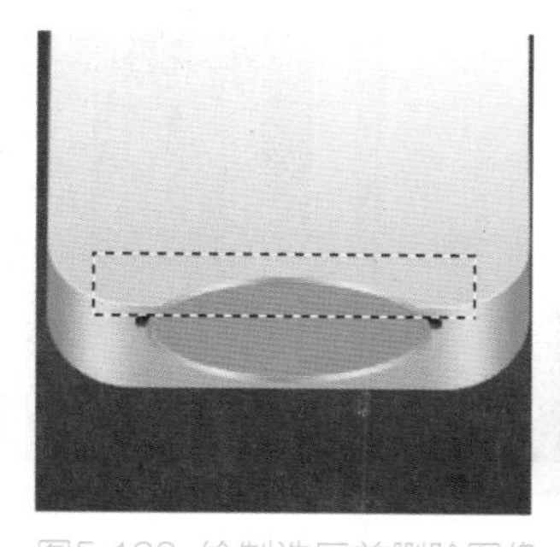
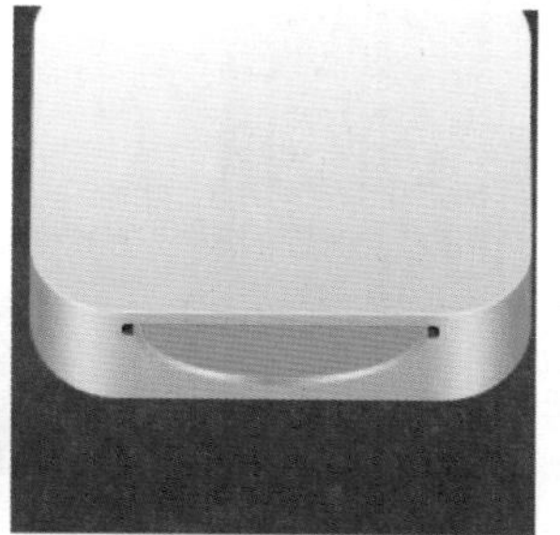

图5.129 绘制选区并删除图像

08 选择工具箱中的“椭圆选区工具”，在图像中间位置绘制1个椭圆选区，如图5.130所示。

09 将选区中图像删除，完成之后按Ctrl+D组合键将选区取消，如图5.131所示。

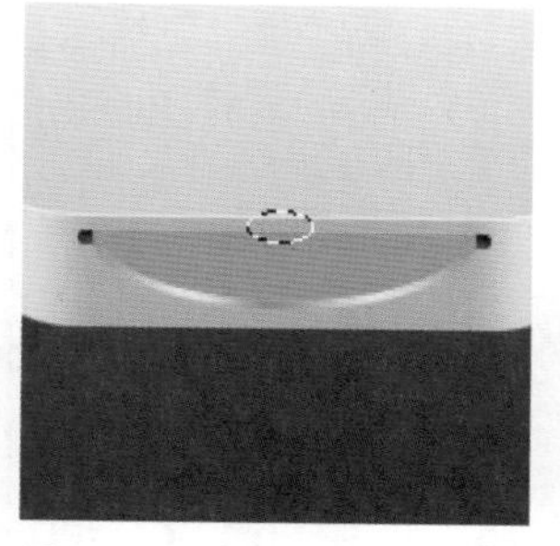

图5.130 绘制选区　　图5.131 删除图像

10 选择工具箱中的“矩形工具”，在选项栏中将“填充”更改为白色，“描边”为无，在光盘顶部边缘绘制一个细长矩形，将生成一个“矩形 1”图层，如图5.132所示。

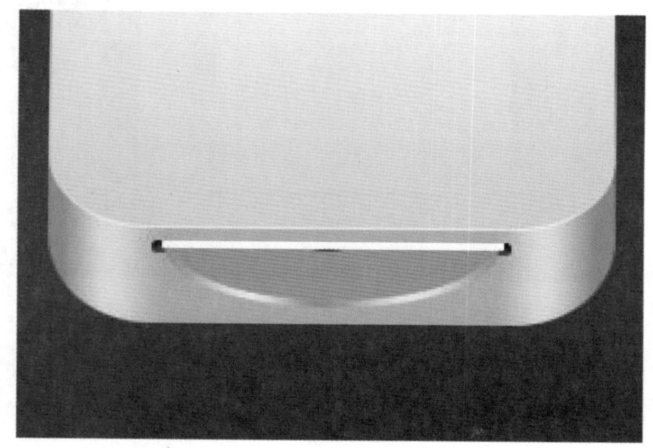

图5.132 绘制图形

11 在“图层”面板中，单击面板底部的“添加图层样式”按钮，在菜单中选择“渐变叠加”命令。

12 在弹出的对话框中将“混合模式”更改为正常，“不透明度”为80%，“渐变”更改为黑色到黑色，将第1个黑色色标“不透明度”更改为0%，完成之后单击“确定”按钮，如图5.133所示。

13 选中“矩形 1”图层，将其图层“填充”更改为0%，如图5.134所示。

14 选择工具箱中的“钢笔工具”，在选项栏中单击“选择工具模式”按钮 路径 ，在弹出的选项中选择“形状”，将“填充”更改为黑色，“描边”更改为无。

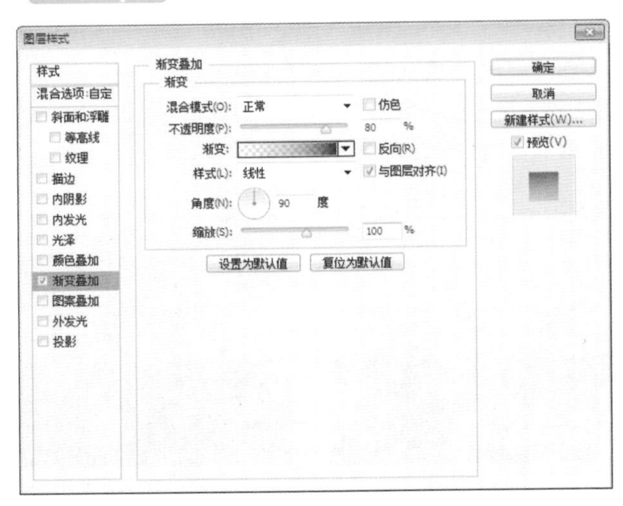

图5.133 设置渐变叠加

图5.134 更改填充

15 在图标底部绘制1个不规则图形，将生成一个“形状1”图层，将其移至“背景”图层上方，如图5.135所示。

16 在“圆角矩形 1”图层名称上单击鼠标右键，从弹出的快捷菜单中选择“拷贝图层样式”命令，在“形状1”图层名称上单击鼠标右键，从弹出的快捷菜单中选择“粘贴图层样式”命令，如图5.136所示。

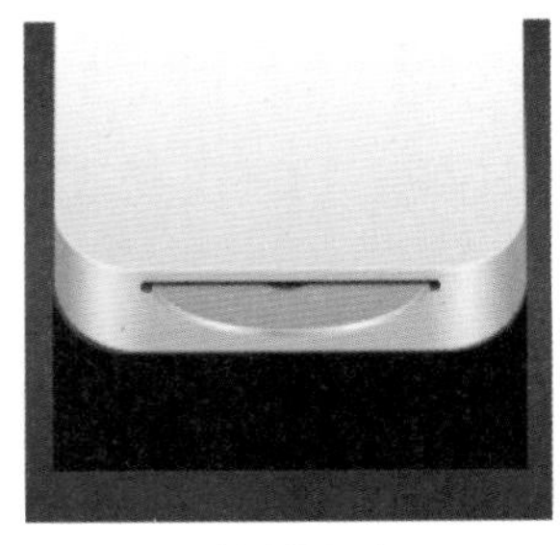

图5.135 绘制图形

图5.136 粘贴图层样式

17 选中“形状 1”图层，执行菜单栏中的“滤镜”|“模糊”|“高斯模糊”命令，在弹出的对话框中单击“栅格化”按钮，然后在弹出的对话框中将“半径”更改为2像素，完成之后单击“确定”按钮，如图5.137所示。

图5.137 添加高斯模糊

18 在“图层”面板中，选中“形状 1”图层，单击鼠标右键，从弹出的快捷菜单中选择“栅格化图层样式”命令，再单击面板底部的“添加图层蒙版”按钮，为其图层添加图层蒙版，如图5.138所示。

19 选择工具箱中的“画笔工具”，在画布中单击鼠标右键，在弹出的面板中选择1种圆角笔触，将“大小”更改为100像素，“硬度”更改为0%，如图5.139所示。

图5.138 添加图层蒙版

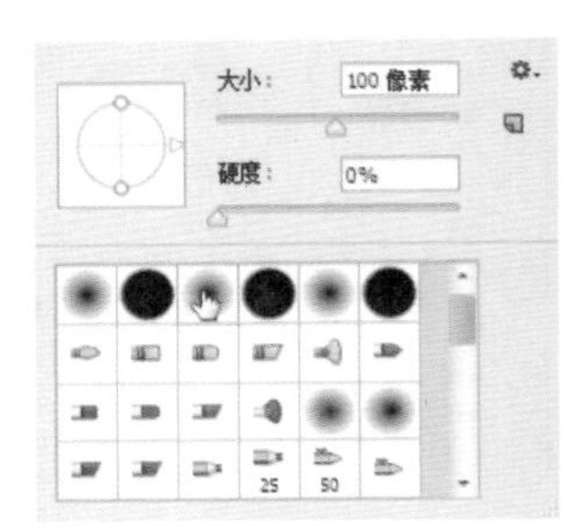

图5.139 设置笔触

20 将前景色更改为黑色，在图像上部分区域涂抹将其隐藏，这样就完成了效果制作，最终效果如图5.140所示。

图5.140 最终效果

实例 085 塑料质感插座

实例分析

本例主要讲解的是插座图标的制作，质感及科技风格的色彩搭配是此款图标的最大亮点，同时准确的图形元素摆放使整个图标立体感十分强烈，而科技蓝的色彩搭配效果也为整个图标增色不少。最终效果如图5.141所示。

- **素材位置** | 无
- **案例位置** | 案例文件\第5章\塑料质感插座.psd
- **视频位置** | 多媒体教学\实例085　塑料质感插座.avi
- **难易指数** | ★★★☆☆

图5.141　最终效果

步骤1　制作阴影

01 执行菜单栏中的“文件”|“新建”命令，在弹出的对话框中设置“宽度”为400像素，“高度”为300像素，“分辨率”为72像素/英寸，“颜色模式”为RGB颜色，新建一个空白画布，如图5.142所示。

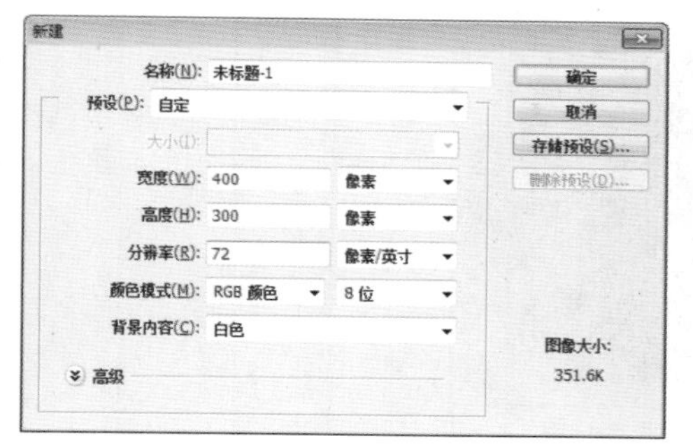

图5.142　新建画布

02 将画布填充为灰色（R：83，G：89，B：103），如图5.143所示。

03 在“图层”面板中，选中“背景”图层，将其拖至面板底部的“创建新图层”按钮上，复制一个“背景 拷贝”图层，如图5.144所示。

图5.143　填充颜色

图5.144　复制图层

04 在“图层”面板中，选中“背景 拷贝”图层，单击面板底部的“添加图层样式”按钮 fx，在菜单中选择“渐变叠加”命令，在弹出的对话框中将“渐变”更改为蓝色（R：173，G：180，B：194）到蓝色（R：83，G：89，B：103），“样式”更改为径向，“缩放”更改为150%，完成之后单击“确定”按钮，如图5.145所示。

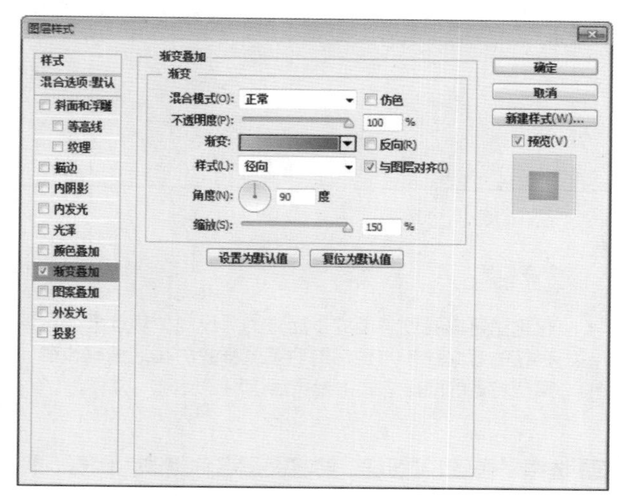

图5.145　设置渐变叠加

05 选择工具箱中的“椭圆工具”，在选项栏中将“填充”更改为白色，“描边”为无，在画布中按住Shift键绘制一个圆形，此时将生成一个“椭圆1”图层，如图5.146所示。

06 选中“椭圆1”图层，将其拖至面板底部的“创建新图层”按钮上，复制一个“椭圆1 拷贝”图层，如图5.147所示。

图5.146 绘制图形

图5.147 复制图层

07 在“图层”面板中，选中“椭圆1 拷贝”图层，单击面板底部的“添加图层样式”按钮fx，在菜单中选择“渐变叠加”命令，在弹出的对话框中将“混合模式”更改为正常，“渐变”更改为蓝色（R：92，G：97，B：110）到蓝色（R：216，G：220，B：229），完成之后单击“确定”按钮，如图5.148所示。

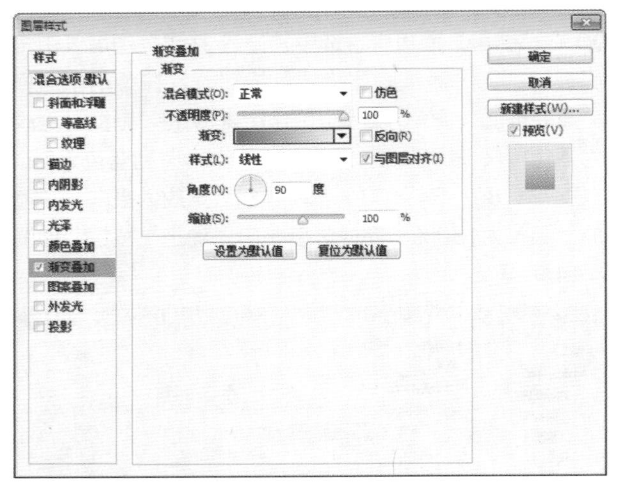
图5.148 设置渐变叠加

提示

在这里可以看到“渐变”后方的“反向”复选框，它存在的意义在于方便后期对图层样式的灵活编辑，在某些特定的图层样式中要灵活运用“反向”功能。

08 选中“椭圆1”图层，将其图层名称更改为阴影，再将其图形颜色更改为黑色，如图5.149所示。

09 选中“阴影”图层，将其拖至面板底部的“创建新图层”按钮上，复制出“阴影 拷贝”和“阴影 拷贝2”图层，如图5.150所示。

10 在“图层”面板中，选中“阴影 拷贝”图层，执行菜单栏中的“图层”|“栅格化”|“形状”命令，将当前图形栅格化，以同样的方法选中“阴影”和“阴影拷贝2”图层，将其栅格化，如图5.151所示。

11 选中“阴影”图层，执行菜单栏中的“滤镜”|“模糊”|“高斯模糊”命令，在弹出的对话框中将“半径”更改为6像素，设置完成之后单击“确定”按钮，如图5.152所示。

图5.149 更改图形颜色

图5.150 复制图层

图5.151 栅格化形状

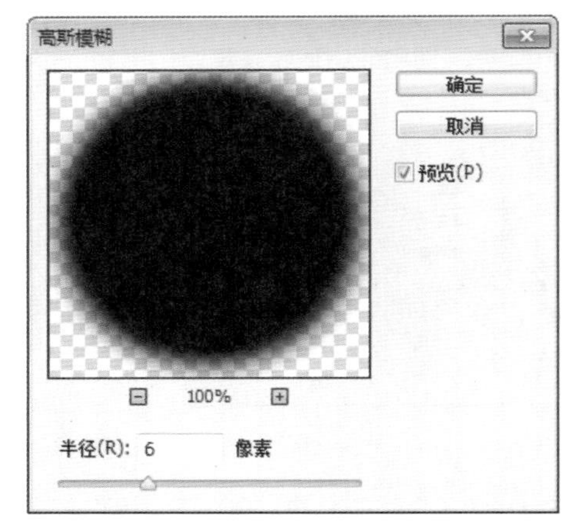
图5.152 设置高斯模糊

12 选中“阴影”图层，将其图层“不透明度”更改为50%，如图5.153所示。

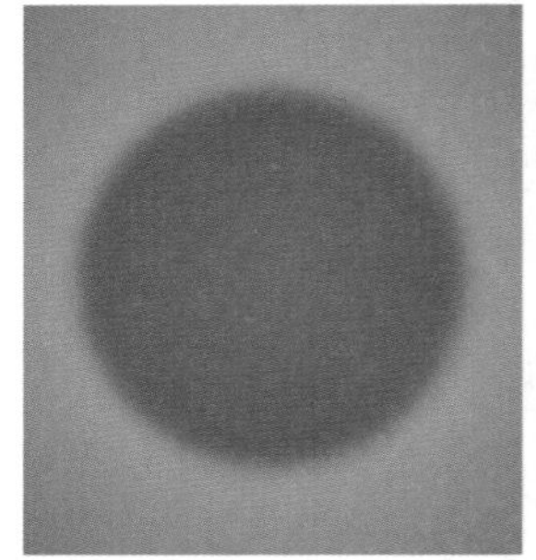
图5.153 更改图层不透明度

提示

在降低“阴影”图层不透明度的时候可先将“阴影 拷贝 2”及“阴影 拷贝”图层隐藏，以方便观察降低不透明度后的效果。

13 选中“阴影 拷贝”图层，按Ctrl+Alt+F组合键打开“高斯模糊”滤镜命令对话框，在弹出的对话框中将“半径”更改为3像素，设置完成之后单击“确定”按钮，如图5.154所示。

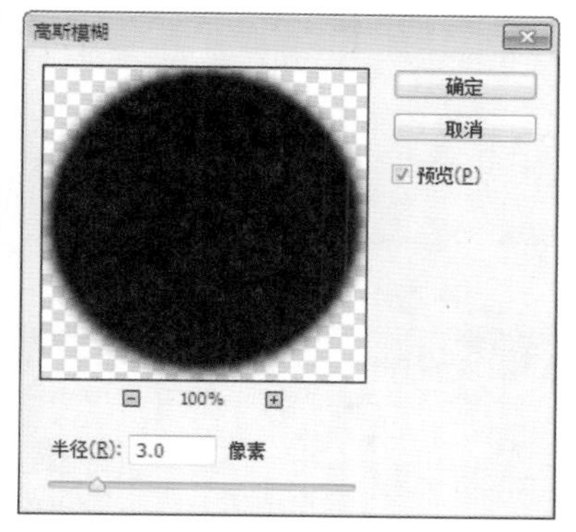

图5.154 设置高斯模糊

14 选中“阴影 拷贝”图层，将其图层“不透明度”更改为40%，在画布中将图形向下稍微移动，如图5.155所示。

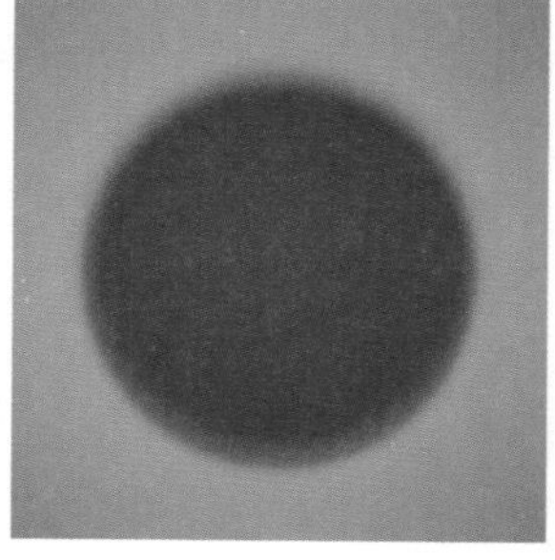

图5.155 更改图层不透明度并移动图形

15 选中“阴影 拷贝 2”图层，按Ctrl+F组合键为其添加高斯模糊效果，如图5.156所示。

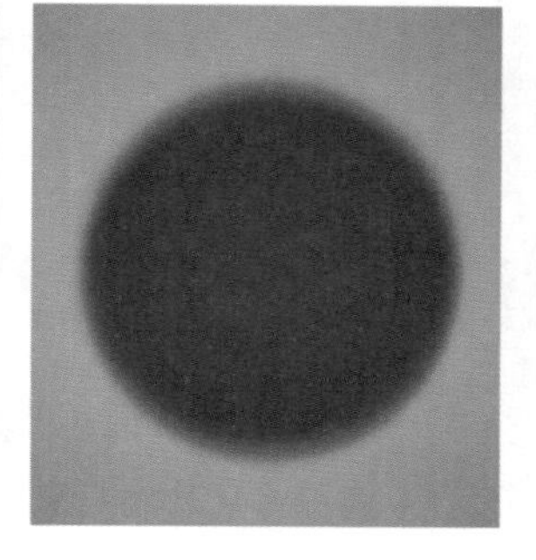

图5.156 添加高斯模糊效果

16 选中“阴影 拷贝 2”图层，在画布中按Ctrl+T组合键对其执行自由变换命令，将光标移至出现的变形框右侧并按住Alt键向里侧拖动，将图形宽度等比缩小，完成之后按Enter键确认，如图5.157所示。

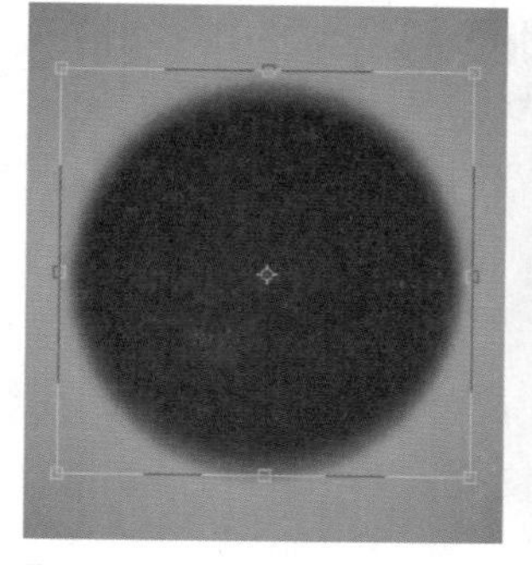

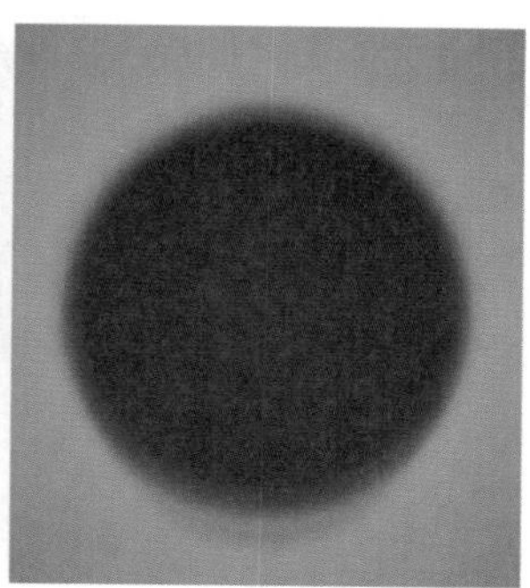

图5.157 变换图形

17 在“图层”面板中，选中“椭圆1”图层，将其拖至面板底部的“创建新图层”按钮上，复制一个“椭圆1 拷贝”图层，如图5.158所示。

18 双击“椭圆1 拷贝”图层名称，将其更改为“外壳”，如图5.159所示。

图5.159 复制图层

图5.159 更改图层名称

19 在“图层”面板中，选中“外壳”图层，将其拖至面板底部的“创建新图层”按钮上，复制一个“外壳 拷贝”图层。

20 双击“外壳 拷贝”图层名称，将其更改为“光”，如图5.160所示。

图5.160 复制图层并更改图层名称

步骤2 制作图标

01 在“图层”面板中，选中“光”图层，执行菜单栏中的“图层”|“栅格化”|“形状”命令，将当前图形栅格化，如图5.161所示。

02 选中“光”图层，在画布中按Ctrl+T组合键对其执行自由变换命令，当出现变形框以后按住Alt+Shift组合键将图形适当等比缩小，完成之后按Enter键确认，如图5.162所示。

图5.161 栅格化形状

图5.162 变换图形

> **提示**
>
> 在对“光”图层中的图形进行变换的时候可先将其图层样式隐藏。

03 选中“光”图层，执行菜单栏中的“滤镜”|“模糊”|“高斯模糊”命令，在弹出的对话框中将“半径”更改为2像素，设置完成之后单击“确定”按钮，如图5.163所示。

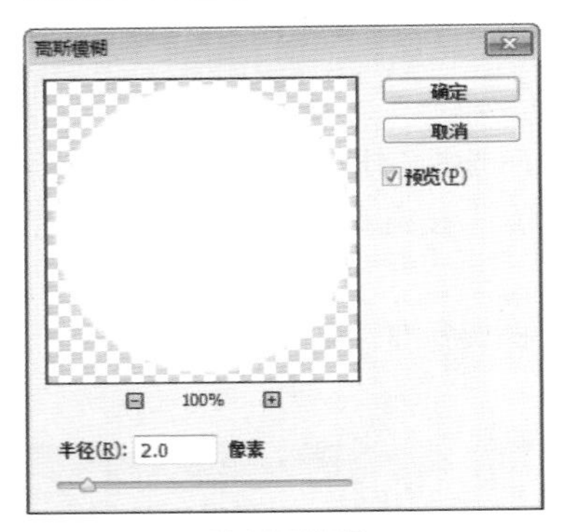

图5.163 设置高斯模糊

04 在“图层”面板中，双击“光”图层样式名称，在弹出的对话框中将“混合模式”更改为正常，“渐变”更改为蓝色（R：145，G：152，B：170）到蓝色（R：220，G：225，B：235），完成之后单击“确定”按钮，如图5.164示。

05 在“图层”面板中，选中“光”图层，将其拖至面板底部的“创建新图层”按钮上，复制一个“光 拷贝”图层，将“光 拷贝”图层样式删除，如图5.165所示。

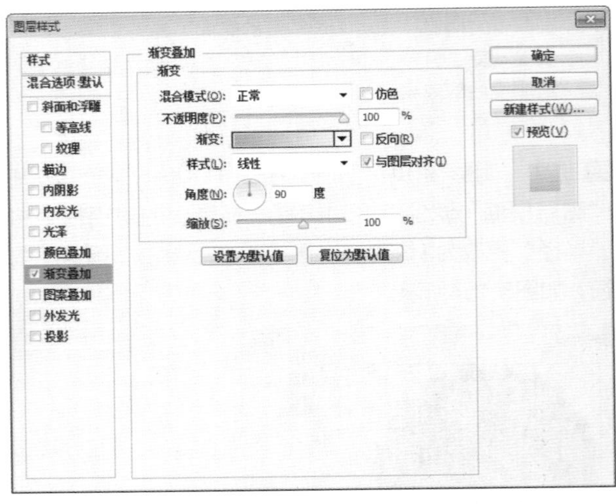

图5.164 设置渐变叠加

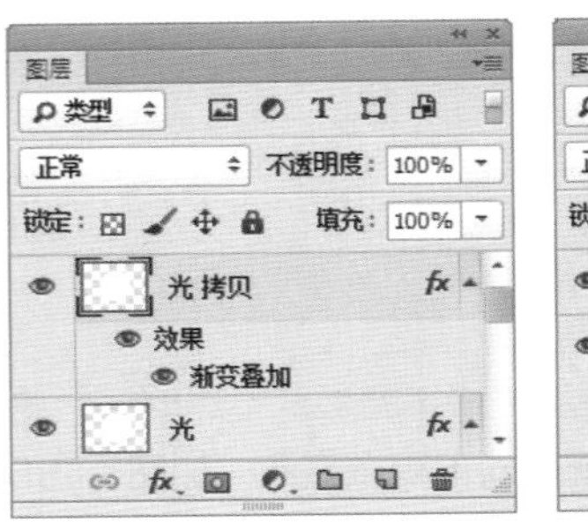

图5.165 复制图层并删除图层样式

06 在“图层”面板中，选中“光 拷贝”图层，单击面板底部的“添加图层样式”按钮 fx，在菜单中选择“内阴影”命令，在弹出的对话框中将“混合模式”更改为正常，“颜色”更改为灰色（R：90，G：96，B：107），取消“使用全局光”复选框，“角度”更改为-90度，“距离”更改为1像素，“大小”更改为1像素，完成之后单击“确定”按钮，如图5.166所示。

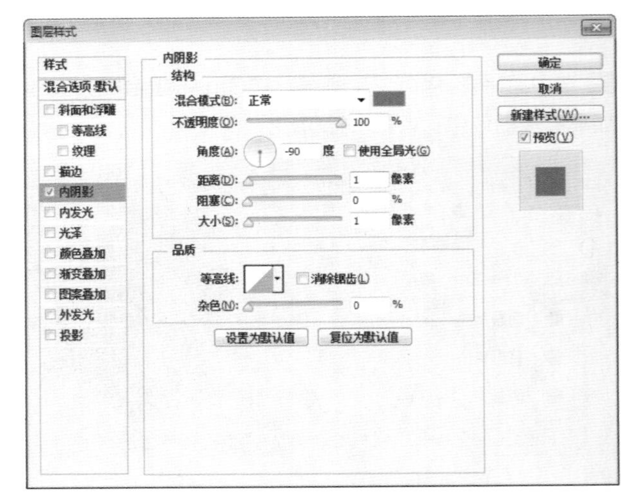

图5.166 设置内阴影

07 在“图层”面板中，选中“光 拷贝”图层，将其图层“填充”更改为0%，如图5.167所示。

图5.167 更改填充

08 在“图层”面板中，选中“光 拷贝”图层，将其拖至面板底部的“创建新图层”按钮上，复制一个“光 拷贝 2”图层，如图5.168所示。

09 选中“光 拷贝 2”图层，在画布中按Ctrl+T组合键对其执行自由变换命令，当出现变形框以后按住Alt+Shift组合键将图形等比缩小，完成之后按Enter键确认，如图5.169所示。

图5.168 复制图层

图5.169 变换图形

10 在“图层”面板中，双击“光 拷贝 2”图层样式名称，在弹出的对话框中将“混合模式”更改为正常，“颜色”更改为白色，“距离”更改为4像素，完成之后单击“确定”按钮，如图5.170所示。

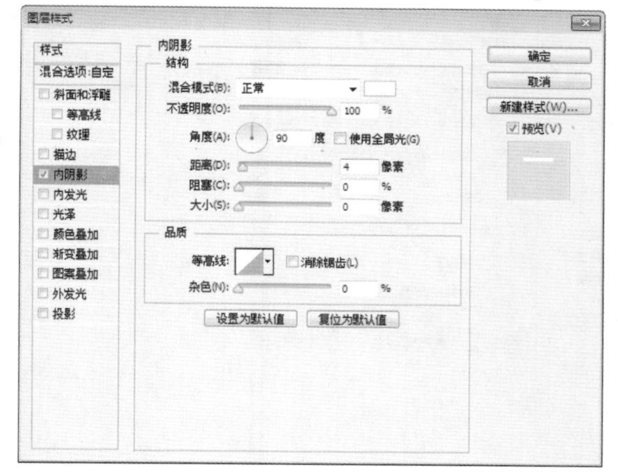

图5.170 设置内阴影

11 选择工具箱中的“椭圆工具”，在选项栏中将“填充”更改为青色（R：45，G：180，B：250），“描边”为无，在画布中按住Shift键绘制一个圆形，此时将生成一个“椭圆1”图层，双击此图层名称，将其更改为“凹槽”，如图5.171所示。

图5.171 绘制图形

12 在“图层”面板中，选中“凹槽”图层，单击面板底部的“添加图层样式”按钮，在菜单中选择“内阴影”命令，在弹出的对话框中将“混合模式”更改为正常，“颜色”更改为蓝色（R：3，G：43，B：117），取消“使用全局光”复选框，“角度”更改为90度，“距离”更改为2像素，“大小”更改为5像素，如图5.172所示。

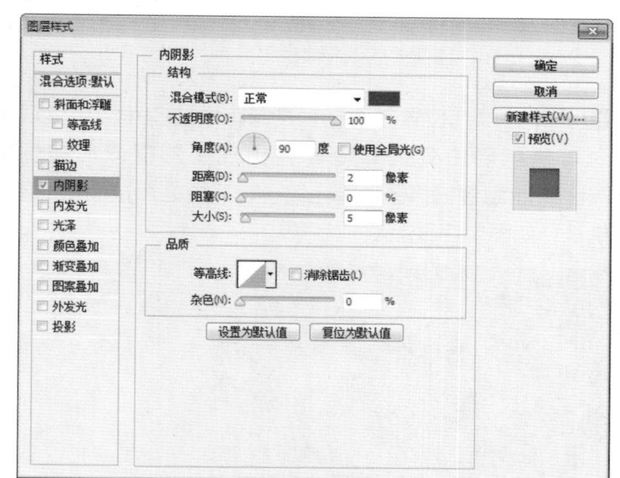

图5.172 设置内阴影

13 选中“投影”复选框，将“混合模式”更改为“滤色”，颜色为蓝色（R:0，G:126，B:255），取消“使用全局光”复选框，“角度”更改为90度，“距离”更改为3像素，“大小”更改为3像素，完成之后单击“确定”按钮，如图5.173所示。

14 在“图层”面板中，选中“凹槽”图层，将其拖至面板底部的“创建新图层”按钮上，复制一个“凹槽拷贝”图层，双击“凹槽 拷贝”图层名称，将其更改为“插孔位置”，如图5.174所示。

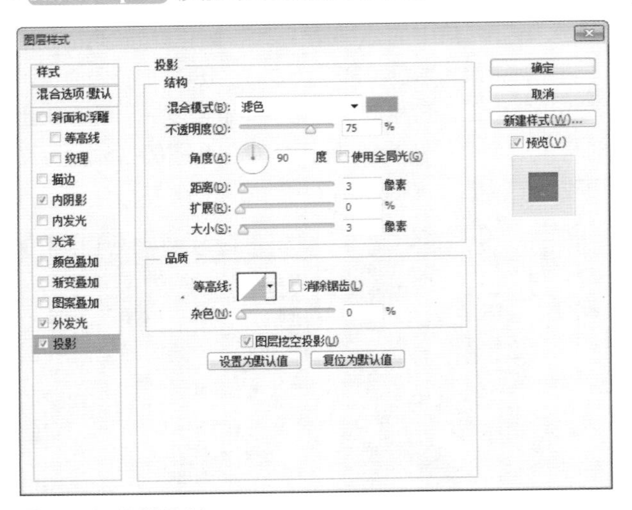

图5.173 设置投影

图5.174 复制图层并更改图层名称

15 选中“插孔位置”图层，在画布中按Ctrl+T组合键对其执行自由变换命令，当出现变形框以后按住Alt+Shift组合键将图形等比缩小，完成之后按Enter键确认，如图5.175所示。

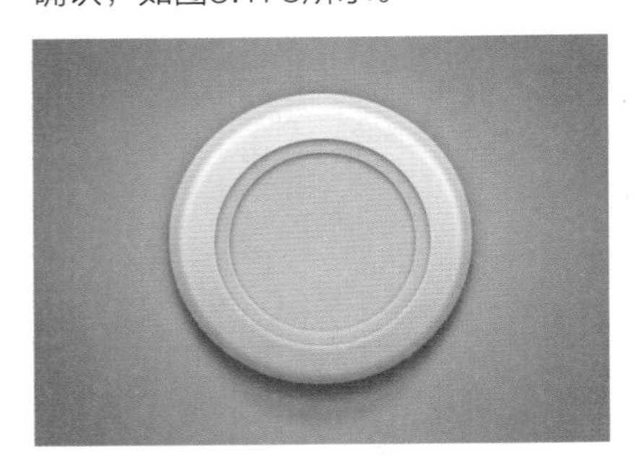

图5.175 变换图形

16 在“图层”面板中，双击“插孔位置”图层样式名称，在弹出的对话框中将“内阴影”的“颜色”更改为白色，“不透明度”更改为75%，“距离”更改为2像素，如图5.176所示。

17 选中“渐变叠加”复选框，将“渐变”更改为灰色（R：188，G：196，B：209）到灰色（R：229，G：233，B：240），如图5.177所示。

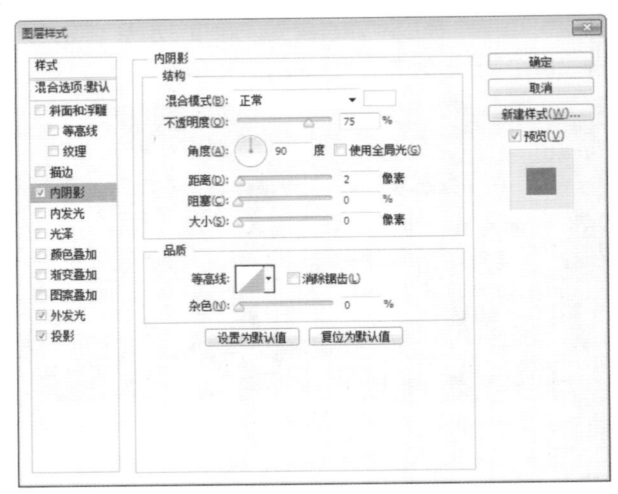

图5.176 设置内阴影

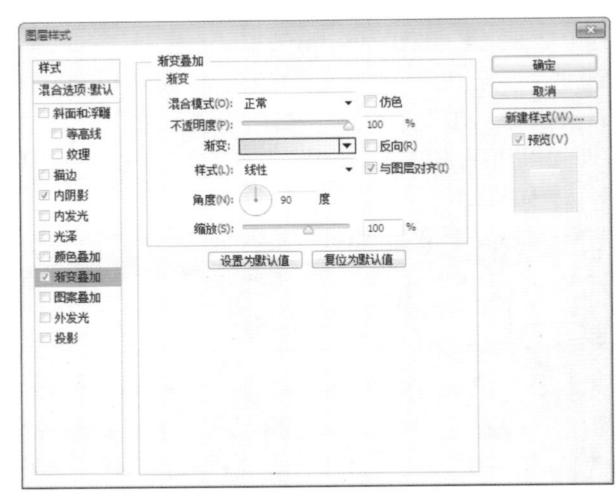

图5.177 设置渐变叠加

18 选中“投影”复选框，将“不透明度”更改为30%，取消“使用全局光”复选框，“角度”更改为90度，“距离”更改为2像素，“大小”更改为2像素，完成之后单击“确定”按钮，如图5.178所示。

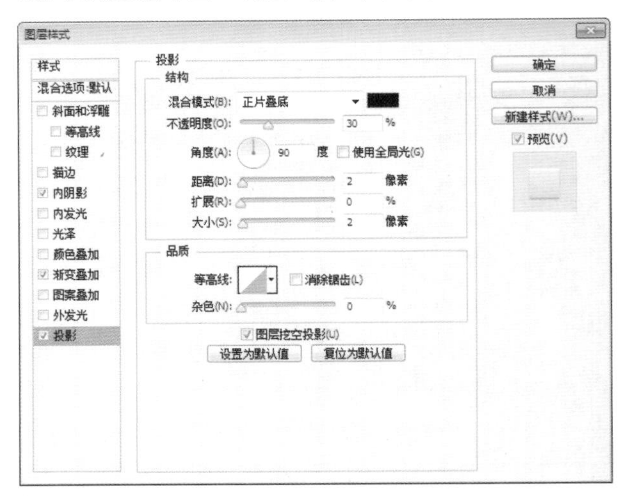

图5.178 设置投影

步骤3 制作插孔

01 选择工具箱中的“椭圆工具”，在选项栏中将“填充”更改为白色，“描边”为无，在图标上按住Shift键绘制一个圆形，此时将生成一个“椭圆1”图层，将其复制一份，如图5.179所示。

图5.179 绘制图形

02 在“图层”面板中，选中“椭圆1”图层，单击面板底部的“添加图层样式”按钮，在菜单中选择“内阴影”命令，在弹出的对话框中将“颜色”更改为蓝色（R：56，G：70，B：94），“不透明度”更改为20%，取消“使用全局光”复选框，“角度”更改为90度，“距离”更改为1像素，如图5.180所示。

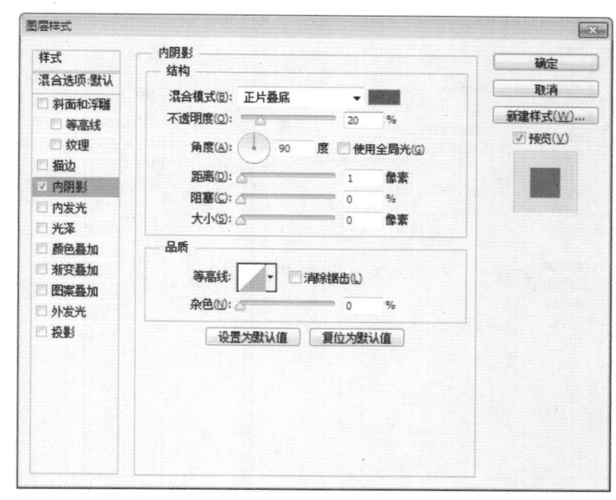

图5.180 设置内阴影

03 选中“渐变叠加”复选框，将“颜色”更改为灰色（R：230，G：234，B：240）到灰色（R：200，G：206，B：217），完成之后单击“确定”按钮，如图5.181所示。

04 在“图层”面板中，选中“椭圆1 拷贝”图层，单击面板底部的“添加图层样式”按钮，在菜单中选择“投影”命令，在弹出的对话框中将“颜色”更改为白色，取消“使用全局光”复选框，“角度”更改为90度，“距离”更改为1像素，完成之后单击“确定”按钮，如图5.182所示。

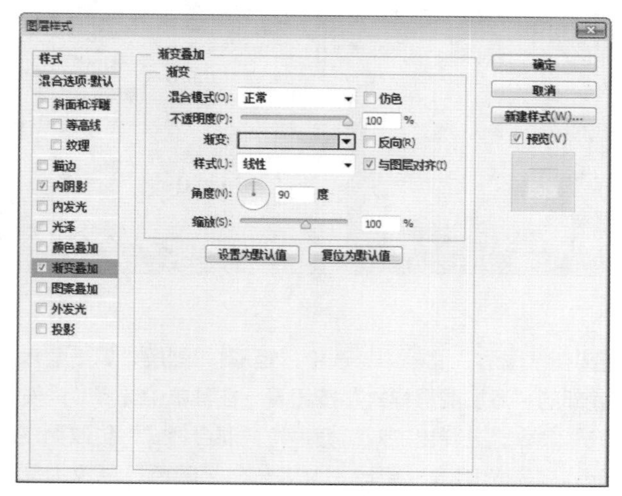

图5.181 设置渐变叠加

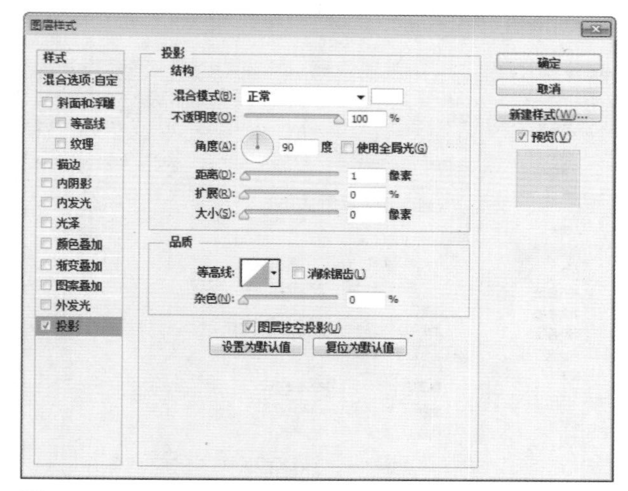

图5.182 设置投影

05 在“图层”面板中，选中“椭圆 1 拷贝”图层，将其图层“填充”更改为0%，如图5.183所示。

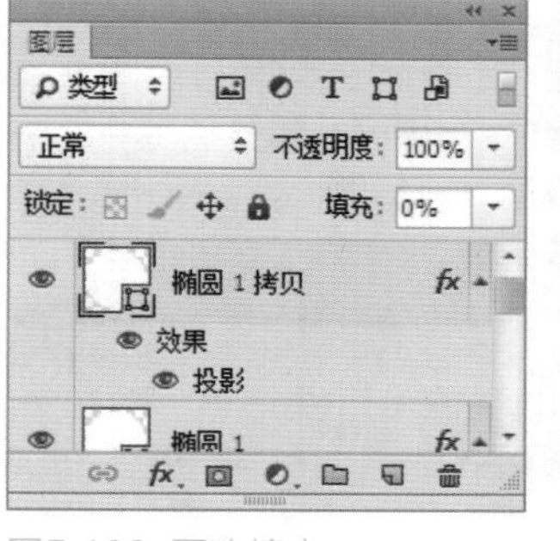

图5.183 更改填充

06 选择工具箱中的“矩形工具”，在选项栏中将“填充”更改为白色，“描边”为无，在刚才绘制的椭圆图形上绘制一个矩形，此时将生成一个“矩形1”图层，如图5.184所示。

图5.184 绘制图形

07 在“图层”面板中，选中“矩形1”图层，单击面板底部的“添加图层样式”按钮 fx，在菜单中选择“内发光”命令，在弹出的对话框中将“混合模式”更改为正常，“不透明度”更改为100%，“颜色”更改为黑色，“大小”更改为6像素，完成之后单击“确定”按钮，如图5.185所示。

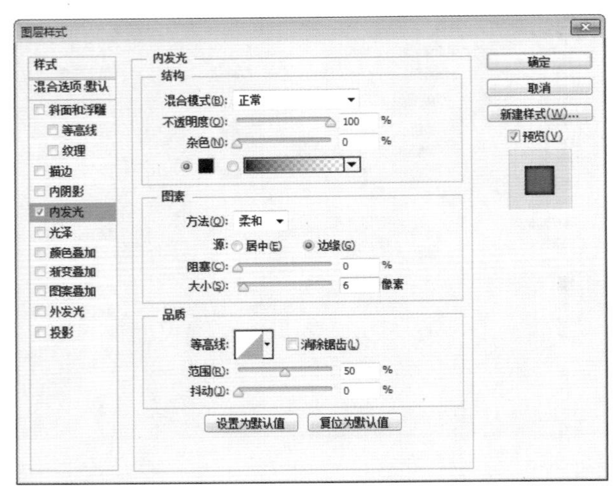

图5.185 设置内发光

08 选择工具箱中的“矩形工具”，在选项栏中将“填充”更改为灰色（R：77，G：84，B：96），“描边”为无，再次绘制一个矩形，此时将生成一个“矩形2”图层，选中“矩形2”图层，将其拖至面板底部的“创建新图层”按钮上，复制一个“矩形2 拷贝”图层，如图5.186所示。

图5.186 绘制图形并复制图层

09 在“图层”面板中，选中“矩形2”图层，单击面板底部的“添加图层样式”按钮 fx，在菜单中选择“内阴影”命令，在弹出的对话框中将“不透明度”更改为50%，取消“使用全局光”复选框，“角度”更改为90度，“距离”更改为1像素，完成之后单击“确定”按钮，如图5.187所示。

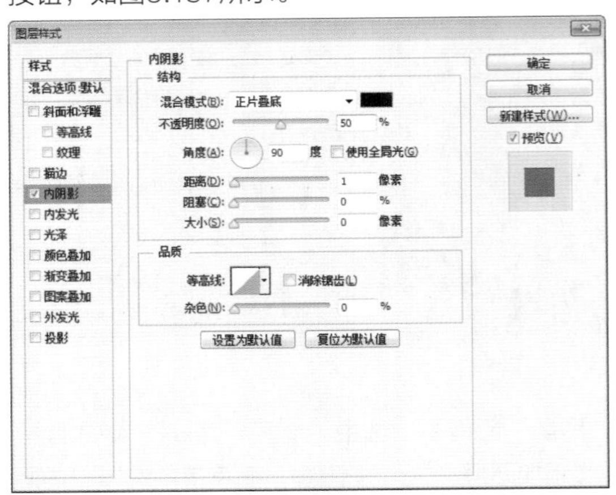

图5.187 设置内阴影

10 选中“渐变叠加”复选框，将“混合模式”更改为正常，“渐变”更改为灰色（R：232，G：232，B：232）到灰色（R：214，G：214，B：214），如图5.188所示。

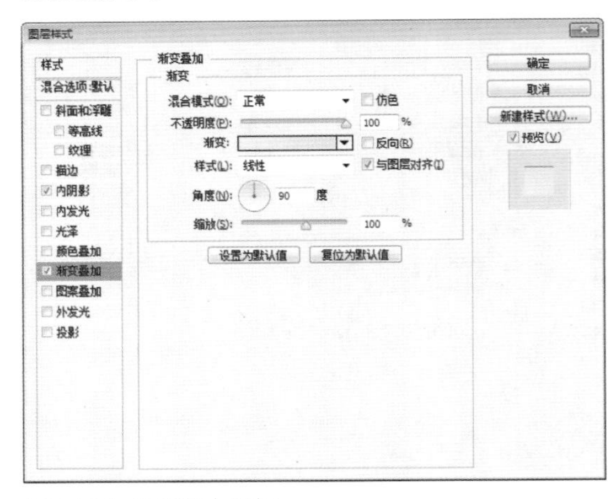

图5.188 设置渐变叠加

11 选中“投影”复选框，将“混合模式”更改为正常，“颜色”更改为白色，取消“使用全局光”复选框，“角度”更改为90度，“距离”更改为1像素，完成之后单击“确定”按钮，如图5.189所示。

12 选中“矩形 2 拷贝”图层，将其图形颜色更改为黑色，再将图形适当等比缩小，如图5.190所示。

13 同时选中“矩形 2 拷贝”及“矩形 2”图层，在画布中按Ctrl+T组合键对其执行自由变换命令，当出现变形框以后将图形适当旋转，完成之后按Enter键确认，如图5.191所示。

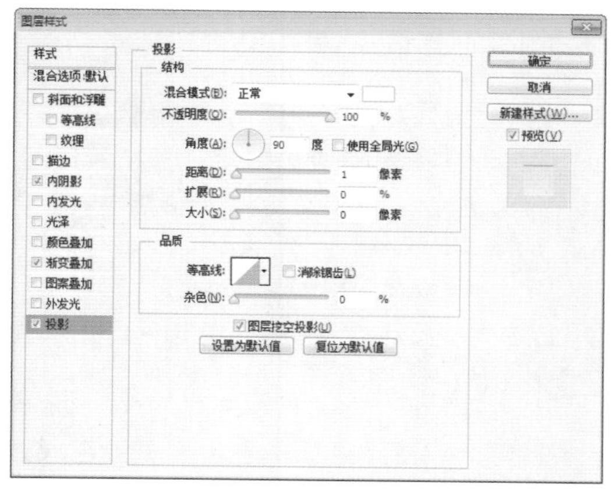

图5.189 设置投影

图5.190 更改图形颜色并缩小图形

图5.191 旋转图形

14 同时选中“矩形 2 拷贝”及“矩形 2”图层，在画布中按住Alt+Shift组合键向右侧拖动，将图形复制，此时将生成两个图层，如图5.192所示。

图5.192 复制图形

15 保持两个复制的图层选中状态，在画布中按Ctrl+T组合键对其执行自由变换命令，将光标移至出现的变形框上单击鼠标右键，从弹出的快捷菜单中选择“水平翻转”命令，完成之后按Enter键确认，这样就完成了效果制作，最终效果如图5.193所示。

图5.193 变换图形及最终效果

实 例 086　写实电吉他图标制作

实例分析

本例讲解写实电吉他图标制作，此款图标的外观十分真实，以超形象的吉他面板造型与富有质感的材质效果，完美地表现出图标的写实感，最终效果如图5.194所示。

- **素材位置** | 素材文件\第5章\写实电吉他图标
- **案例位置** | 案例文件\第5章\写实电吉他图标.psd
- **视频位置** | 多媒体教学\实例086　写实电吉他图标制作.avi
- **难易指数** | ★★★★☆

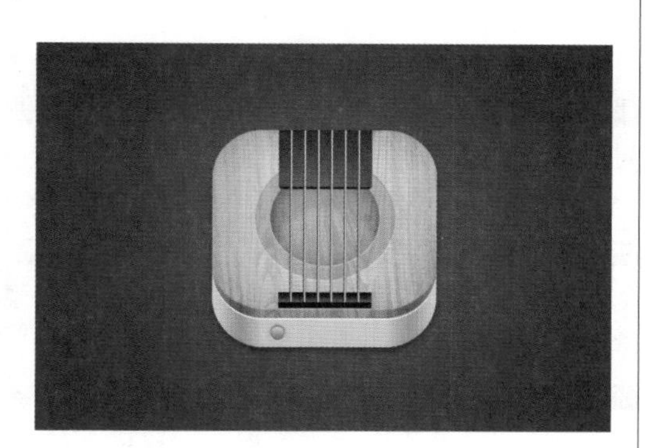

图5.194 最终效果

步骤1 制作图标主体

01 执行菜单栏中的"文件"|"新建"命令，在弹出的对话框中设置"宽度"为700像素，"高度"为500像素，"分辨率"为72像素/英寸，新建一个空白画布。

02 选择工具箱中的"渐变工具"，编辑深蓝色（R：45，G：56，B：77）到深蓝色（R：12，G：16，B：28）的渐变，单击选项栏中的"径向渐变"按钮，在画布中拖动填充渐变，如图5.195所示。

图5.195 填充渐变

03 选择工具箱中的"圆角矩形工具"，在选项栏中将"填充"更改为白色，"描边"为无，"半径"为60像素，按住Shift键绘制一个圆角矩形，将生成一个"圆角矩形 1"图层，如图5.196所示。

图5.196 绘制图形

04 在"图层"面板中，选中"圆角矩形 1"图层，将其拖至面板底部的"创建新图层"按钮上，复制1个"圆角矩形 1 拷贝"图层。

05 在"图层"面板中，选中"圆角矩形 1"图层，单击面板底部的"添加图层样式"按钮，在菜单中选择"渐变叠加"命令。

06 在弹出的对话框中将"渐变"更改为灰色系渐变，"角度"为0度，完成之后单击"确定"按钮，如图5.197所示。

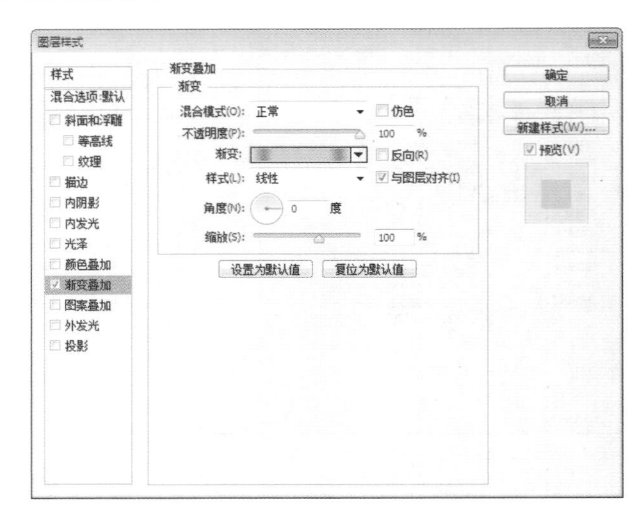

图5.197 设置渐变叠加

07 选中"圆角矩形 1 拷贝"图层，按Ctrl+T组合键对其执行"自由变换"命令，将图形高度缩小，完成之后按Enter键确认，如图5.198所示。

08 执行菜单栏中的"文件"|"打开"命令，打开"木纹.jpg"文件，将打开的素材拖入画布中并适当缩小，如图5.199所示。

图5.198 缩小图形

图5.199 添加素材

09 执行菜单栏中的"图层"|"创建剪贴蒙版"命令，为当前图层创建剪贴蒙版将部分图像隐藏，再将图像适当缩小，如图5.200所示。

图5.200 创建剪贴蒙版

10 同时选中"图层 1"及"圆角矩形 1 拷贝"图层，按Ctrl+E组合键将其合并，此时将生成一个"图层1"图层，选中"图层1"图层，将其拖至面板底部的"创建新图层”按钮上，复制1个“图层1 拷贝”图层。

11 在“图层”面板中，选中“图层1”图层，将其图层混合模式设置为“正片叠底”，并适当向上缩小“图层1拷贝”的高度如图5.201所示。

图5.201　设置图层混合模式并调整高度

步骤2　制作金属质感

01 选择工具箱中的“矩形工具”，在选项栏中将“填充”更改为白色，“描边”为无，绘制一个矩形，将生成一个“矩形 1”图层，将其移至“圆角矩形 1”图层上方，如图5.202所示。

图5.202　绘制图形

02 执行菜单栏中的“滤镜”|“杂色”|“添加杂色”命令，在弹出的对话框中在弹出的对话框中单击“栅格化”按钮，再弹出的设置对话框中，分别选中“高斯分布”复选按钮及“单色”复选框，将“数量”更改为150%，完成之后单击“确定”按钮，如图5.203所示。

03 执行菜单栏中的“滤镜”|“模糊”|“动感模糊”命令，在弹出的对话框中将“角度”更改为90度，“距离”更改为200像素，设置完成之后单击“确定”按钮，如图5.204所示。

图5.203　添加杂色

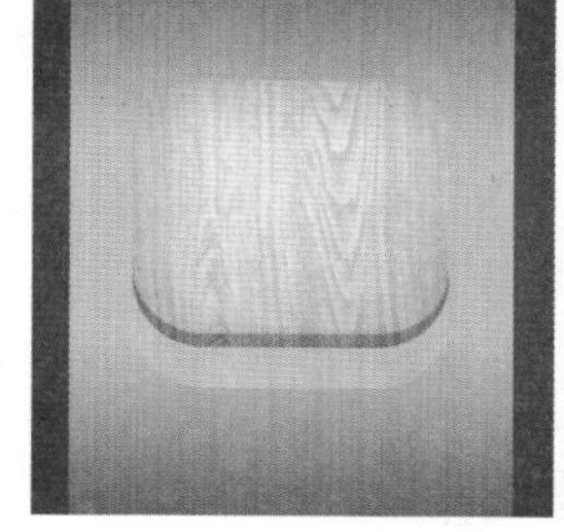

图5.204　添加动感模糊

04 选中“矩形1”图层，将其图层混合模式设置为“叠加”，“不透明度”更改为60%，如图5.205所示。

图5.205　设置图层混合模式

05 按住Ctrl键单击“圆角矩形 1”图层缩览图，将其载入选区，再按住Ctrl＋Alt键单击“图层 1”图层缩览图，将部分图像从选区中减去，如图5.206所示。

06 执行菜单栏中的“选择”|“反向”命令将选区反向，按Delete键将选区中图像删除，完成之后按Ctrl+D组合键将选区取消，如图5.207所示。

图5.206　载入选区

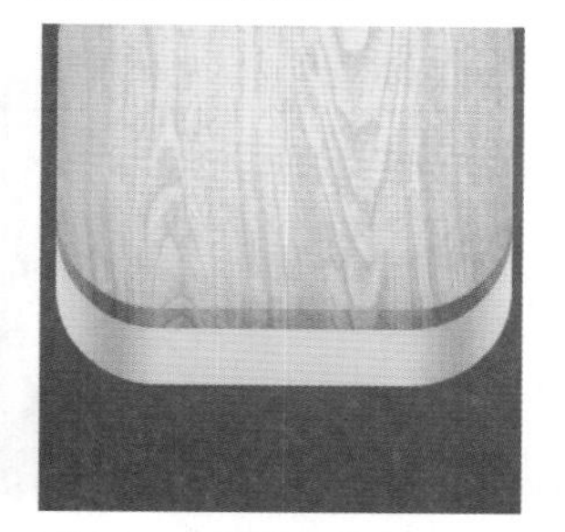

图5.207　删除图像

步骤3　绘制装饰元素

01 选择工具箱中的“椭圆工具”，在选项栏中将“填充”更改为白色，“描边”为无，在图标左下角按住Shift键绘制一个圆形，将生成一个“椭圆 1”图层，如图5.208所示。

02 在“图层”面板中，选中“椭圆 1”图层，将其拖至面板底部的“创建新图层”按钮上，复制1个“椭圆 1 拷贝”图层。

03 选择“椭圆1拷贝”图层，按Ctrl+T组合键对其执行“自由变换”命令，将图形等比缩小，完成之后按Enter键确认，如图5.209所示。

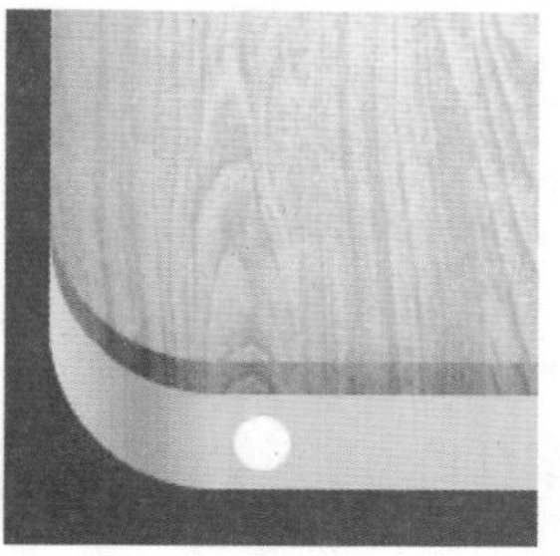

图5.208　绘制图形

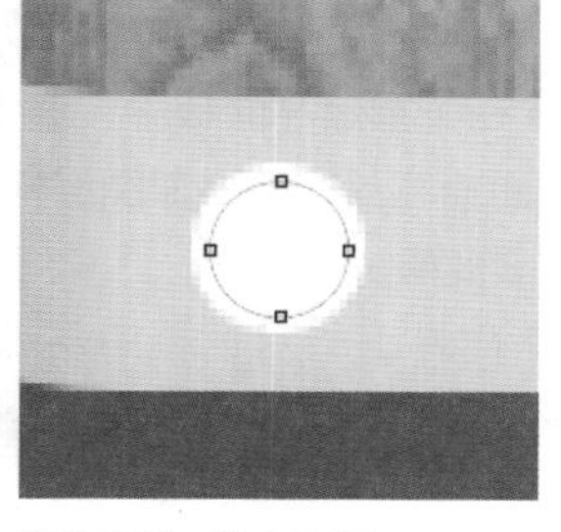

图5.209　缩小图形

04 在“图层”面板中，选中“椭圆 1”图层，单击面板底部的“添加图层样式”按钮 *fx*，在菜单中选择“渐变叠加”命令。

05 在弹出的对话框中将“渐变”更改为红色（R：255，G：222，B：213）到红色（R：143，G：70，B：62），如图5.210所示。

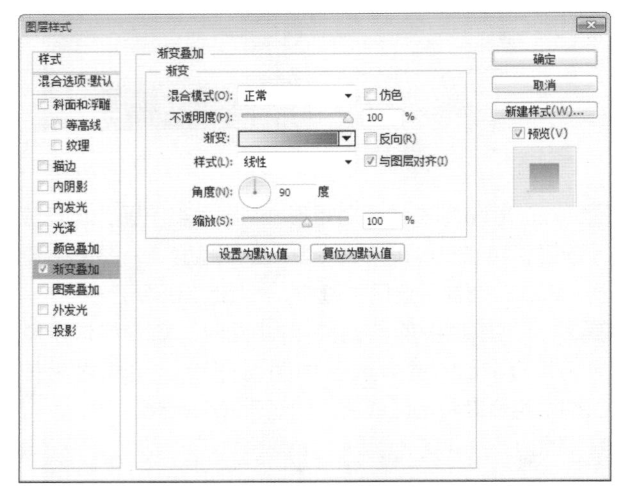

图5.210 设置渐变叠加

06 选中“外发光”复选框，将“混合模式”更改为叠加，“颜色”更改为红色（R：255，G：72，B：0），“大小”更改为8像素，完成之后单击“确定”按钮，如图5.211所示。

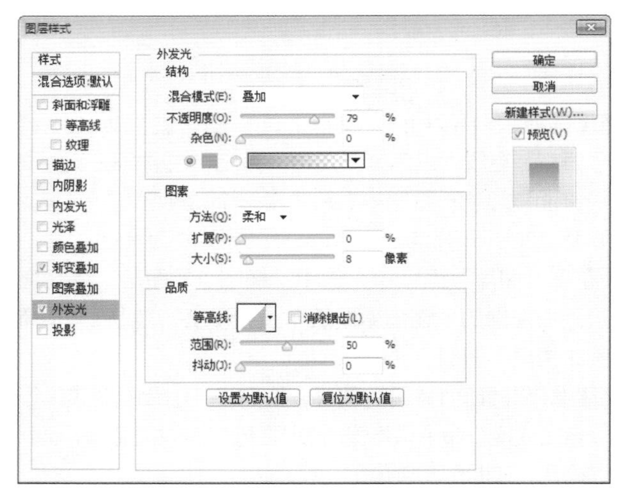

图5.211 设置外发光

07 在“图层”面板中，选中“椭圆 1 拷贝”图层，单击面板底部的“添加图层样式”按钮 *fx*，在菜单中选择“渐变叠加”命令。

08 在弹出的对话框中将“渐变”更改为红色（R：207，G：21，B：2）到浅红色（R：255，G：243，B：239），如图5.212所示。

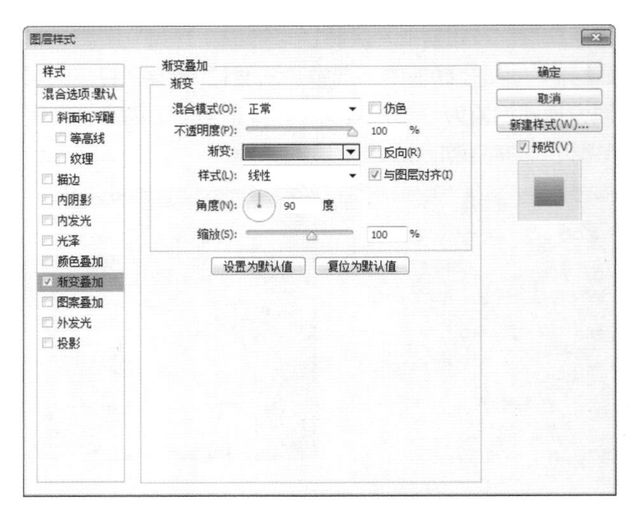

图5.212 设置渐变叠加

09 选中“内发光”复选框，将“混合模式”更改为叠加，“不透明度”更改为100%，“颜色”更改为深红色（R：40，G：12，B：4），“大小”更改为2像素，完成之后单击“确定”按钮，如图5.213所示。

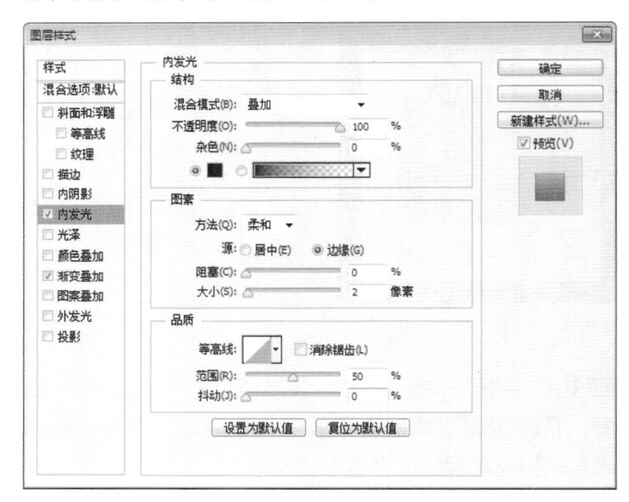

图5.213 设置内发光

10 在“图层”面板中，选中“图层 1”图层，单击面板底部的“添加图层样式”按钮 *fx*，在菜单中选择“投影”命令。

11 在弹出的对话框中将“混合模式”更改为叠加，“颜色”更改为白色，“不透明度”更改为100%，取消“使用全局光”复选框，将“角度”更改为90度，“距离”更改为2像素，“大小”更改为0像素，完成之后单击“确定”按钮，如图5.214所示。

12 以同样方法选中“图层 1 拷贝”图层，单击面板底部的“添加图层样式”按钮 *fx*，在菜单中选择“投影”命令。

13 在弹出的对话框中将“混合模式”更改为叠加，

“颜色”更改为白色，取消“使用全局光”复选框，将“角度”更改为90度，“距离”更改为1像素，“大小”更改为1像素，完成之后单击“确定”按钮，如图5.215所示。

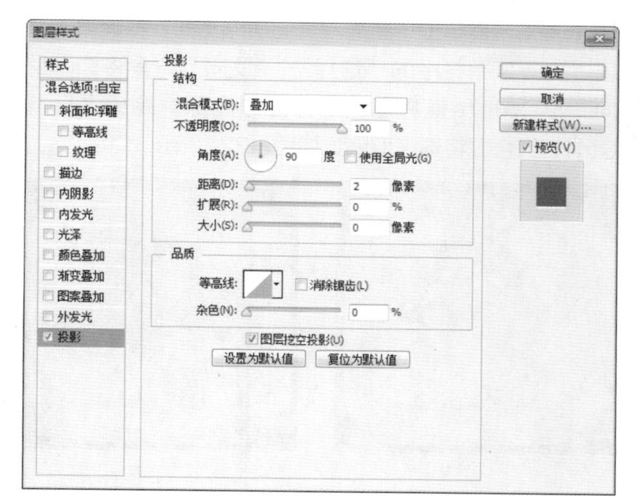

图5.214 设置投影

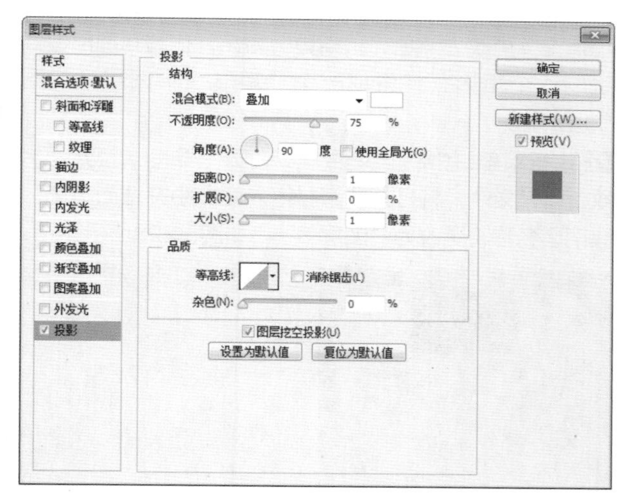

图5.215 设置投影

14 选择工具箱中的“椭圆工具”，在选项栏中将“填充”更改为深黄色（R：180，G：138，B：4），“描边”为无，绘制一个椭圆图形，将生成一个“椭圆 2”图层，如图5.216所示。

15 在“图层”面板中，选中“椭圆 2”图层，将其图层混合模式设置为“正片叠底”，“不透明度”更改为50%，如图5.217所示。

16 在“图层”面板中，单击面板底部的“添加图层样式”按钮*fx*，在菜单中选择“内阴影”命令。

17 在弹出的对话框中将“颜色”更改为深红色（R：100，G：40，B：0），取消“使用全局光”复选框，“角度”更改为90度，“距离”更改为2像素，“大小”更改为1像素，如图5.218所示。

图5.216 绘制图形

图5.217 设置图层混合模式

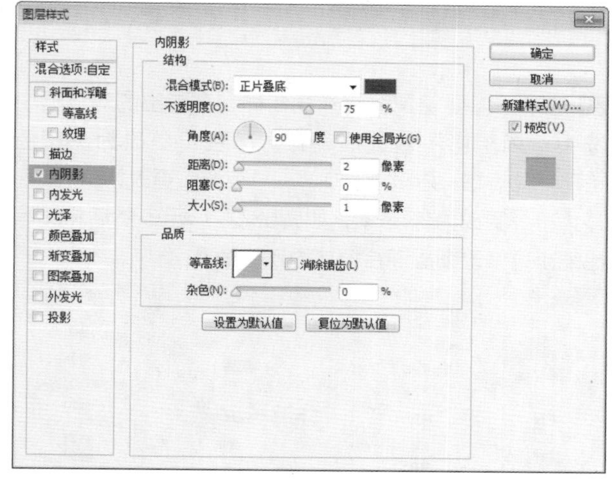

图5.218 设置内阴影

18 选中“投影”复选框，将“混合模式”更改为叠加，“颜色”更改为白色，取消“使用全局光”复选框，将“角度”更改为90度，“距离”更改为2像素，“大小”更改为2像素，完成之后单击“确定”按钮，如图5.219所示。

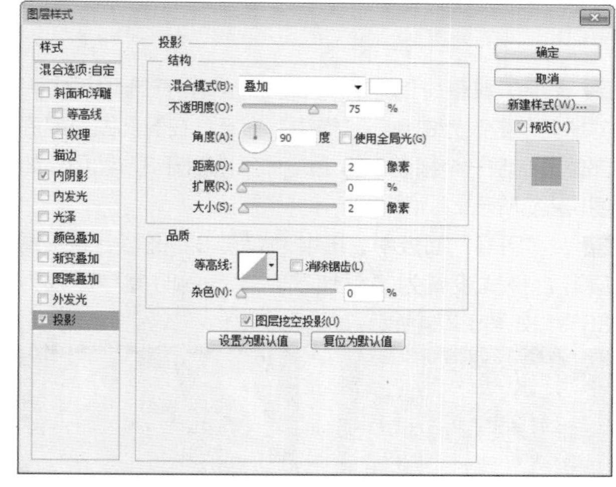

图5.219 设置投影

19 按住Ctrl键单击“椭圆 2”图层缩览图，将其载入选区，如图5.220所示。

20 选中“图层 1 拷贝”图层，执行菜单栏中的“图

层”|“新建”|“通过拷贝的图层”命令，此时将生成一个“图层 2”图层，如图5.221所示。

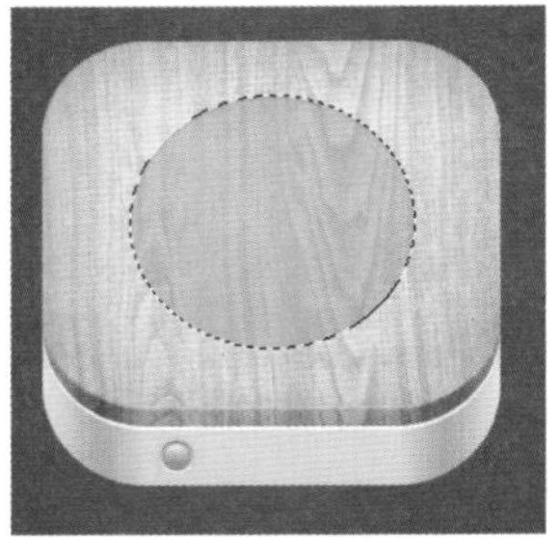

图5.220 载入选区

图5.221 通过拷贝的图层

21 选中“图层 2”图层样式名称，在弹出的对话框中选中“内阴影”复选框，将“颜色”更改为深黄色（R：50，G：24，B：0），“距离”更改为5像素，“大小”更改为30像素，如图5.222所示。然后将其等比缩小并修改图层混合模式为正片叠底

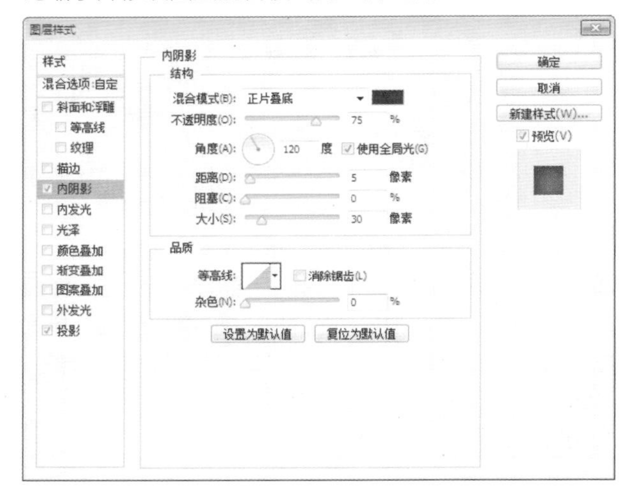

图5.222 设置内阴影

22 选择工具箱中的“椭圆工具”，在选项栏中将“填充”更改为白色，“描边”为无，在圆孔图形靠底部位置绘制一个椭圆，将生成一个“椭圆 3”图层，如图5.223所示。

23 在“图层”面板中，选中“椭圆 3”图层，将其图层混合模式设置为“叠加”，“不透明度”更改为30%，如图5.224所示。

图5.223 绘制图形

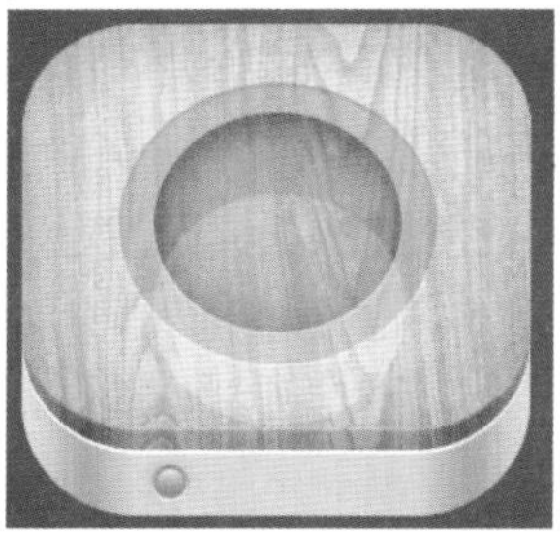

图5.224 设置图层混合模式

24 执行菜单栏中的“滤镜”|“模糊”|“高斯模糊”命令，在弹出的对话框中单击“栅格化”按钮，然后在弹出的对话框中将“半径”更改为5像素，完成之后单击“确定”按钮，如图5.225所示。

25 按住Ctrl键单击“图层 2”图层缩览图，将其载入选区，执行菜单栏中的“选择”|“反向”命令将选区反向，按Delete键将选区之外图像删除，完成之后按Ctrl+D组合键将选区取消，如图5.226所示。

图5.225 添加高斯模糊

图5.226 删除图像

26 选择工具箱中的“矩形工具”，在选项栏中将“填充”更改为黑色，“描边”为无，在圆孔顶部位置绘制一个矩形，将生成一个“矩形 2”图层，如图5.227所示。

27 执行菜单栏中的“文件”|“打开”命令，打开“木纹.jpg”文件，将打开的素材拖入画布中并适当缩小，其图层名称将更改为“图层 3”，如图5.228所示。

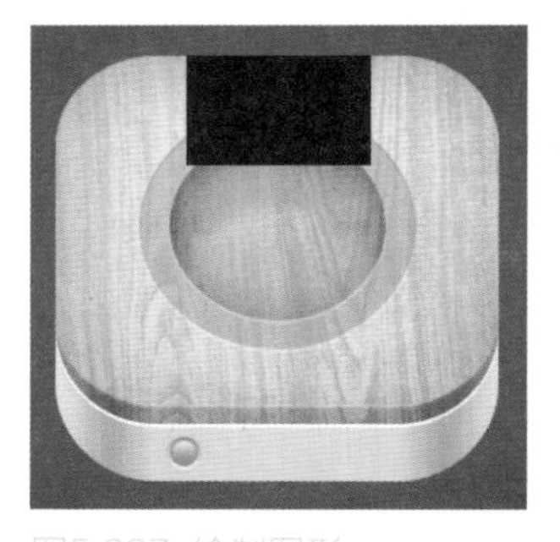

图5.227 绘制图形

图5.228 添加素材

28 执行菜单栏中的“图层”|“创建剪贴蒙版”命令，为当前图层创建剪贴蒙版将部分图像隐藏，如图5.229所示。

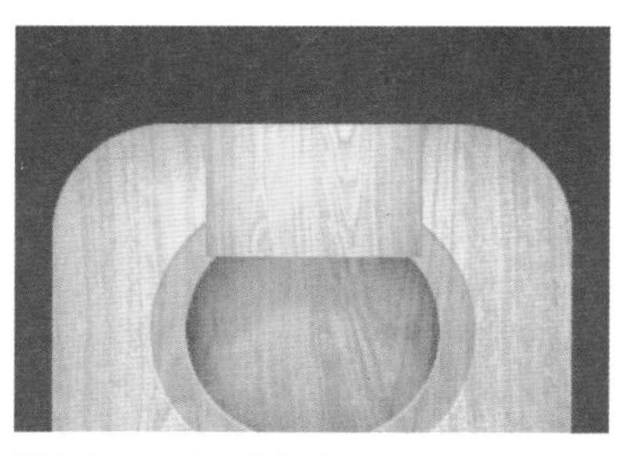

图5.229 创建剪贴蒙版

29 在“图层”面板中，选中“图层 3”图层，单击面板底部的“添加图层样式”按钮fx，在菜单中选择“渐变叠加”命令。

30 在弹出的对话框中将“混合模式”更改为正片叠底，“渐变”更改为深黄色（R：143，G：98，B：62）到深黄色（R：30，G：10，B：2），完成之后单击“确定”按钮，如图5.230所示。

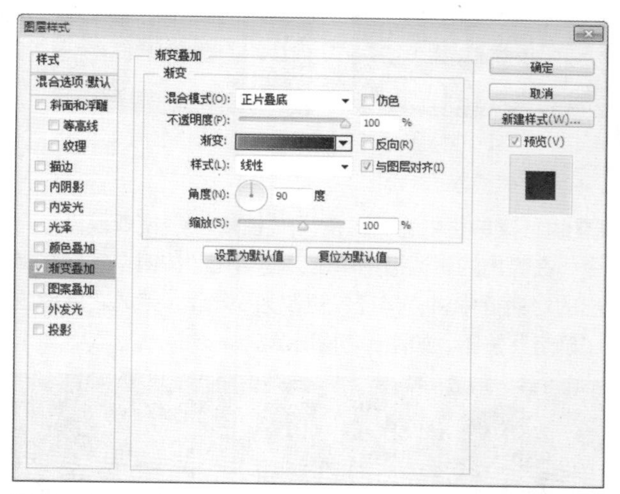

图5.230 设置渐变叠加

31 选择工具箱中的“钢笔工具”，在选项栏中单击“选择工具模式”按钮路径，在弹出的选项中选择“形状”，将“填充”更改为深黄色（R：25，G：7，B：0），“描边”更改为无。

32 在刚才绘制的矩形底部位置绘制1个不规则图形制作厚度效果，如图5.231所示。

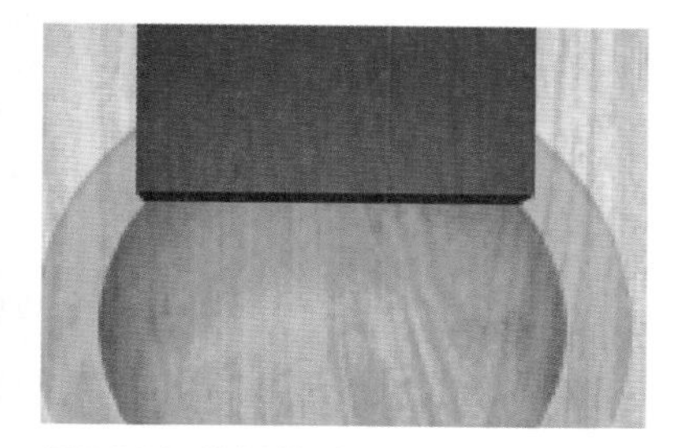

图5.231 绘制图形

33 选择工具箱中的“矩形工具”，在选项栏中将“填充”更改为黑色，“描边”更改为无，绘制一个矩形，将生成一个“矩形 3”图层，如图5.232所示。

34 在“图层”面板中，选中“矩形 3”图层，将其拖至面板底部的“创建新图层”按钮上，复制1个“矩形 3拷贝”图层，将“矩形 3拷贝”图层中图形“填充”更改为白色，再缩小其高度，如图5.233所示。

35 在“图层”面板中，选中“矩形 3 拷贝”图层，单击面板底部的“添加图层蒙版”按钮，为其添加图层蒙版，如图5.234所示。

36 选择工具箱中的“渐变工具”，编辑黑色到白色的渐变，单击选项栏中的“线性渐变”按钮，在图形上拖动将部分图形隐藏，如图5.235所示。

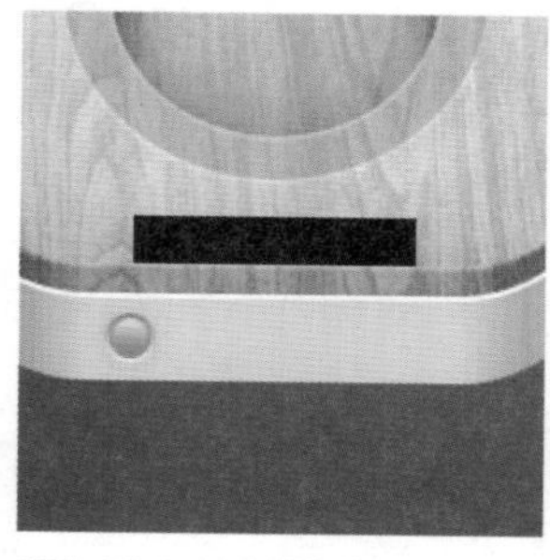

图5.232 绘制图形

图5.233 缩小高度

图5.234 添加图层蒙版

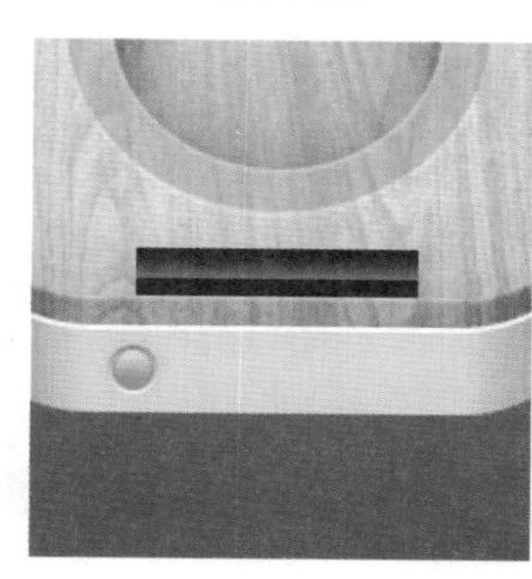

图5.235 隐藏图像

37 选择工具箱中的“矩形工具”，在选项栏中将“填充”更改为白色，“描边”为无，绘制一个细长矩形，将生成一个“矩形 4”图层，如图5.236所示。

38 按Ctrl+Alt+T组合键将圆向右侧平移复制1份，如图5.237所示。

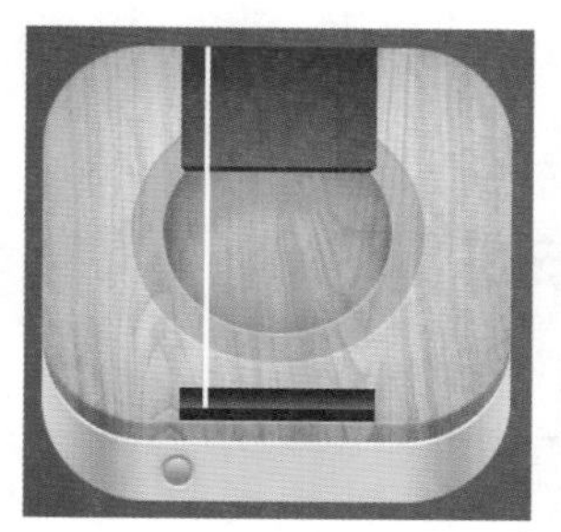

图 5.236 绘制图形

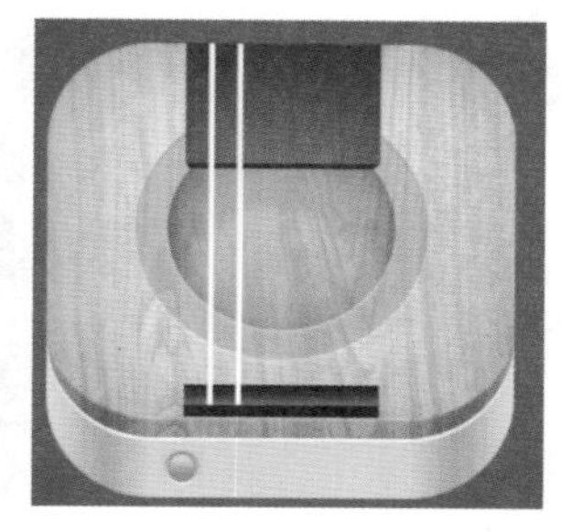

图5.237 变换复制

39 按住Ctrl+Alt+Shift组合键的同时按多次T键，执行多重复制命令，将图形复制多份，如图5.238所示。

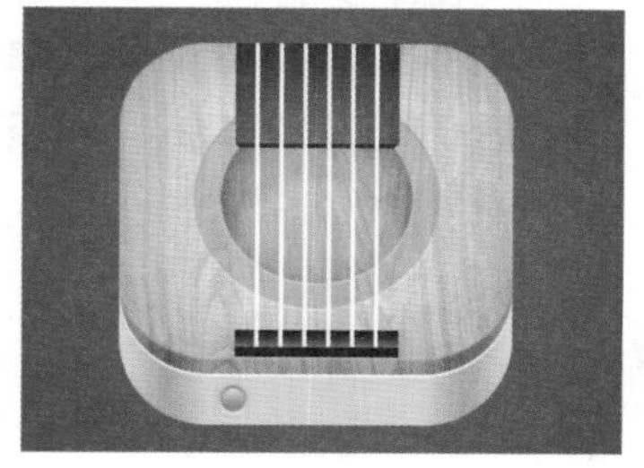

图5.238 多重复制

40 在“图层”面板中，选中“矩形 4”图层，单击面板底部的“添加图层样式”按钮fx，在菜单中选择“渐变叠加”命令。

41 在弹出的对话框中将“渐变”更改为灰色（R：34，G：34，B：34）到白色再到灰色（R：34，G：34，B：34），将白色色标位置更改为40%，第2个灰色色标位置更改为80%，“角度”为0度，完成之后单击“确定”按钮，如图5.239所示。

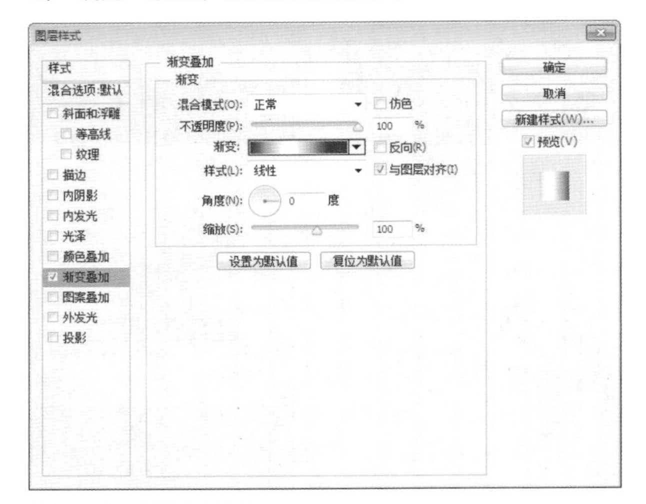

图5.239 设置渐变叠加

42 在“矩形 4”图层名称上单击鼠标右键，从弹出的快捷菜单中选择“拷贝图层样式”命令，同时选中其他几个与矩形4相关图层，在其名称上单击鼠标右键，从弹出的快捷菜单中选择“粘贴图层样式”命令，如图5.240所示。

43 选择工具箱中的“圆角矩形工具”▢，在选项栏中将“填充”更改为深蓝色（R：4，G：10，B：22），绘制一个圆角矩形，将其移至“背景”图层上方，如图5.241所示。

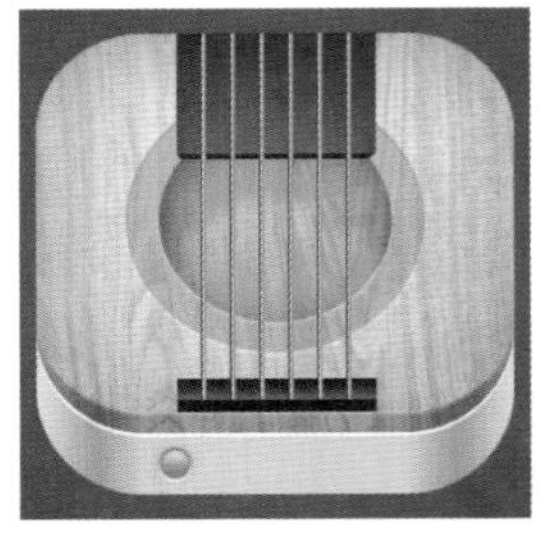

图5.240 拷贝并粘贴图层样式

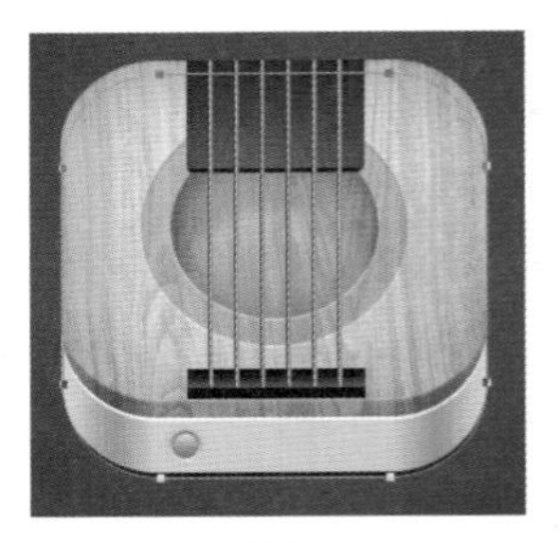

图5.241 绘制图形

44 执行菜单栏中的“滤镜”|“模糊”|“高斯模糊”命令，在弹出的对话框中单击“栅格化”按钮，然后在弹出的对话框中将“半径”更改为5像素，完成之后单击“确定”按钮，如图5.242所示。

图5.242 添加高斯模糊

实例 087 银质小按钮

实例分析

本例讲解的是银质小按钮，其制作过程十分简单，重点在于把握好按钮的质感表现力，最终效果如图5.243所示。

- **素材位置 |** 无
- **案例位置 |** 案例文件\第5章\银质小按钮.psd
- **视频位置 |** 多媒体教学\实例087 银质小按钮.avi
- **难易指数 |** ★★★★☆

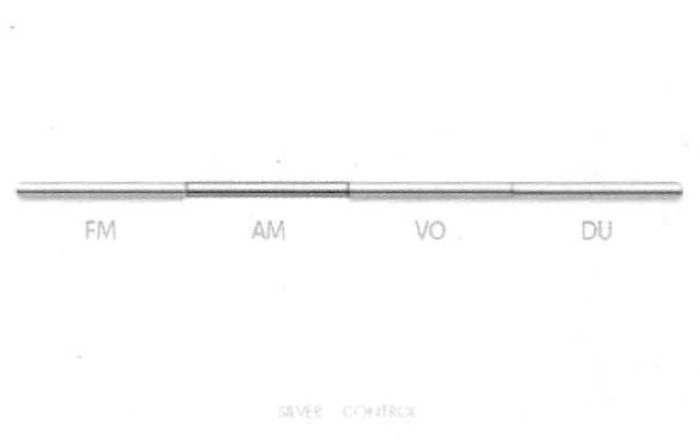

FM AM VO DU

图5.243 最终效果

步骤1 绘制图形

01 执行菜单栏中的“文件”|“新建”命令，在弹出的对话框中设置“宽度”为800像素，“高度”为600像素，“分辨率”为72像素/英寸，“颜色模式”为RGB颜色，新建一个空白画布，将画布填充为灰色（R：244，G：244，B：244）。

02 执行菜单栏中的“滤镜”|“杂色”|“添加杂色”命令，在弹出的对话框中分别选中“高斯分布”单选按钮及“单色”复选框，完成之后单击“确定”按钮，如图5.244所示。

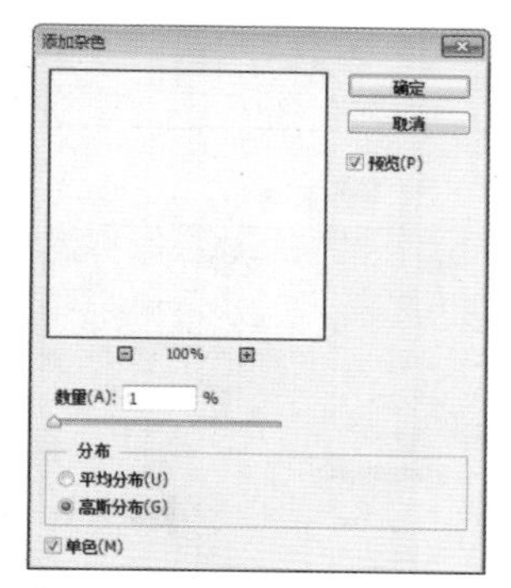

图5.244 设置添加杂色

03 选择工具箱中的“矩形工具”，在选项栏中将“填充”更改为白色，“描边”为无，在画布中绘制一个矩形，此时将生成一个“矩形1”图层，如图5.245所示。

04 在“图层”面板中，选中“矩形1”图层，将其拖至面板底部的“创建新图层”按钮上，复制出“矩形1 拷贝”和“矩形1 拷贝2”图层，如图5.246所示。

图5.245 绘制图形

图5.246 复制图层

05 分别选中“矩形1 拷贝”及“矩形1 拷贝2”图层，在画布中将图形向右侧平移并与原图形对齐，如图5.247所示。

图5.247 移动图形

06 选择工具箱中的“添加锚点工具”，在“矩形1”图形左侧中间位置单击添加锚点，如图5.248所示。

07 选择工具箱中的“直接选择工具”，选中刚才添加的锚点向左侧拖动再选择工具箱中的“转换点工具”拖动锚点，将矩形左侧变形成具有弧度的图形，如图5.249所示。

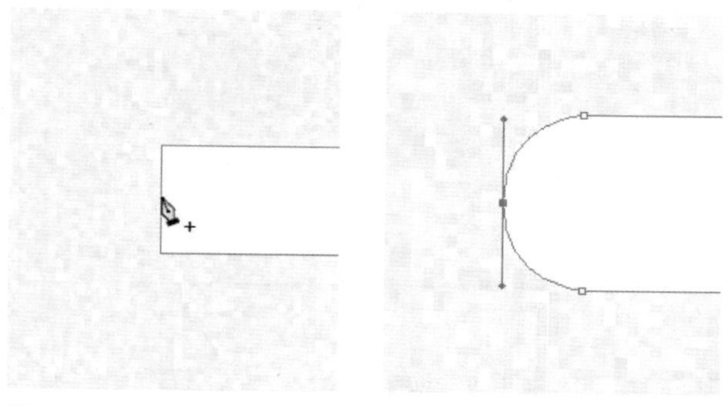

图5.248 添加锚点　　图5.249 拖动锚点

步骤2 制作质感

01 在“图层”面板中，选中“矩形1”图层，单击面板底部的“添加图层样式”按钮，在菜单中选择“内阴影”命令，在弹出的对话框中将“不透明度”更改为20%，取消“使用全局光”复选框，“角度”更改为0度，“距离”更改为2像素，如图5.250所示。

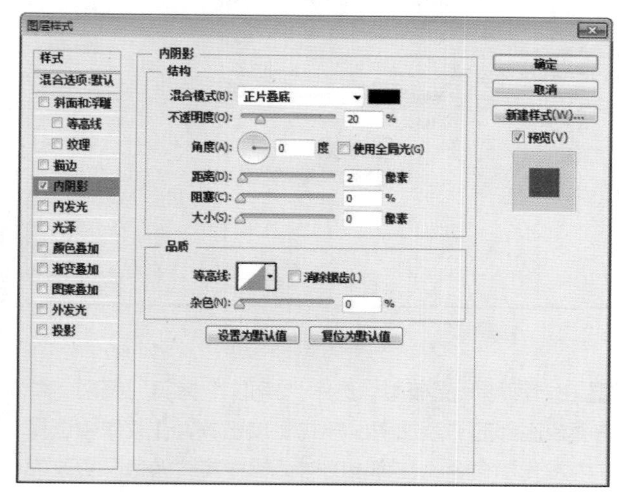

图5.250 设置内阴影

02 选中“渐变叠加”复选框，将“渐变”更改为黑、白、灰色系渐变，如图5.251所示。

> **提示**
>
> 在设置渐变叠加时根据所要绘制的按钮质感设置渐变色标数量及颜色深浅。

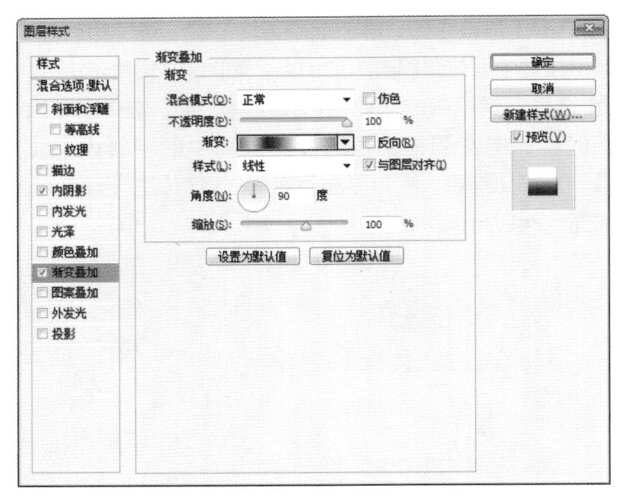

图5.251 设置渐变叠加

03 选中“投影”复选框，将“不透明度”更改为45%，取消“使用全局光”复选框，“角度”更改为90度，“距离”更改为3像素，“大小”更改为5像素，完成之后单击“确定”按钮，如图5.252所示。

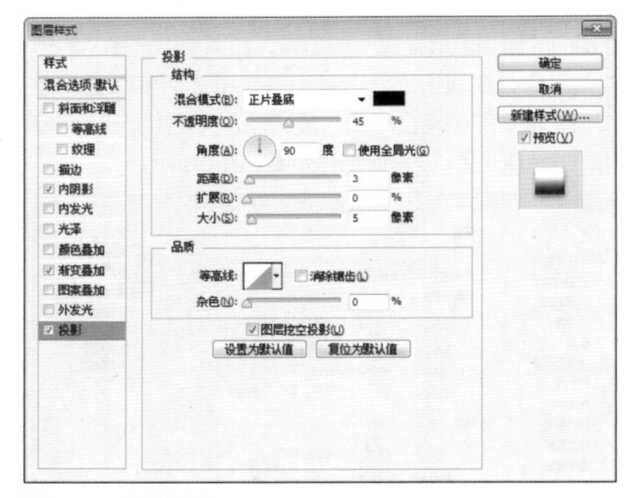

图5.252 设置投影

04 在“图层”面板中，选中“矩形 1 拷贝”图层，单击面板底部的“添加图层样式”按钮 *fx*，在菜单中选择“内发光”命令，在弹出的对话框中将“颜色”更改为灰色（R：85，G：85，B：85），“阻塞”更改为35%，“大小”更改为4像素，如图5.253所示。

05 选中“渐变叠加”复选框，设置与刚才相同的黑、白、灰色系渐变，如图5.254所示。

06 选中“投影”复选框，将“混合模式”更改为变亮，“颜色”更改为白色，取消“使用全局光”复选框，“角度”更改为90度，“距离”更改为5像素，“大小”更改为5像素，完成之后单击“确定”按钮，如图5.255所示。

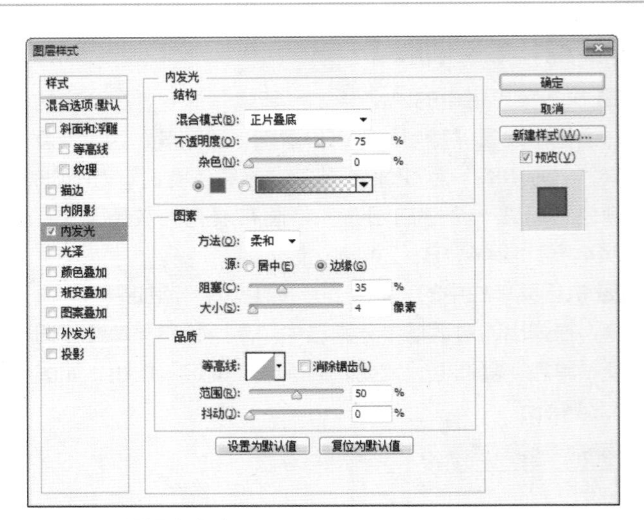

图5.253 设置内发光

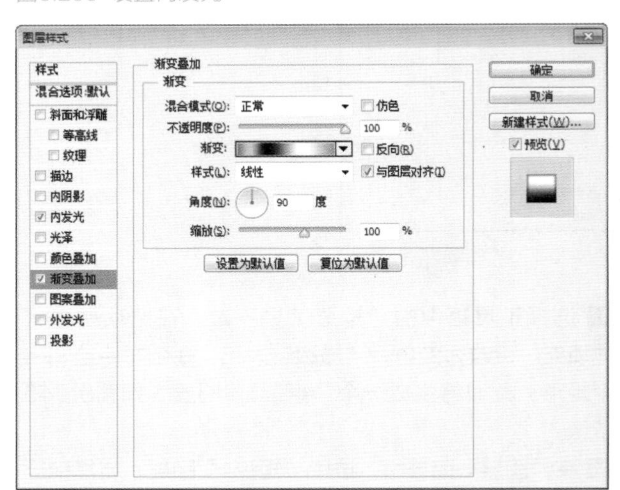

图5.254 设置渐变叠加

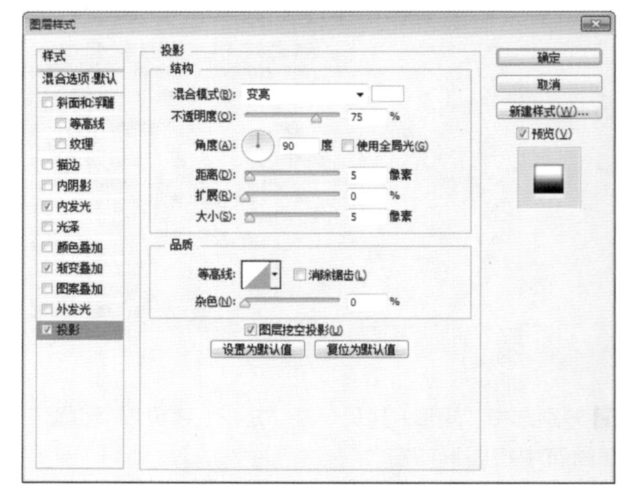

图5.255 设置投影

07 在“矩形1”图层上单击鼠标右键，从弹出的快捷菜单中选择“拷贝图层样式”命令，在“矩形1 拷贝 2”图层上单击鼠标右键，从弹出的快捷菜单中选择“粘贴图层样式”命令，如图5.256所示。

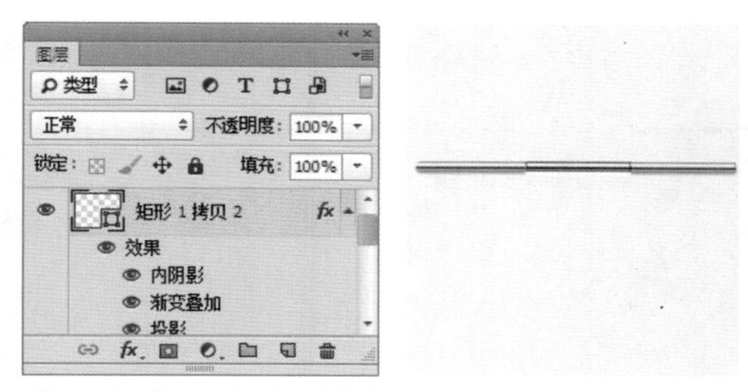

图5.256 拷贝并粘贴图层样式

08 在“图层”面板中，选中“矩形1”图层，将其拖至面板底部的“创建新图层”按钮上，复制1个“矩形1拷贝3”图层，如图5.257所示。

09 选中“矩形1拷贝3”图层，按Ctrl+T组合键对其执行“自由变换”命令，单击鼠标右键，从弹出的快捷菜单中选择“水平翻转”命令，完成之后按Enter键确认，再将图形水平向右侧移动与左侧边缘图形对齐，如图5.258所示。

图5.257 复制图层　图5.258 变换图形

步骤3 添加文字

01 选择工具箱中的“横排文字工具” T ，在刚才绘制的图形下方位置添加文字，如图5.259所示。

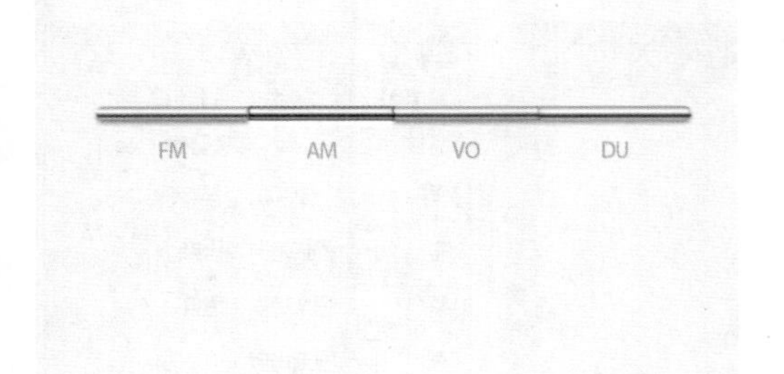

图5.259 添加文字

02 在“图层”面板中，选中“FM”图层，单击面板底部的“添加图层样式”按钮 fx ，在菜单中选择“内阴影”命令，在弹出的对话框中将“不透明度”更改为30%，取消“使用全局光”复选框，“角度”更改为90度，“距离”更改为2像素，如图5.260所示。

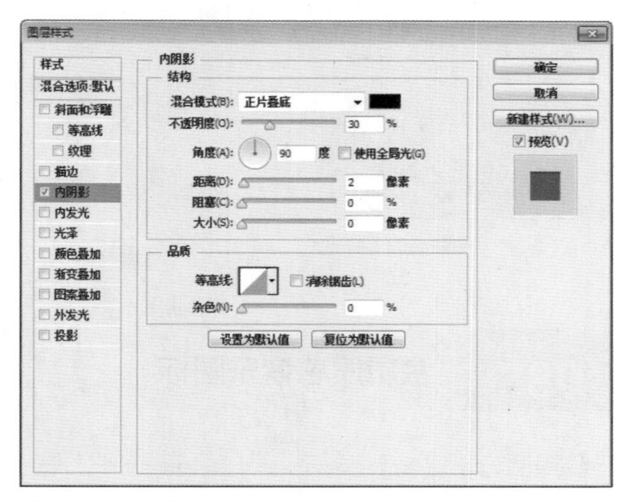

图5.260 设置内阴影

03 选中“投影”复选框，将“混合模式”更改为正常，“颜色”更改为白色，取消“使用全局光”复选框，“角度”更改为90度，“距离”更改为2像素，完成之后单击“确定”按钮，如图5.261所示。

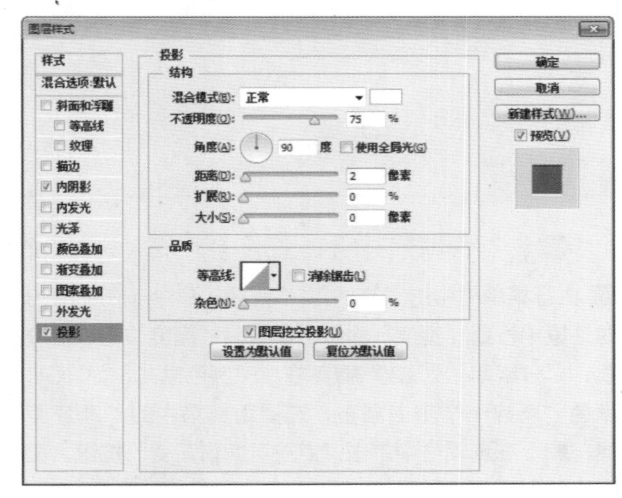

图5.261 设置投影

04 在“FM”图层上单击鼠标右键，从弹出的快捷菜单中选择“拷贝图层样式”命令，同时选中“AM”“VO”及“DU”图层，在其图层名称上单击鼠标右键，从弹出的快捷菜单中选择“粘贴图层样式”命令，如图5.262所示。

05 选择工具箱中的“横排文字工具” T ，在画布中适当位置添加文字，这样就完成效果制作，最终效果如图5.263所示。

图5.262 拷贝并粘贴图层样式

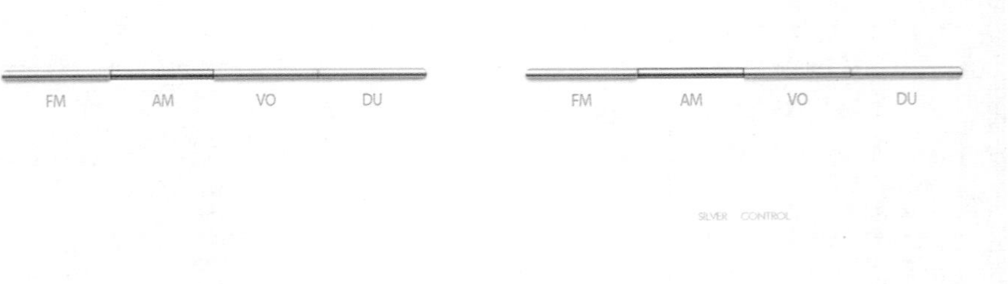

图5.263 添加文字及最终效果

实例 088 金属质感音乐图标

实例分析

本例主要讲解的是音乐图标制作，采用金属质感表现音乐图标效果，使整个设计现代感十足，最终效果如图5.264所示。

- **素材位置 |** 素材文件\第5章\金属质感音乐图标
- **案例位置 |** 案例文件\第5章\金属质感音乐图标.psd
- **视频位置 |** 多媒体教学\实例088 金属质感音乐图标.avi
- **难易指数 |** ★★★☆☆

图5.264 最终效果

步骤1 制作背景并绘制图形

01 执行菜单栏中的“文件”|“新建”命令，在弹出的对话框中设置“宽度”为600像素，“高度”为450像素，“分辨率”为72像素/英寸，“颜色模式”为RGB颜色，新建一个空白画布，选择工具箱中的“渐变工具”，在选项栏中单击“点按可编辑渐变”按钮，在弹出的对话框中将渐变颜色更改为蓝色（R：0，G：203，B：252）到蓝色（R：0，G：122，B：177），设置完成之后单击“确定”按钮，再单击选项栏中的“径向渐变”按钮。

02 从中间向边缘方向拖动，为画布填充渐变，如图5.265所示。

图5.265 填充渐变

03 选择工具箱中的“圆角矩形工具”，在选项栏中将“填充”更改为白色，“描边”为无，“半径”为40像素，绘制一个圆角矩形，此时将生成一个“圆角矩形1”图层，选中“圆角矩形1”图层，将其拖至面板底部的“创建新图层”按钮上，复制一个“圆角矩形1 拷贝”及“圆角矩形1 拷贝2”图层，如图5.266所示。

图5.266 绘制图形

04 分别选中“圆角矩形1”及“圆角矩形1 拷贝”图

层，将其图形颜色更改为黑色，如图5.267所示。

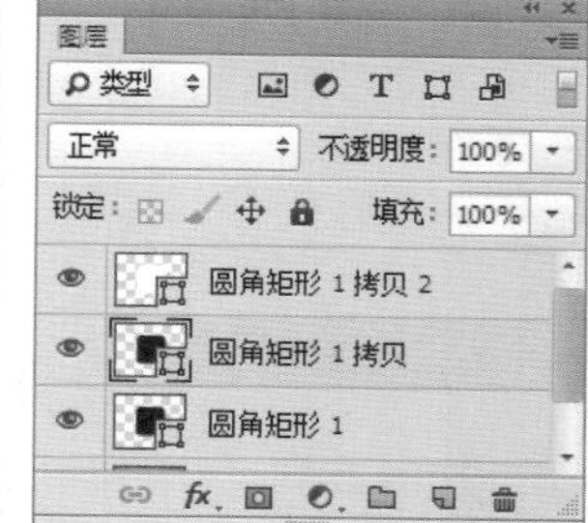

图5.267　更改图形颜色

05 在“图层”面板中，选中“圆角矩形 1”图层，执行菜单栏中的“图层”|“栅格化”|“形状”命令，将当前图形栅格化，以同样的方法将“圆角矩形 1 拷贝”形状栅格化，如图5.268所示。

图5.268　栅格化形状

06 选中“圆角矩形 1”图层，执行菜单栏中的“滤镜”|“模糊”|“动感模糊”命令，在弹出的对话框中，将“角度”更改为90度，“距离”更改为40像素，设置完成之后单击“确定”按钮，如图5.269所示。

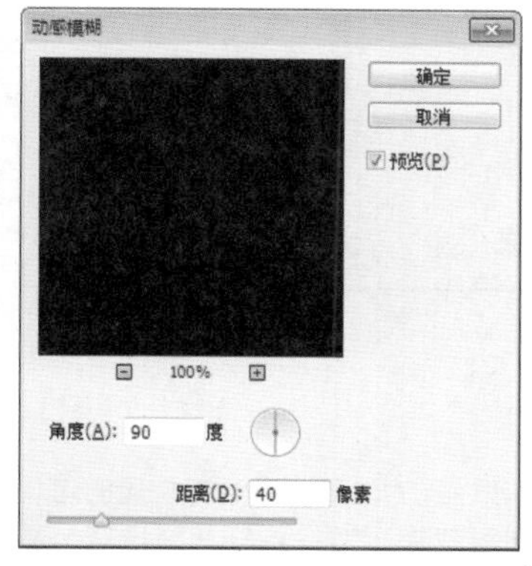

图5.269　设置动感模糊

07 在“图层”面板中，选中“圆角矩形 1”图层，单击面板底部的“添加图层蒙版”按钮，为其图层添加图层蒙版，如图5.270所示。

08 选择工具箱中的“矩形选框工具”，在“圆角矩形1”图形上方绘制一个矩形选区，以选中部分图形，如图5.271所示。

图5.270　添加图层蒙版

图5.271　绘制选区

09 单击“圆角矩形1”图层蒙版缩览图，将选区填充为黑色，将部分图形隐藏，完成之后按Ctrl+D组合键将选区取消，如图5.272所示。

图5.272　隐藏图形

10 选择工具箱中的“模糊工具”，单击鼠标右键，在弹出的面板中，选择一种圆角笔触，将“大小”更改为100像素，“硬度”更改为0%，如图5.273所示。

11 选中“圆角矩形 1”图层，其图形靠底部区域涂抹，将图形模糊，如图5.274所示。

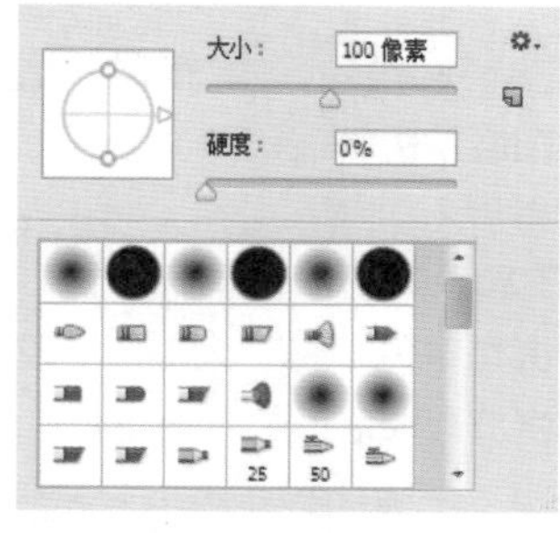

图5.273　设置笔触

图5.274　模糊图形

12 选中“圆角矩形 1”图层，将其图层“不透明度”更改为50%，如图5.275所示。

13 选中“圆角矩形 1 拷贝”图层，执行菜单栏中的“滤镜”|“模糊”|“高斯模糊”命令，在弹出的对话框中，将“半径”更改为4像素，设置完成之后单击“确定”按钮，如图5.276所示。

图5.275 更改图层不透明度

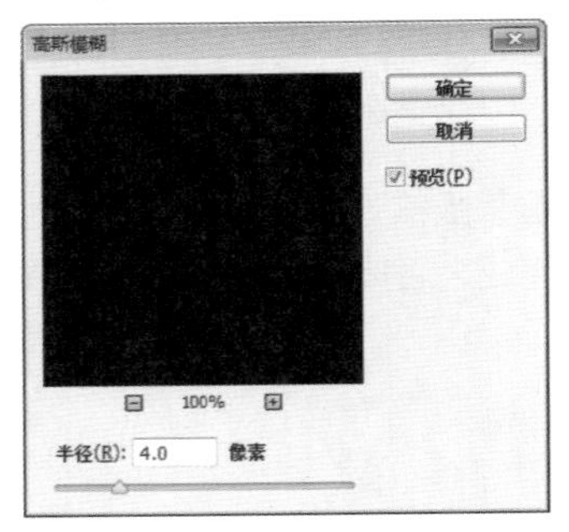

图5.276 设置高斯模糊

14 选中“圆角矩形 1 拷贝”图层，将其图层“不透明度”更改为50%，如图5.277所示。

图5.277 更改图层不透明度

15 在“图层”面板中，选中“圆角矩形 1 拷贝”图层，单击面板底部的“添加图层蒙版”按钮，为其图层添加图层蒙版，如图5.278所示。

16 选择工具箱中的“画笔工具”，单击鼠标右键，在弹出的面板中，选择一种圆角笔触，将“大小”更改为100像素，“硬度”更改为0%，如图5.279所示。

图5.278 添加图层蒙版

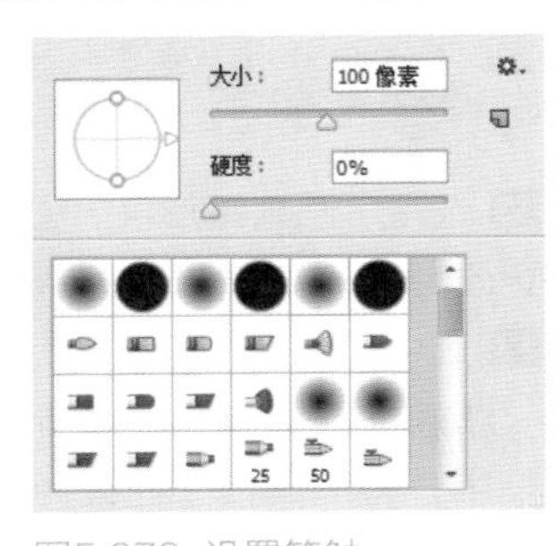

图5.279 设置笔触

17 单击“圆角矩形 1 拷贝”图层蒙版缩览图，其图形靠顶部位置涂抹，将部分图形隐藏，如图5.280所示。

图5.280 隐藏图形

提示

在隐藏图形时可将“圆角矩形 1 拷贝 2”图层显示以方便观察实时的图形效果。

步骤2 制作图标质感

01 在“图层”面板中，选中“圆角矩形 1 拷贝 2”图层，单击面板底部的“添加图层样式”按钮，在菜单中选择“渐变叠加”命令，在弹出的对话框中，将“渐变”更改为灰色到浅灰色系渐变，“角度”更改为180度，完成之后单击“确定”按钮，如图5.281所示。

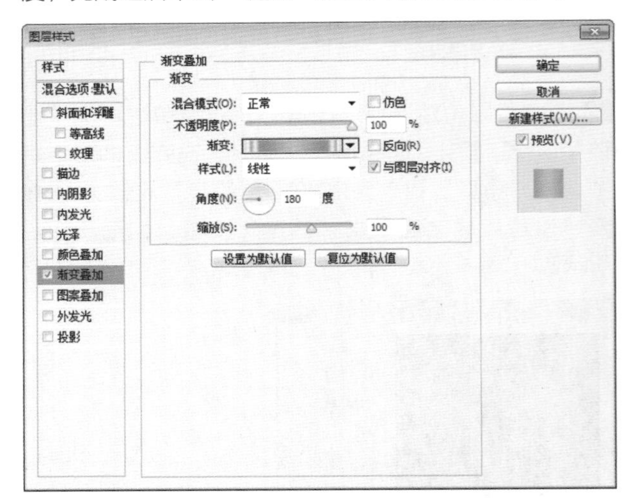

图5.281 设置渐变叠加

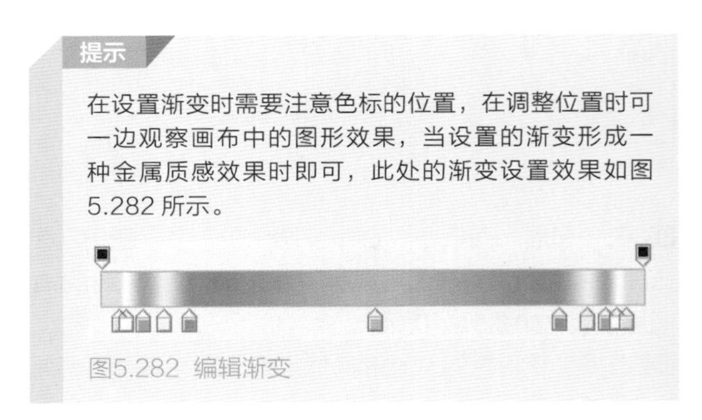

提示

在设置渐变时需要注意色标的位置，在调整位置时可一边观察画布中的图形效果，当设置的渐变形成一种金属质感效果时即可，此处的渐变设置效果如图5.282 所示。

图5.282 编辑渐变

02 选中“投影”复选框，将“不透明度”更改为30%，取消“使用全局光”复选框，“角度”更改为90度，“距离”更改为4像素，“大小”更改为6像素，完成之后单击“确定”按钮，如图5.283所示。

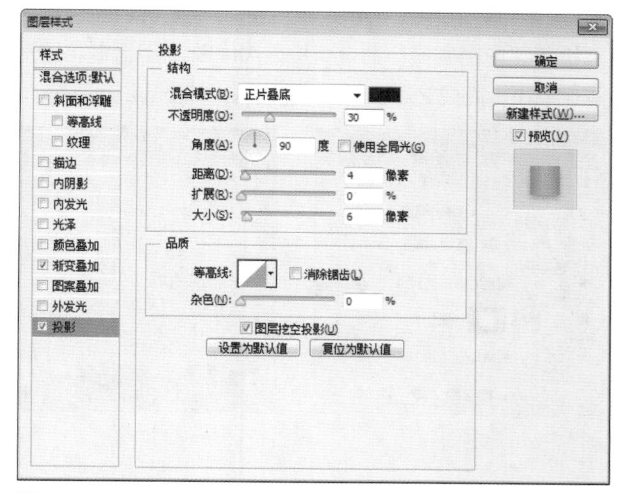

图5.283 设置投影

03 在“图层”面板中，选中“圆角矩形 1 拷贝 2”图层，将其拖至面板底部的“创建新图层”按钮上，复制一个“圆角矩形 1 拷贝 3”图层，如图5.284所示。

04 选中“圆角矩形 1 拷贝 3”图层，按Ctrl+T组合键对其执行“自由变换”命令，将图形高度缩小，完成之后按Enter键确认，如图5.285所示。

图5.284 复制图层

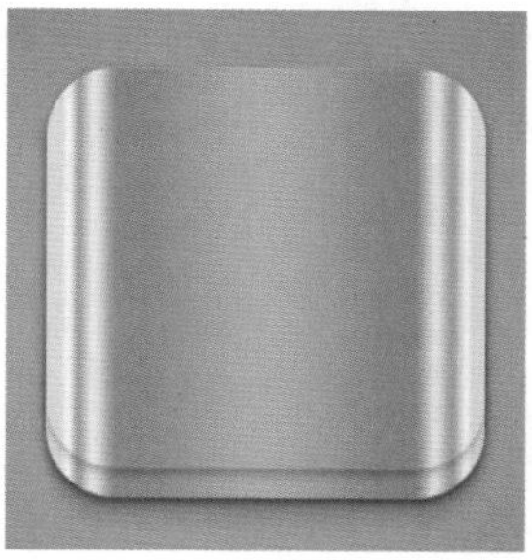

图5.285 变换图形

05 在“图层”面板中，选中“圆角矩形 1 拷贝 3”图层，单击面板底部的“添加图层样式”按钮，在菜单中选择“内阴影”命令，在弹出的对话框中，将“混合模式”更改为叠加，“颜色”更改为白色，取消“使用全局光”复选框，“角度”更改为90度，“距离”更改为1像素，如图5.286所示。

06 选中“内发光”复选框，将“混合模式”更改为叠加，“不透明度”更改为60%，“颜色”更改为白色，“勾选”边缘单选按钮，“阻塞”更改为100%，“大小”更改为1像素，如图5.287所示。

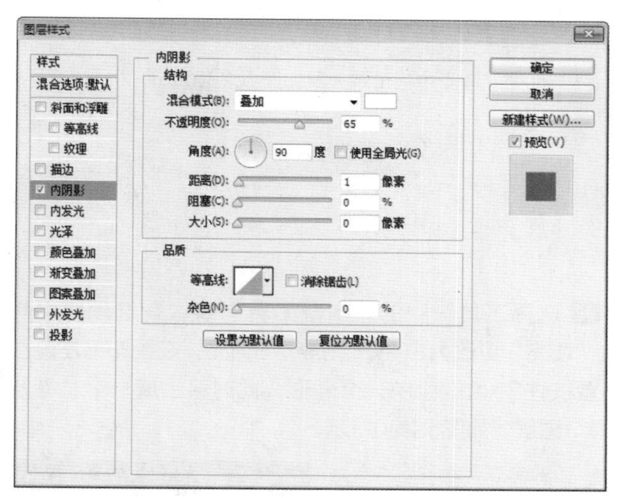

图5.286 设置内阴影

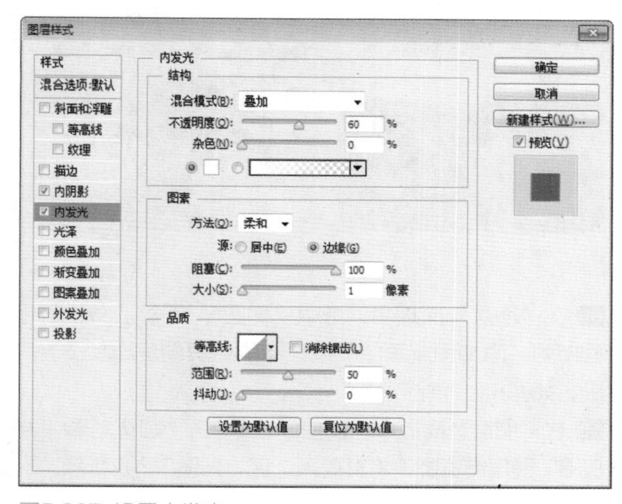

图5.287 设置内发光

07 选中“渐变叠加”复选框，将渐变更改为灰色到稍浅的灰色系渐变，如图5.288所示。

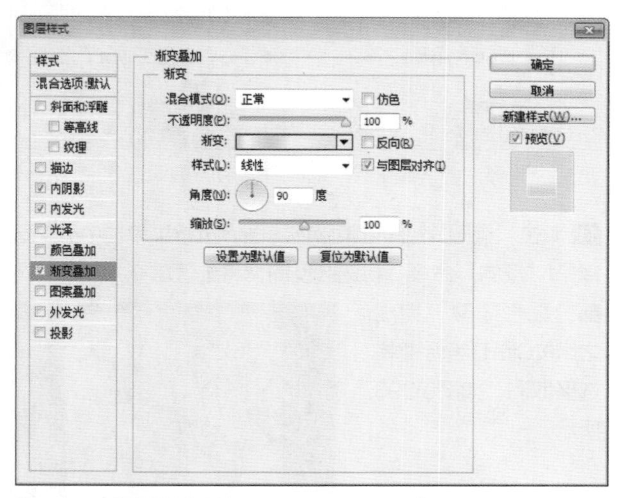

图5.288 设置渐变叠加

提示

此处的渐变色标位置大致如图 5.289 所示。

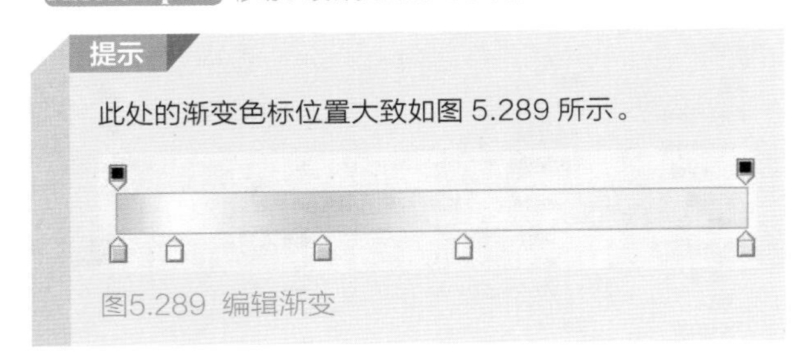

图5.289 编辑渐变

08 选择工具箱中的“椭圆工具”，在选项栏中将“填充”更改为白色，“描边”为无，在画布靠左侧位置按住Shift键绘制一个圆形，此时将生成一个“椭圆 1”图层，如图5.290所示。

图5.290 绘制图形

09 在“图层”面板中，选中“椭圆1”图层，单击面板底部的“添加图层蒙版”按钮，为其图层添加图层蒙版，如图5.291所示。

10 在“图层”面板中，按住Ctrl键单击“圆角矩形 1 拷贝 3”图层缩览图，将其载入选区，如图5.292所示。

图5.291 添加图层蒙版　　图5.292 载入选区

11 单击“椭圆 1”图层蒙版缩览图，执行菜单栏中的“选择”|“反向”命令，将选区反向，将选区填充为黑色，将部分图形隐藏，完成之后按Ctrl+D组合键将选区取消，如图5.293所示。

图5.293 隐藏图形

12 在“图层”面板中，选中“圆角矩形 1 拷贝 3”图层，将其拖至面板底部的“创建新图层”按钮上，复制一个“圆角矩形 1 拷贝 4”图层，再将“圆角矩形 1 拷贝 4”图层移至所有图层最上方，如图5.294所示。

13 选中“圆角矩形 1 拷贝 4”图层，按Ctrl+T组合键对其执行“自由变换”命令，按住Alt+Shift组合键将图形等比缩小，完成之后按Enter键确认，如图5.295所示。

图5.294 复制图层　　图5.295 变换图形

14 在“图层”面板中，选中“圆角矩形 1 拷贝 4”图层，单击面板底部的“添加图层样式”按钮，在菜单中选择“内阴影”命令，在弹出的对话框中，将“不透明度”更改为25%，取消“使用全局光”复选框，“角度”更改为90度，“距离”更改为5像素，“大小”更改为10像素，如图5.296所示。

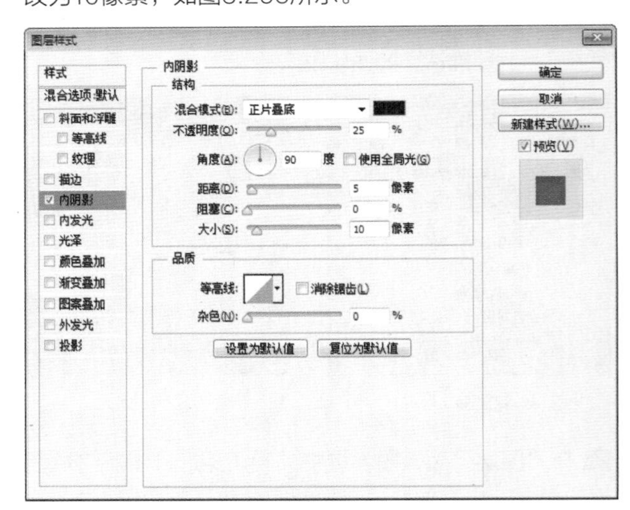

图5.296 设置内阴影

15 选中“渐变叠加”复选框，将“渐变”更改为深灰色系渐变，“角度”更改为-180度，完成之后单击“确定”按钮，如图5.297所示。

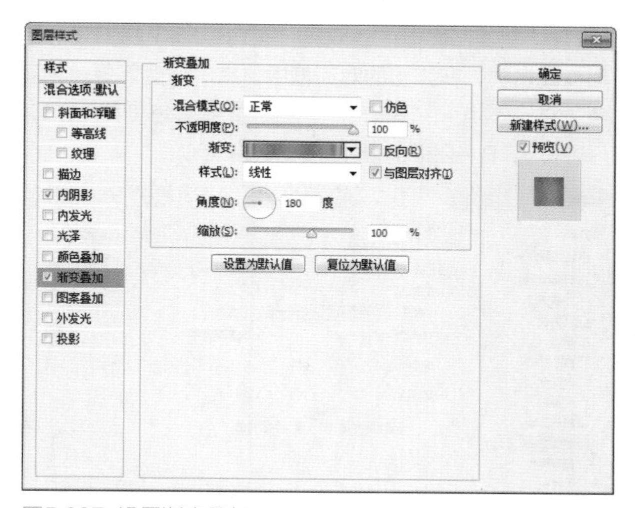
图5.297 设置渐变叠加

提示

此处的渐变色标位置大致如图 5.298 所示。

图5.298 编辑渐变

16 在“图层”面板中，选中“圆角矩形 1 拷贝 4”图层，将其拖至面板底部的“创建新图层”按钮上，复制一个“圆角矩形 1 拷贝 5”图层，如图5.299所示。

17 选中“圆角矩形 1 拷贝 5”图层，按Ctrl+T组合键对其执行“自由变换”命令，将图形高度缩小，完成之后按Enter键确认，如图5.300所示。

图5.299 复制图层

图5.300 变换图形

18 在“图层”面板中，双击“圆角矩形 1 拷贝 5”图层样式名称，在弹出的对话框中勾选“内阴影”复选框，将“不透明度”更改为30%，取消“使用全局光”复选框，“角度”更改为90度，“距离”更改为13像素，“大小”更改为18像素，如图5.301所示。

19 勾选“内发光”复选框，将“混合模式”更改为正片叠底，“不透明度”更改为35%，“颜色”更改为黑色，勾选“边缘”单选按钮，“大小”更改为15像素，如图5.302所示。

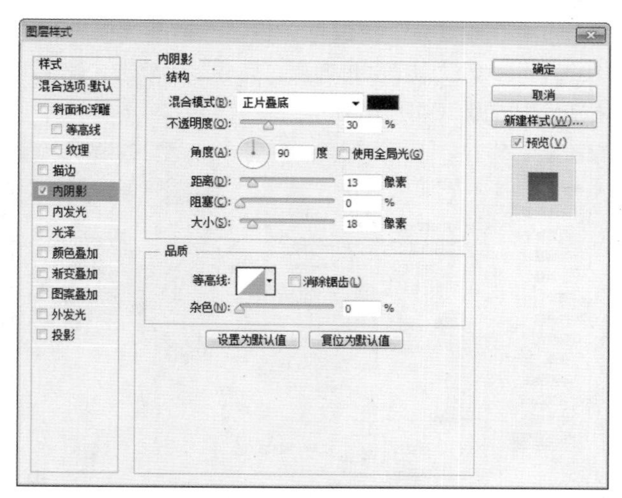
图5.301 设置内阴影

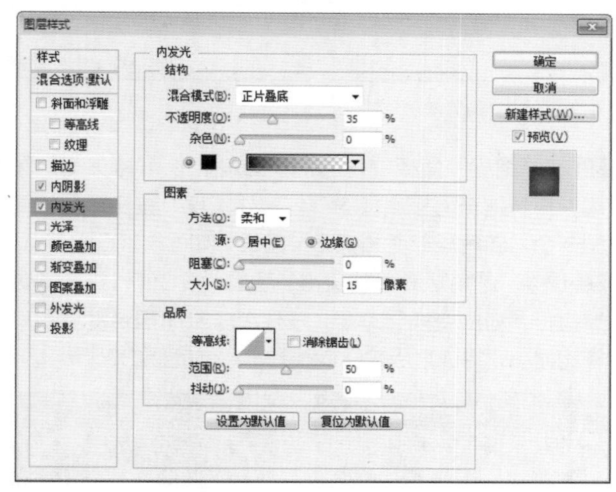
图5.302 设置内发光

20 选中“渐变叠加”复选框，将“渐变”更改为蓝色（R：0，G：125，B：170）到蓝色（R：23，G：136，B：208），如图5.303所示。

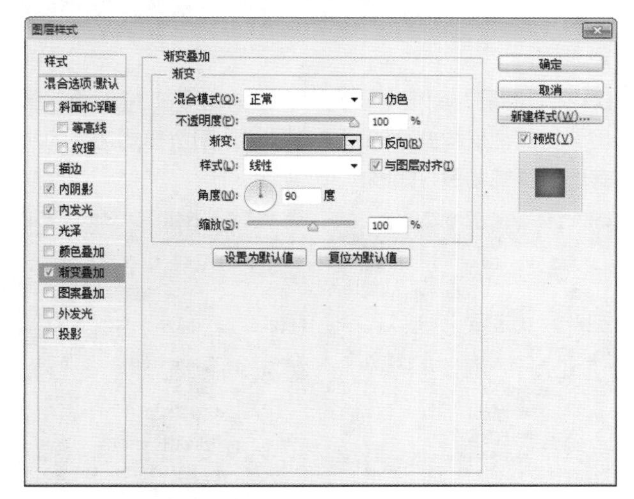
图5.303 设置渐变叠加

21 选中“外发光”复选框，将“不透明度”更改为15%，“大小”更改为5像素，完成之后单击“确定”按钮，如图5.304所示。

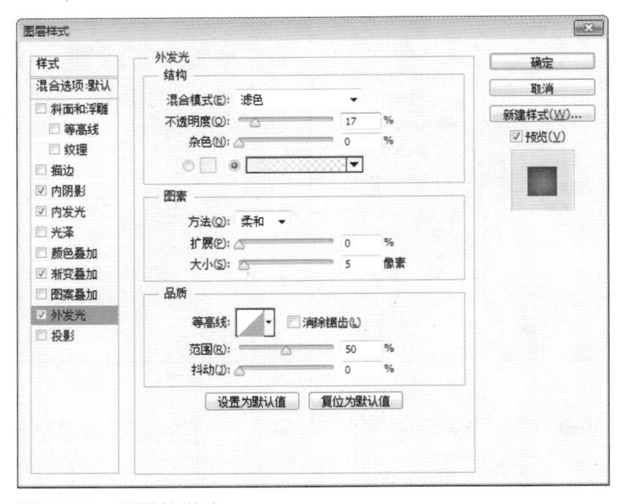

图5.304 设置外发光

22 在“图层”面板中，选中“圆角矩形 1 拷贝 5”图层，将其拖至面板底部的“创建新图层”按钮上，复制一个“圆角矩形 1 拷贝 6”图层，如图5.305所示。

23 选中“圆角矩形 1 拷贝 6”图层，按Ctrl+T组合键对其执行“自由变换”命令，按住Alt+Shift组合键将图形等比缩小，完成之后按Enter键确认，如图5.306所示。

图5.305 复制图层

图5.306 变换图形

24 在“图层”面板中，选中“圆角矩形 1 拷贝 6”图层，将其图层样式中除“渐变叠加”图层样式之外的所有图层样式删除，如图5.307所示。

图5.307 删除部分图层样式

25 在“图层”面板中，双击“圆角矩形 1 拷贝 6”图层样式名称，在弹出的对话框中，将“渐变”更改为蓝色（R：0，G：186，B：255）到蓝色（R：23，G：136，B：208），如图5.308所示。

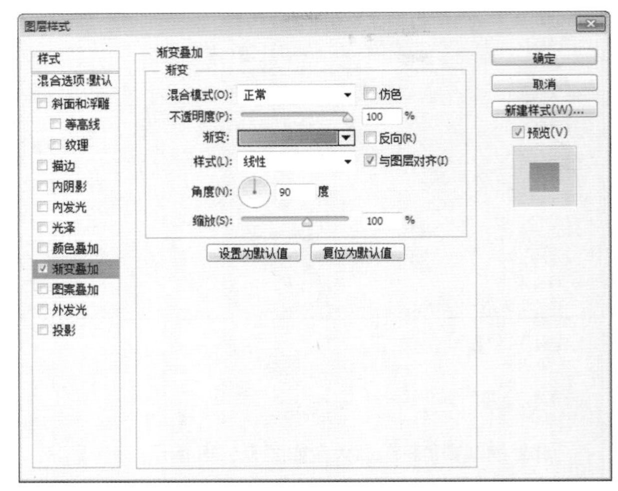

图5.308 设置渐变叠加

步骤3 制作装饰效果

01 选择工具箱中的“钢笔工具”，在图标中绘制一个细长的封闭路径，如图5.309所示。

02 按Ctrl+Enter组合键将路径转换成选区。单击面板底部的“创建新图层”按钮，新建一个“图层1”图层，如图5.310所示。

图5.309 绘制路径

图5.310 新建图层

03 选中“图层1”图层，将选区填充为白色，填充完成之后按Ctrl+D组合键将选区取消，如图5.311所示。

图5.311 填充颜色

04 在“图层”面板中，选中“图层1 拷贝”图层，单击面板底部的“添加图层样式”按钮 fx，在菜单中选择“渐变叠加”命令，在弹出的对话框中，将“渐变”更改为蓝色（R：0，G：87，B：203）到稍深的蓝色（R：0，G：58，B：140）再到蓝色（R：0，G：87，B：203），“角度”更改为130度，完成之后单击“确定”按钮，如图5.312所示。

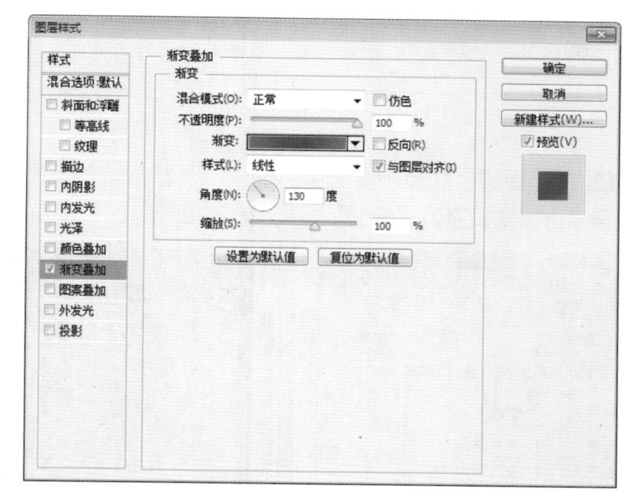

图5.312 设置渐变叠加

05 在“图层1 拷贝”图层上单击鼠标右键，从弹出的快捷菜单中，选择“拷贝图层样式”命令，在“图层1”图层上单击鼠标右键，从弹出的快捷菜单中，选择“粘贴图层样式”命令，如图5.313所示。

图5.313 拷贝并粘贴图层样式

06 在“图层”面板中，双击“图标1”图层样式名称，在弹出的对话框中将“渐变”更改为青色（R：127，G：230，B：250）到青色（R：78，G：230，B：255）再到青色（R：127，G：230，B：250），完成之后单击“确定”按钮，如图5.314所示。

07 选中“图层1”图层，将其图形向左侧稍微移动，如图5.315所示。

08 在“图层”面板中，同时选中“图层1 拷贝”及“图层1”图层，按Ctrl+G组合键将图层编组，将组名称更改为“划痕”，如图5.316所示。

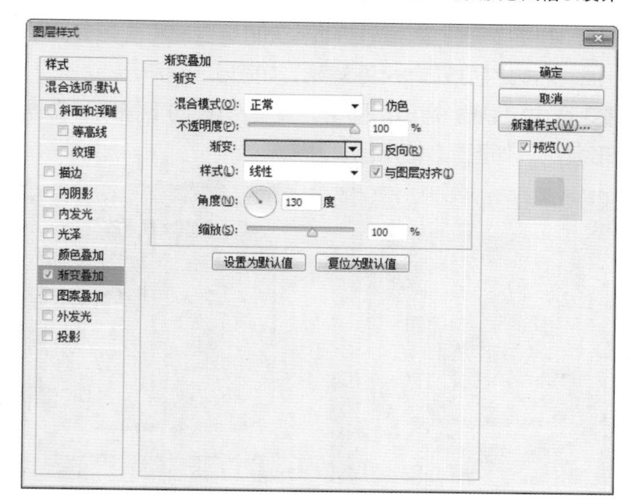

图5.314 设置渐变叠加

图5.315 移动图形

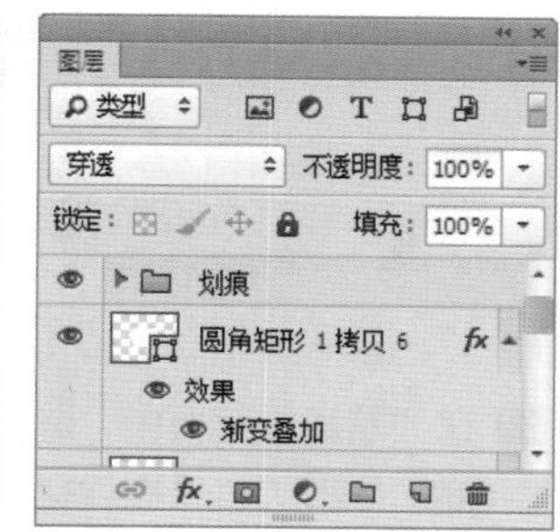

图5.316 将图层编组并更改组名称

09 选中“划痕”组，按住Alt键将图形向上拖动，此时将生成一个“ 划痕 拷贝”组，如图5.317所示。

图5.317 复制图形

10 选中“划痕 拷贝”组，按Ctrl+T组合键对其执行

“自由变换”命令，按住Alt+Shift组合键将图形等比缩小，完成之后按Enter键确认，如图5.318所示。

11 选中“划痕 拷贝”图层，按住Alt键向下拖动，将图形复制，如图5.319所示。

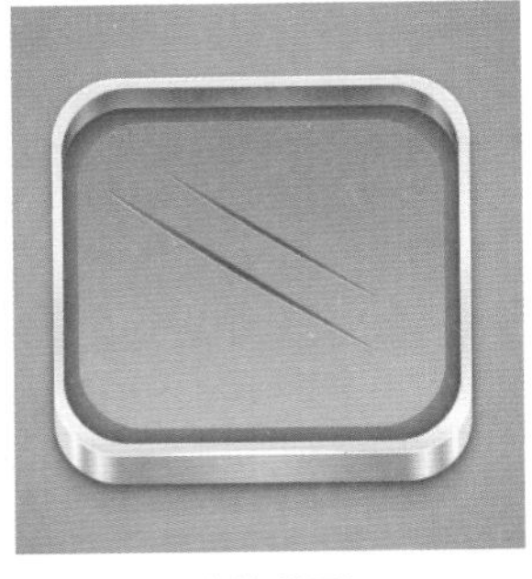

图5.318 变换图形

图5.319 复塑图形

12 选择工具箱中的“椭圆工具” ，在选项栏中将“填充”更改为白色，“描边”为无，在图标靠左上角位置按住Shift键绘制一个圆形，此时将生成一个“椭圆2”图层，如图5.320所示。

图5.320 绘制图形

13 在“图层”面板中，选中“椭圆2”图层，执行菜单栏中的“图层”|“栅格化”|“形状”命令，将当前图形栅格化，如图5.321所示。

图5.321 栅格化形状

14 选中“椭圆2”图层，执行菜单栏中的“滤镜”|“模糊”|“高斯模糊”命令，在弹出的对话框中将“半径”更改为25像素，设置完成之后单击“确定”按钮，如图5.322所示。

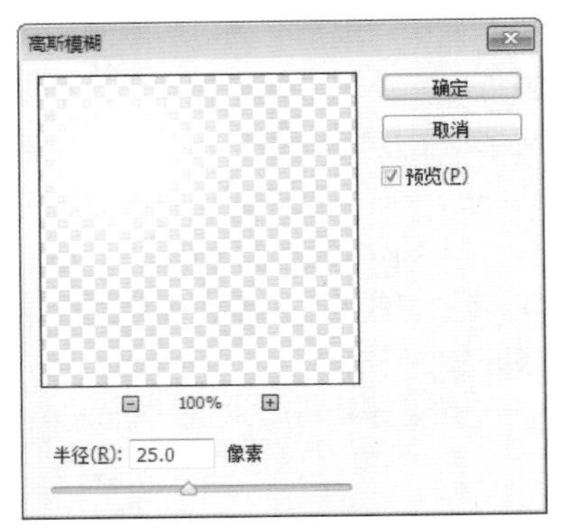

图5.322 设置高斯模糊

15 在“图层”面板中，选中“椭圆 2”图层，将其图层混合模式设置为“叠加”，如图5.323所示。

图5.323 设置图层混合模式

16 选择工具箱中的“圆角矩形工具” ，在选项栏中将“填充”更改为白色，“描边”为无，“半径”为40像素，在图标上沿下方的圆角矩形边缘绘制一个圆角矩形，此时将生成一个“圆角矩形2”图层，如图5.324所示。

图5.324 绘制图形

17 在“图层”面板中，选中“圆角矩形2”图层，执行菜单栏中的“图层”|“栅格化”|“形状”命令，将当前图形栅格化，如图5.325所示。

18 在“图层”面板中，选中“圆角矩形 2”图层，单击面板底部的“添加图层蒙版” 按钮，为其图层添加图层蒙版。

19 选择工具箱中的“渐变工具” ，在选项栏中单击

“点按可编辑渐变”按钮，在弹出的对话框中，选择“黑白渐变”，设置完成之后单击“确定”按钮，再单击选项栏中的“线性渐变”按钮。

图5.325　栅格化形状

20 单击“圆角矩形 2”图层蒙版缩览图，按住Shift键从下至上拖动，将部分图形隐藏，如图5.326所示。

图5.326　隐藏图形

21 在“图层”面板中，选中“圆角矩形 2”图层，将其图层混合模式设置为“叠加”，如图5.327所示。

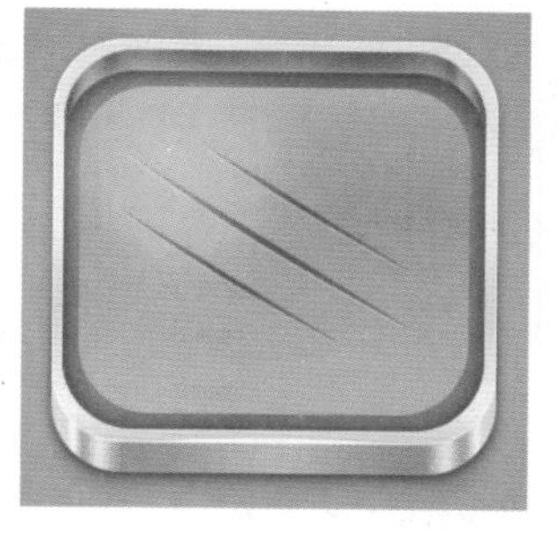

图5.327　设置图层混合模式

步骤4　添加素材

01 执行菜单栏中的“文件”|“打开”命令，打开“音符.psd”文件，将打开的素材拖入画布中并适当缩小，如图5.328所示。

02 在“图层”面板中，选中“音符”图层，将其拖至面板底部的“创建新图层”按钮上，复制3个拷贝图层，如图5.329所示。

03 在“图层”面板中，选中“音符”图层，将其图形颜色更改为黑色，再以同样的方法选中“音符 拷贝”图层，将其图形颜色更改为黑色，如图5.330所示。

04 在“图层”面板中，同时选中“音符 拷贝”及“音符”图层，执行菜单栏中的“图层”|“栅格化”|“形状”命令，将当前图形栅格化，如图5.331所示。

图5.328　添加素材

图5.329　复制图层

图5.330　更改图形颜色

图5.331　栅格化形状

05 选中“音符”图层，执行菜单栏中的“滤镜”|“模糊”|“动感模糊”命令，在弹出的对话框中将“角度”更改为90度，“距离”更改为20像素，设置完成之后单击“确定”按钮，如图5.332所示。

图5.322　设置动感模糊

06 选中“音符”图层，将其图层“不透明度”更改为35%，如图5.333所示。

图5.333　更改图层不透明度

07 选中“音符 拷贝”图层，执行菜单栏中的“滤镜”|“模糊”|“高斯模糊”命令，在弹出的对话框中，将“半径”更改为5像素，设置完成之后单击“确定”按钮，如图5.334所示。

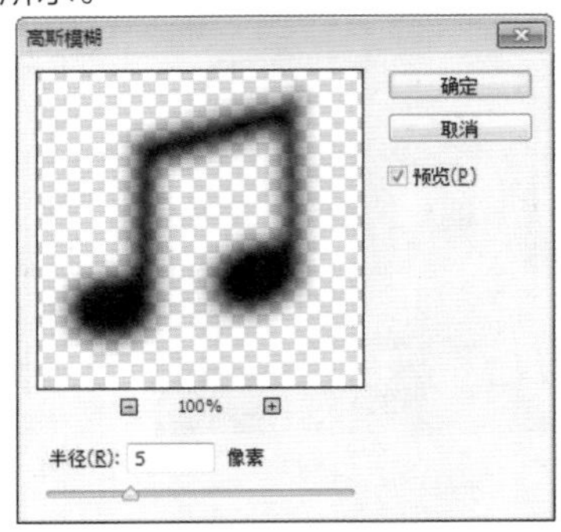

图5.334 设置高斯模糊

08 选中“音符 拷贝”图层，将其图层“不透明度”更改为60%，如图5.335所示。

图5.335 更改图层不透明度

09 在“图层”面板中，选中“音符 拷贝2”图层，单击面板底部的“添加图层样式”fx按钮，在菜单中选择“渐变叠加”命令，在弹出的对话框中，将“渐变”更改为蓝色（R：30，G：58，B：85）到蓝色（R：68，G：136，B：206）再到蓝色（R：30，G：58，B：85），“角度”更改为0度，如图5.336所示。

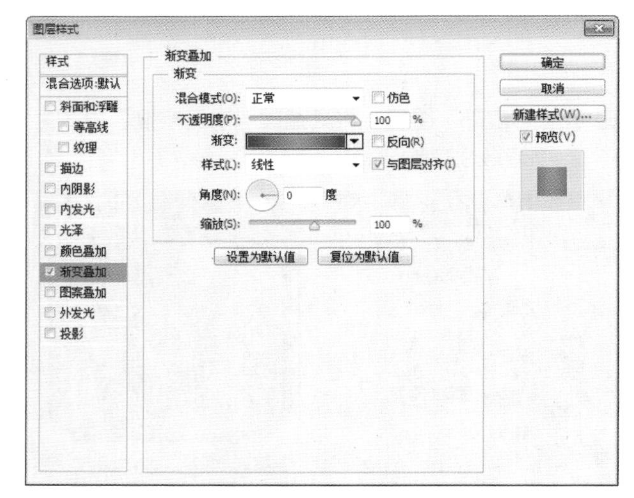

图5.336 设置渐变叠加

10 选中“投影”复选框，“不透明度”更改为30%，取消“使用全局光”复选框，“角度”更改为90度，“距离”更改为2像素，“大小”更改为3像素，完成之后单击“确定”按钮，如图5.337所示。

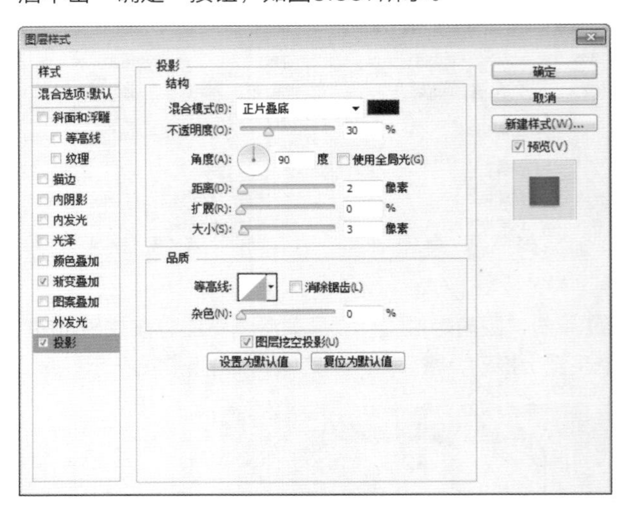

图5.337 设置投影

步骤5 为图形添加质感特效

01 在“图层”面板中，选中“音符 拷贝3”图层，单击面板底部的“添加图层样式”按钮fx，在菜单中选择“内阴影”命令，在弹出的对话框中，将“混合模式”更改为叠加，“颜色”更改为白色，“不透明度”更改为70%，取消“使用全局光”复选框，“角度”更改为90度，“距离”更改为1像素，“阻塞”更改为100%，“大小”更改为1像素，如图5.338所示。

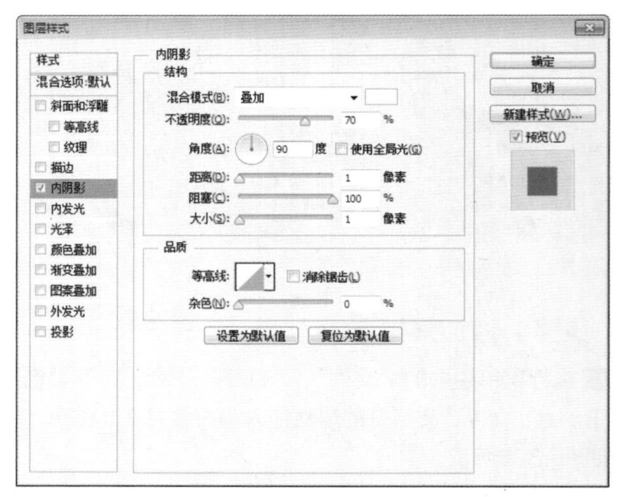

图5.338 设置内阴影

02 勾选“渐变叠加”复选框，将“渐变”更改为浅灰色系渐变，“样式”更改为角度，“角度”更改为90度，“缩放”更改为80%，完成之后单击“确定”按钮，如图5.339所示。

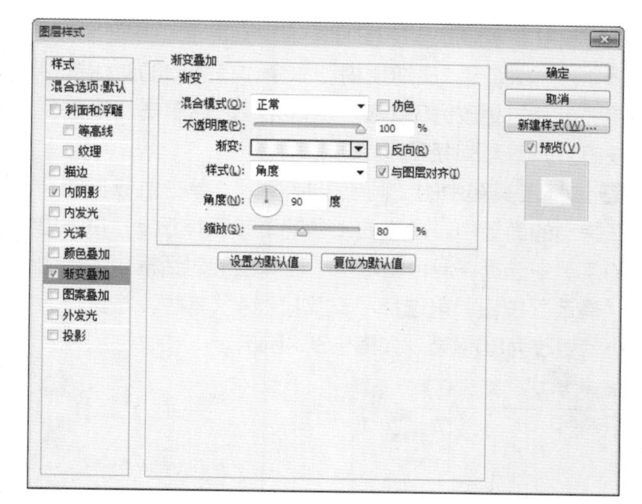

图5.339 设置渐变叠加

提示

此时的渐变色标大致位置如图 5.340 所示。

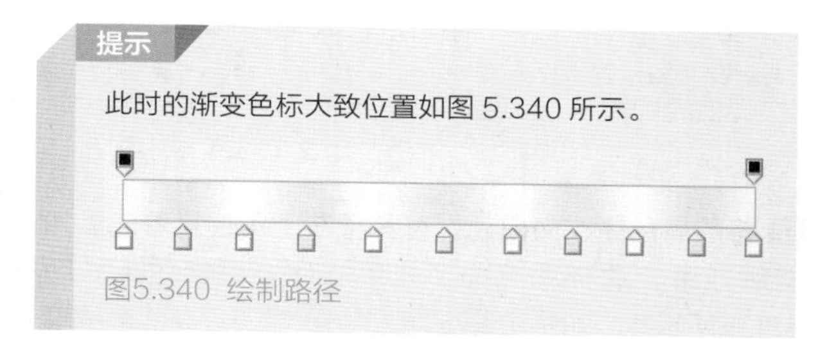

图5.340 绘制路径

03 在“图层”面板中，选中“音符 拷贝3”图层，将其拖至面板底部的“创建新图层”按钮上，复制1个“音符 拷贝4”及“音符 拷贝5”图层，如图5.341所示。

04 在“图层”面板中，选中“音符 拷贝4”图层，在其图层名称上单击鼠标右键，从弹出的快捷菜单中，选择“栅格化图层样式”命令，如图5.342所示。

图5.341 复制图层

图5.342 栅格化图层样式

05 在“图层”面板中，选中“音符 拷贝 4”图层，单击面板底部的“添加图层蒙版”按钮，为其图层添加图层蒙版，如图5.343所示。

06 选择工具箱中的“画笔工具”，单击鼠标右键，在弹出的面板中，选择一种圆角笔触，将“大小”更改为100像素，“硬度”更改为100%，如图5.344所示。

07 将前景色更改为黑色，在图形上除右下角金属质感的区域之外涂抹，将部分图形隐藏，再将其移至音符图形的左下角位置，如图5.345所示。

08 选中“音符 拷贝 4”图层，按Ctrl+T组合键对其执行“自由变换”，将图形适当变换并与左下角图形对齐，如图5.346所示。

图5.343 添加图层蒙版

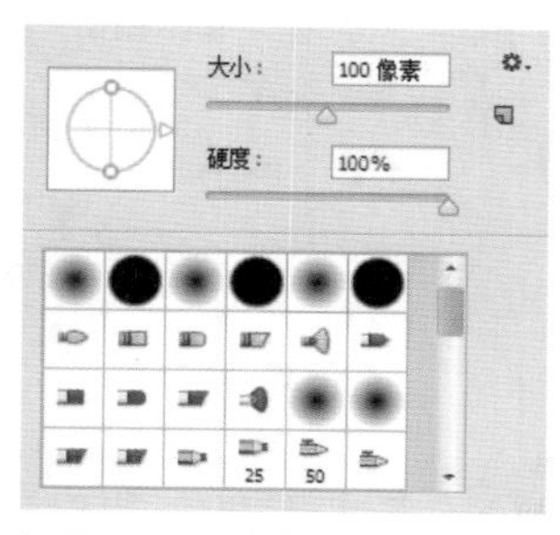

图5.344 设置笔触

图5.345 涂抹效果

图5.346 变换图形

09 选中“音符 拷贝 5”图层，将其图形更改为蓝色（R：6，G：173，B：243），再将其图层样式删除，如图5.347所示。

图5.347 更改图形颜色并删除图层样式

10 在“图层”面板中，选中“音符 拷贝 5”图层，将其图层混合模式设置为“柔光”，“不透明度”更改为80%，如图5.348所示。

11 选择工具箱中的“椭圆工具”，在选项栏中将“填充”更改为白色，“描边”为无，在音符左上角位置按住Shift键绘制一个圆形，此时将生成一个“椭圆3”图层，如图5.349所示。

12 在“图层”面板中，选中“椭圆 3”图层，执行菜

单栏中的“图层”|“栅格化”|“形状”命令，将当前图形栅格化，如图5.350所示。

图5.348 设置图层混合模式

图5.349 绘制图形

图5.350 栅格化形状

13 选中“椭圆 3”图层，执行菜单栏中的“滤镜”|“模糊”|“高斯模糊”命令，在弹出的对话框中将“半径”更改为5像素，设置完成之后单击“确定”按钮，如图5.351所示。

14 选择工具箱中的“画笔工具”，单击鼠标右键，在弹出的面板中，单击右上角的磁轮状按钮，在弹出的菜单中选择“混合画笔”，在弹出的对话框中，单击“确定”按钮，再选择“交叉排线4”笔触，将其“大小”更改为30像素，如图5.352所示。

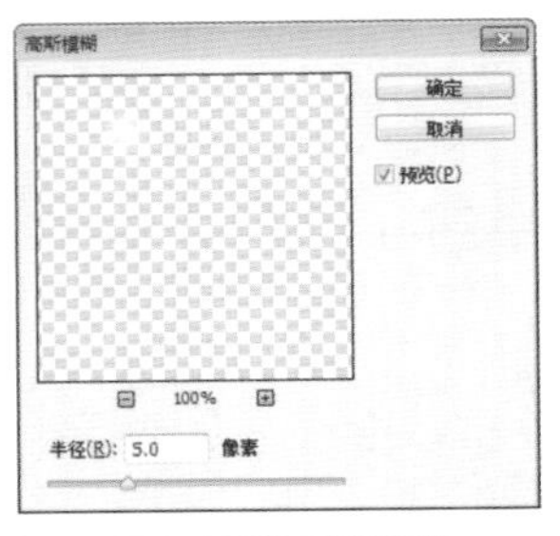

图5.351 设置高斯模糊

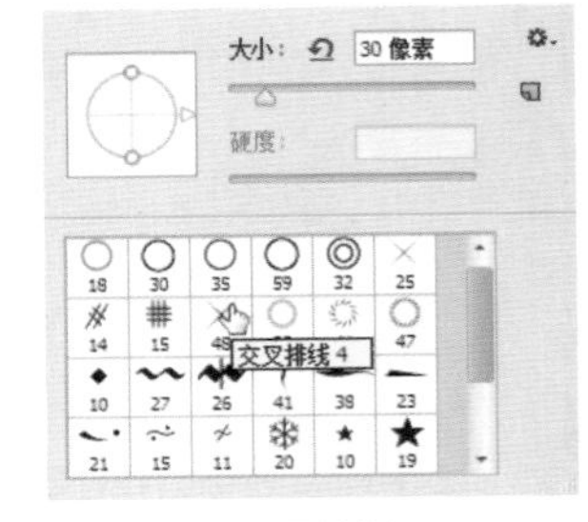

图5.352 设置笔触

15 将前景色更改为白色，在音符左上角位置单击添加笔触效果，这样就完成了效果制作，最终效果如图5.353所示。

图5.353 添加笔触效果最终效果

实例 089 玻璃质感播放器

实例分析

本例主要讲解的是玻璃质感播放器制作，在界面的绘制中需要注重玻璃质感的处理，同时辅助的金属质感图形的细节也十分重要，一方面很好地衬托出主界面的质感效果，另一方面则令用户的视觉方面倍感舒适，最终效果如图5.354所示。

- **素材位置**|素材文件\第5章\玻璃质感播放器
- **案例位置**|案例文件\第5章\玻璃质感播放器.psd
- **视频位置**|多媒体教学\实例089 玻璃质感播放器.avi
- **难易指数**|★★★☆☆

图5.354 最终效果

步骤1 制作背景并定义图案

01 执行菜单栏中的“文件”|“新建”命令，在弹出的对话框中设置“宽度”为800像素，“高度”为600像素，“分辨率”为72像素/英寸，“颜色模式”为RGB颜色，新建一个空白画布。

02 执行菜单栏中的“文件”|“新建”命令，在弹出的对话框中设置“宽度”为4像素，“高度”为4像素，“分辨率”为72像素/英寸，“颜色模式”为RGB颜色，“背景内容”为透明，新建一个空白画布。

03 在新建的画布中单击鼠标右键，从弹出的快捷菜单中选择“按屏幕大小缩放”命令，将当前画布放大，如图5.355所示。

图5.355 放大画布

> **提示**
>
> 在画布中按住 Alt 键滚动鼠标中间滚轮同样可以将当前画布放大或缩小。

04 选择工具箱中的“矩形工具”，在选项栏中将“填充”更改为深蓝色（R：55，G：65，B：72），“描边”为无，在画布左上角位置按住Shift键绘制一个2乘2像素的矩形，此时将生成一个“矩形1”图层，如图5.356所示。

图5.356 绘制图形

05 选中“矩形1”图层，在画布中按住Alt+Shift组合键向下拖动，将图形复制，此时将生成一个“矩形1 拷贝”图层，将其图层中的图形颜色更改为深蓝色（R：75，G：89，B：99），如图5.357所示。

图5.357 复制并合并图层

06 同时选中“矩形1 拷贝”及“矩形1”图层，在画布中按住Alt+Shift组合键向下拖动，将图形复制，此时将生成2个“矩形1 拷贝2”图层，如图5.358所示。

图5.358 复制图层

07 再同时选中这4个图层按住Alt+Shift组合键向右侧拖动，再按Ctrl+T组合键对其执行自由变换命令，将光标移至出现的变形框上单击鼠标右键，从弹出的快捷菜单中选择“垂直翻转”命令，完成之后按Enter键确认，如图5.359所示。

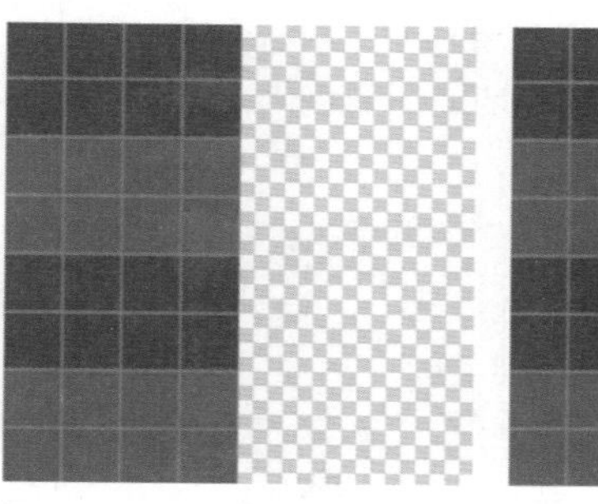

图5.359 复制图形并变换图形

08 再同时选中所有的图层，在画布中按住Alt+Shift组合键向右侧拖动，将图形填充整个画布，如图5.360所示。

图5.360 复制图形

09 执行菜单栏中的“编辑”|“定义图案”命令，在弹出的对话框中将“名称”更改为纹理，完成之后单击“确定”按钮，如图5.361所示。

图5.361 定义图案

10 在刚才新建的文档画布中执行菜单栏中的“编辑”|“填充”命令，在弹出的对话框中选择“使用”为图案，单击“自定图案”后方的按钮，在弹出的面板中选择最底部刚才定义的“纹理”图案，完成之后单击“确定”按钮，如图5.362所示。

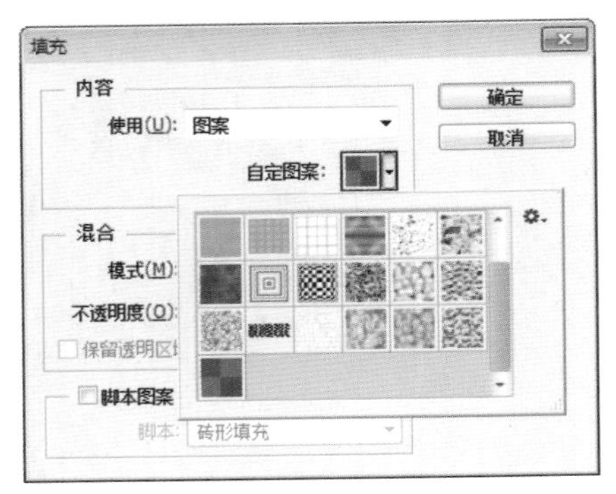

图5.362 设置填充

11 选择工具箱中的“椭圆工具”，在选项栏中将“填充”更改为白色，“描边”为无，在画布中绘制一个椭圆图形，此时将生成一个“椭圆 1”图层，选中“椭圆 1”图层，执行菜单栏中的“图层”|“栅格化”|“形状”命令，将当前图形删格化，如图5.363所示。

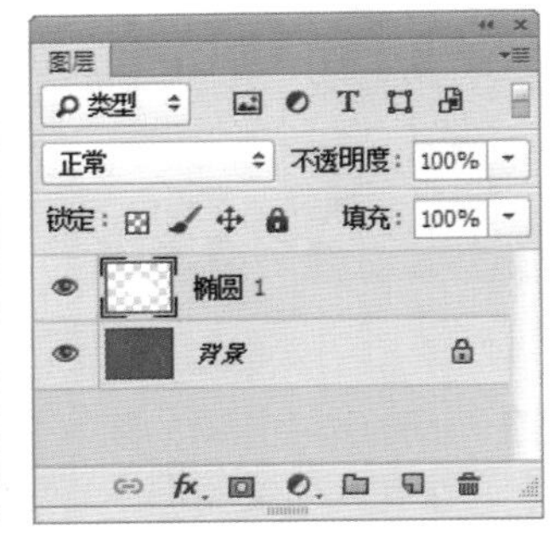

图5.363 绘制图形并栅格化形状

12 选中“椭圆 1”图层，执行菜单栏中的“滤镜”|“模糊”|“高斯模糊”命令，在弹出的对话框中将“半径”更改为130像素，设置完成之后单击“确定”按钮，如图5.364所示。

13 在“图层”面板中，选中“椭圆1”图层，将其图层混合模式设置为“叠加”，如图5.365所示。

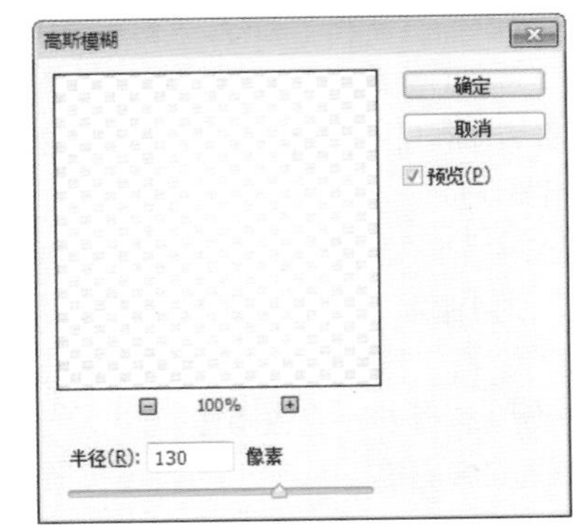

图5.364 设置高斯模糊

图5.365 设置图层混合模式

步骤2 绘制图形

01 选择工具箱中的“圆角矩形工具”，在选项栏中将“填充”更改为蓝色（R：204，G：242，B：248），“描边”为无，“半径”为15像素，在画布中绘制一个圆角矩形，此时将生成一个“圆角矩形 1”图层，如图5.366所示。

图5.366 绘制图形

02 在“图层”面板中，选中“圆角矩形 1”图层，单击面板底部的“添加图层样式”按钮fx，在菜单中选择“内阴影”命令，在弹出的对话框中将“混合模式”更改为滤色，“颜色”更改为白色，“不透明度”更改为60%，取消“使用全局光”复选框，“角度”更改为90度，“距离”更改为1像素，如图5.367所示。

03 选中“内发光”复选框，将“混合模式”更改为滤色，“不透明度”更改为20%，“颜色”更改为白色，

“大小”更改为5像素，如图5.368所示。

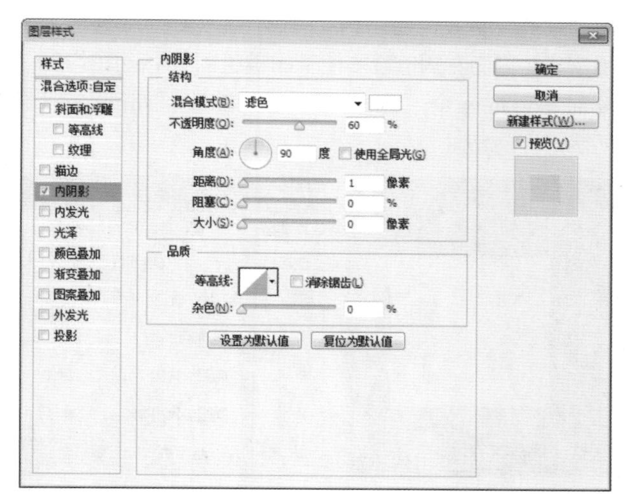

图5.367 设置内阴影

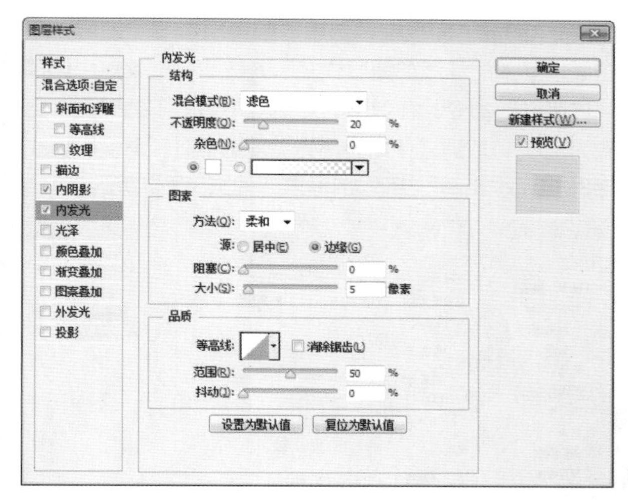

图5.368 设置内发光

04 选中“渐变叠加”复选框，将“不透明度”更改为6%，“渐变”更改为黑白，如图5.369所示。

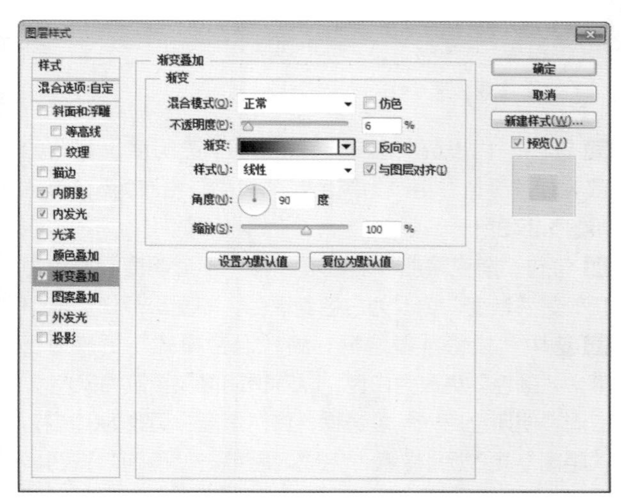

图5.369 设置渐变叠加

05 选中“投影”复选框，将“不透明度”更改为50%，取消“使用全局光”复选框，将“角度”更改为90度，“距离”更改为2像素，“大小”更改为6像素，如图5.370所示。最后，修改“圆角矩形1”的“填充为10%。

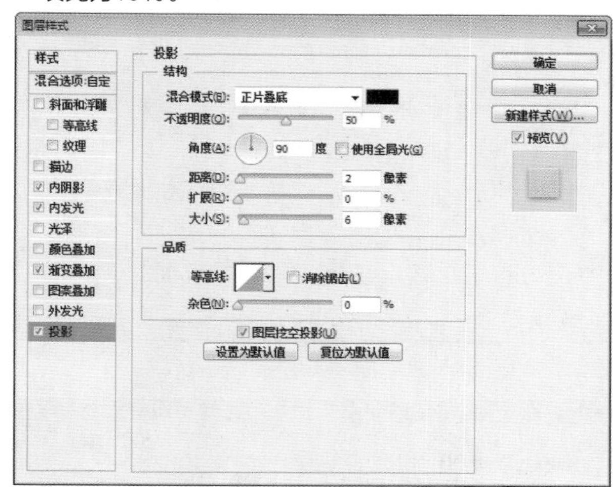

图5.370 设置投影

步骤3 制作界面元素

01 选择工具箱中的“椭圆工具”，在选项栏中将“填充”更改为白色，“描边”为无，在界面左上角位置按住Shift键绘制一个圆形，此时将生成一个“椭圆2”图层，如图5.371所示。

图5.371 绘制图形

02 在“图层”面板中，选中“椭圆 2”图层，单击面板底部的“添加图层样式”按钮fx，在菜单中选择“渐变叠加”命令，在弹出的对话框中将“不透明度”更改为40%，“渐变”更改为黑白色系渐变，“样式”更改为角度，“角度”更改为-60度，如图5.372所示。

03 选中“投影”复选框，取消“使用全局光”复选框，将“角度”更改为90度，“距离”更改为2像素，“大小”更改为3像素，完成之后单击“确定”按钮，如图5.373所示。

04 选中“椭圆 2”图层，将其图层“填充”更改为

60%，如图5.374所示。

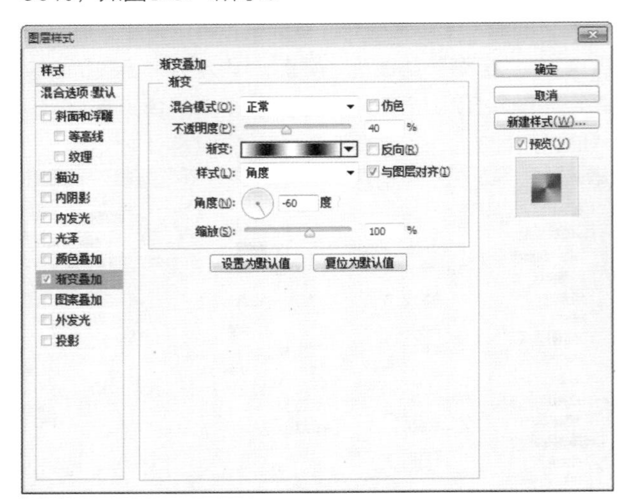

图5.372 设置渐变叠加

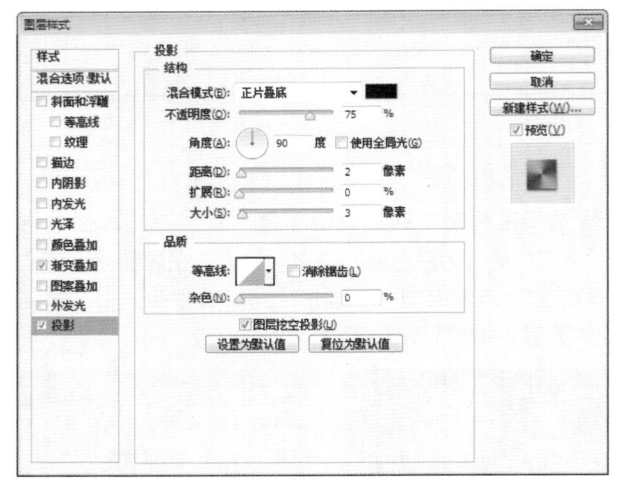

图5.373 设置投影

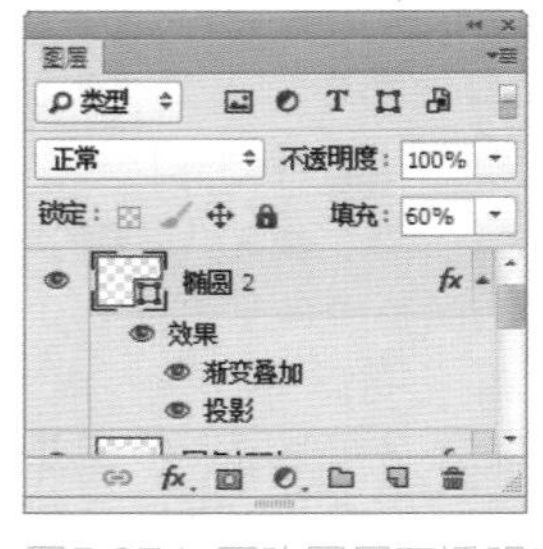

图5.374 更改图层不透明度

05 选中“椭圆2”图层，在画布中按住Alt键将图形拖至界面的4个角位置将其复制，如图5.375所示。

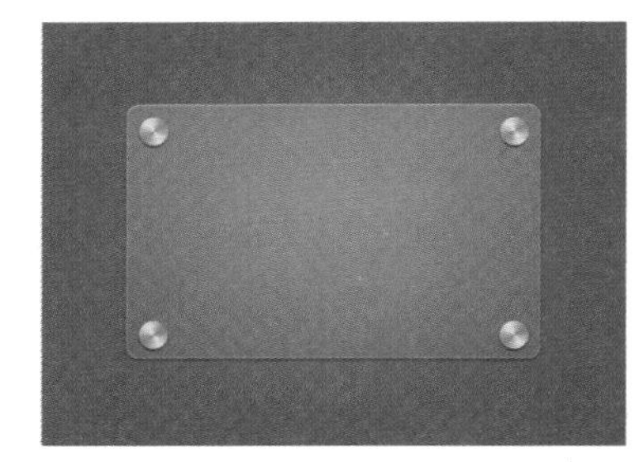

图5.375 复制图形

06 选择工具箱中的“圆角矩形工具”▢，在选项栏中将“填充”更改为白色，“描边”为无，“半径”为5像素，在界面左侧位置按住Shift键绘制一个圆角矩形，此时将生成一个“圆角矩形 2”图层，如图5.376所示。

图5.376 绘制图形

07 在“图层”面板中，选中“圆角矩形 2”图层，单击面板底部的“添加图层样式”fx按钮，在菜单中选择“内阴影”命令，在弹出的对话框中将“不透明度”更改为35%，取消“使用全局光”复选框，“角度”更改为89度，“距离”更改为1像素，如图5.377所示。

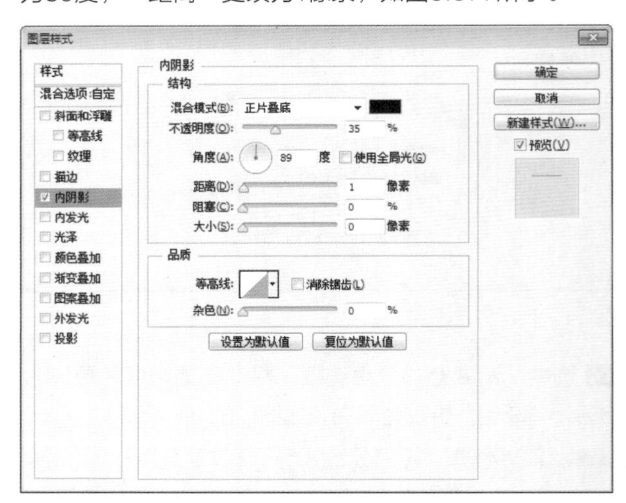

图5.377 设置内阴影

08 选中“内发光”复选框，将“不透明度”更改为17%，“颜色”更改为黑色，“大小”更改为5像素，如图5.378所示。

09 勾选“渐变叠加”复选框，将“不透明度”更改为15%，“渐变”更改为白色到黑色，如图5.379所示。

10 选中“投影”复选框，将“混合模式”更改为正常，“颜色”更改为白色，“不透明度”更改为30%，取消“使用全局光”复选框，将“角度”更改为90度，“距离”更改为1像素，完成之后单击“确定”按钮，如图5.380所示。最后，修改“圆角矩形2”的“填充”为0%

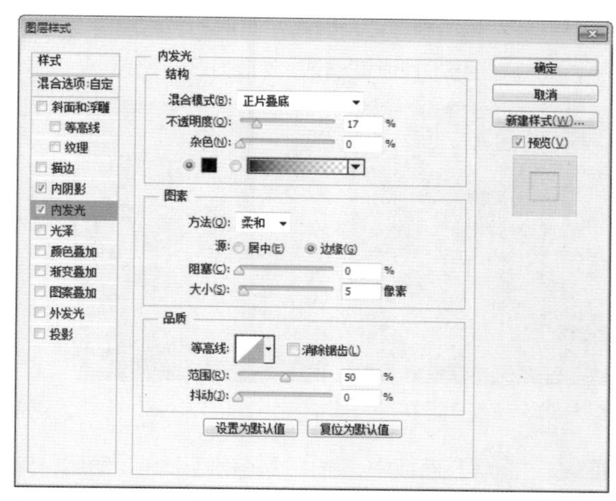

图5.378 设置内发光

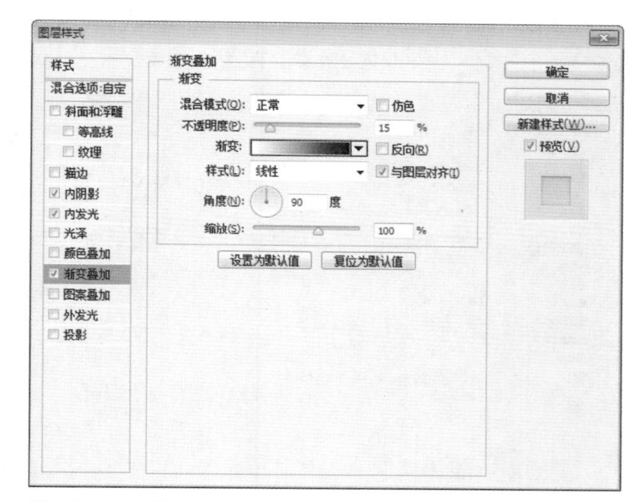

图5.379 设置渐变叠加

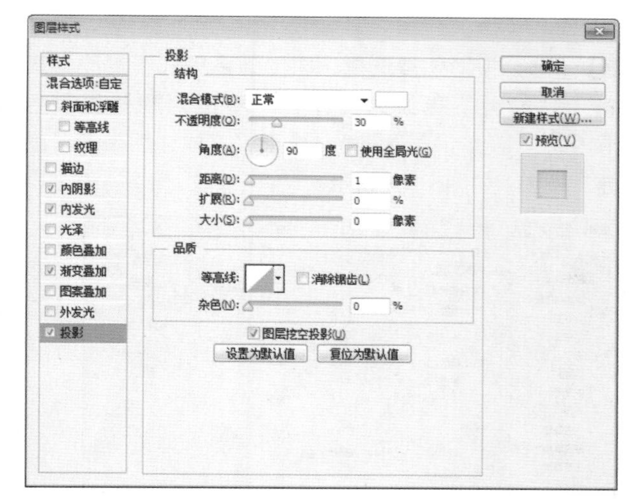

图5.380 设置投影

步骤4 添加素材

01 执行菜单栏中的“文件”|“打开”命令，打开“CD封面.jpg”文件，将打开的素材拖入画布中并适当缩小，此时其图层名次地自动更改为“图层1”，如图5.381所示。

图5.381 添加素材

02 在“图层”面板中，选中“图层 1”图层，单击面板底部的“添加图层样式”按钮 *fx*，在菜单中选择“内阴影”命令，在弹出的对话框中将“混合模式”更改为正常，“颜色”更改为白色，“不透明度”更改为50%，取消“使用全局光”复选框，“角度”更改为90度，“距离”更改为2像素，“大小”更改为2像素，如图5.382所示。

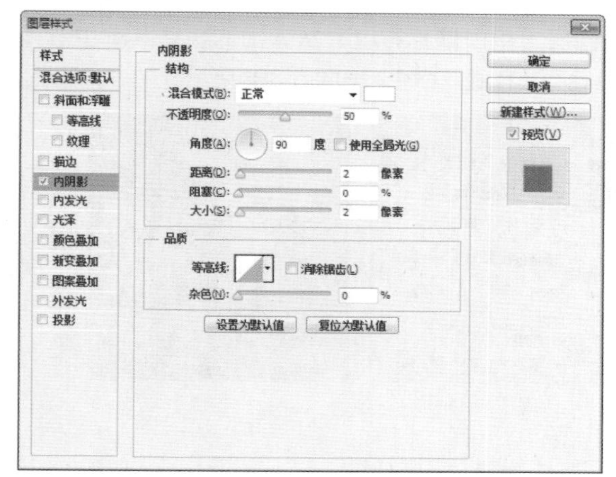

图5.382 设置内阴影

03 选中“投影”复选框，将“不透明度”更改为50%，，取消“使用全局光”复选框，“角度”更改为90度，“距离”更改为4像素，“大小”更改为4像素，如图5.383所示。

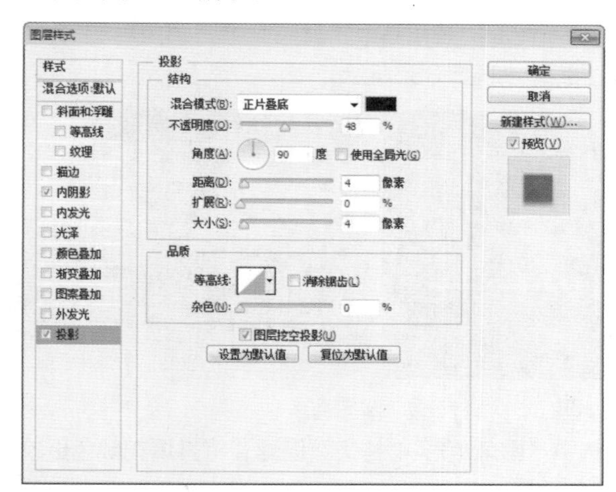

图5.383 设置投影

04 选择工具箱中的“圆角矩形工具”，在选项栏中将“填充”更改为白色，“描边”为无，“半径”为5像素，在界面右侧位置绘制一个圆角矩形，此时将生成一个“圆角矩形 3”图层，如图5.384所示。

图5.384 绘制图形

05 在“圆角矩形 2”图层上单击鼠标右键，从弹出的快捷菜单中选择“拷贝图层样式”命令，在“圆角矩形 3”图层上单击鼠标右键，从弹出的快捷菜单中选择“粘贴图层样式”命令，如图5.385所示。

图5.385 拷贝并粘贴图层样式

步骤5 绘制界面细节

01 选择工具箱中的“圆角矩形工具”，在选项栏中将“填充”更改为白色，“描边”为无，“半径”为2像素，在刚才绘制的圆角矩形靠下半部分位置再次绘制一个细长的圆角矩形，此时将生成一个“圆角矩形 4”图层，选中“圆角矩形 4”图层，将其拖至面板底部的“创建新图层”按钮上，复制一个“圆角矩形 4 拷贝”图层，如图5.386所示。

图5.386 绘制图形并复制图层

02 选中“圆角矩形 4 拷贝”图层，将其填充颜色更改为青色（R：78，G：211，B：232），在画布中按Ctrl+T组合键对其执行自由变换命令，将光标移至出现的变形框右侧控制点按左键向左侧拖动，将图形宽度缩小，完成之后按Enter键确认，如图5.387所示。

图5.387 变换图形

03 在“图层”面板中，选中“圆角矩形 4”图层，单击面板底部的“添加图层样式”按钮，在菜单中选择“内阴影”命令，在弹出的对话框中将“距离”更改为2像素，“大小 ”更改为2像素，如图5.388所示。

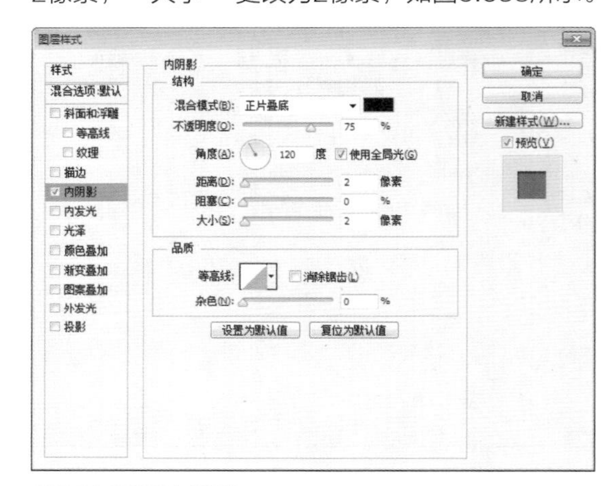

图5.388设置内阴影

04 勾选“投影”复选框，将“混合模式”更改为正常，“颜色”更改为白色，“不透明度”更改为100%，“大小 ”更改为1像素，完成之后单击“确定”按钮，如图5.389所示。

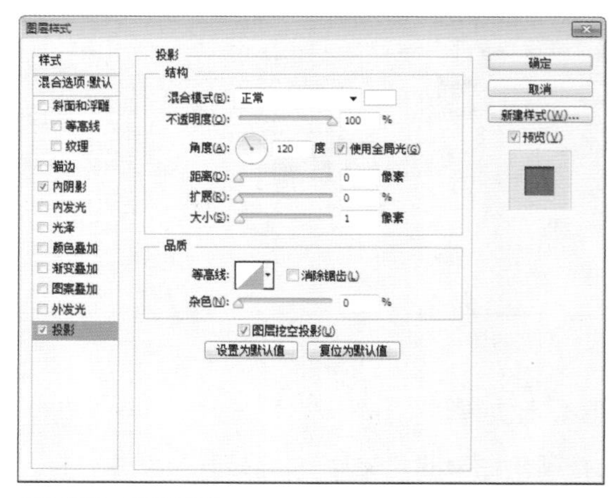

图5.389 设置投影

05 执行菜单栏中的“文件”|“打开”命令，打开“图标.psd”文件，将打开的素材拖入界面中刚才绘制的图形上方位置，如图5.390所示。

图5.390 添加素材

06 在“图层”面板中，选中“上一曲”图层，将其拖至面板底部的“创建新图层”按钮上，复制1个“上一曲 拷贝”图层，如图5.391所示。

07 选中“上一曲 拷贝”图层，在画布中按Ctrl+T组合键对其执行自由变换命令，将光标移至出现的变形框上单击鼠标右键，从弹出的快捷菜单中选择“水平翻转”命令，完成之后按Enter键确认，再将图形向右侧平移，如图5.392所示。

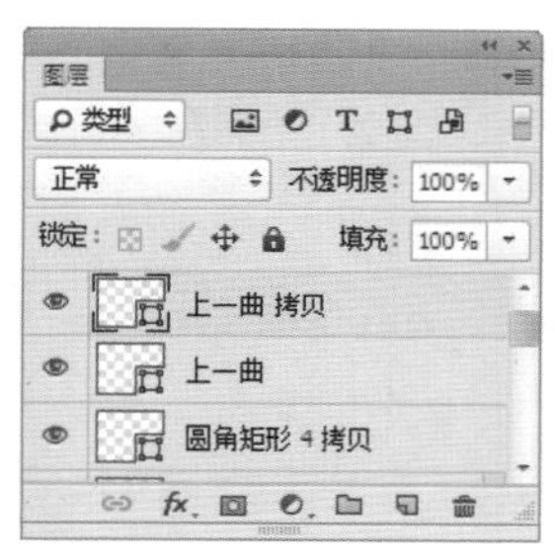

图5.391 复制图层

图5.392 变换图形

08 在“图层”面板中，选中“上一曲”图层，单击面板底部的“添加图层样式”按钮，在菜单中选择“内阴影”命令，在弹出的对话框中将“距离”更改为1像素，“大小”更改为1像素，如图5.393所示。

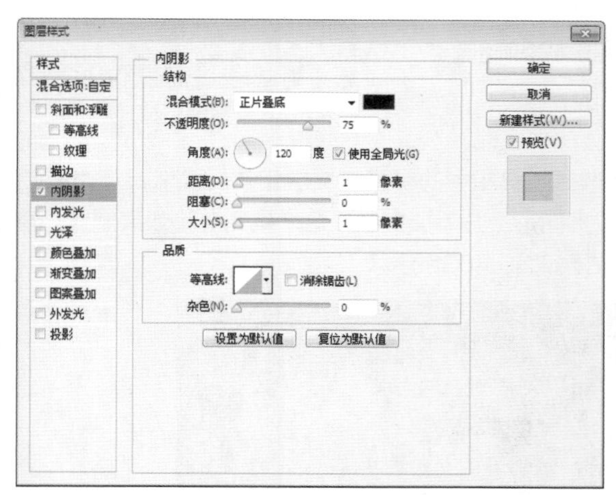

图5.393 设置内阴影

09 选中“投影”复选框，将“混合模式”更改为滤色，“颜色”更改为白色，“不透明度”更改为42%，取消“使用全局光”复选框，“角度”更改为90度，“距离”更改为1像素，完成之后单击“确定”按钮，如图5.394所示。

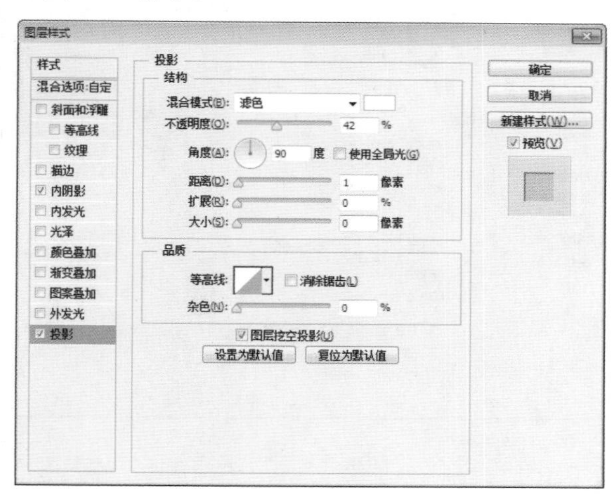

图5.394 设置投影

10 在“图层”面板中，选中“上一曲”图层，将其图层“填充”更改为25%，如图5.395所示。

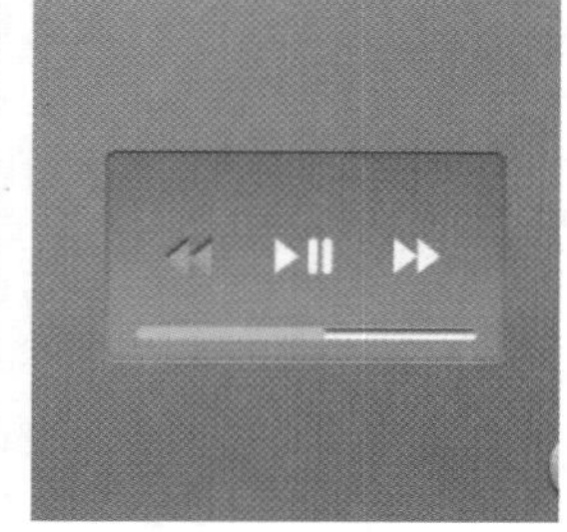

图5.395 更改填充

11 在“上一曲”图层上单击鼠标右键，从弹出的快捷菜单中选择“拷贝图层样式”命令，在“上一曲 拷贝”图层上单击鼠标右键，从弹出的快捷菜单中选择“粘贴图层样式”命令，如图5.396所示。

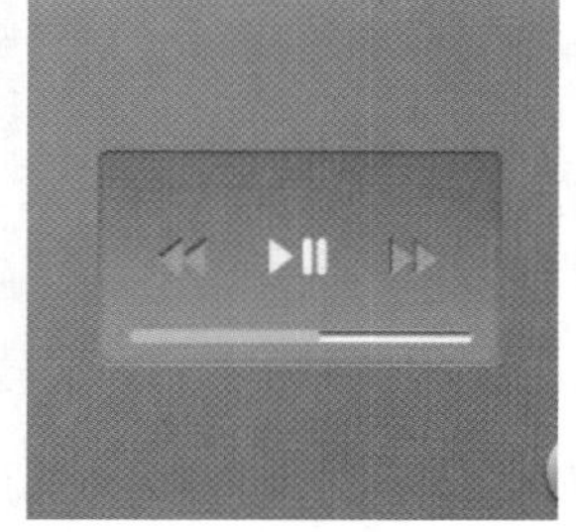

图5.396 拷贝并粘贴图层样式

12 在“图层”面板中，选中“播放/暂停”图层，单击面板底部的“添加图层样式”按钮，在菜单中选择“外发光”命令，在弹出的对话框中将“颜色”更改为白色，“大小”更改为5像素，完成之后单击“确定”按钮，如图5.397所示。

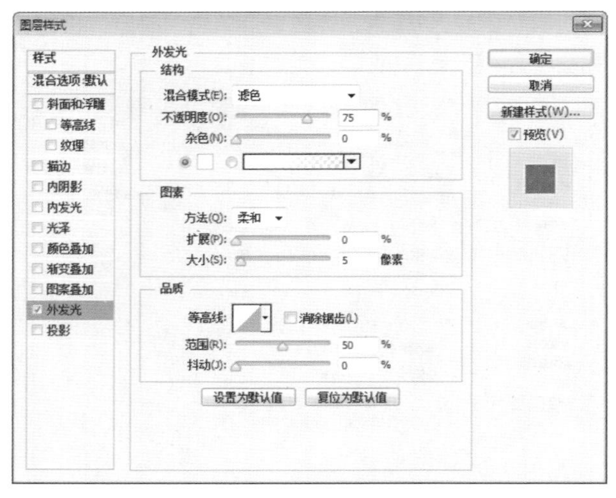

图5.397 设置外发光

13 选择工具箱中的“自定形状工具”，在画布中单击鼠标右键，在弹出的面板中单击右上角的按钮，在弹出的下拉列表中选择“形状”|“五角星”，如图5.398所示。

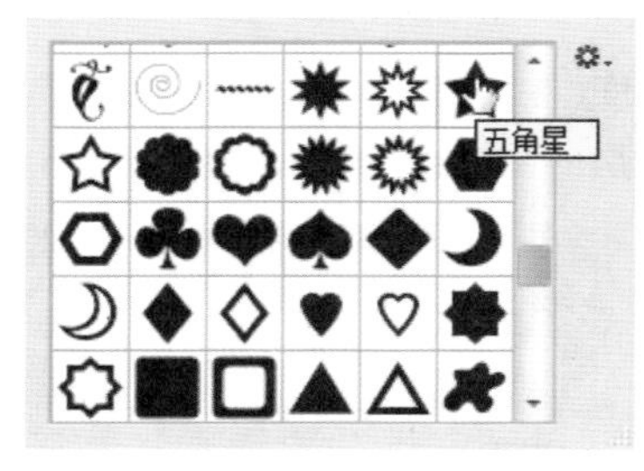

图5.398 选择形状

14 在选项栏中将“填充”更改为黄色（R：254，G：242，B：112），“描边”更改为无，在绘制的播放控制图形上方位置按住Shift键绘制一个星形，此时将生成一个“形状 1”图层，如图5.399所示。

图5.399 绘制图形

15 在“图层”面板中，选中“形状 1”图层，单击面板底部的“添加图层样式”按钮，在菜单中选择“投影”命令，在弹出的对话框中取消“使用全局光”复选框，将“角度”更改为90度，“距离”更改为1像素，“大小”更改为2像素，完成之后单击“确定”按钮，如图5.400所示。

16 选中“形状 1”图层，在画布中按住Alt+Shift组合键向右侧拖动，将图形复制4份，此时将生成相应的图层副本，如图5.401所示。

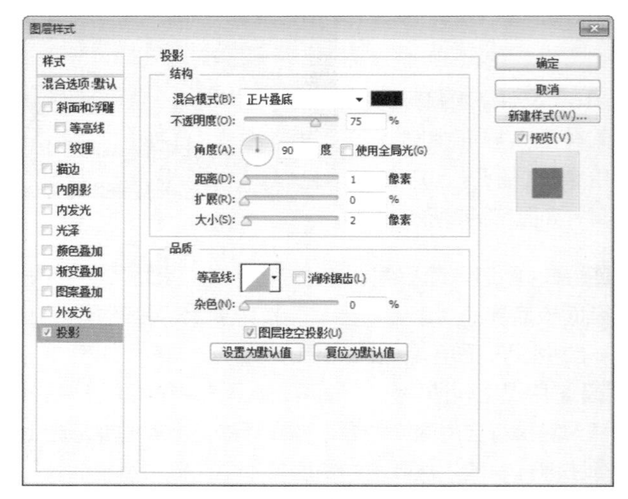

图5.400 设置投影

图5.401 复制图形

17 选中“形状 1 拷贝 4”图层，在画布中将图形颜色更改为深灰色（R：84，G：84，B：84），如图5.402所示。

图5.402 更改图形颜色

18 选择工具箱中的“横排文字工具” T，在刚才绘制的星形图形上方添加文字，这样就完成了效果制作，最终效果如图5.403所示。

图5.403 添加文字及最终效果

不同应用系统的UI设计

内容摘要

本章详细介绍不同应用系统的UI设计。界面是人与物体互动的媒介，换句话说，界面就是设计师赋予物体的新面孔，是用户和系统进行双向信息交互的支持软件、硬件以及方法的集合。界面应用是综合性的可以看成由很多界面元素的组成，在设计上要符合用户心理行为的界面，在追求华丽的同时，也应当遵循符合大众审美的界面，本章通过不同系统界面的设计讲解，让读者掌握不同应用系统界面设计的方法和技巧。

教学目标

了解各类界面

了解界面设计的尺寸

了解主流手机设置

掌握不同界面的设计技巧

实例090 理论知识1——iPhone和Android设计尺寸

刚开始接触UI时，碰到的最多的问题就是尺寸，画布要建多大，文字该用多大才合适，要做几套界面才可以，这些问题也着实让人有些头疼。其实不同的智能系统官方都会给出规范尺寸，在这些尺寸的基础上加以变化，即可创造出各种设计效果。

由于iPhone和Android属于不同的操作系统，并且就算是同一操作系统，也有不同的分辨率等因素，这就造成了不同的智能设备有不同的设计尺寸，下面详细列举iPhone和Android不同界面的设计尺寸及图示效果。

1. iPhone界面尺寸如表6.1所示。

表6.1 iPhone界面尺寸

设备	分辨率	PPI	状态栏高度	导航栏高度	标签栏高度
iPhone6 plus设计版	1242×2208 px	401 PPI	60 px	132 px	146 px
iPhone6 plus放大版	1125×2001 px	401 PPI	54 px	132 px	146 px
iPhone6 plus物理版	1080×1920 px	401 PPI	54 px	132 px	146 px
iPhone6	750×1334 px	326 PPI	40 px	88 px	98 px
iPhone5-5C-5S	640×1136 px	326 PPI	40 px	88 px	98 px
iPhone4-4S	640×960 px	326 PPI	40 px	88 px	98 px
iPhone&iPod Touch第一代、第二代、第三代	320×480 px	163 PPI	20 px	44 px	49 px

2. iPhone界面尺寸图示。

虽然尺寸不同，但界面基本组成元素却是相同的，iPhone的APP界面一般由4个元素组成，分别是状态栏、导航栏、主菜单栏、内容区域。图6.1所示为iPhone界面尺寸图示。

- 状态栏：就是我们经常说的信号、运营商、电量等显示手机状态的区域。
- 导航栏：显示当前界面的名称，包含相应的功能或者页面间的跳转按钮。
- 主菜单栏：类似于页面的主菜单，提供整个应用的分类内容的快速跳转。
- 内容区域：展示应用提供的相应内容，整个应用中布局变更最为频繁。

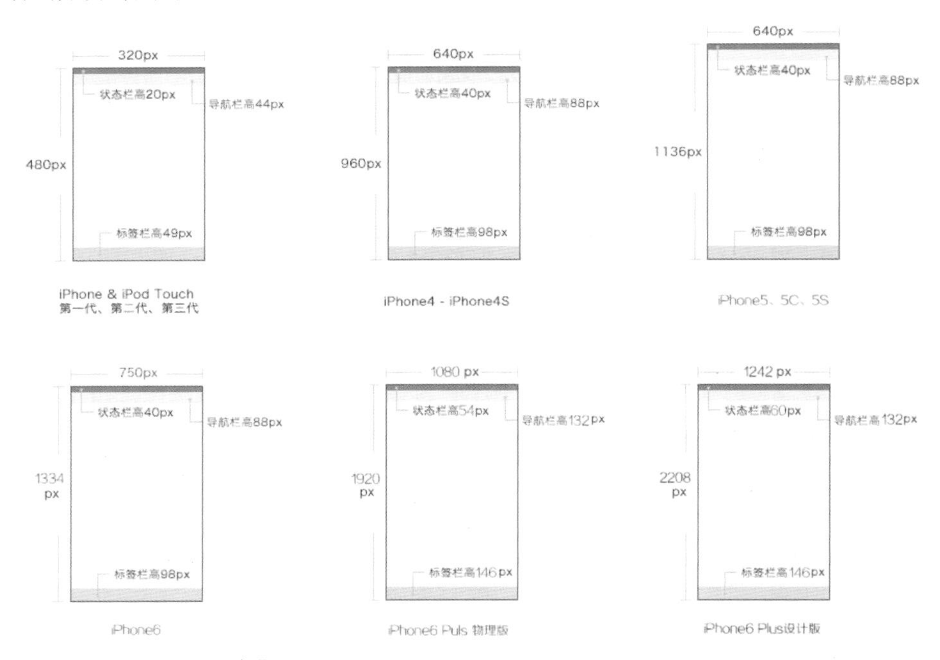

图6.1 iPhone界面尺寸图示

3. iPad的设计尺寸如表6.2所示。

表6.2 iPad的设计尺寸

设备	尺寸	分辨率	状态栏高度	导航栏高度	标签栏高度
iPad 3- 4 - 5 - 6 - air - air2 - mini2	2048×1536 px	264 PPI	40 px	88 px	98 px
iPad 1 - 2	1024×768 px	132 PPI	20 px	44 px	49 px
iPad mini	1024×768 px	163 PPI	20 px	44 px	49 px

4. iPad界面尺寸图示，如图6.2所示。

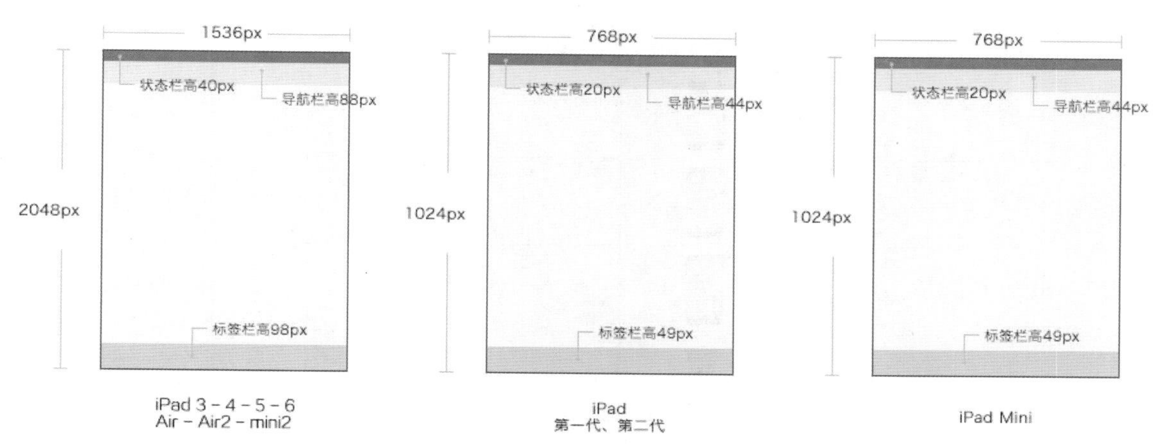

图6.2 iPad界面尺寸图示

5. Android SDK模拟机设计尺寸如表6.3所示。

表6.3 Android SDK模拟机设计尺寸

屏幕大小	低密度（120）	中等密度（160）	高密度（240）	超高密度（320）
小屏幕	QVGA（240×320）		480×640	
普通屏幕	WQVGA400（240×400） WQVGA432（240×432）	HVGA（320×480）	WVGA800（480×800） WVGA854（480×854） 600×1024	640×960
大屏幕	WQVGA800*（480×800） WQVGA854*（480×854）	WVGA800*（480×800） WVGA854*（480×854） 600×1024		
超大屏幕	1024×600	1024×768 1280×768WXGA（1280×800）	1536×1152 1920×1152 1920×1200	2048×1536 2560×1600

实例 091 理论知识2——Android 系统换算及主流手机设置

1. Android 系统dp/sp/px换算如表6.4所示。

表6.4 Android 系统dp/sp/px换算表

名称	分辨率	比率rate（针对320px）	比率rate（针对640px）	比率rate（针对750px）
idpi	240×320	0.75	0.375	0.32

（续表）

名称	分辨率	比率rate（针对320px）	比率rate（针对640px）	比率rate（针对750px）
mdpi	320×480	1	0.5	0.4267
hdpi	480×800	1.5	0.75	0.64
xhdpi	720×1280	2.25	1.125	1.042
xxhdpi	1080×1920	3.375	1.6875	1.5

2. 主流Andiroid手机分辨率和尺寸如表6.5所示。

表6.5 主流Andiroid手机分辨率和尺寸表

设备名称	设备图示	分辨率	尺寸
魅族MX2		4.4英寸	800×1280 px
魅族MX3		5.1英寸	1080×1280 px
魅族MX4		5.36英寸	1152×1920 px
魅族 MX4 Pro		5.5英寸	1536×2560 px
三星 GALAXY Note II		5.5英寸	720×1280 px
三星 GALAXY Note 3		5.7英寸	1080×1920 px
三星 GALAXY Note 4		5.7英寸	1440×2560 px
三星 GALAXY S5		5.1英寸	1080×1920 px
索尼 Xperia Z3		5.2英寸	1080×1920 px
索尼 XL39h		6.44英寸	1080×1920 px
HTC Desire 820		5.5英寸	720×1280 px
HTC One M8		4.7英寸	1080×1920 px
OPPO Find 7		5.5英寸	1440×2560 px
OPPO R3		5英寸	720×1280 px
OPPO N1 Mini		5英寸	720×1280 px

（续表）

设备名称	设备图示	分辨率	尺寸
OPPO N1		5.9英寸	1080×1920 px
小米红米 Note		5.5英寸	720×1280 px
小米 M2S		4.3英寸	720×1280 px
小米 M4		5英寸	1080×1920 px
华为荣耀6		5英寸	1080×1920 px
LG G3		5.5英寸	1440×2560 px
OnePlus One		5.5英寸	1080×1920 px
锤子T1		4.95英寸	1080×1920 px

实例 092 iPhone收音机界面制作

实例分析

本例讲解iPhone收音机界面制作，此款界面十分炫酷，以经典的色彩背景与主视觉图像搭配，同时指示器细节也相当完美，整个制作过程比较简单，最终效果如图6.3所示。

- **素材位置** | 素材文件\第6章\iPhone收音机界面
- **案例位置** | 案例文件\第6章\iPhone收音机界面.psd
- **视频位置** | 多媒体教学\实例092 iPhone收音机界面制作.avi
- **难易指数** | ★★☆☆☆

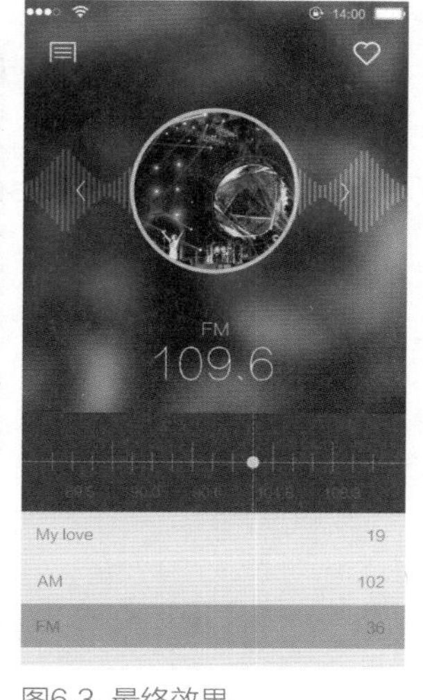

图6.3 最终效果

步骤1 处理背景图像

01 执行菜单栏中的“文字”|“新建”命令，在弹出的对话框中设置“宽度”为750像素，“高度”为1334像素，“分辨率”为72像素/英寸，新建一个空白画布。

02 执行菜单栏中的“文件”|“打开”命令，打开“图像.jpg”文件，将打开的素材拖入画布中并适当缩小，其图层名称更改为“图层 1”，如图6.4所示。

03 在“图层”面板中，选中“图层 1”图层，将其拖至面板底部的“创建新图层”按钮上，复制1个“图层 1 拷贝”图层。

04 选中“图层 1”图层，执行菜单栏中的“滤镜”|“模糊”|“高斯模糊”命令，在弹出的对话框中将“半径”更改为30像素，完成之后单击“确定”按钮，如图6.5所示。

图6.4 添加素材

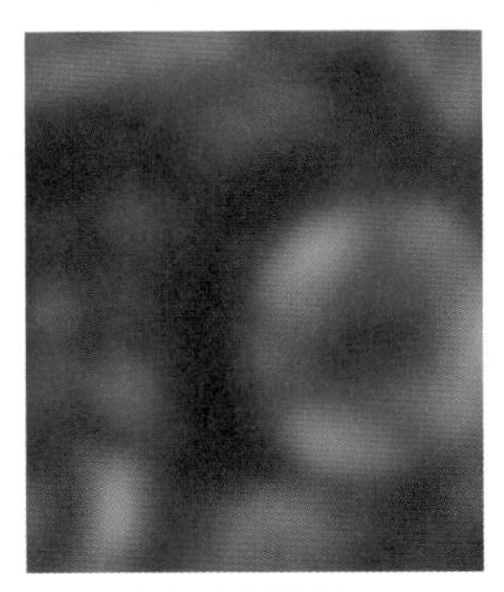

图6.5 添加高斯模糊

> **提示**
>
> 在为图像添加高斯模糊效果时，应当注意将其上方图层暂时隐藏。

05 选择工具箱中的“矩形工具”，在选项栏中将“填充”更改为粉色（R：251，G：237，B：255），“描边”为无，在界面靠底部绘制一个矩形，将生成一个“矩形 1”图层，如图6.6所示。

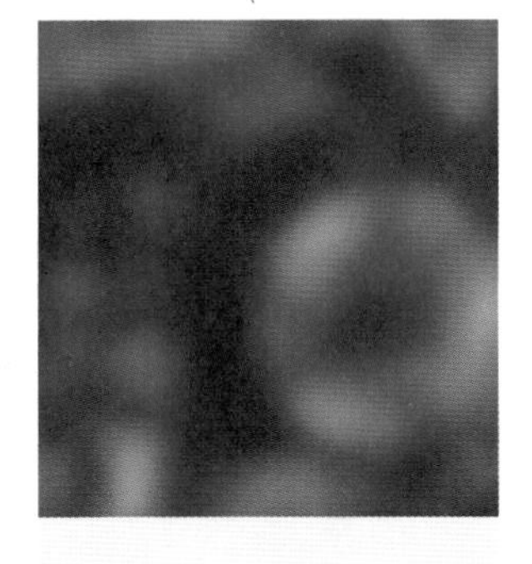

图6.6 绘制矩形

06 在“图层”面板中，选中“矩形 1”图层，将其拖至面板底部的“创建新图层”按钮上，复制1个“矩形 1拷贝”图层。

07 选中“矩形 1拷贝”图层，将其“填充”更改为紫色（R：84，G：28，B：57），再按Ctrl+T组合键对其执行“自由变换”命令，将图形高度缩小，完成之后按Enter键确认，如图6.7所示。

图6.7 缩小图形

步骤2 绘制状态图像

01 选择工具箱中的“椭圆工具”，在选项栏中将“填充”更改为黑色，“描边”为无，在画布中间位置按住Shift键绘制一个圆形，将生成一个“椭圆 1”图层，如图6.8所示。将其移至“图层 1 拷贝”下方。

图6.8 绘制图形

02 在“图层”面板中，选中“椭圆 1”图层，单击面板底部的“添加图层样式”按钮，在菜单中选择“描边”命令，在弹出的对话框中将“大小”更改为8像素，“不透明度”更改为70%，“颜色”更改为白色，完成之后单击“确定”按钮，如图6.9所示。

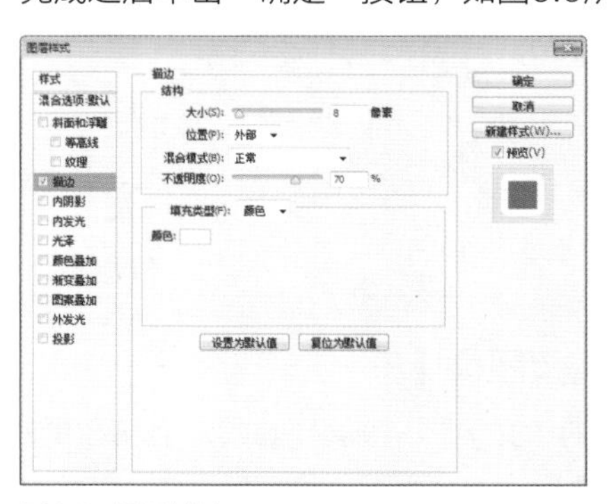

图6.9 设置描边

03 选中“图层 1 拷贝”图层，执行菜单栏中的“图层”|“创建剪贴蒙版”命令，为当前图层创建剪贴蒙版将部分图像隐藏，如图6.10所示。

04 按Ctrl+T组合键对图像执行“自由变换”命令，将其等比缩小，完成之后按Enter键确认，如图6.11所示。

图6.10 创建剪贴蒙版

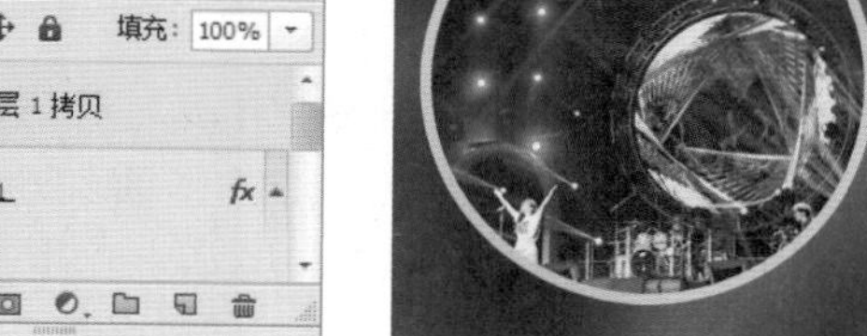

图6.11 缩小图像

05 选择工具箱中的“直线工具”，在选项栏中将“填充”更改为白色，“描边”为无，“粗细”更改为5像素，按住Shift键绘制一条线段，将生成一个“形状 1”图层，如图6.12所示。

06 在“图层”面板中，选中“形状 1”图层，将其图层混合模式设置为“柔光”，如图6.13所示。

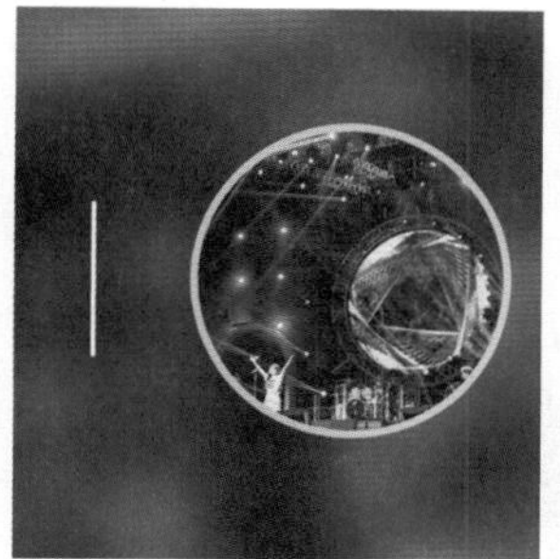

图6.12 绘制线段

图6.13 设置图层混合模式

07 将线段复制多份，并依次缩短其高度，如图6.14所示。

08 同时选中所有和“形状 1”相关图层，按Ctrl+G组合键将其编组，将生成的组名称更改为“波谱”，如图6.15所示。

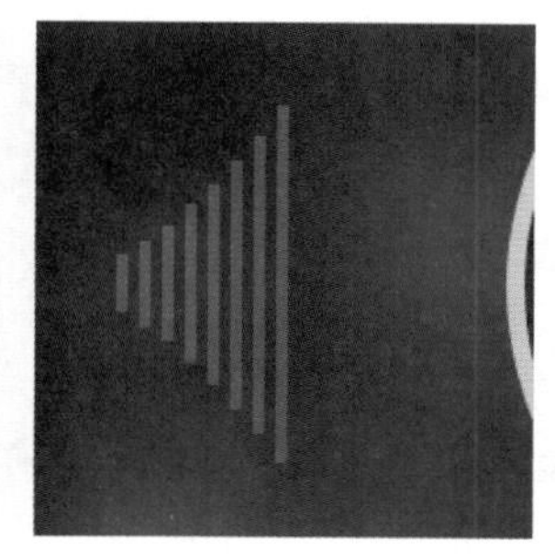

图6.14 复制线段

图6.15 将图层编组

09 将波谱图形复制多份，将移至“图层 1”图层上方，如图6.16所示。

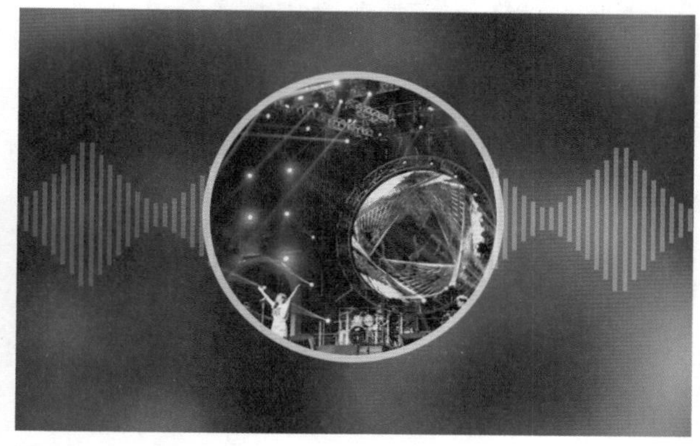

图6.16 复制图形

10 选择工具箱中的“钢笔工具”，在选项栏中单击“选择工具模式”按钮 路径 ，在弹出的选项中选择“形状”，将“填充”更改为无，“描边”更改为白色，“宽度”为2点。

11 在波谱图像左侧位置绘制1个不规则图形，将生成1个“形状 2”图层，如图6.17所示。然后将其复制一份并水平翻转，放置在右侧对应位置，如图6.18所示。

图6.17 绘制线段

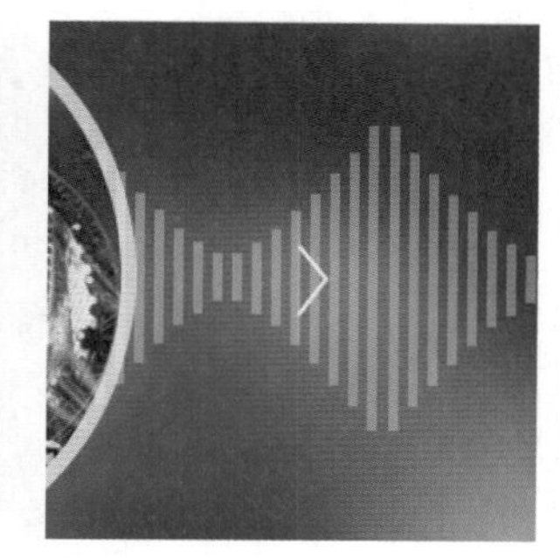

图6.18 复制线段

12 执行菜单栏中的“文件”|“打开”命令，打开“状态栏.psd、列表和喜欢.psd”文件，将打开的素材拖入画布中并缩小，如图6.19所示。

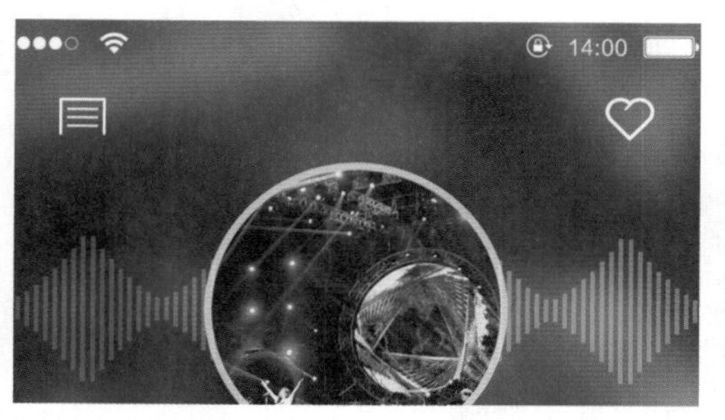

图6.19 添加素材

13 选择工具箱中的“横排文字工具”，添加文字（方正兰亭超细黑），如图6.20所示。

图6.20 添加文字

提示

在制作过程中注意图形之间的距离以及大小等比例，在制作的过程中可以随时调整。

步骤3 添加细节元素

01 选择工具箱中的“直线工具” ，在选项栏中将“填充”更改为白色，“描边”为无，“粗细”更改为2像素，按住Shift键绘制一条线段，将生成一个“形状3”图层，如图6.21所示。

02 在“图层”面板中，选中“形状 3”图层，将其图层混合模式设置为“柔光”，如图6.22所示。

图6.21 绘制线段

图6.22 设置图层混合模式

03 选择工具箱中的“直线工具” ，在选项栏中将“填充”更改为白色，“描边”为无，“粗细”更改为2像素，在刚才绘制的线段左侧按住Shift键绘制一条线段，将生成一个“形状 4”图层，如图6.23所示。

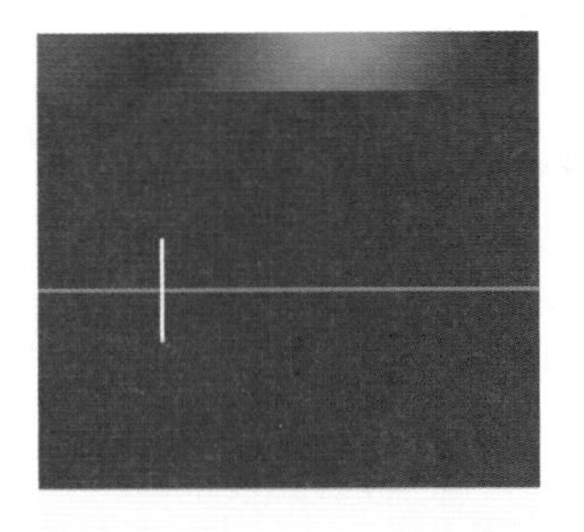

图6.23 绘制线段

04 在“图层”面板中，选中“形状 4”图层，将其图层混合模式设置为“柔光”，如图6.24所示。

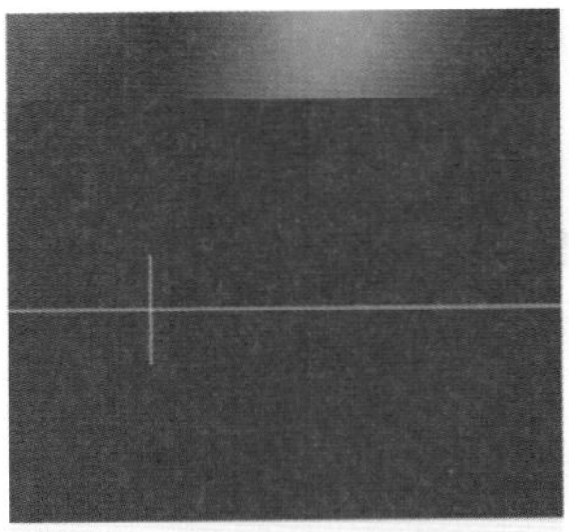

图6.24 设置图层混合模式

05 选择工具箱中的“路径选择工具” ，选中线段，再按Ctrl+Alt+T组合键将圆形向右侧平移复制一份，如图6.25所示。

06 按住Ctrl+Alt+Shift组合键的同时按多次T键，执行多重复制命令，将线段复制多份，如图6.26所示。

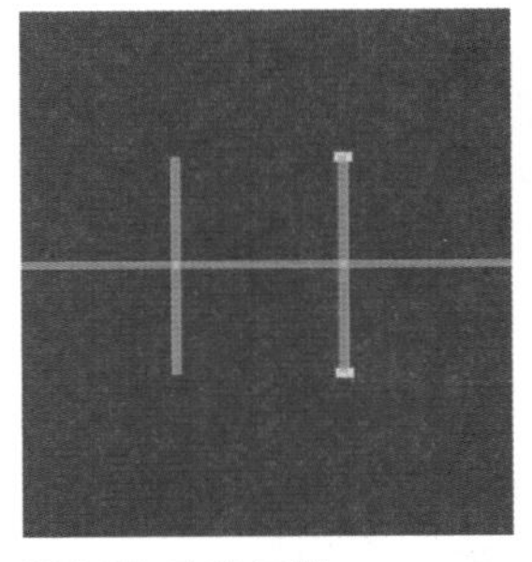

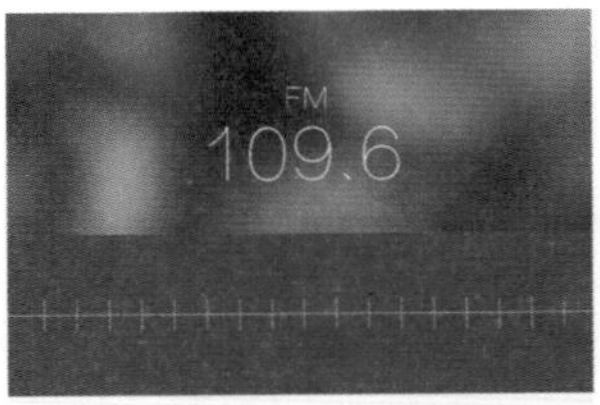

图6.25 变换复制

图6.26 多重复制

07 选择工具箱中的“直接选择工具” ，拖动线段部分锚点，增加其高度，如图6.27所示。

图6.27 拖动锚点

08 选择工具箱中的“直线工具” ，在选项栏中将“填充”更改为紫色（R：228，G：0，B：127），“描边”为无，“粗细”更改为2像素，在刚才绘制的线段位置按住Shift键绘制一条垂直线段，将生成一个“形状 5”图层，如图6.28所示。

09 选择工具箱中的“横排文字工具” T ，添加文字（方正兰亭超细黑），如图6.29所示。

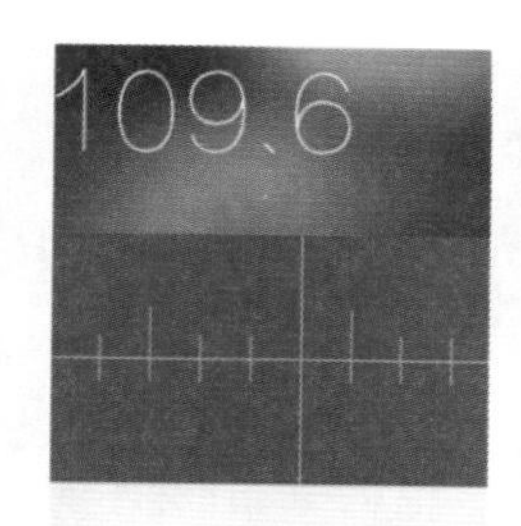

图6.28 绘制线段

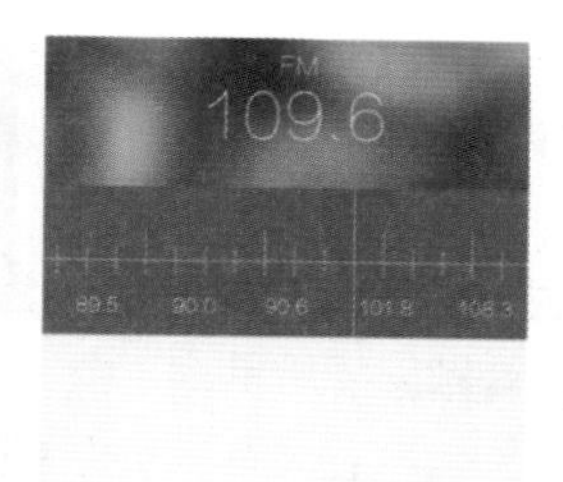

图6.29 添加文字

10 在“图层”面板中，选中文字图层，将其图层混合模式设置为“柔光”，如图6.30所示。

11 选择工具箱中的“椭圆工具” ，在选项栏中将“填充”更改为灰色（R：205，G：205，B：205），“描边”为无，在刚才绘制的线段交叉位置按住Shift键绘制一个圆形，如图6.31所示。

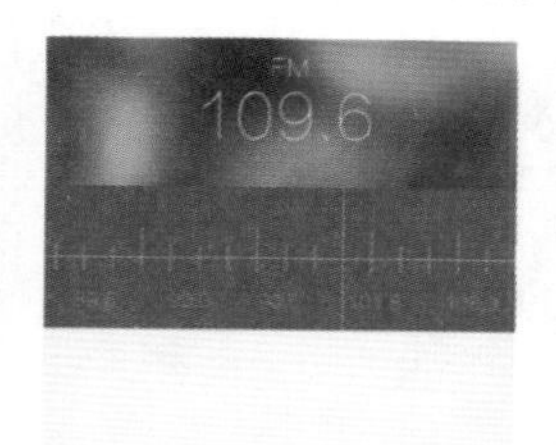

图6.30 设置图层混合模式

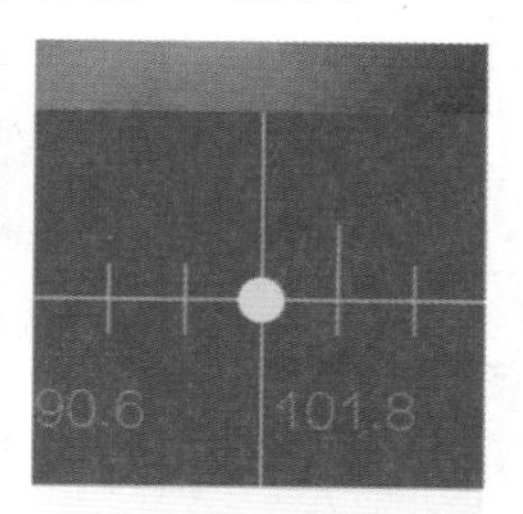

图6.31 绘制圆

12 选择工具箱中的“矩形工具” ，在选项栏中将“填充”更改为紫色（R：84，G：28，B：57），“描边”为无，在靠底部位置绘制一个矩形，将生成一个“矩形 2”图层，如图6.32所示。

13 将矩形复制数份，如图6.33所示。

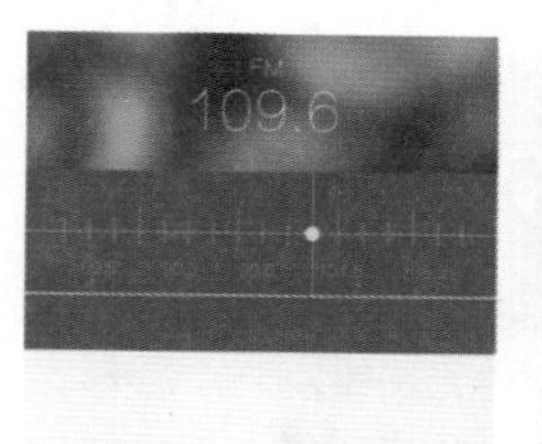

图6.32 绘制矩形

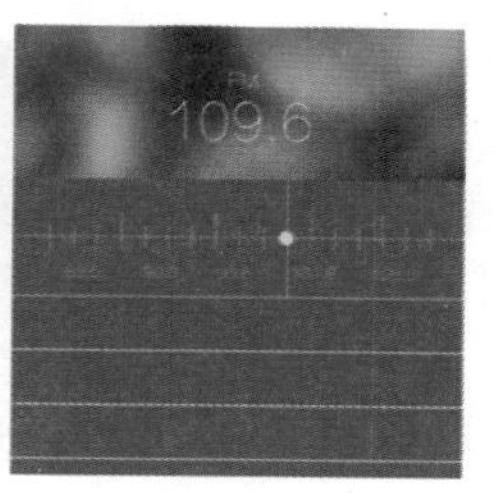

图6.33 复制图形

14 分别更改矩形所在图层不透明度，如图6.34所示。

15 选择工具箱中的“横排文字工具” ，添加文字（方正兰亭细黑），这样就完成了效果制作，最终效果如图6.35所示。

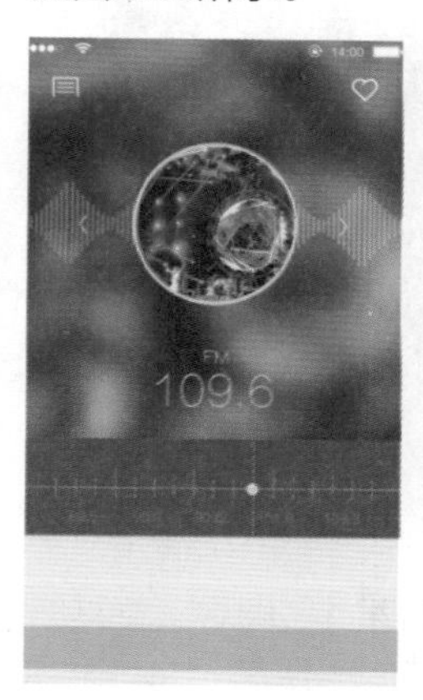

图6.34 更改不透明度

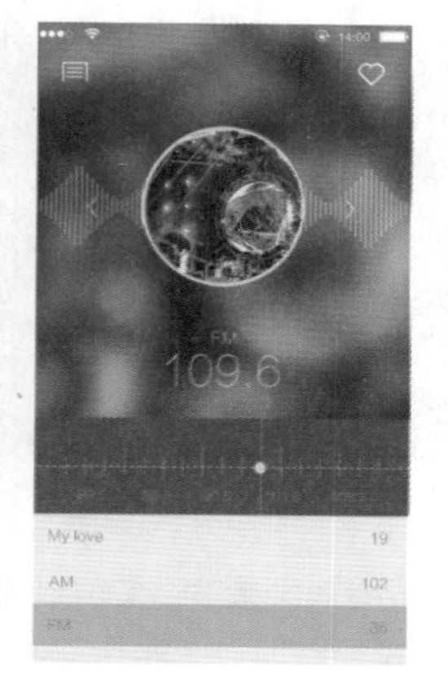

图6.35 最终效果

实例 093 iPhone电影购票界面制作

实例分析

本例讲解iPhone电影购票界面制作，此款界面的设计感十分出色，以直接简单的界面风格与直观的文字信息相结合，整个界面表现出浓郁的主题感，最终效果如图6.36所示。

- **素材位置** | 素材文件\第6章\iPhone电影购票界面
- **案例位置** | 案例文件\第6章\电影购票界面.psd
- **视频位置** | 多媒体教学\实例093 iPhone电影购票界面制作.avi
- **难易指数** | ★★☆☆☆

图6.36 最终效果

步骤1 绘制界面主体

01 执行菜单栏中的“文件”|“新建”命令，在弹出的对话框中设置“宽度”为750像素，“高度”为1334像素，“分辨率”为72像素/英寸，新建一个空白画布，将画布填充为深蓝色（R：22，G：26，B：36）。

02 选择工具箱中的“椭圆工具”，在选项栏中将“填充”更改为白色，“描边”为无，绘制一个圆形，将生成一个“椭圆 1”图层，如图6.37所示。然后将其添加高斯模糊，如图6.38所示。

图6.37 绘制图形

图6.38 添加高斯模糊

03 在“图层”面板中，选中“椭圆 1”图层，将其图层混合模式设置为“叠加”，如图6.39所示。

04 执行菜单栏中的“文件”|“打开”命令，打开“状态栏.psd”文件，将打开的素材拖入画布中靠顶部位置，如图6.40所示。

图6.39 设置图层混合模式

图6.40 添加素材

05 单击面板底部的“创建新图层”按钮，新建一个“图层1”图层。

06 选择工具箱中的“画笔工具”，在画布中单击鼠标右键，在弹出的面板中选择1种圆角笔触，将“大小”更改为450像素，“硬度”更改为0%，如图6.41所示。

07 分别将前景色更改为蓝色和紫色，在画布中单击添加图像，如图6.42所示。

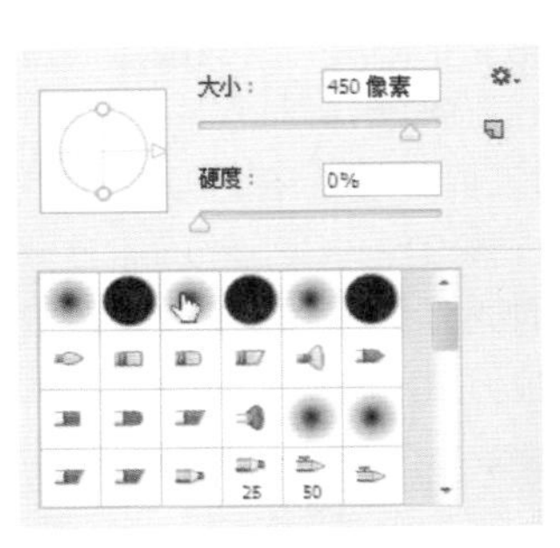

图6.41 设置笔触

图6.42 添加图像

08 执行菜单栏中的“滤镜”|“模糊”|“高斯模糊”命令，在弹出的对话框中将“半径”更改为150像素，完成之后单击“确定”按钮，如图6.43所示。

09 选择工具箱中的“矩形选框工具”，在图像顶部位置绘制一个矩形选区，如图6.44所示。

图6.43 添加高斯模糊

图6.44 绘制选区

10 按Delete键将选区中图像删除，完成之后按Ctrl+D组合键将选区取消，如图6.45所示。

11 执行菜单栏中的“文件”|“打开”命令，打开“定位和更多.psd”文件，将打开的素材拖入画布中顶部并适当缩小，如图6.46所示。

12 选择工具箱中的“横排文字工具”，添加文字（方正兰亭细黑），如图6.47所示。

图6.45 删除图像

图6.46 添加素材

图6.47 添加文字

步骤2 修饰主视觉图像

01 选择工具箱中的“圆角矩形工具”，在选项栏中将“填充”更改为灰色（R：246，G：246，B：246），“描边”为无，“半径”为20像素，绘制一个圆角矩形，将生成一个“圆角矩形 1”图层，如图6.48所示。

02 选择工具箱中的“椭圆工具”，在圆角矩形左侧位置按住Alt键的同时绘制一个圆形路径，将部分图形减去，如图6.49所示。

图6.48 添加文字

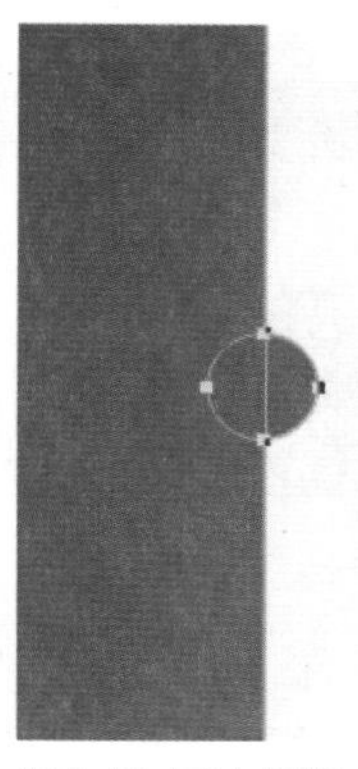

图6.49 减去图形

03 选择工具箱中的“路径选择工具”，选中路径，按住Alt键的同时再按住Shift键向右侧平移将路径复制，如图6.50所示。

图6.50 复制路径

04 选择工具箱中的“横排文字工具”，添加字符（宋体），如图6.51所示。

05 在“图层”面板中，选中“圆角矩形 1”图层，单击面板底部的“添加图层蒙版”按钮，为其添加图层蒙版，如图6.52所示。

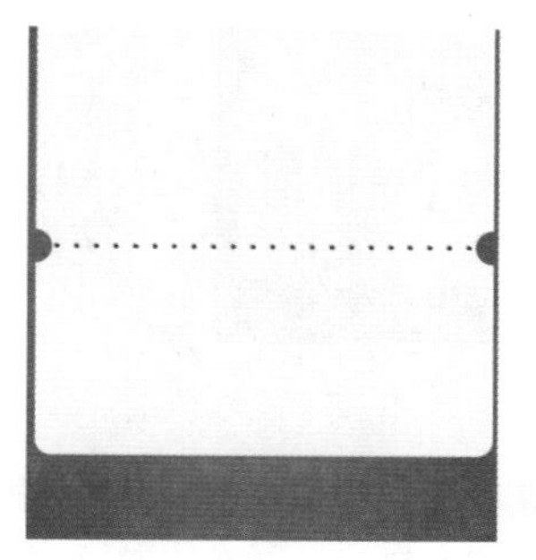

图6.51 添加字符

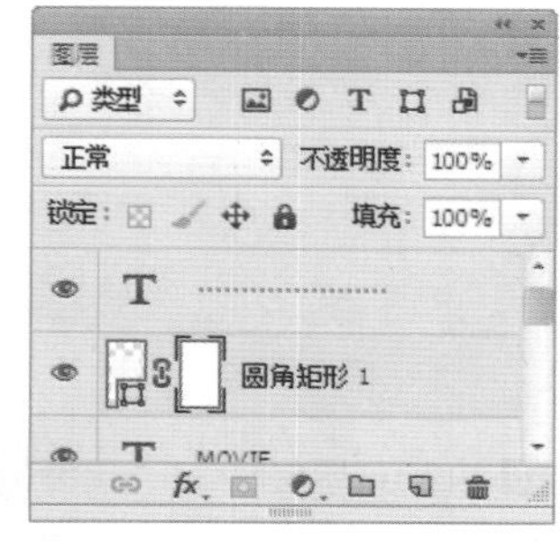

图6.52 添加图层蒙版

06 按住Ctrl键单击字符图层缩览图，将其载入选区，将选区填充为黑色将部分图形隐藏，完成之后按Ctrl+D组合键将选区取消，如图6.53所示。最后将文字层删除。

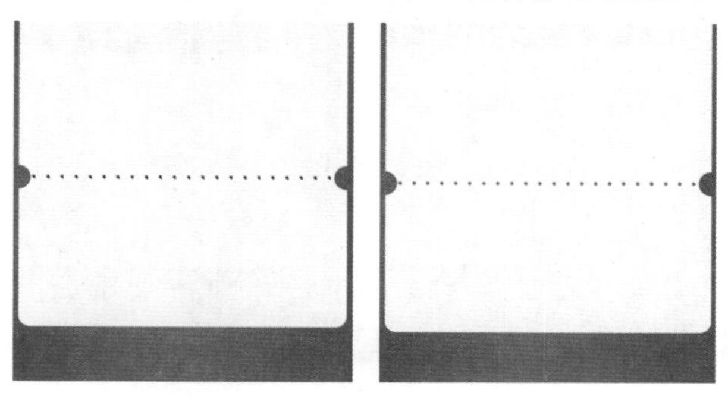

图6.53 隐藏图形

07 执行菜单栏中的“文件”|“打开”命令，打开“图像.jpg”文件，将打开的素材拖入画布中并适当缩小，如图6.54所示。

08 执行菜单栏中的“图层”|“创建剪贴蒙版”命令，为当前图层创建剪贴蒙版将部分图像隐藏，如图6.55所示。

图6.54 添加素材

图6.55 创建剪贴蒙版

09 选择工具箱中的“横排文字工具” **T**，添加文字（Candara），如图6.56所示。

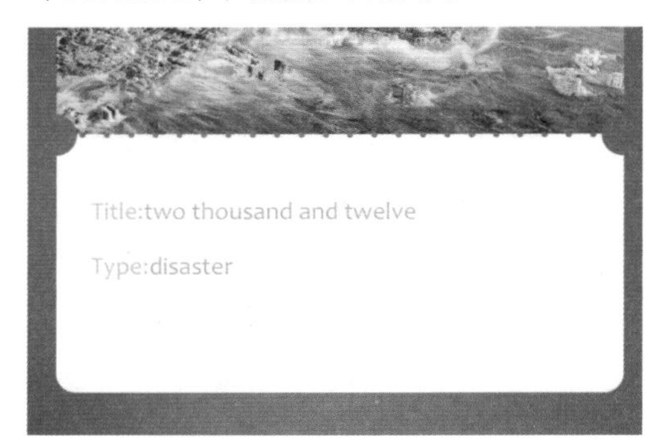

图6.56 添加文字

10 执行菜单栏中的“文件”|“打开”命令，打开“观看和收藏.psd”文件，将打开的素材拖入画布中并适当缩小，如图6.57所示。

11 选择工具箱中的“横排文字工具” **T**，添加文字（Candara），如图6.58所示。

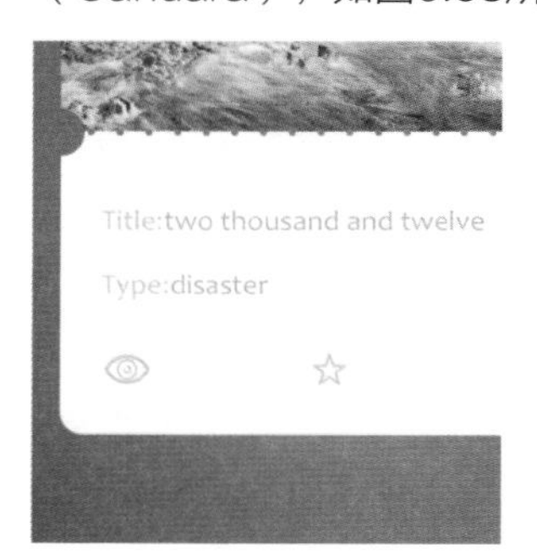

图6.57 添加素材

图6.58 添加文字

12 同时选中所有和票图像相关图层，按Ctrl+G组合键将其编组，将生成的组名称更改为“票”。

13 在“图层”面板中，选中“票”组，将其拖至面板底部的“创建新图层”按钮上，复制1个“票 拷贝”组，按Ctrl+E组合键将其合并，将生成一个“票 拷贝”图层，如图6.59所示。

14 将图像向左侧移动，再按Ctrl+T组合键执行“自由变换”命令，将图像等比缩小，完成之后按Enter键确认，如图6.60所示。

图6.59 复制组

图6.60 变换图像

15 执行菜单栏中的“滤镜”|“模糊”|“高斯模糊”命令，在弹出的对话框中将“半径”更改为2像素，完成之后单击“确定”按钮，如图6.61所示。

16 选中“票 拷贝”图层，将其图层“不透明度”更改为50%，如图6.62所示。

图6.61 添加高斯模糊

图6.62 更改图层不透明度

17 按住Alt+Shift组合键向右侧平移拖动，将图像复制，按Ctrl+T组合键对其执行“自由变换”命令，单击鼠标右键，从弹出的快捷菜单中选择“水平翻转”命令，完成之后按Enter键确认，如图6.63所示。

图6.63 复制图像

步骤3 绘制装饰图像

01 选择工具箱中的“多边形工具”，单击选项栏中按钮，在弹出的面板中，选中“星形”复选框，将“缩进边依据”更改为50%，将“填充”更改为黄色（R：255，G：174，B：0），“描边”为无，在票图像底部绘制1个星形，如图6.64所示。

02 按Ctrl+Alt+T组合键将星形向右侧平移复制1份，如图6.65所示。

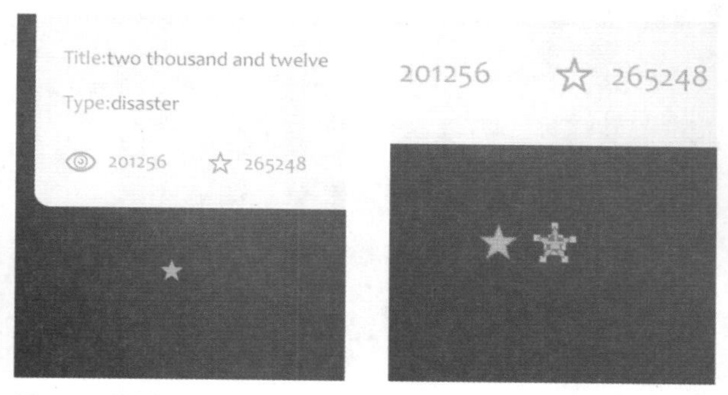

图6.64 绘制星形　　图6.65 变换复制

03 按住Ctrl+Alt+Shift组合键的同时按多次T键，执行多重复制命令，将图形复制两份，如图6.66所示。

04 再次选择工具箱中的“多边形工具”，在星形最右侧绘制一个灰色（R：246，G：246，B：246）星形，如图6.67所示。

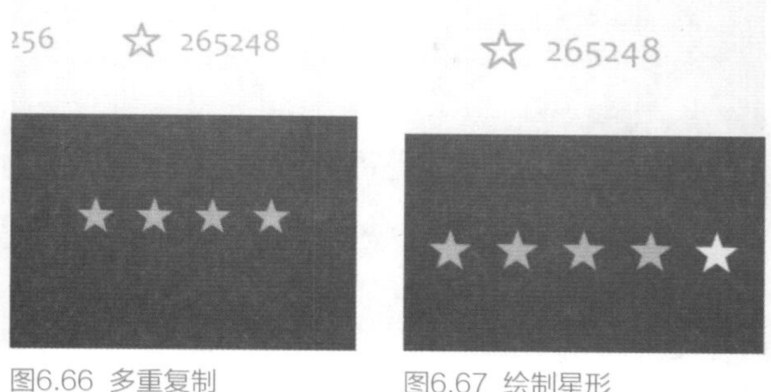

图6.66 多重复制　　图6.67 绘制星形

05 选择工具箱中的“横排文字工具”，添加文字（Calibri），如图6.68所示。

图6.68 添加文字

06 执行菜单栏中的“文件”|“打开”命令，打开“图标.psd”文件，将打开的素材拖入画布靠底部并适当缩放，如图6.69所示。

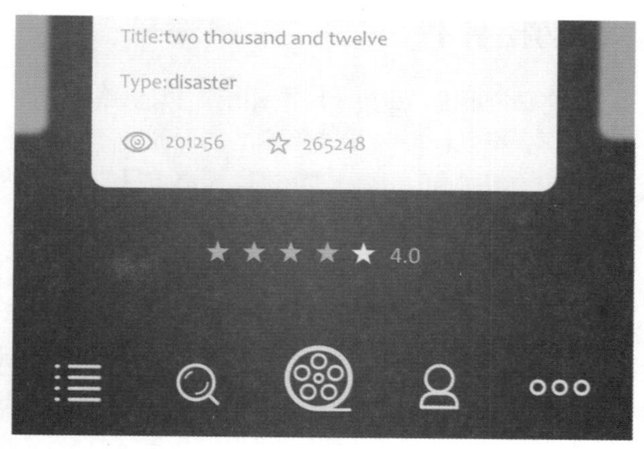

图6.69 添加素材

07 在“图层”面板中，选择“观影”图层，单击面板底部的“添加图层样式”按钮，在菜单中选择“外发光”命令。

08 在弹出的对话框中将“混合模式”更改为叠加，完成之后单击“确定”按钮，这样就完成了效果制作，最终效果如图6.70所示。

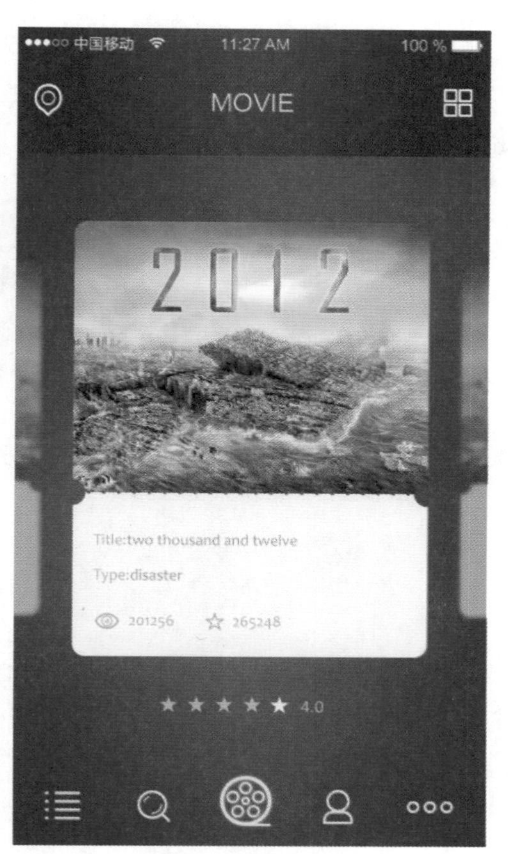

图6.70 最终效果

实例094 iPad旅游应用界面制作

实例分析

本例讲解iPad旅游应用界面制作，其以旅游文化为主题，整个版式的设计感很强，画面简洁，在设计过程中添加大量的旅游主题图像，最终效果如图6.71所示。

- **素材位置**｜素材文件\第6章\iPad旅游应用界面
- **案例位置**｜案例文件\第6章\iPad旅游应用界面.psd
- **视频位置**｜多媒体教学\实例094　iPad旅游应用界面制作.avi
- **难易指数**｜★★★☆☆

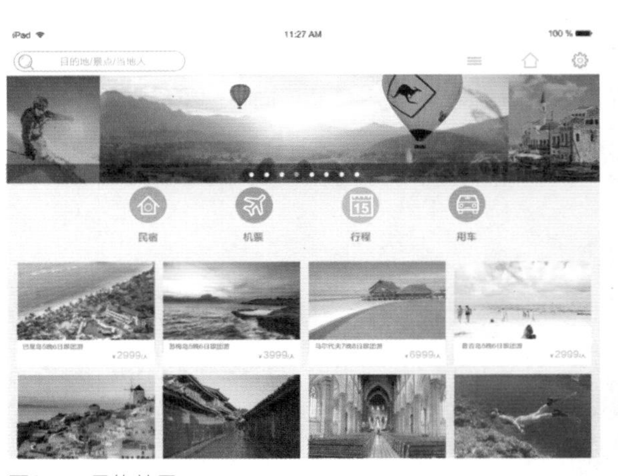

图6.71 最终效果

步骤1 制作界面主体图像

01 执行菜单栏中的“文件”|“新建”命令，在弹出的对话框中设置“宽度”为2048像素，“高度”为1536像素，“分辨率”为72像素/英寸，新建一个空白画布。

02 执行菜单栏中的“文件”|“打开”命令，打开“状态栏.psd”文件，将打开的素材拖入画布中靠顶部位置。

03 选择工具箱中的“矩形工具”▭，在选项栏中将“填充”更改为灰色（R：237，G：237，B：237），“描边”为无，绘制一个矩形，将生成一个“矩形 1”图层，如图6.72所示。

图6.72 绘制图形

04 选择工具箱中的“圆角矩形工具”▢，在选项栏中将“填充”更改为无，“描边”为灰色（R：98，G：98，B：98），“半径”为100像素，绘制一个圆角矩形，如图6.73所示。

图6.73 绘制圆角矩形

05 执行菜单栏中的“文件”|“打开”命令，打开“图标.psd”文件，将打开的素材拖入画布中适当位置，如图6.74所示。

图6.74 添加素材

06 选择工具箱中的“横排文字工具”T，添加文字（方正兰亭黑），如图6.75所示。

07 选中“主页”图层，将其“填充”更改为橙色

（R：255，G：174，B：0），如图6.76所示。

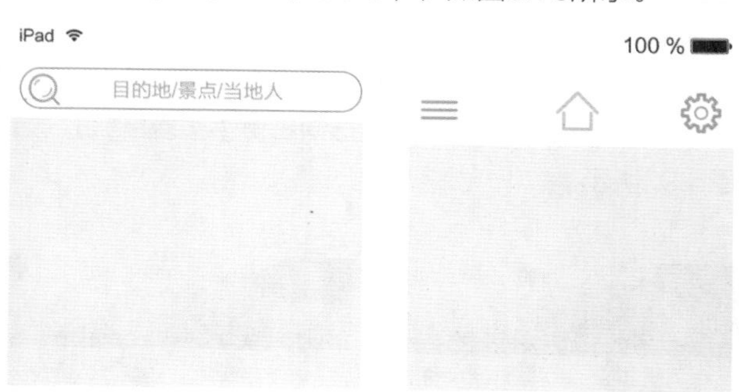

图6.75 添加文字　　图6.76 更改颜色

08 选择工具箱中的“矩形工具”，在选项栏中将“填充”更改为黑色，“描边”为无，绘制一个矩形，将生成一个“矩形”图层，如图6.77所示。

09 执行菜单栏中的“文件”|“打开”命令，打开“图像 11.jpg”文件，将打开的素材拖入画布中矩形左侧并适当缩小，如图6.78所示。

图6.77 绘制矩形

图6.78 添加素材

10 执行菜单栏中的“图层”|“创建剪贴蒙版”命令，为当前图层创建剪贴蒙版将部分图像隐藏，如图6.79所示。

11 执行菜单栏中的“文件”|“打开”命令，打开“图像 7.jpg”文件，将打开的素材拖入画布中并创建剪贴蒙版，如图6.80所示。

图6.79 创建剪贴蒙版

图6.80 添加素材

12 选择工具箱中的“矩形工具”，在选项栏中将“填充”更改为黑色，“描边”为无，再绘制一个与刚才相同大小的矩形，并将其图层“不透明度”更改为30%，如图6.81所示。

13 选择工具箱中的“矩形工具”，在选项栏中将“填充”更改为黑色，“描边”为无，在两个图像之间绘制一个矩形，如图6.82所示。

14 执行菜单栏中的“文件”|“打开”命令，打开“图像 9.jpg”文件，将打开的素材拖入画布中并适当缩小，如图6.83所示。

图6.81 绘制图形

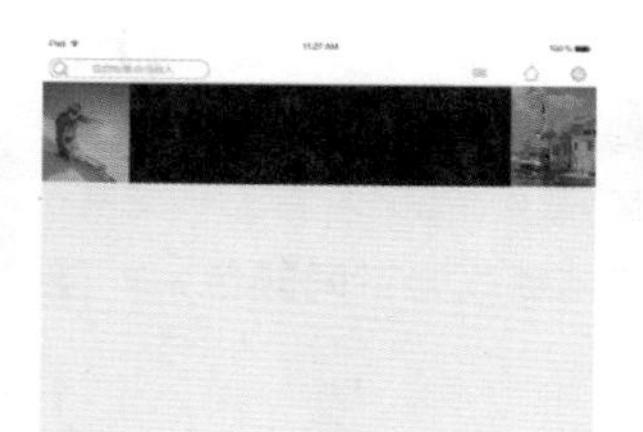

图6.82 绘制矩形

图6.83 添加素材

15 用同样方法为图像创建剪贴蒙版，如图6.84所示。

图6.84 创建剪贴蒙版

16 选择工具箱中的“矩形工具”，在选项栏中将“填充”更改为黑色，“描边”为无，在刚才添加的图像底部绘制一个矩形，并将其图层“不透明度”更改为50%，如图6.85所示。

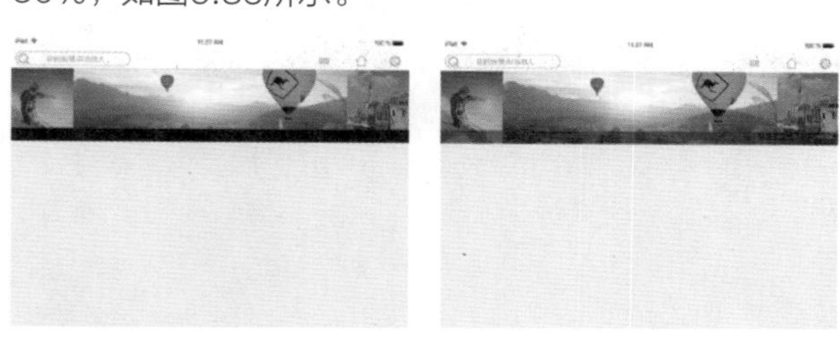

图6.85 绘制图形

17 选择工具箱中的"横排文字工具" T，添加字符，如图6.86所示。

图6.86 添加文字

步骤2 制作交互图像

01 选择工具箱中的"椭圆工具"，在选项栏中将"填充"更改为橙色（R：234，G：139，B：4），"描边"为无，按住Shift键绘制一个圆形，将生成一个"椭圆 1"图层，如图6.87所示。

02 将圆复制3份，并分别将其更改为不同颜色，如图6.88所示。

图6.87 绘制圆

图6.88 复制图形

03 执行菜单栏中的"文件"|"打开"命令，打开"图标 2.psd"文件，将打开的素材拖入画布中并适当缩小，如图6.89所示。

04 选择工具箱中的"横排文字工具" T，在圆底部添加文字，如图6.90所示。

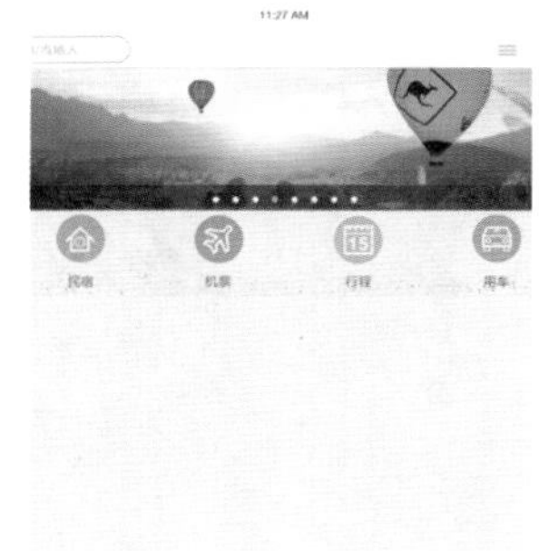

图6.89 添加素材

图6.90 添加文字

05 选择工具箱中的"矩形工具"，在选项栏中将"填充"更改为白色，"描边"为无，绘制一个矩形，将生成一个"矩形 6"图层，如图6.91所示。

06 按Ctrl+Alt+T组合键将矩形向右侧平移复制1份，如图6.92所示。

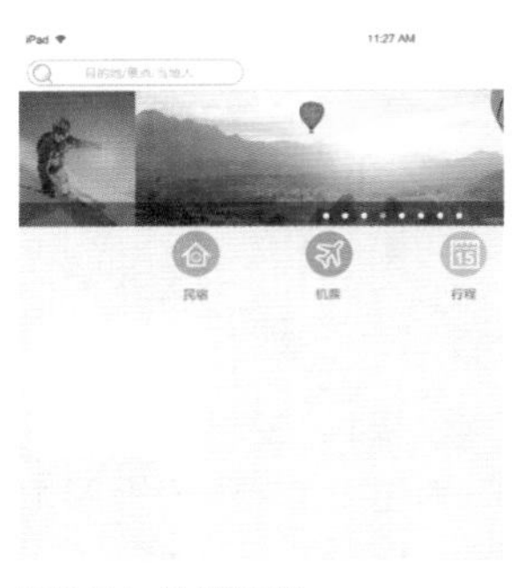

图6.91 绘制矩形

图6.92 变换复制

07 按住Ctrl+Alt+Shift组合键的同时按多次T键，执行多重复制命令，将矩形复制多份，如图6.93所示。

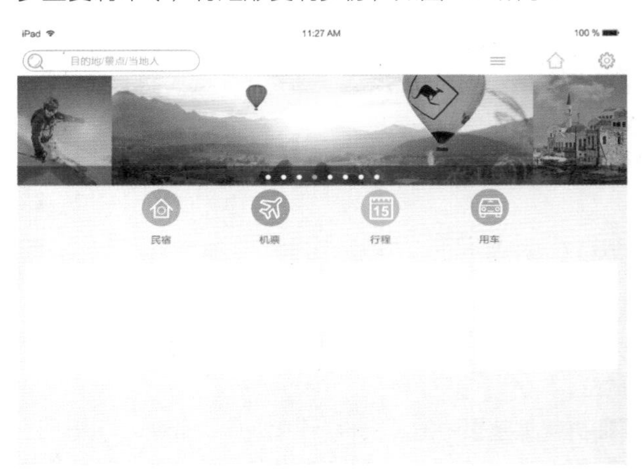

图6.93 多重复制

08 在"图层"面板中，选中"矩形 6"图层，将其拖至面板底部的"创建新图层"按钮上，复制两个"拷贝"图层，将生成"矩形 6 拷贝"及"矩形 6 拷贝 2"两个新图层。

步骤3 处理界面配图

01 执行菜单栏中的"文件"|"打开"命令，打开"图像 2.jpg"文件，将打开的素材拖入画布中并适当缩小，如图6.94所示。

图6.94 添加素材

02 将图层移至“矩形 6 拷贝”图层下方，再执行菜单栏中的“图层”|“创建剪贴蒙版”命令，为当前图层创建剪贴蒙版将部分图像隐藏，如图6.95所示。

图6.95 创建剪贴蒙版

提示

为了方便观察创建剪贴蒙版后的图像效果，可以先将“矩形 6 拷贝”图层暂时隐藏。

03 选择工具箱中的“矩形选框工具” ，在图像右侧多余区域绘制选区，如图6.96所示。

04 按Delete键将选区中图像删除，完成之后按Ctrl+D组合键将选区取消，如图6.97所示。

图6.96 绘制选区

民宿

图6.97 删除图像

05 执行菜单栏中的“文件”|“打开”命令，打开“图像 3.jpg、图像 4.jpg、图像 5.jpg”文件，将打开的素材拖入画布中并适当缩小后创建剪贴蒙版，如图6.98所示。

图6.98 添加图像

06 选中“矩形 6 拷贝”图层，按Ctrl+T组合键对其执行“自由变换”命令，将图形高度缩小，完成之后按Enter键确认，如图6.99所示。

07 选择工具箱中的“横排文字工具” T，添加文字（方正兰亭黑），如图6.100所示。

图6.99 缩小图形高度

图6.100 添加文字

08 选中“矩形 6 拷贝 2”图层，在画布中将其向下移动，如图6.101所示。

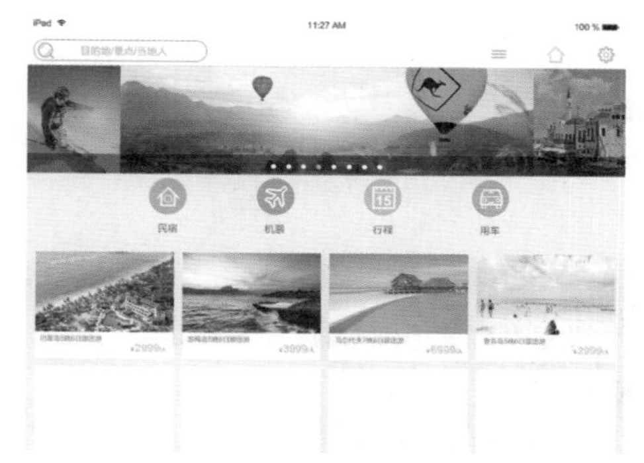

图6.101 移动图形

09 执行菜单栏中的“文件”|“打开”命令，打开“图像.jpg、图像 6.jpg、图像 8.jpg及图像 10.jpg”文件，将打开的素材拖入画布中并适当缩小后创建剪贴蒙版，这样就完成了效果制作，最终效果如图6.102所示。

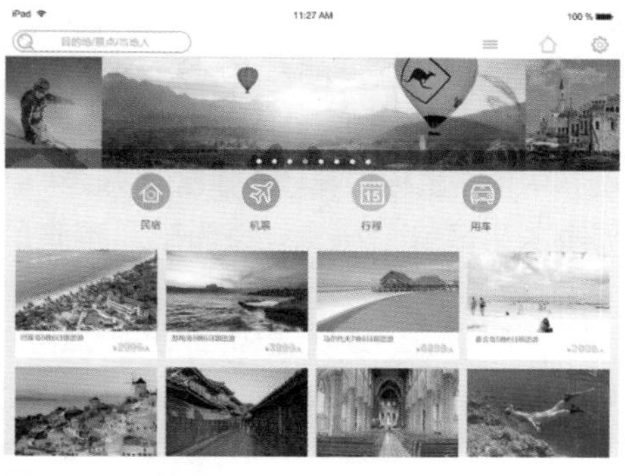

图6.102 最终效果

实例095 iPad新闻界面设计

实例分析

本例主要讲解的是iPad新闻界面设计，界面采用了相对传统的布局使用户极易接受，而界面边栏写实细节的处理令整个界面更加富有生气，同时深色系的底色搭配可以很好地衬托出新闻内容，最终效果如图6.103所示。

- **素材位置** | 素材文件\第6章iPad\新闻界面设计
- **案例位置** | 案例文件\第6章\iPad新闻界面设计.psd
- **视频位置** | 多媒体教学\实例095 iPad新闻界面设计.avi
- **难易指数** | ★★★★☆

图6.103 最终效果

步骤1 制作背景并定义图案

01 执行菜单栏中的“文件”|“新建”命令，在弹出的对话框中设置“宽度”为1024像素，“高度”为768像素，“分辨率”为72像素/英寸，“颜色模式”为RGB颜色，新建一个空白画布，将画布填充为深蓝色（R：32，G：36，B：43），如图6.104所示。

图6.104 新建画布并填充颜色

02 执行菜单栏中的“文件”|“新建”命令，在弹出的对话框中设置“宽度”为5像素，“高度”为4像素，“分辨率”为72像素/英寸，“颜色模式”为RGB颜色，“背景内容”为透明，新建一个空白画布。

03 在新建的画布中单击鼠标右键，从弹出的快捷菜单中选择“按屏幕大小缩放”命令，将当前画布放至最大。

04 选择工具箱中的“矩形工具”，在选项栏中将“填充”更改为白色，“描边”为无，在画布中绘制一个宽度为1像素，高度与其相同的矩形，此时将生成一个“矩形1”图层，如图6.105所示。

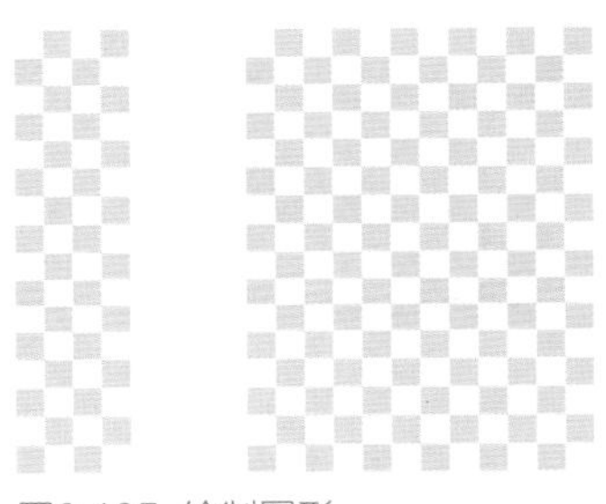
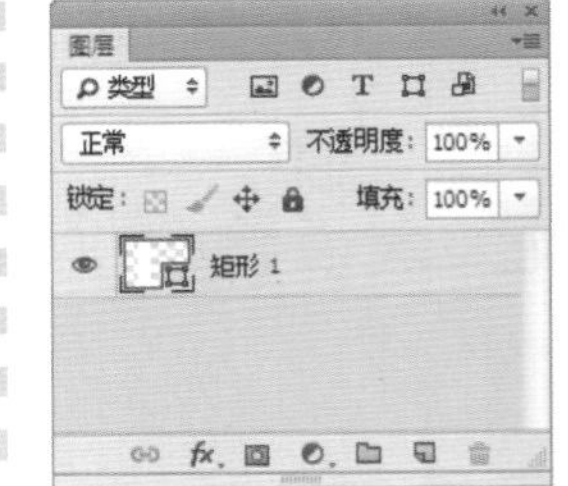

图6.105 绘制图形

05 选中“矩形1”图层，按住Alt+Shift组合键向右侧拖动，将图形复制，如图6.106所示。

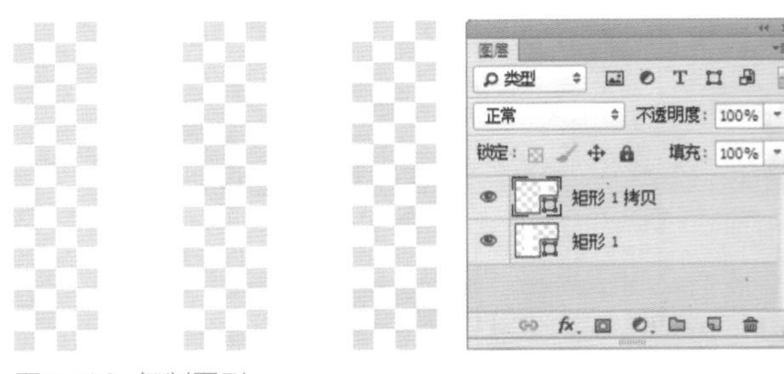

图6.106 复制图形

06 执行菜单栏中的“编辑”|“定义图案”命令，在弹出的对话框中将“名称”更改为底纹，完成之后单击“确定”按钮，如图6.107所示。

图6.107 设置定义图案

07 在之前的文档中单击面板底部的“创建新图层”按钮，新建一个“图层1”图层。

08 选中“图层1”图层，执行菜单栏中“编辑”|“填充”命令，在弹出的对话框中选择“使用”为图案，单击“自定图案”后方的按钮，在弹出的面板中选择之前定义的“底纹”图案，完成之后单击“确定”按钮，如图6.108所示。

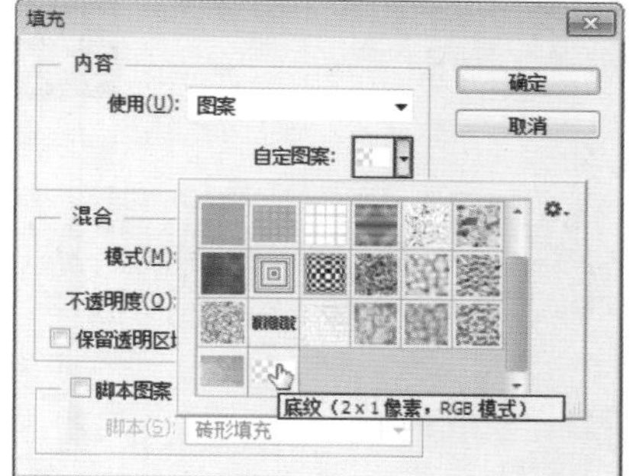

图6.108 设置填充

09 在“图层”面板中，选中“图层 1”图层，将其图层混合模式设置为“叠加”，如图6.109所示。

图6.109 设置图层混合模式

提示

由于不同的计算机显示器分辨率不同，所以定义的图案需要将画布100%显示才可见。

10 选择工具箱中的“矩形工具”，在选项栏中将“填充”更改为黑色，“描边”为无，在画布靠顶部边缘绘制一个矩形，此时将生成一个“矩形1”图层，如图6.110所示。

图6.110 绘制图形

步骤2 制作状态图标

01 执行菜单栏中的“文件”|“打开”命令，打开“状态栏.psd”文件，将打开的素材拖入画布中并适当调整，如图6.111所示。

图6.111 绘制状态图标

02 选择工具箱中的“矩形工具”，在选项栏中将“填充”更改为深蓝色（R：20，G：30，B：37），“描边”为无，在画布靠左侧绘制一个矩形，此时将生成一个“矩形2”图层，如图6.112所示。

03 在“图层”面板中，选中“矩形2”图层，将其拖至面板底部的“创建新图层”按钮上，复制1个“矩形2 拷贝”图层，如图6.113所示。

图6.112 绘制图形

图6.113 复制图层

04 在“图层”面板中，选中“矩形2”图层，单击面板底部的“添加图层样式”按钮，在菜单中选择“投影”命令，在弹出的对话框中取消“使用全局光”复选框，将“角度”更改为180度，“距离”更改为2像素，“大小”更改为3像素，完成之后单击“确定”按钮，如图6.114所示。

05 选中“矩形 2 拷贝”图层，按Ctrl+T组合键对其执行“自由变换”命令，当出现变形框以后，将图形宽度缩小，完成之后按Enter键确认，如图6.115所示。

06 在“图层”面板中，选中“矩形2 拷贝”图层，单击面板底部的“添加图层样式”按钮，在菜单中选择“渐变叠加”命令，在弹出的对话框中将“渐变”更改为透明到白色并将白色色标“不透明度”更改为10%，“角度”更改为0度，完成之后单击“确定”按钮，如图6.116所示。

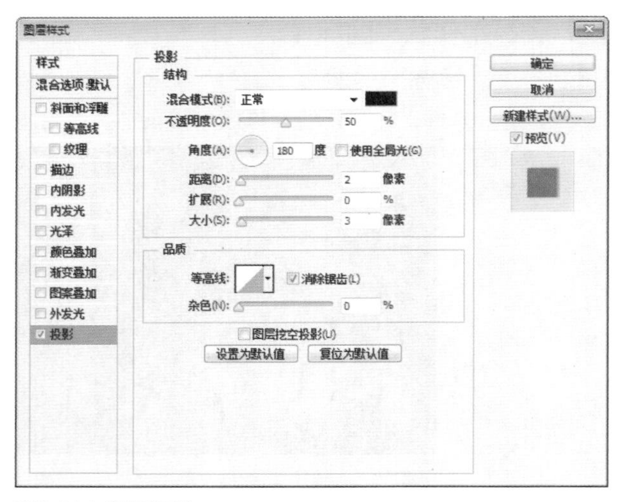

图6.114 设置投影

图6.115 变换图形

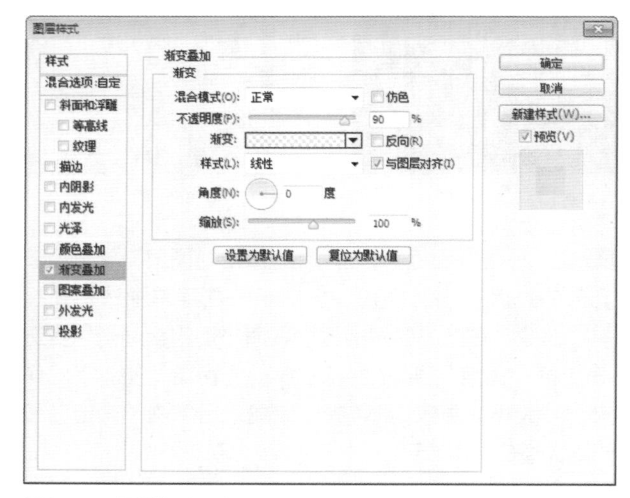

图6.116 设置渐变叠加

07 在“图层”面板中，选中“矩形2 拷贝”图层，将其图层“填充”更改为10%，如图6.117所示。

08 同时选中“矩形 2 拷贝”及“矩形2”图层，按Ctrl+G组合键将图层编组将生成的组名称更改为边栏，选中“边栏”组，执行菜单栏中的“图层”|“合并组”命令，此时将生成一个“边栏”图层，如图6.118所示。

图6.117 更改填充

图6.118 将图层编组

09 选择工具箱中的“椭圆工具”，在选项栏中将“填充”更改为白色，“描边”为无，在画布靠左侧位置绘制一个椭圆图形，此时将生成一个“椭圆1”图层，如图6.119所示。

10 选中“椭圆1”图层，执行菜单栏中的“图层”|“栅格化”|“形状”命令，将当前图形删格化，如图6.120所示。

图6.119 绘制图形

图6.120 栅格化形状

11 选中“椭圆 1”图层，执行菜单栏中的“滤镜”|“模糊”|“高斯模糊”命令，在弹出的对话框中将“半径”更改为80像素，设置完成之后单击“确定”按钮，如图6.121所示。

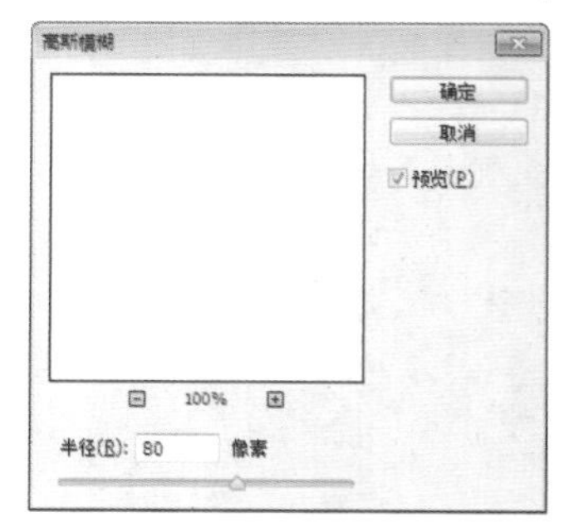

图6.121 设置高斯模糊

12 选中“椭圆 1”图层，执行菜单栏中的“图层”|“创建剪贴蒙版”命令，为当前图层创建剪贴蒙版，将部分图形隐藏，再将其图层混合模式更改为“叠加”，如图6.122所示。

图6.122 创建剪贴蒙版并设置图层混合模式

步骤3 制作界面图形

01 选择工具箱中的“圆角矩形工具”▢，在选项栏中将“填充”更改为白色，“描边”为无，“半径”为5像素，在画布靠左侧边栏顶部位置绘制一个圆角矩形，此时将生成一个“圆角矩形1”图层，将其复制一份，如图6.123所示。

图6.123 绘制图形并复制图层

02 在“图层”面板中，选中“圆角矩形 1”图层，单击面板底部的“添加图层样式”按钮 fx，在菜单中选择“渐变叠加”命令，在弹出的对话框中将“不透明度”更改为90%，“渐变”更改为深红色（R：128，G：34，B：28）到红色（R：225，G：78，B：68），如图6.124所示。

03 选中“投影”复选框，取消“使用全局光”复选框，将“角度”更改为90度，“距离”更改为1像素，“大小”更改为5像素，完成之后单击“确定”按钮，如图6.125所示。

04 选择工具箱中的“直接选择工具”↖，选中“圆角矩形 1 拷贝”图层中的图形顶部2个锚点，按Delete键将其删除，如图6.126所示。

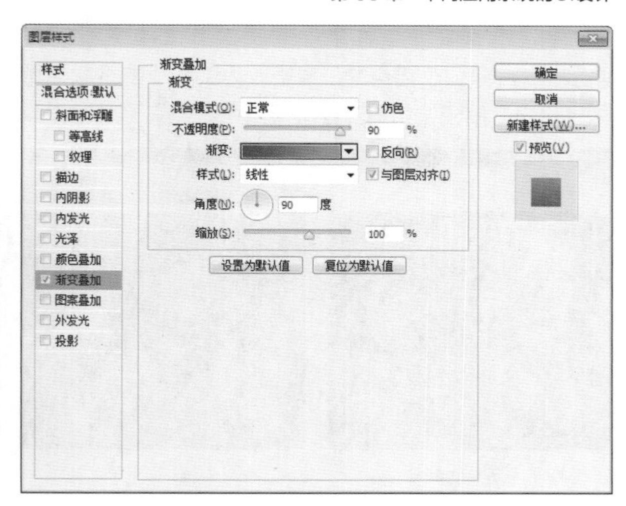

图6.124 设置渐变叠加

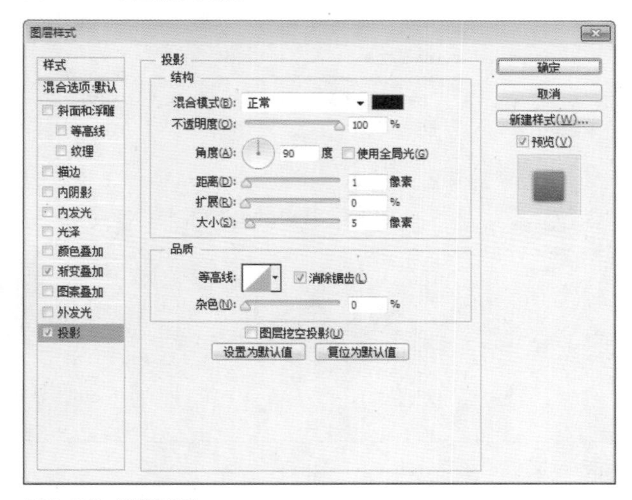

图6.125 设置投影

图6.126 删除锚点

05 选择工具箱中的“直接选择工具”↖，同时选中“圆角矩形 1 拷贝”图层中的图形左上角和右上角的锚点将其向下移动，如图6.127所示。

06 在“图层”面板中，选中“圆角矩形1 拷贝”图层，单击面板底部的“添加图层样式”按钮 fx，在菜单中选择“渐变叠加”命令，在弹出的对话框中将“不透明度”更改为90%，“渐变”更改为深红色（R：67，

G：17，B：13）到红色（R：200，G：52，B：40），并将第2个锚点的位置更改为80%，完成之后单击“确定”按钮，如图6.128所示。

图6.127 移动锚点

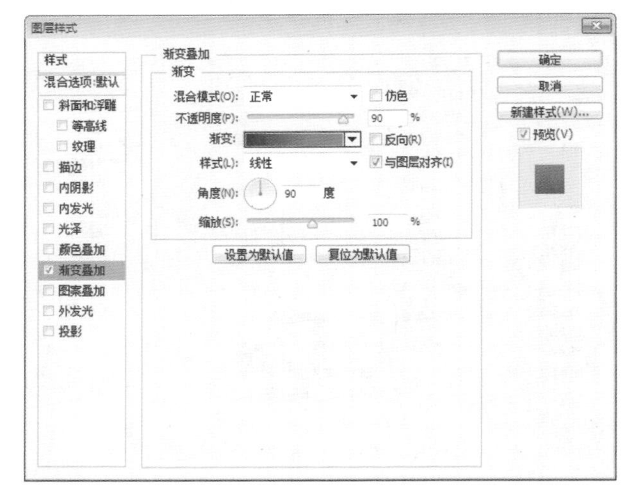

图6.128 设置渐变叠加

步骤4 制作界面细节

01 选择工具箱中的“直线工具”，在选项栏中将“填充”更改为无，“描边”为黑色，“宽度”为3点，“粗细”更改为2像素，在刚才左侧边栏靠顶部位置绘制一条水平线段，此时将生成一个“形状1”图层，并设置为点点线，如图6.129所示。

图6.129 绘制图形

02 选择工具箱中的“直线工具”，在选项栏中将“填充”更改为白色，“描边”为无，“粗细”更改为2像素，在刚才绘制的虚线线段2点之间位置绘制一条水平线段，此时将生成一个“形状2”图层，如图6.130所示。

图6.130 绘制图形

03 在“图层”面板中，选中“形状2”图层，单击面板底部的“添加图层样式”按钮，在菜单中选择“外发光”命令，在弹出的对话框中将“不透明度”更改为55%，“颜色”更改为深红色（R：60，G：16，B：13），“大小”更改为3像素，如图6.131所示。

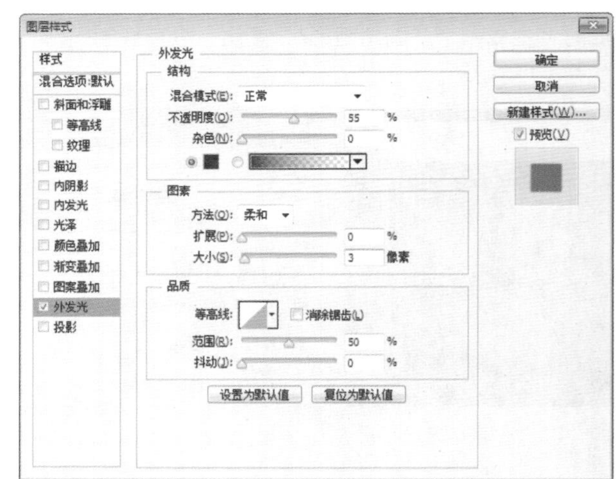

图6.131 设置外发光

04 选中“投影”复选框，将“不透明度”更改为30%，取消“使用全局光”复选框，将“角度”更改为90度，“距离”更改为1像素，“大小”更改为1像素，完成之后单击“确定”按钮，如图6.132所示。

05 在“图层”面板中，选中“形状2”图层，将其拖至面板底部的“创建新图层”按钮上，复制1个“形状2 拷贝”图层，如图6.133所示。

06 选中“形状2 拷贝”图层，将图形向右侧平移，如图6.134所示。

07 以同样的方法将形状2图层中的图形复制多份，如图6.135所示。

08 选择工具箱中的“矩形工具”，在选项栏中将“填充”更改为白色，“描边”为无，在界面左上角的边栏图形右侧绘制一个矩形，此时将生成一个“矩形2”图层，如图6.136所示。

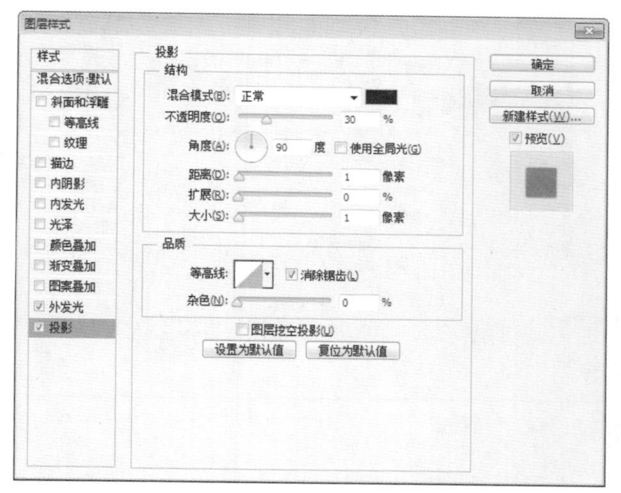

图6.132 设置投影

图6.133 复制图层

图6.134 移动图形

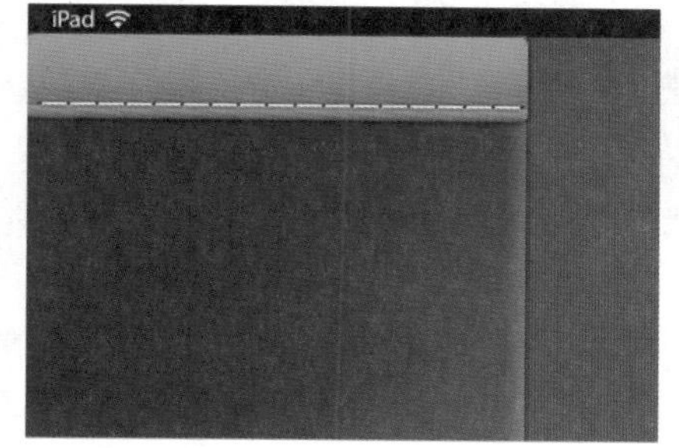

图6.135 复制图形

图6.136 绘制图形

09 在“图层”面板中，选中“矩形2”图层，单击面板底部的“添加图层样式”按钮fx，在菜单中选择“渐变叠加”命令，在弹出的对话框中将“渐变”更改为深红色（R：55，G：16，B：14）到白色，“角度”更改为0度，完成之后单击“确定”按钮，如图6.137所示。

10 在“图层”面板中，选中“矩形 2”图层，在其图层名称上单击鼠标右键，从弹出的快捷菜单中选择“栅格化图层样式”命令，如图6.138所示。

图6.137 设置渐变叠加　图6.138 栅格化图层样式

11 在“图层”面板中，选中“矩形 2”图层，将其图层混合模式设置为“叠加”，如图6.139所示。

图6.139 设置图层混合模式

12 在“图层”面板中，选中“矩形 2”图层，单击面板底部的“添加图层蒙版”按钮，为其图层添加图层蒙版，如图6.140所示。

13 选择工具箱中的“渐变工具”，在选项栏中单击“点按可编辑渐变”按钮，在弹出的对话框中选择“黑白渐变”，设置完成之后单击“确定”按钮，再单击选项栏中的“线性渐变”按钮，在图形上拖动，将部分图形隐藏，如图6.141所示。

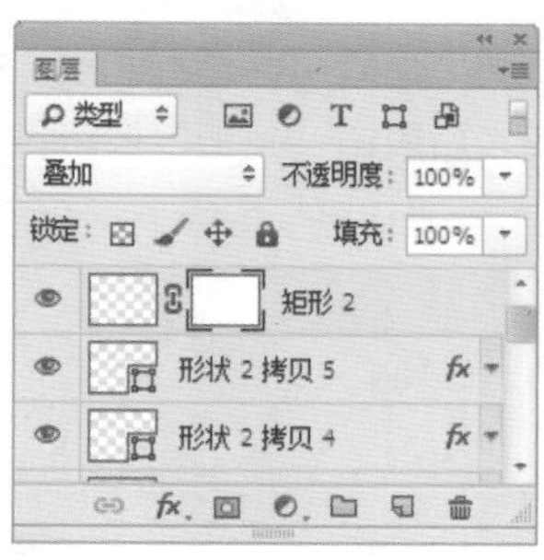

图6.140 添加图层蒙版

图6.141 隐藏图形

14 选择工具箱中的“圆角矩形工具”▢，在选项栏中将“填充”更改为灰色（R：32，G：32，B：32），“描边”为无，“半径”为5像素，在刚才绘制的圆角矩形上再次绘制一个圆角矩形，此时将生成一个“圆角矩形2”图层，如图6.142所示。

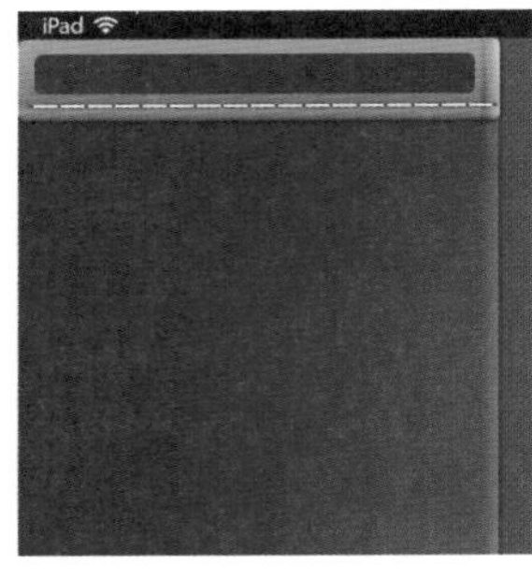

图6.142 绘制图形

15 在“图层”面板中，选中“圆角矩形2”图层，单击面板底部的“添加图层样式”按钮 fx，在菜单中选择“内阴影”命令，在弹出的对话框中将“混合模式”更改为正常，“颜色”更改为黑色，取消“使用全局光”复选框，“角度”更改为90度，“距离”更改为2像素，“大小”更改为2像素，如图6.143所示。

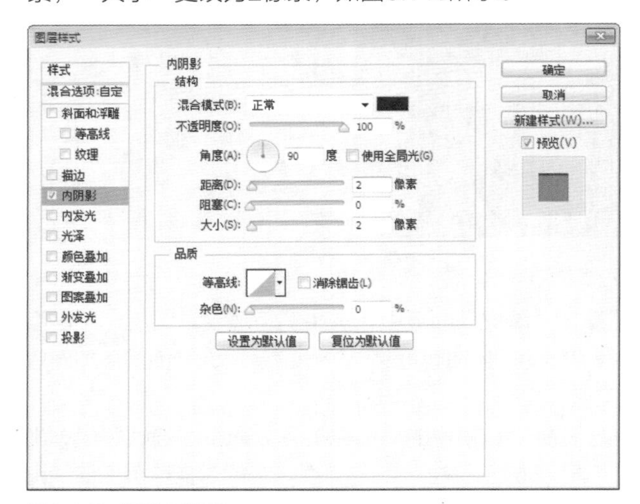

图6.143 设置内阴影

16 选中“投影”复选框，将“混合模式”更改为正常，“颜色”更改为白色，“不透明度”更改为35%，取消“使用全局光”复选框，将“角度”更改为90度，“距离”更改为1像素，完成之后单击“确定”按钮，如图6.144所示。

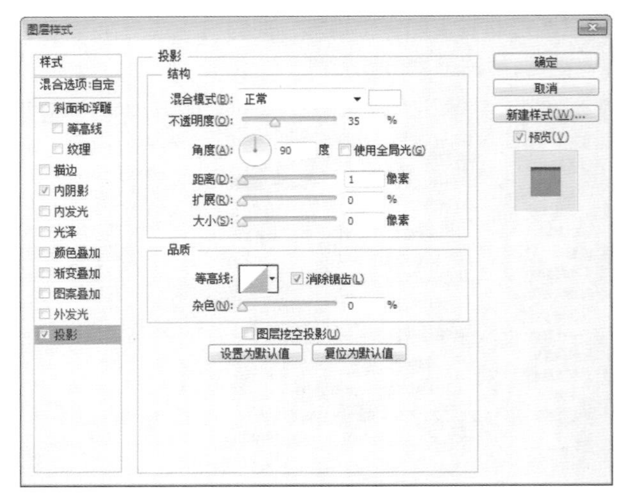

图6.144 设置投影

步骤5 添加文字及素材

01 选择工具箱中的“横排文字工具” T，在界面左上角位置添加文字，如图6.145所示。

02 执行菜单栏中的“文件”|“打开”命令，打开“放大镜.psd”文件，将打开的素材拖入画布中左上角的文本框中并适当缩小，如图6.146所示。

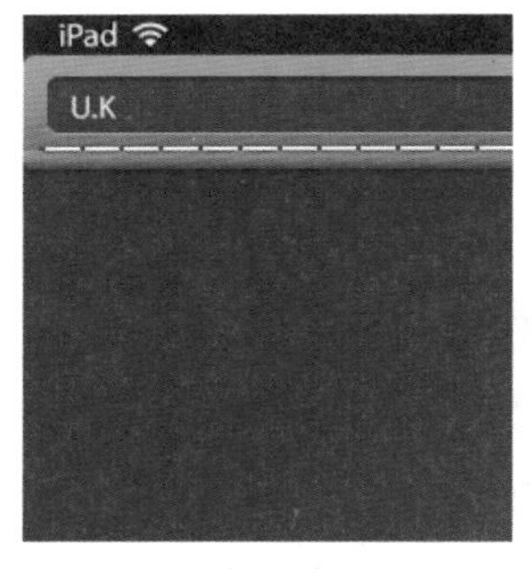

图6.145 添加文字

图6.146 添加素材

03 选择工具箱中的“矩形工具”▭，在选项栏中将“填充”更改为深蓝色（R：14，G：20，B：25），“描边”为无，在界面左上角绘制一个矩形，此时将生成一个“矩形3”，将其重新命名为“形状3”，如图6.147所示。

图6.147 绘制图形

04 在“图层”面板中，选中“形状3”图层，单击面板底部的“添加图层样式”按钮 fx，在菜单中选择“投影”命令，在弹出的对话框中将“混合模式”更改为正常，“颜色”更改为白色，将“不透明度”更改为8%，取消“使用全局光”复选框，将“角度”更改为90度，“距离”更改为1像素，完成之后单击“确定”按钮，如图6.148所示。

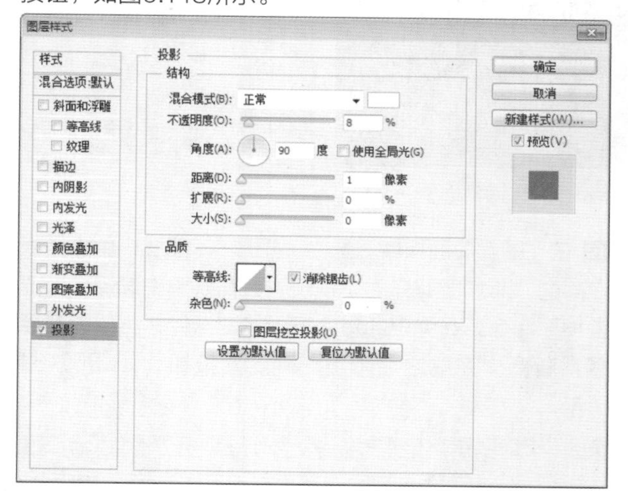

图6.148 设置投影

05 执行菜单栏中的“文件”|“打开”命令，打开“图标.psd”文件，将打开的素材拖入界面左上角并适当缩小，如图6.149所示。

06 选择工具箱中的“横排文字工具” T，在绘制的图形旁边位置添加文字，如图6.150所示。

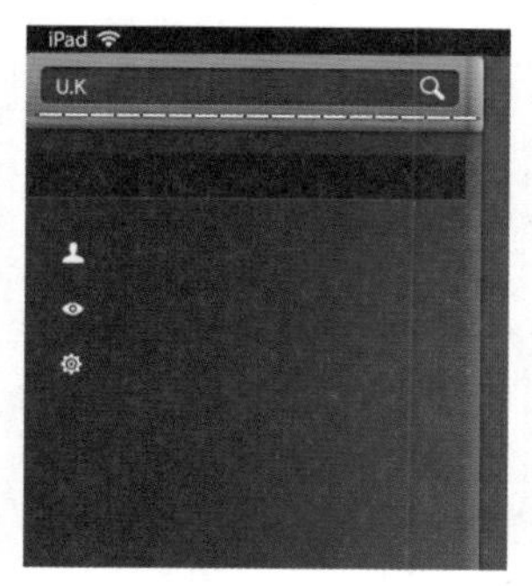

图6.149 添加素材

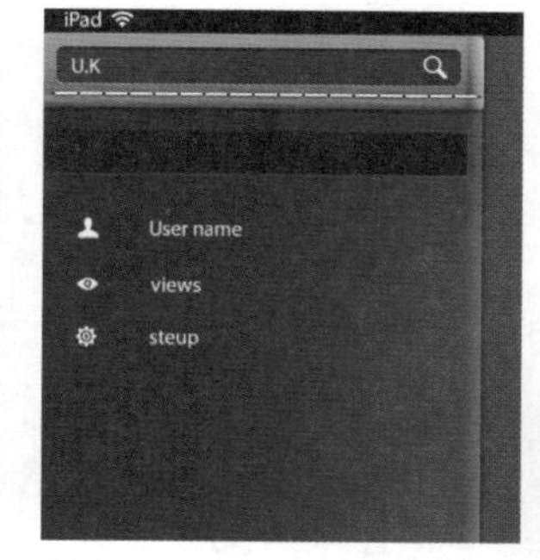

图6.150 添加文字

07 选择工具箱中的“圆角矩形工具”，在选项栏中将“填充”更改为深蓝色（R：24，G：31，B：36），“描边”为无，“半径”为5像素，在画布中绘制一个圆角矩形，此时将生成一个“圆角矩形 3”图层，如图6.151所示。

08 在“图层”面板中，选中“圆角矩形 3”图层，单击面板底部的“添加图层样式”按钮 fx，在菜单中选择“投影”命令，在弹出的对话框中将“混合模式”更改为正常，“颜色”更改为白色，“不透明度”更改为5%，取消“使用全局光”复选框，“角度”更改为90度，“距离”更改为1像素，完成之后单击“确定”按钮，如图6.152所示。

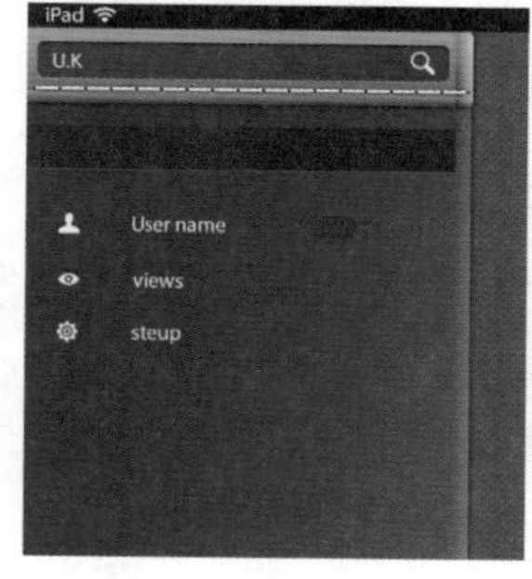

图6.151 绘制图形

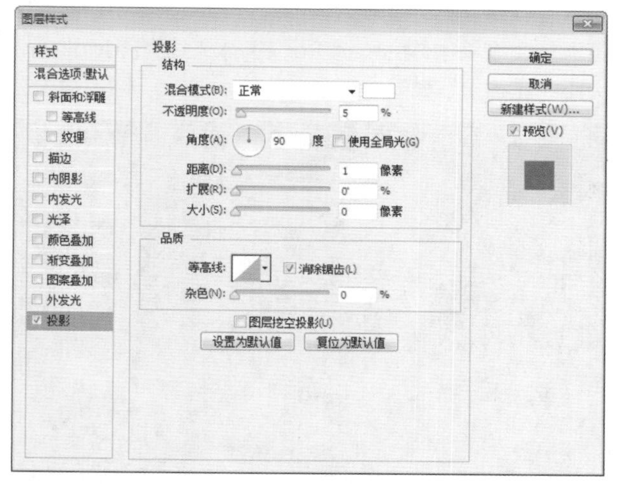

图6.152 设置投影

09 选中“圆角矩形 3”图层，在画布中按住Alt+Shift组合键向下拖动，将图形复制两份，如图6.153所示。

10 选择工具箱中的“横排文字工具” T，在“圆角矩形3”图层及其拷贝图层中的图形上添加文字，如图6.154所示。

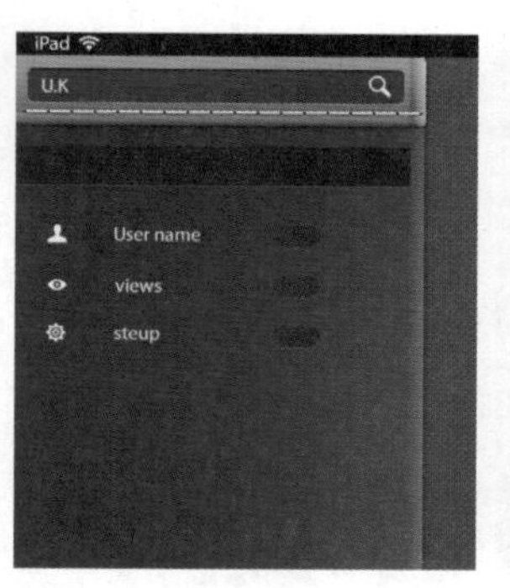

图6.153 复制图形

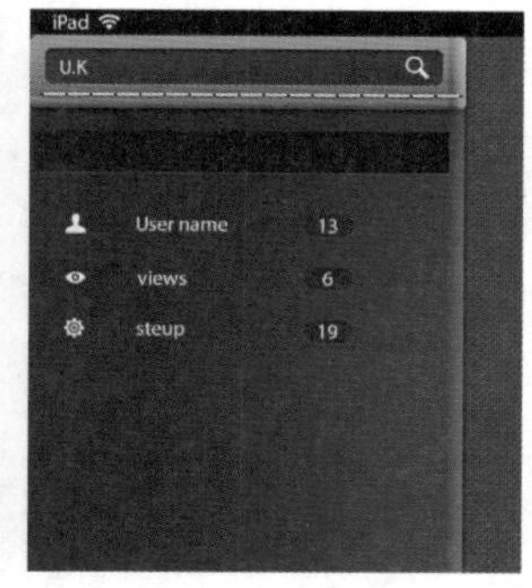

图6.154 添加文字

11 选中“形状 3”图层，在画布中按住Alt+Shift组合键向下拖动，将图形复制，如图6.155所示。

12 选择工具箱中的“横排文字工具” T，在复制的图形旁边位置添加文字，如图6.156所示。

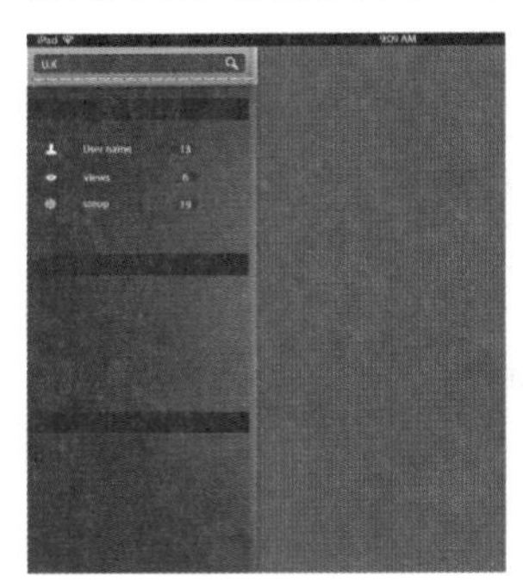

图6.155 复制图形

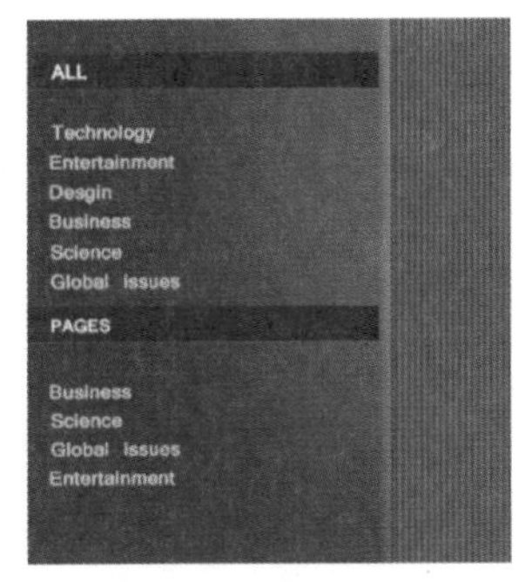

图6.156 添加文字

13 选中“圆角矩形3”图层，在画布中将图形复制，再选择工具箱中的“横排文字工具” T，在画布中适当位置添加文字（字体为Kartika，字体样式为Regular，大小为16点），如图6.157所示。

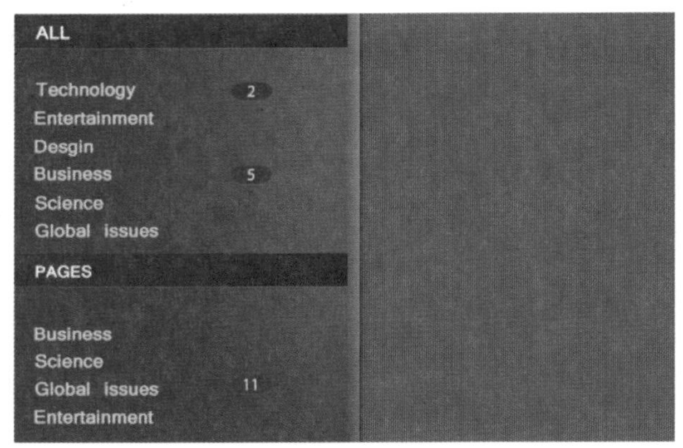

图6.157 复制图形并添加文字

14 在界面靠顶部位置绘制与左侧顶部相同的标题栏图形，如图6.158所示。

15 执行菜单栏中的“文件”|“打开”命令，打开“图标2.psd”文件，将打开的素材拖入画布中右上角位置并适当缩小，如图6.159所示。

图6.158 绘制图形

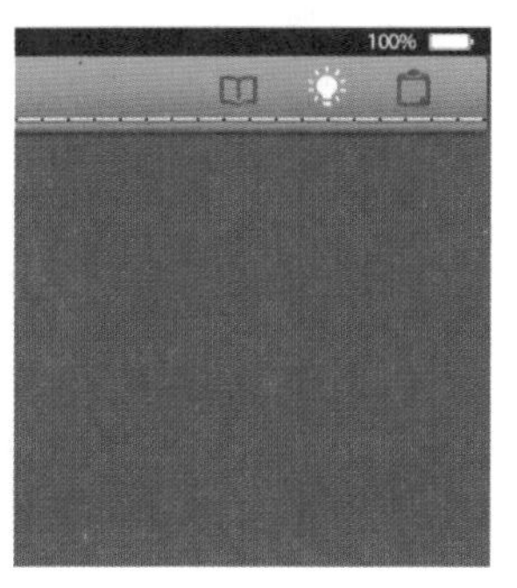

图6.159 添加素材

16 选择工具箱中的“矩形工具”，在选项栏中将“填充”更改为深蓝色（R：20，G：30，B：37），“描边”为无，在界面右上角3个图标中间的图标位置绘制一个矩形，此时将生成一个“矩形3”图层，如图6.160所示。

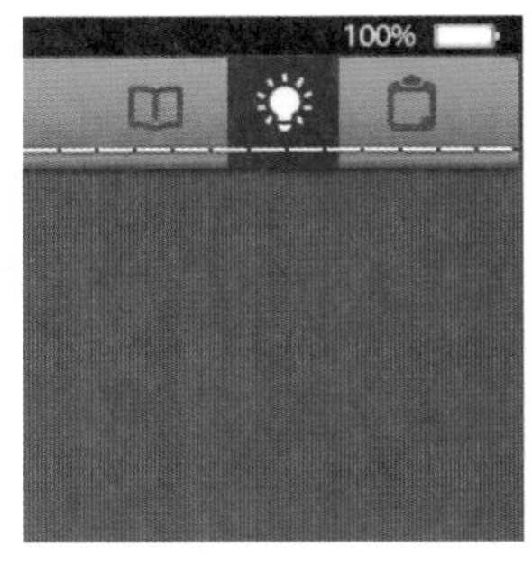

图6.160 绘制图形

17 在“图层”面板中，选中“矩形3”图层，单击面板底部的“添加图层样式”按钮 fx，在菜单中选择“渐变叠加”命令，在弹出的对话框中将“渐变”更改为深蓝色系渐变，完成之后单击“确定”按钮，如图6.161所示。

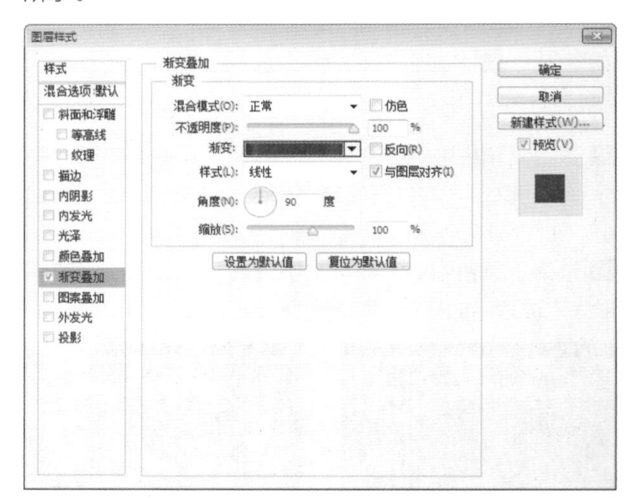

图6.161 设置渐变叠加

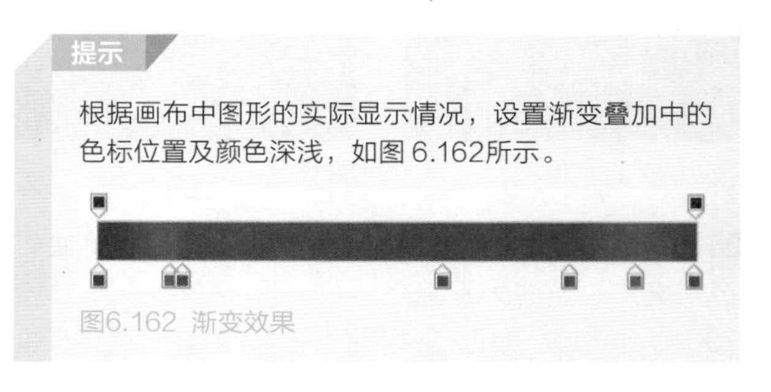

提示

根据画布中图形的实际显示情况，设置渐变叠加中的色标位置及颜色深浅，如图6.162所示。

图6.162 渐变效果

18 选择工具箱中的“横排文字工具” T，在画布中适当位置添加文字，如图6.163所示。

19 在“图层”面板中，选中“NAVGEITION”图层，单击面板底部的“添加图层样式”按钮 fx，在菜单中选择“投影”命令，在弹出的对话框中将“不透明度”更改为30%，取消“使用全局光”复选框，将“角度”更改为90度，“距离”更改为1像素，完成之后单击“确定”按钮，如图6.164所示。

图6.163 添加文字

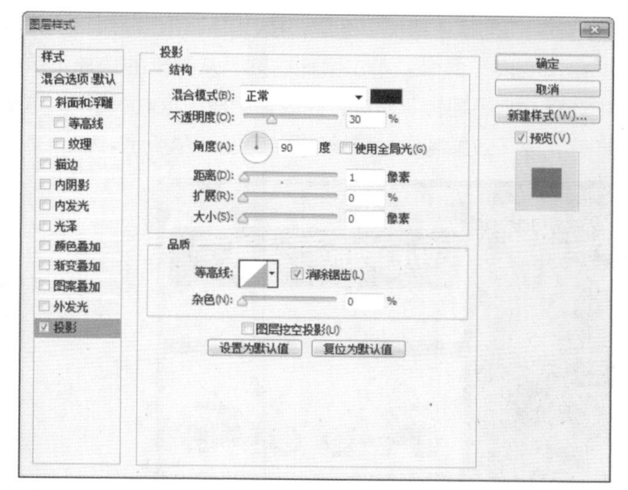

图6.164 设置投影

20 选择工具箱中的“圆角矩形工具”，在选项栏中将“填充”更改为白色，“描边”为无，“半径”为10像素，在界面右侧位置绘制一个圆角矩形，此时将生成一个“圆角矩形4”图层，如图6.165所示。

图6.165 绘制图形

21 选择工具箱中的“圆角矩形工具”，在选项栏中将“填充”更改为黑色，“描边”为无，“半径”为10像素，绘制一个圆角矩形，此时将生成一个“圆角矩形5”图层。

22 执行菜单栏中的“文件”|“打开”命令，打开“摩托.psd”文件，将打开的素材拖入画布中右上角位置并适当缩小，如图6.166所示。

图6.166 添加素材

23 选中“摩托”图层，执行菜单栏中的“图层”|“创建剪贴蒙版”命令，为当前图层创建剪贴蒙版，将部分图像隐藏，如图6.167所示。

图6.167 创建剪贴蒙版隐藏图像

24 选择工具箱中的“横排文字工具”T，在界面右上角适当位置添加文字，如图6.168所示。

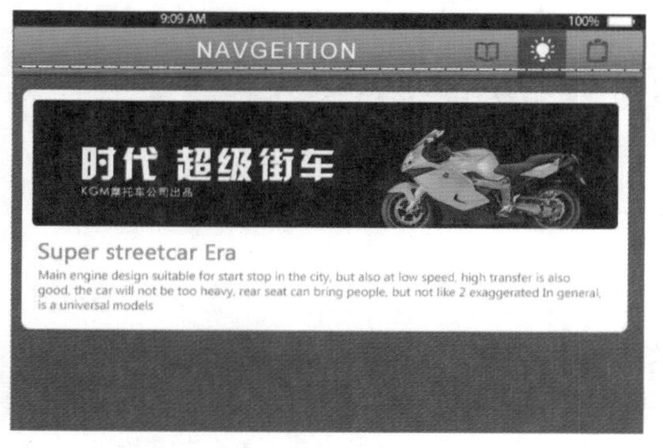

图6.168 添加文字

25 在“图层”面板中，选中“时代 超级街车”图层，单击面板底部的“添加图层样式”按钮fx，在菜单中选择“渐变叠加”命令，在弹出的对话框中将“渐变”更改为灰色（R：182，G：182，B：182）到白色到灰色（R：182，G：182，B：182），“角度”更改为0度，完成之后单击“确定”按钮，如图6.169所示。

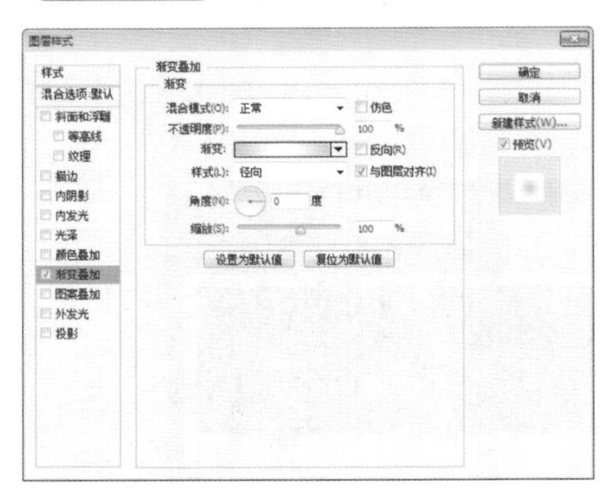

图6.169 设置渐变叠加

26 在“图层”面板中，选中“圆角矩形 4”图层，将其拖至面板底部的“创建新图层”按钮上，复制1个“圆角矩形 4 拷贝”图层，如图6.170所示。

27 选中“圆角矩形 4拷贝”图层，在画布中将图形向下方移动，如图6.171所示。

图6.170 复制图层

图6.171 移动图形

28 执行菜单栏中的“文件”|“打开”命令，打开“摩托2.jpg”文件，将打开的素材拖入画布中刚才复制的圆角矩形上并适当缩小，此时其图层名称将自动更改为“图层2”，并将其图层移至“圆角矩形4 拷贝”图层上方，如图6.172所示。

29 在“图层”面板中，选中“图层2”图层，将其拖至面板底部的“创建新图层”按钮上，复制一个“图层 2 拷贝”图层，如图6.173所示。

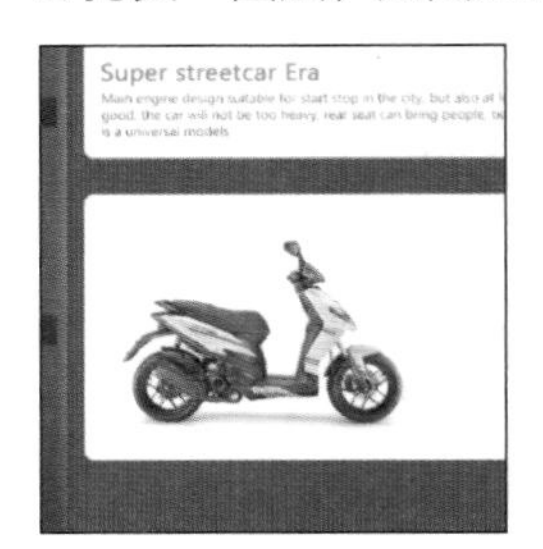

图6.172 添加素材

图6.173 复制图层

30 选中“图层 2 拷贝”图层，按Ctrl+T组合键对其执行“自由变换”命令，单击鼠标右键，从弹出的快捷菜单中选择“水平翻转”命令，完成之后按Enter键确认，这样就完成了效果制作，最终效果如图6.174所示。

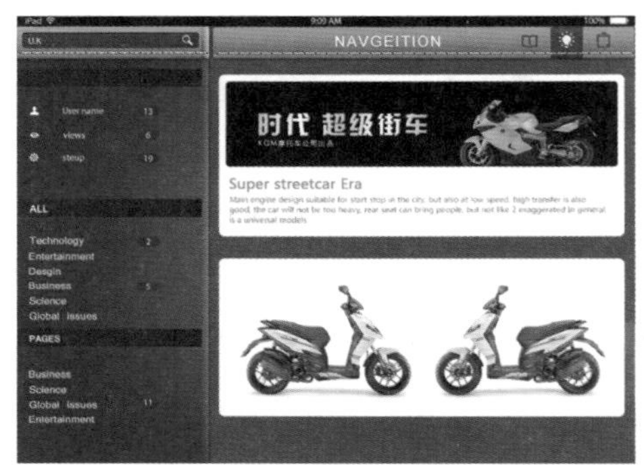

图6.174 变换图像及最终效果

实例096 安卓手机美食应用界面制作

实例分析

本例讲解美食应用界面制作，此款界面设计感很强，整体画风十分简洁，以大面积色块与直观的文字信息相结合，同时添加增强识别性的图标元素，令整个界面整体感很强，最终效果如图6.175所示。

- **素材位置 |** 素材文件\第6章\安卓手机美食应用界面
- **案例位置 |** 案例文件\第6章\安卓手机美食应用界面.psd
- **视频位置 |** 多媒体教学\实例096 安卓手机美食应用界面制作.avi
- **难易指数 |** ★★★☆☆

图6.175 最终效果

步骤1 绘制主界面

01 执行菜单栏中的“文字”|“新建”命令，在弹出的对话框中设置“宽度”为1080像素，“高度”为1920像素，“分辨率”为72像素/英寸，新建一个空白画布，将画布填充为灰色（R：250，G：250，B：250）。

02 选择工具箱中的“矩形工具”▭，在选项栏中将“填充”更改为红色（R：240，G：90，B：88），“描边”为无，在绘制一个矩形，将生成一个“矩形 1”图层，如图6.176所示。

03 执行菜单栏中的“文件”|“打开”命令，打开“状态栏.psd”文件，将打开的素材拖入画布中靠顶部位置并适当缩小，如图6.177所示。

图6.176 绘制矩形

图6.177 添加素材

04 执行菜单栏中的“文件”|“打开”命令，打开“更多和定位.psd”文件，将打开的素材拖入画布中靠顶部位置并适当缩小，如图6.178所示。

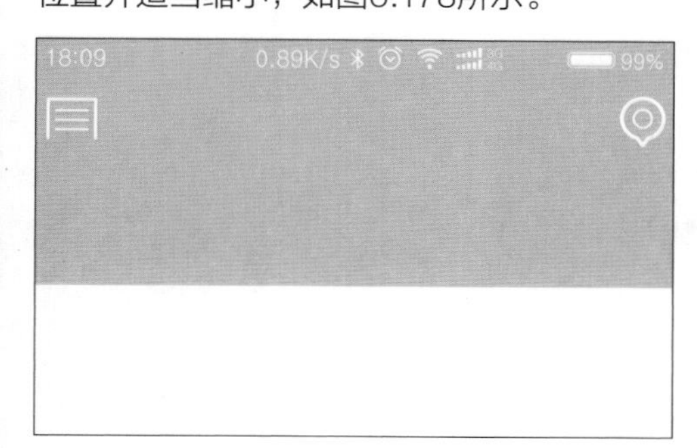

图6.178 添加素材

05 在“图层”面板中，选中“矩形 1”图层，将其拖至面板底部的“创建新图层”按钮上，复制一个“矩形 1拷贝”图层。

06 选中“矩形 1拷贝”图层，按Ctrl+T组合键对其执行“自由变换”命令，将图形高度缩小，完成之后按Enter键确认，再将其图层混合模式更改为“叠加”，“不透明度”更改为40%，如图6.179所示。

图6.179 变换图形

07 选择工具箱中的“圆角矩形工具”▢，在选项栏中将“填充”更改为灰色（R：250，G：250，B：250），“描边”为无，“半径”为100像素，绘制一个圆角矩形，如图6.180所示。

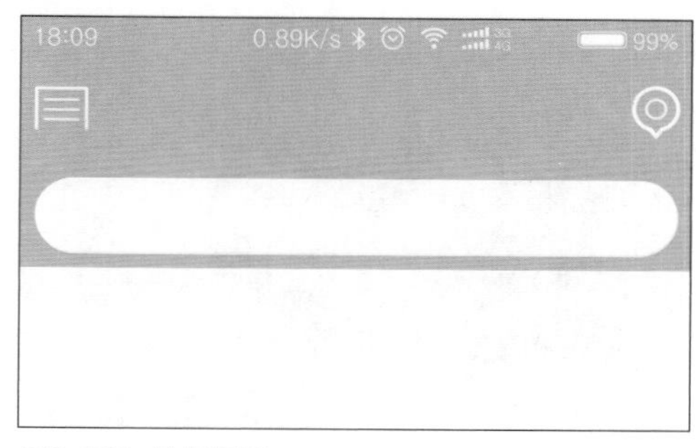

图6.180 绘制图形

08 执行菜单栏中的“文件”|“打开”命令，打开“搜索.psd”文件，将打开的素材拖入画布中刚才绘制的圆角矩形位置并缩小，如图6.181所示。

09 选择工具箱中的“横排文字工具”T，添加文字，如图6.182所示。

图6.181 添加素材

图6.182 添加文字

步骤2 处理界面配图

01 选择工具箱中的“矩形工具”▭，在选项栏中将“填充”更改为黑色，“描边”为无，绘制一个矩形，将生成一个“矩形 2”图层，如图6.183所示。

02 执行菜单栏中的“文件”|“打开”命令，打开“菜.jpg”文件，将打开的素材拖入画布中矩形并适当缩小，如图6.184所示。

图6.183 绘制矩形

图6.184 添加素材

03 执行菜单栏中的“图层”|“创建剪贴蒙版”命令，为当前图层创建剪贴蒙版将部分图像隐藏，如图6.185所示。

图6.185 创建剪贴蒙版

04 选择工具箱中的“圆角矩形工具”▢，在选项栏中将“填充”更改为红色（R：252，G：84，B：83），“描边”为无，“半径”为20像素，绘制一个圆角矩形，将生成一个“圆角矩形 2”图层，如图6.186所示。

05 将图形向下移动复制一份，如图6.187所示。

图6.186 绘制图形

图6.187 复制图形

06 选择工具箱中的“直接选择工具”↖，选中圆角矩形右侧锚点向左侧拖动缩短图形宽度，将图形“填充”更改为黄色（R：240，G：151，B：83），如图6.188所示。

07 将圆角矩形向右侧平移复制一份，将图形“填充”更改为绿色（R：107，G：170，B：23），如图6.189所示。

图6.188 缩短图形宽度

图6.189 复制图形

08 以同样方法将图形复制数份，如图6.190所示。

09 执行菜单栏中的“文件”|“打开”命令，打开“图标.psd”文件，将打开的素材拖入画布中并适当缩小，如图6.191所示。

图6.190 复制图形

图6.191 添加素材

10 在“图层”面板中，选中“图标”图层，将其图层混合模式设置为“柔光”，如图6.192所示。

11 选择工具箱中的“横排文字工具”T，添加文字（方正兰亭黑），如图6.193所示。

图6.192 设置图层混合模式

图6.193 添加文字

12 选择工具箱中的“矩形工具”▢，在选项栏中将“填充”更改为灰色（R：234，G：234，B：234），“描边”为无，在界面靠下方绘制一个矩形，如图6.194所示。

13 选择工具箱中的“横排文字工具”T，添加文字

（方正兰亭黑），如图6.195所示。

图6.194 绘制矩形

图6.195 添加文字

14 选择工具箱中的“矩形工具”▭，在选项栏中将“填充”更改为黑色，“描边”为无，在界面左下角绘制一个矩形，如图6.196所示。

15 执行菜单栏中的“文件”|“打开”命令，打开“菜2.jpg”文件，将打开的素材拖入画布中并适当缩小，如图6.197所示。

图6.196 绘制矩形

图6.197 添加素材

16 执行菜单栏中的“图层”|“创建剪贴蒙版”命令，为当前图层创建剪贴蒙版将部分图像隐藏，如图6.198所示。

图6.198 创建剪贴蒙版

17 选择工具箱中的“横排文字工具”T，添加文字（方正兰亭黑），最终效果如图6.199所示。

图6.199 最终效果

实例 097 安卓四叶草插件界面

实例分析

本例讲解安卓四叶草插件界面制作，天气界面的制作重点在于突出气候特点，在本例的制作过程中选用雨景图像作为背景可以很好地衬托出界面，最终效果如图6.200所示。

- **素材位置** | 素材文件\第6章\安卓四叶草插件界面
- **案例位置** | 案例文件\第6章\安卓四叶草插件界面.psd
- **视频位置** | 案例文件\第6章\安卓四叶草插件界面.avi
- **难易指数** | ★★★☆☆

图6.200 最终效果

步骤1 绘制主界面图形

01 执行菜单栏中的“文件”|“新建”命令，在弹出的对话框中设置“宽度”为750，“高度”为1134像素，“分辨率”为72像素/英寸，“颜色模式”为RGB颜色，新建一个空白画布。

02 执行菜单栏中的“文件”|“打开”命令，打开“雨景.jpg”文件，将打开的素材拖入画布中并适当缩小，其图层名称将更改为“图层1”，如图6.201所示。

03 选择工具箱中的“矩形工具”，在选项栏中将“填充”更改为黑色，“描边”为无，在画布顶部绘制一个矩形，此时将生成一个“矩形 1”图层，如图6.202所示。

图6.201 添加素材

图6.202 绘制图形

04 执行菜单栏中的“文件”|“打开”命令，打开“图标.psd”文件，将打开的素材拖入画布中并适当缩小，如图6.203所示。

图6.203 添加素材

05 选择工具箱中的“圆角矩形工具”，在选项栏中将“填充”更改为蓝色（R：40，G：140，B：208），“描边”为无，“半径”为200像素，在画布中绘制一个圆角矩形，此时将生成一个“圆角矩形 1”图层，如图6.204所示。

06 选择工具箱中的“直接选择工具”，选中图形部分锚点将其删除，再选中部分锚点拖动将其变形，如图6.205所示。

图6.204 绘制图形

图6.205 删除锚点并变形

07 在“图层”面板中，选中“圆角矩形 1”图层，将其拖至面板底部的“创建新图层”按钮上，复制一个“圆角矩形 1 拷贝”图层，如图6.206所示。

08 选中“圆角矩形 1 拷贝”图层，按Ctrl+T组合键对其执行“自由变换”命令，单击鼠标右键，从弹出的快捷菜单中选择“水平翻转”命令，再单击鼠标右键，从弹出的快捷菜单中选择“垂直翻转”命令，完成之后按Enter键确认，如图6.207所示。

图6.206 复制图层

图6.207 变换图形

09 同时选中“圆角矩形 1”及“圆角矩形 1 拷贝”图层按Ctrl+E组合键将其合并，将生成的图层名称更改为“图形”，如图6.208所示。

10 在“图层”面板中，选中“图形”图层，将其拖至面板底部的“创建新图层”按钮上，复制四个“拷贝”图层，分别将其图层名称更改为“图形 2”“图形 3”“图形 4”“图形 5”，如图6.209所示。

图6.208 合并图层

图6.209 复制图层

11 选中“图形 2”图层，按Ctrl+T组合键对其执行“自由变换”命令，将图形等比缩小并向右侧平移，再单击鼠标右键，从弹出的快捷菜单中选择“水平翻转”命令，完成之后按Enter键确认，如图6.210所示。

12 以同样的方法选中“图形 3”图层，将其等比缩小单击鼠标右键，从弹出的快捷菜单中选择“水平翻转”命令，再单击鼠标右键，从弹出的快捷菜单中选择“垂直翻转”命令，完成之后按Enter键确认，如图6.211所示。

图6.210 水平翻转

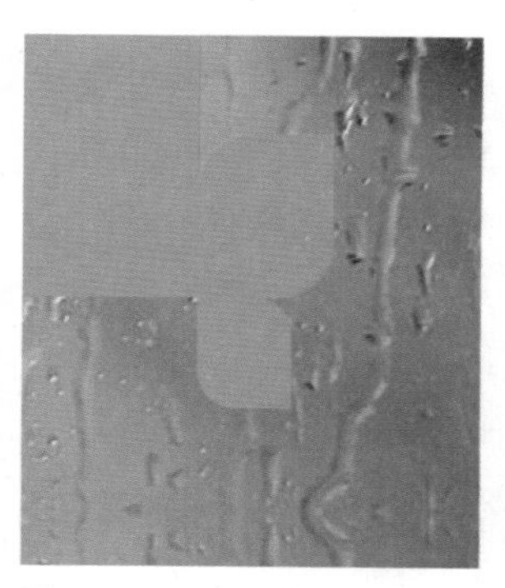

图6.211 垂直翻转

13 以同样的方法分别选中“图形 4”及“图形 5”图层，在画布中将图形变换，如图6.212所示。

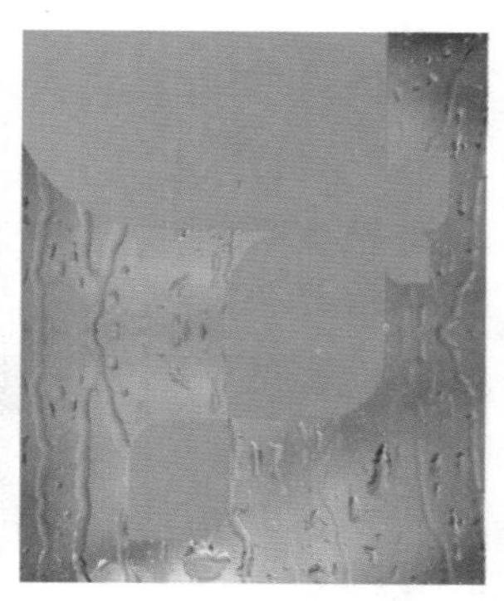

图6.212 变换图形

14 在“图层”面板中，选中“图形”图层，单击面板底部的“添加图层样式”按钮fx，在菜单中选择“投影”命令，在弹出的对话框中将“不透明度”更改为10%，取消“使用全局光”复选框，将“角度”更改为90度，“距离”更改为13像素，“大小”更改为4像素，完成之后单击“确定”按钮，如图6.213所示。

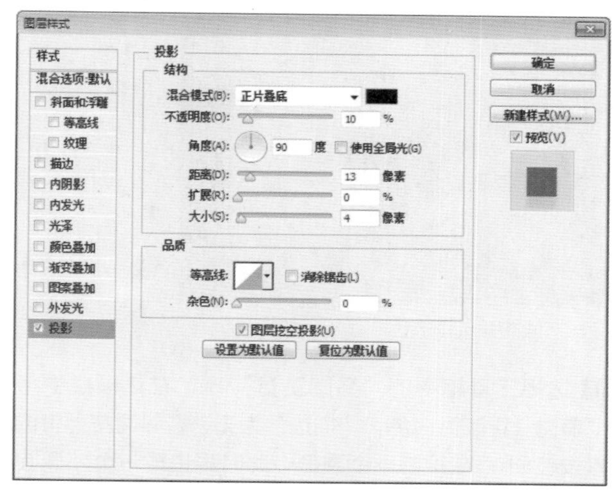

图6.213 设置投影

15 选中“图形”图层将其移至所有图层最上方，在其图层名称上单击鼠标右键，从弹出的快捷菜单中选择“拷贝图层样式”命令，在“图形 2”图层名称上单击鼠标右键，从弹出的快捷菜单中选择“粘贴图层样式”命令，再将“图形 2”图层移至“图形”图层下方，如图6.214所示。

图6.214 拷贝并粘贴图层样式

16 同时选中“图形 5”“图形 4”“图形 3”图层，在其图层名称上单击鼠标右键，从弹出的快捷菜单中选择“粘贴图层样式”命令，如图6.215所示。

图6.215 粘贴图层样式

17 选中“图形 5”图层，将其图形颜色更改为绿色（R：54，G：150，B：8），如图6.216所示。

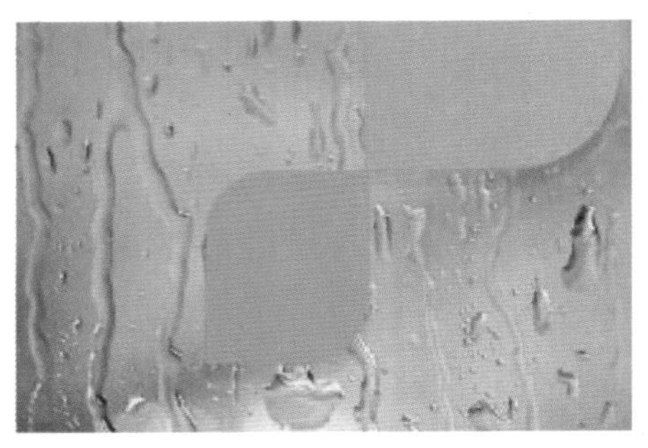

图6.216 更改图形颜色

18 选择工具箱中的“椭圆工具”，在选项栏中将“填充”更改为白色，“描边”为无，在界面左上角位置按住Shift键绘制一个圆形，此时将生成一个“椭圆 1”图层，如图6.217所示。

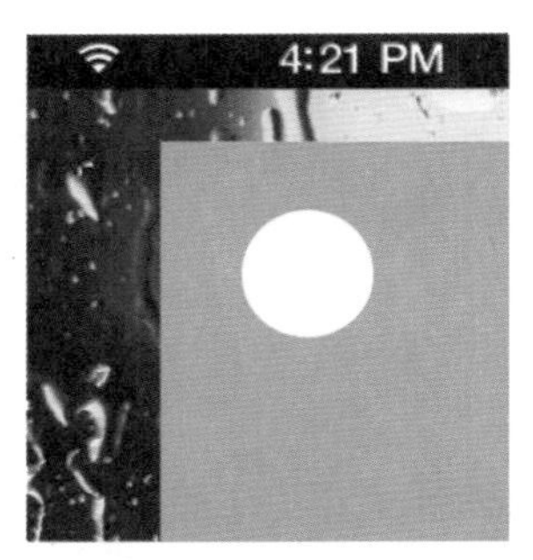

图6.217 绘制图形

19 在“图层”面板中，选中“椭圆 1”图层，单击面板底部的“添加图层样式”按钮，在菜单中选择“渐变叠加”命令，在弹出的对话框中将“渐变”更改为蓝色（R：63，G：152，B：216）到蓝色（R：24，G：102，B：155），完成之后单击“确定”按钮，如图6.218所示。

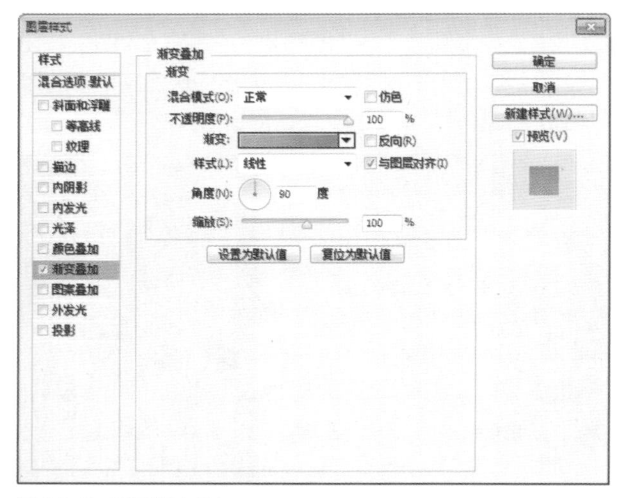

图6.218 设置渐变叠加

步骤2 添加界面元素

01 执行菜单栏中的“文件”|“打开”命令，打开“地点.psd”文件，将打开的素材拖入界面中椭圆图形位置并适当缩小，如图6.219所示。

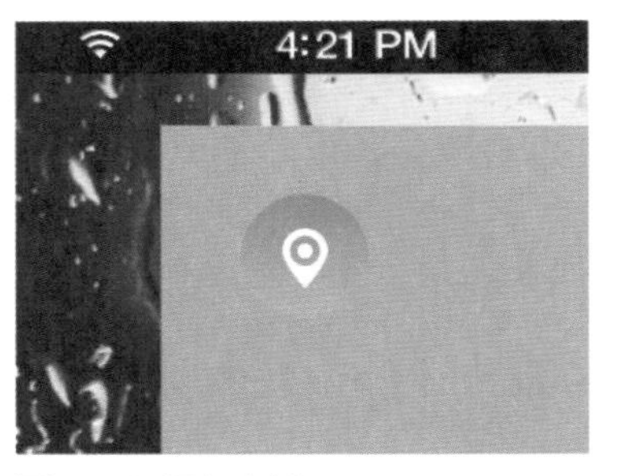

图6.219 添加素材

02 在“图层”面板中，选中“地点”图层，单击面板底部的“添加图层样式”按钮，在菜单中选择“投影”命令，在弹出的对话框中将“不透明度”更改为20%，取消“使用全局光”复选框，将“角度”更改为90度，“距离”更改为4像素，“大小”更改为4像素，完成之后单击“确定”按钮，如图6.220所示。

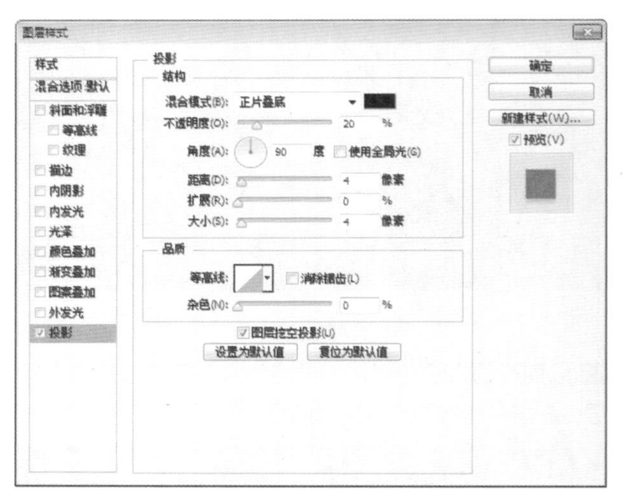

图6.220 设置投影

03 选择工具箱中的“横排文字工具”，在地点图标右侧位置添加文字，如图6.221所示。

图6.221 添加文字

04 选择工具箱中的“钢笔工具”，在选项栏中单击“选择工具模式”按钮，在弹出的选项中选择“形状”，将“填充”更改为无，“描边”更改为深蓝色（R：18，G：122，B：170），“大小”为1点，在界面靠上方位置绘制1条弧形线段，此时将生成一个“形状1”图层，如图6.222所示。

图6.222 绘制图形

05 在“图层”面板中，选中“形状 1”图层，单击面板底部的“添加图层样式”按钮，在菜单中选择“投影”命令，在弹出的对话框中将“混合模式”更改为正常，“颜色”更改为白色，“不透明度”更改为35%，“距离”更改为1像素，“大小”更改为1像素，完成之后单击“确定”按钮，如图6.223所示。

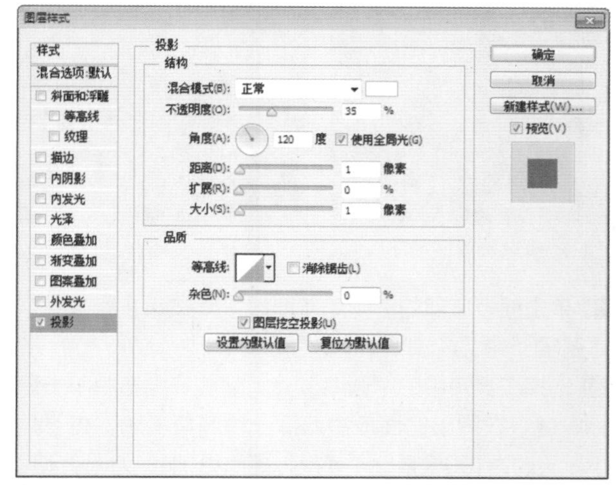

图6.223 设置投影

06 在“图层”面板中，选中“形状 1”图层，单击面板底部的“添加图层蒙版”按钮，为其图层添加图层蒙版，如图6.224所示。

07 选择工具箱中的“画笔工具”，在画布中单击鼠标右键，在弹出的面板中选择一种圆角笔触，将“大小”更改为150像素，“硬度”更改为0%，如图6.225所示。

08 将前景色更改为黑色，在其图像上右侧区域涂抹将其隐藏，如图6.226所示。

09 执行菜单栏中的“文件”|“打开”命令，打开“雨.psd”文件，将打开的素材拖入界面适当位置，如图6.227所示。

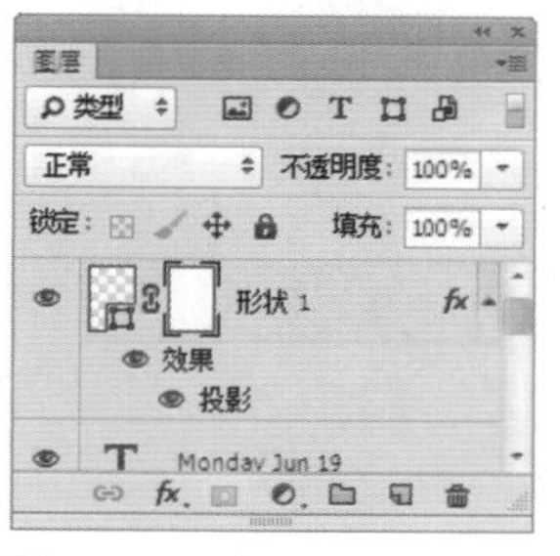

图6.224 添加图层蒙版

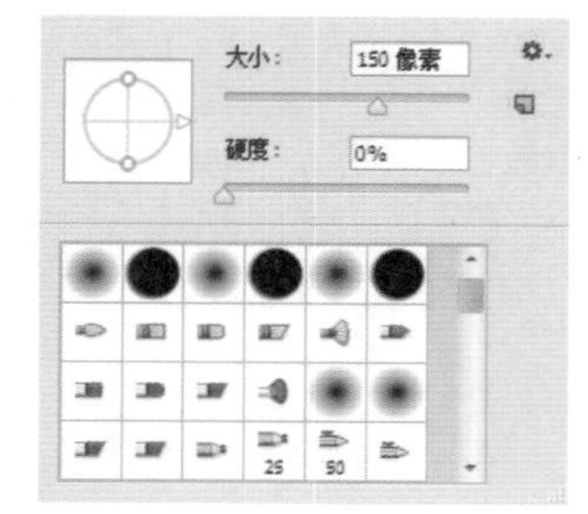

图6.225 设置笔触

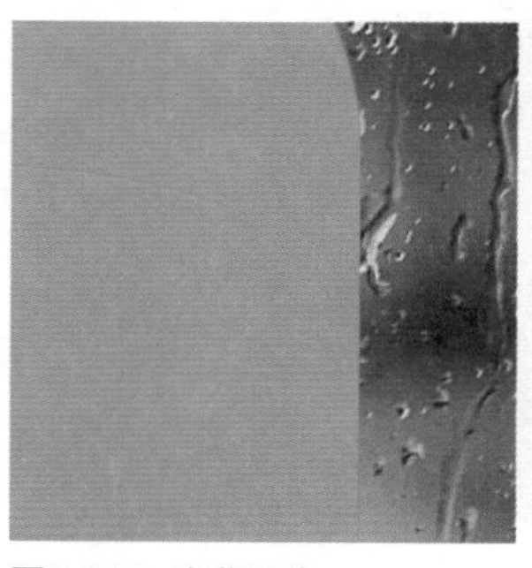

图6.226 隐藏图像

图6.227 添加素材

10 选择工具箱中的“直线工具”，在选项栏中将“填充”更改为白色，“描边”为无，“粗细”更改为1像素，在刚才绘制的椭圆图形上按住Shift键绘制一条线段，此时将生成一个“形状1”图层，如图6.228所示。

图6.228 绘制图形

11 在“形状 1”图层名称上单击鼠标右键，从弹出的快捷菜单中选择“拷贝图层样式”命令，在“形状 2”图层名称上单击鼠标右键，从弹出的快捷菜单中选择“粘贴图层样式”命令，如图6.229所示。

12 选择工具箱中的“横排文字工具”，在画布适当位置添加文字，如图6.230所示。

13 选择工具箱中的“椭圆工具”，在选项栏中将“填充”更改为无，“描边”为白色，“大小”更改为4点，在刚才添加的文字右上角位置按住Shift键绘制一个圆形，此时将生成一个“椭圆 2”图层，如图6.231所示。

图6.229 拷贝并粘贴图层样式

图6.230 添加文字

图6.231 绘制图形

14 在“图层”面板中，选中“椭圆 2”图层，将其拖至面板底部的“创建新图层”按钮上，复制一个“椭圆 2 拷贝”图层，如图6.232所示。

15 选中“椭圆 2”图层，将其图形颜色更改为青色（R：14，G：252，B：255），在画布中将其移至下方文字右上角位置，如图6.233所示。

图6.232 复制图层

图6.233 更改颜色

16 单击面板底部的“创建新图层”按钮，在“Rain”图层上方新建一个“图层2”图层，如图6.234所示。

17 选择工具箱中的“画笔工具”，在画布中单击鼠标右键，在弹出的面板中选择一种圆角笔触，将“大小”更改为150像素，“硬度”更改为0%，如图6.235所示。

图6.234 新建图层

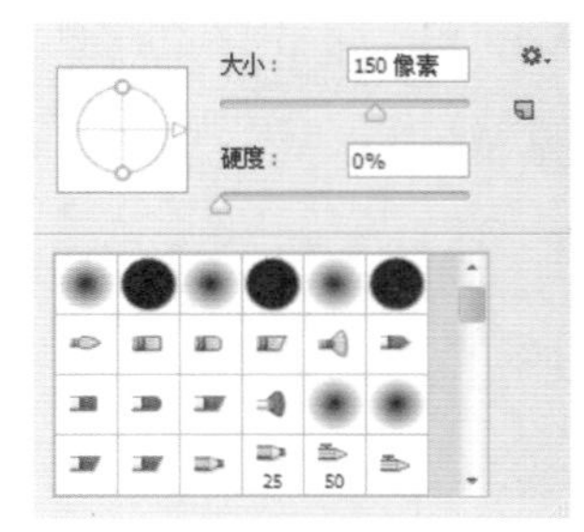

图6.235 设置笔触

18 执行菜单栏中的“文件”|“打开”命令，打开“图标.psd”文件，将打开的素材拖入画布中并适当缩小，如图6.236所示。

图6.236 添加素材

19 单击面板底部的“创建新图层”按钮，新建一个“图层3”图层，如图6.237所示。

20 选择工具箱中的“画笔工具”，在画布中单击鼠标右键，在弹出的面板中选择一种圆角笔触，将“大小”更改为100像素，“硬度”更改为0%，如图6.238所示。

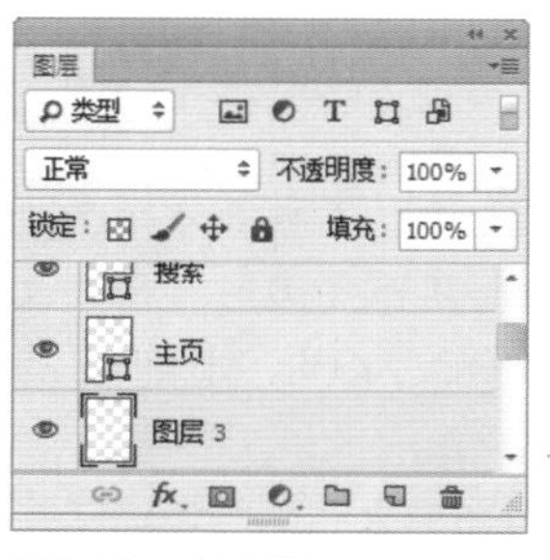

图6.237 新建图层

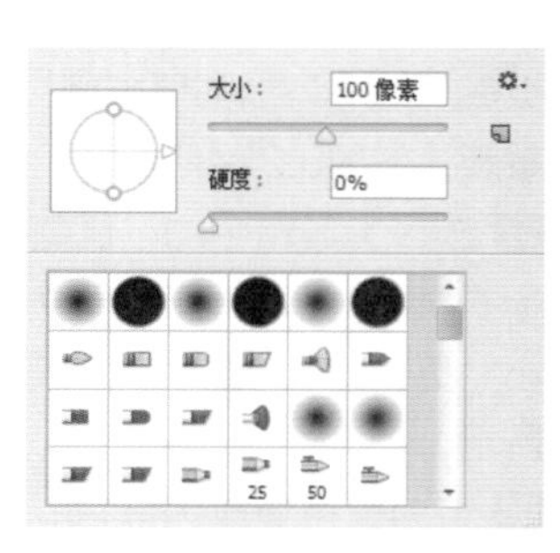

图6.238 设置笔触

21 将前景色更改为白色，选中“图层 3”图层，在刚才添加的图标位置单击添加图像，如图6.239所示。

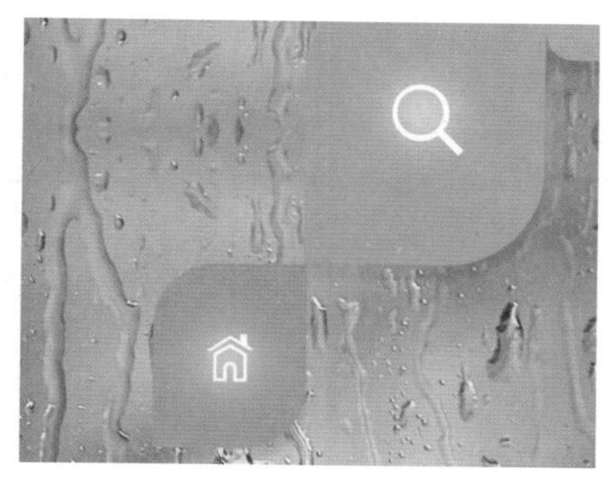

图6.239 添加图像

22 选中“图层1”图层，将其图层混合模式设置为“叠加”，如图6.240所示。

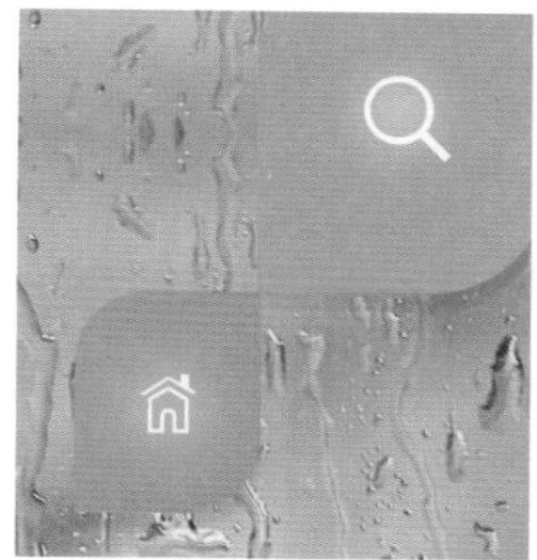

图6.240 设置图层混合模式

23 选择工具箱中的“横排文字工具” T，在其他两个图形位置添加文字，如图6.241所示。

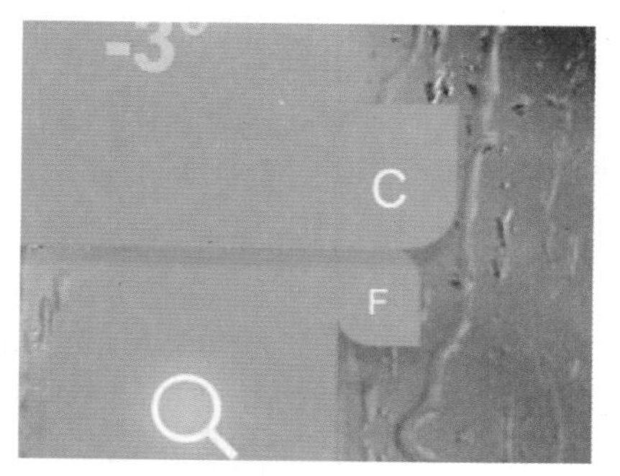

图6.241 添加文字

24 选择工具箱中的“椭圆工具”，在选项栏中将“填充”更改为无，“描边”为白色，“大小”更改为2点，分别在刚才添加的两个文字右上角位置按住Shift键绘制圆形，这样就完成了效果制作，最终效果如图6.242所示。

图6.242 最终效果

实例 098

安卓平板助手界面制作

实例分析

本例讲解安卓平板助手界面制作，此款界面是安卓系统中十分常见的一款助手类应用界面，其设计感很强，具有简洁的版式及舒适的配色，整体制作过程比较简单，最终效果如图6.243所示。

- **素材位置 |** 素材文件\第6章\安卓平板助手界面
- **案例位置 |** 案例文件\第6章\安卓平板助手界面.psd
- **视频位置 |** 多媒体教学\实例098　安卓平板助手界面制作.avi
- **难易指数 |** ★★★☆☆

图6.243 最终效果

步骤1 绘制主界面

01 执行菜单栏中的“文件”|“新建”命令，在弹出的对话框中设置“宽度”为1920像素，“高度”为1200像素，“分辨率”为72像素/英寸，新建一个空白画布。

02 选择工具箱中的“渐变工具”，编辑紫色（R：85，G：80，B：134）到紫色（R：8，G：8，B：18）的渐变，单击选项栏中的“线性渐变”按钮，在画布中拖动填充渐变，如图6.244所示。

图6.244 填充渐变

03 选择工具箱中的“直线工具”，在选项栏中将“填充”更改为白色，“描边”为无，“粗细”更改为1像素，按住Shift键绘制一条线段，将生成一个“形状1”图层，如图6.245所示。

图6.245 绘制线段

04 在“图层”面板中，选中“形状 1”图层，将其图层混合模式设置为“叠加”，如图6.246所示。

图6.246 设置图层混合模式

05 在“图层”面板中，单击面板底部的“添加图层样式”按钮fx，在菜单中选择“投影”命令。

06 在弹出的对话框中将“混合模式”更改为叠加，“颜色”更改为黑色，“不透明度”更改为100%，取消“使用全局光”复选框，将“角度”更改为90度，“距离”更改为0像素，“大小”更改为1像素，完成之后单击“确定”按钮，如图6.247所示。

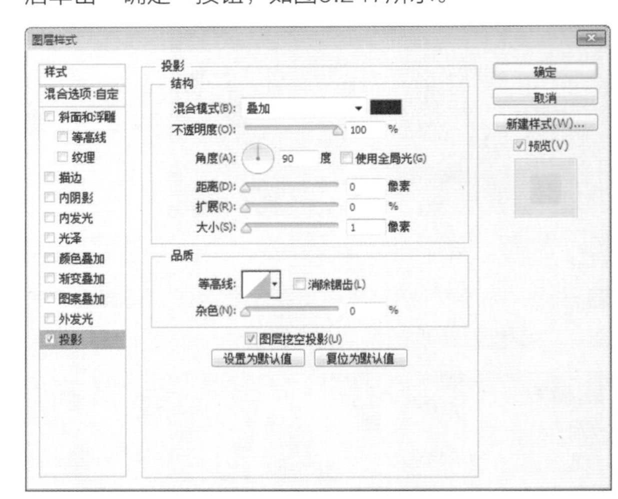

图6.247 设置投影

07 执行菜单栏中的“文件”|“打开”命令，打开“状态栏.psd”文件，将打开的素材拖入画布靠顶部，使用文字工具输入文字，如图6.248所示。

图6.248 添加素材

08 执行菜单栏中的“文件”|“打开”命令，打开“图标.psd”文件，在打开的素材文档中选中“包”及“显示”图层，将其拖至当前画布中适当位置，如图6.249所示。

图6.249 添加素材

09 在“图层”面板中，选中“显示”图层，将其图层混合模式设置为“柔光”，如图6.250所示。

10 选择工具箱中的“椭圆工具”，在选项栏中将“填充”更改为红色（R：230，G：0，B：18），“描边”为白色，“宽度”为2点，在“影音”文字右上角按住Shift键绘制一个圆形，将生成一个“椭圆 1”图层，如图6.251所示。

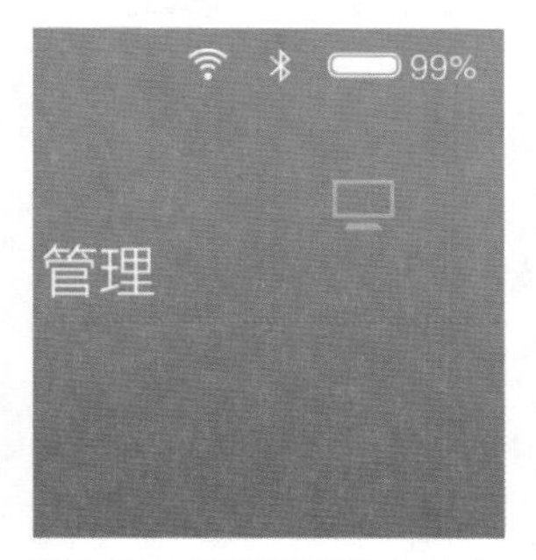

图6.250 设置图层混合模式

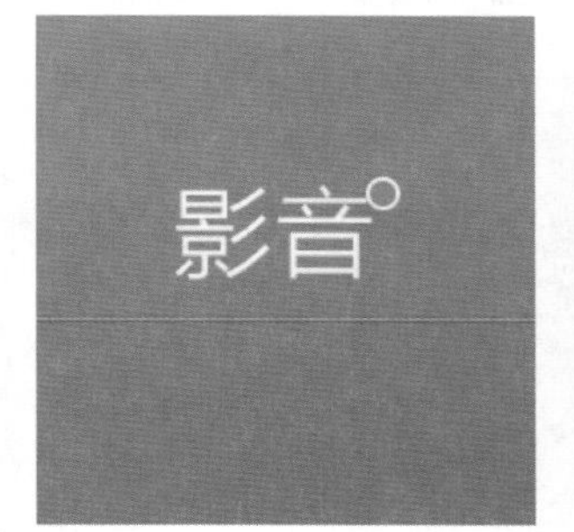

图6.251 绘制图形

11 选择工具箱中的“椭圆工具”，在选项栏中将“填充”更改为青色（R：0，G：255，B：255），“描边”为无，在部分文字底部绘制一个椭圆，如图6.252所示。

12 执行菜单栏中的“滤镜”|“模糊”|“高斯模糊”命令，在弹出的对话框中单击“栅格化”按钮，然后在弹出的对话框中将“半径”更改为3像素，完成之后单击“确定”按钮，如图6.253所示。

图6.252 绘制椭圆

图6.253 添加高斯模糊

13 执行菜单栏中的“滤镜”|“模糊”|“动感模糊”命令，在弹出的对话框中单击“栅格化”按钮，然后在弹出的对话框中将“角度”更改为0度，“距离”更改为130像素，设置完成之后单击“确定”按钮，如图6.254所示。

图6.254 添加动感模糊

步骤2 添加界面细节图像

01 选择工具箱中的“矩形工具”，在选项栏中将“填充”更改为蓝色（R：4，G：177，B：253），“描边”为无，绘制一个矩形，将生成一个“矩形 1”图层，如图6.255所示。

02 将矩形向下复制两份，并分别将其“填充”更改为橙色（R：255，G：131，B：57）及绿色（R：99，G：212，B：34），如图6.256所示。

图6.255 绘制图形

图6.256 复制图形

03 在“图标”文档中，同时选中“收藏”“最近更新”及“评分应用”图层，将其拖至当前画布中矩形位置并将其更改为白色，如图6.257所示。

图6.257 添加素材

04 在“图层”面板中，选中“收藏”图层，单击面板底部的“添加图层样式”按钮，在菜单中选择“渐变叠加”命令。

05 在弹出的对话框中将“混合模式”更改为正常，“不透明度”为20%，“渐变”更改为黑色到白色，如图6.258所示。

06 选中“投影”复选框，将“混合模式”更改为叠加，取消“使用全局光”复选框，将“角度”更改为90度，“距离”更改为2像素，“大小”更改为2像素，完成之后单击“确定”按钮，如图6.259所示。

07 在“收藏”图层名称上单击鼠标右键，从弹出的快捷菜单中选择“拷贝图层样式”命令，同时选中“最近更新”及“评分应用”图层，在其名称上单击鼠标右键，从弹出的快捷菜单中选择“粘贴图层样式”命令，如图6.260所示。

08 选择工具箱中的“横排文字工具”T，添加文字（方正兰亭细黑），如图6.261所示。

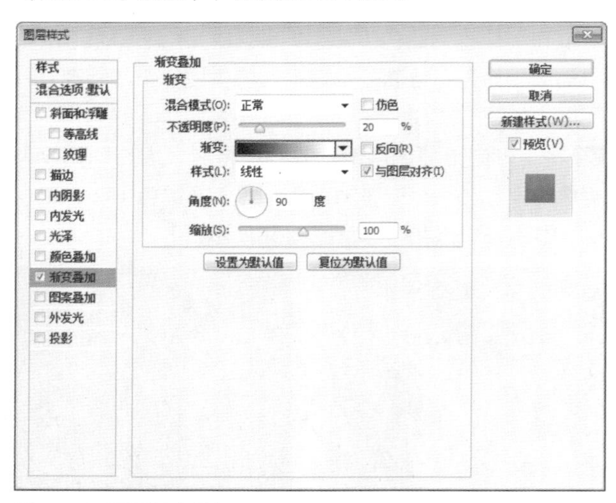

图6.258 设置渐变叠加

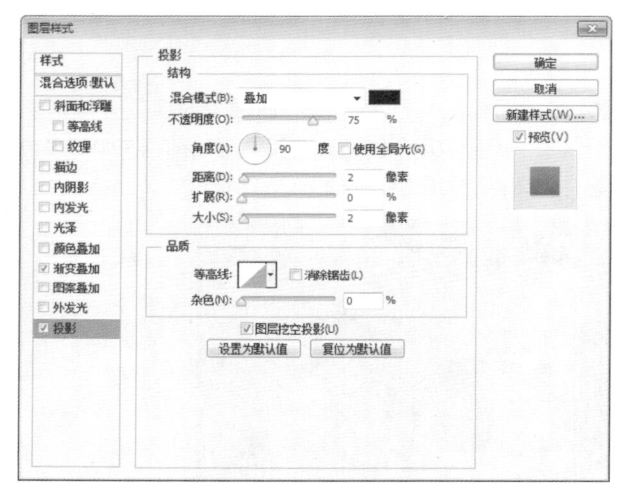

图6.259 设置投影

图6.260 粘贴图层样式

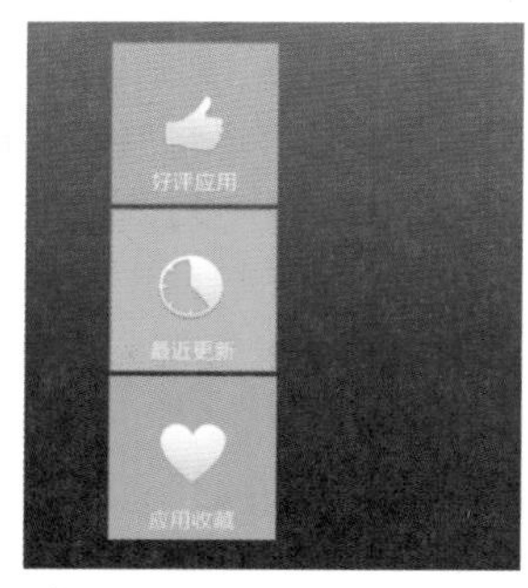

图6.261添加文字

09 选择工具箱中的“矩形工具”▭，在选项栏中将“填充”更改为白色，“描边”为无，绘制一个矩形，将生成一个“矩形 2”图层，如图6.262所示。

10 执行菜单栏中的“文件”|“打开”命令，打开“图像.jpg”文件，将打开的素材拖入画布中并适当缩小，如图6.263所示。

图6.262 绘制图形

图6.263 添加素材

11 执行菜单栏中的“图层”|“创建剪贴蒙版”命令，为当前图层创建剪贴蒙版将部分图像隐藏，如图6.264所示。

图6.264 创建剪贴蒙版

12 同时选中左侧两个矩形，将其向右侧平移复制两份，如图6.265所示。

图6.265 复制图形

13 执行菜单栏中的“文件”|“打开”命令，打开“图像 2.jpg”文件，将打开的素材拖入画布中并适当缩小，如图6.266所示。

14 执行菜单栏中的“图层”|“创建剪贴蒙版”命令，为当前图层创建剪贴蒙版将部分图像隐藏，如图6.267所示。

图6.266 添加素材

图6.267 创建剪贴蒙版

15 执行菜单栏中的“文件”|“打开”命令，打开“图像 3.jpg”文件，将打开的素材拖入画布中并适当缩小，用同样的方法为其创建剪贴蒙版，如图6.268所示。

图6.268 添加素材

16 选择工具箱中的“矩形工具”▢，在选项栏中将“填充”更改为白色，“描边”为无，在矩形下方绘制一个矩形，将生成一个“矩形 3”图层，如图6.269所示。

17 在“图层”面板中，选中“矩形 3”图层，将其图层混合模式设置为“叠加”，如图6.270所示。

图6.269 绘制矩形　　图6.270 设置图层混合模式

18 单击面板底部的“添加图层样式”按钮fx，在菜单中选择“描边”命令，在弹出的对话框中将“大小”更改为1像素，“位置”更改为内部，“混合模式”为柔光，“颜色”更改为白色，完成之后单击“确定”按钮，如图6.271所示。

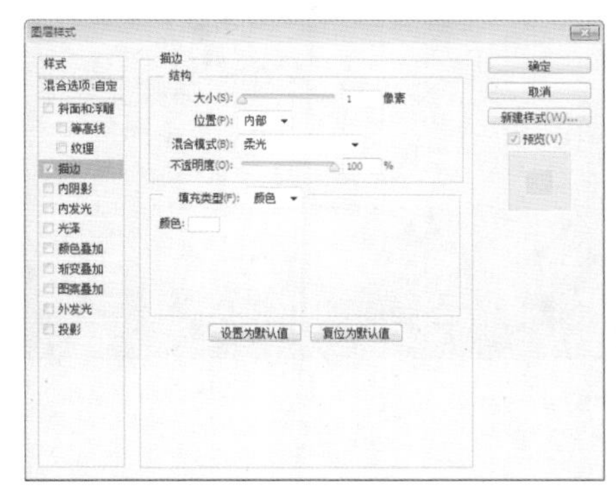

图6.271 设置描边

19 选择工具箱中的“直线工具”⁄，在选项栏中将“填充”更改为白色，“描边”为无，“粗细”更改为2像素，在刚才绘制的矩形顶部边缘按住Shift键绘制一条线段，将生成一个“形状 2”图层，如图6.272所示。

20 在“图层”面板中，选中“形状 2”图层，将其图层混合模式设置为“叠加”，如图6.273所示。

图6.272 绘制线段　　图6.273 设置图层混合模式

21 在“图层”面板中，选中“形状 2”图层，单击面板底部的“添加图层蒙版”按钮◘，为其添加图层蒙版，如图6.274所示。

22 选择工具箱中的“渐变工具”▣，编辑黑色到白色再到黑色的渐变，如图6.275所示。

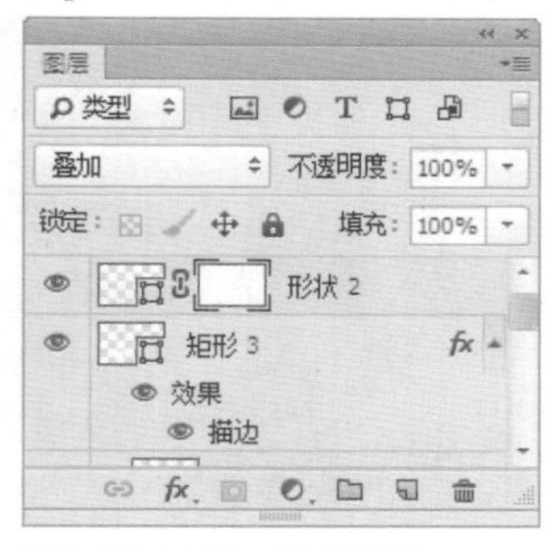

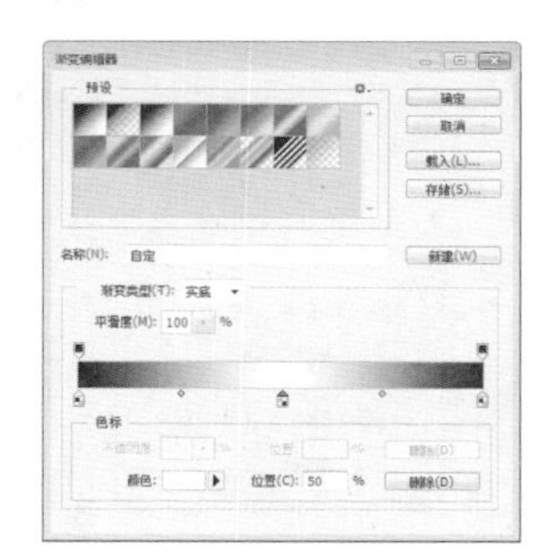

图6.274 添加图层蒙版　　图6.275 设置渐变

23 单击选项栏中的“线性渐变”按钮▣，在图像上拖动将部分图形隐藏，如图6.276所示。

24 在“图层”面板中，选中“形状 2”图层，将其拖至面板底部的“创建新图层”按钮◘上，复制一个“形状 2 拷贝”图层。

25 按Ctrl+T组合键执行“自由变换”命令，单击鼠标右键，从弹出的快捷菜单中选择“旋转90度（顺时针）”命令，完成之后按Enter键确认，如图6.277所示。

26 同时选中“矩形 3”“形状 2”及“形状 2 拷贝”图层，将其向右侧平移复制，如图6.278所示。

27 在打开的“图标”文档中，同时选中“信息”及“下载”图层，将其拖入当前画布中，如图6.279所示。

图6.276 隐藏图形

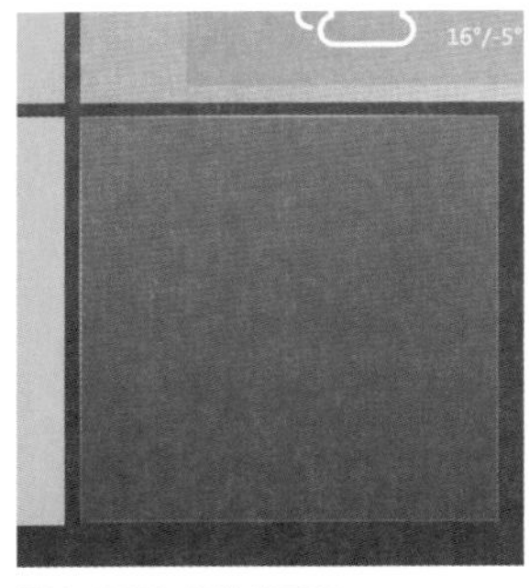

图6.277 复制图形

图6.278 复制图形

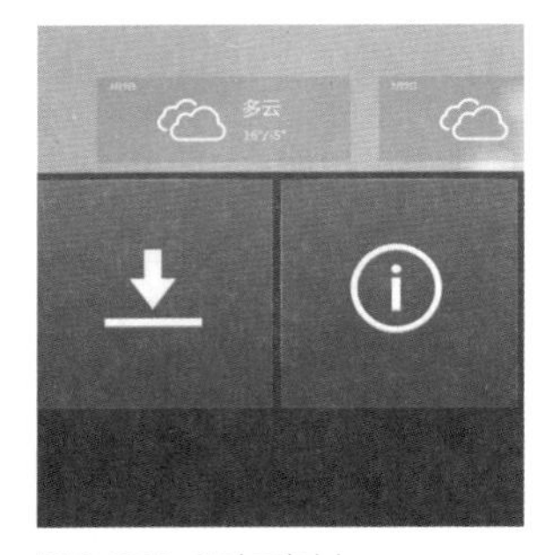

图6.279 添加素材

28 在“图层”面板中，同时选中“信息”及“下载”图层，将其图层混合模式设置为“叠加”，如图6.280所示。

图6.280 设置图层混合模式

29 选择工具箱中的“横排文字工具” T ，添加文字（方正兰亭细黑），并将文字所在图层混合模式更改为“叠加”，如图6.281所示。

图6.281 添加文字

30 选择工具箱中的“矩形工具”，在选项栏中将“填充”更改为黑色，“描边”为无，绘制一个黑色矩形，如图6.282所示。

31 执行菜单栏中的“文件”|“打开”命令，打开“图像 4.jpg”文件，将打开的素材拖入画布中并适当缩小，如图6.283所示。

图6.282 绘制矩形

图6.283 添加图像

32 执行菜单栏中的“图层”|“创建剪贴蒙版”命令，为当前图层创建剪贴蒙版将部分图像隐藏，如图6.284所示。

图6.284 创建剪贴蒙版

33 在打开的“图标”文档中，同时选中“返回”“主页”及“程序”图层，将其拖入当前画布中，这样就完成了效果制作，最终效果如图6.285所示。

图6.285 最终效果

实例 099 Windows 10手机界面制作

实例分析

本例讲解Windows 10手机界面制作，Windows 10界面十分简洁，大面积色块使整个界面具有漂亮的版式而局，在视觉交互上同样十分出色，整个制作过程比较简单，最终效果如图6.286所示。

- **素材位置 |** 素材文件\第6章\Windows 10手机界面
- **案例位置 |** 案例文件\第6章\Windows 10手机界面.psd
- **视频位置 |** 多媒体教学\实例099 Windows 10手机界面制作.avi
- **难易指数 |** ★★★☆☆

图6.286 最终效果

步骤1 制作界面主视觉

01 执行菜单栏中的“文件”|“新建”命令，在弹出的对话框中设置“宽度”为720像素，“高度”为1280像素，“分辨率”为72像素/英寸，新建一个空白画布，将画布填充为黑色。

02 执行菜单栏中的“文件”|“打开”命令，打开“状态栏.psd”文件，将打开的素材拖入画布中顶部位置并适当缩小，如图6.287所示。

图6.287 添加素材

03 选择工具箱中的“矩形工具”▭，在选项栏中将“填充”更改为橙色（R：237，G：100，B：10），“描边”为无，按住Shift键绘制一个矩形，此时将生成一个“矩形 1”图层，如图6.288所示

04 将矩形向右侧平移复制两份，将生成“矩形 1 拷贝”及“矩形 1 拷贝2 ”两个新图层，将“矩形 1 拷贝 2 ”图层中图形“填充”更改为紫色（R：233，G：68，B：137），再分别将其图层名称更改为“磁贴”“磁贴 2”“磁贴 3”，如图6.289所示。

图6.288 绘制矩形

图6.289 复制图形

05 执行菜单栏中的“文件”|“打开”命令，打开“图像.jpg”文件，将其拖至当前界面中最左侧矩形位置，其图层名称将更改为“图层 2”，再移至“矩形 1”图层上方，如图6.290所示。

06 执行菜单栏中的“图层”|“创建剪贴蒙版”命令，为当前图层创建剪贴蒙版将部分图像隐藏，如图6.291所示。

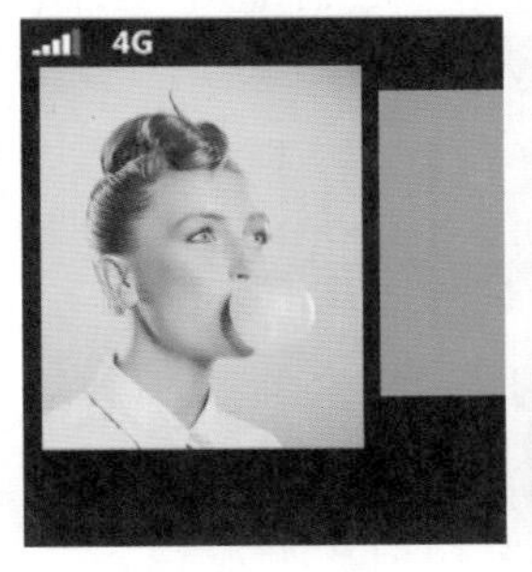

图6.290 添加素材

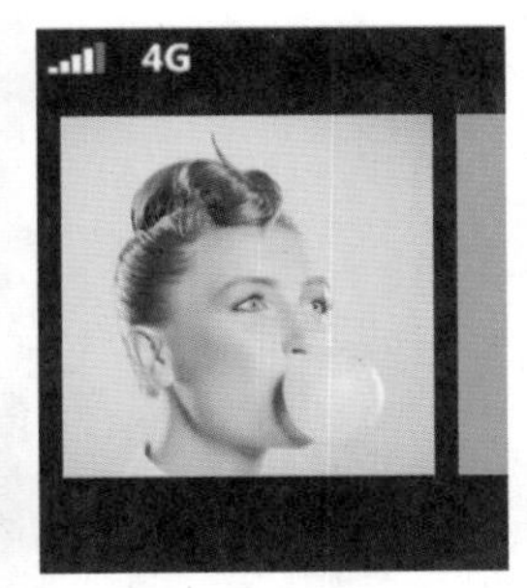

图6.291 创建剪贴蒙版

07 执行菜单栏中的“文件”|“打开”命令，打开“图

标.psd”文件，在打开的素材文档中，选中“电话”和“收藏”图层，将其拖入当前界面中，如图6.292所示。

08 选择工具箱中的“横排文字工具” T，添加文字（方正兰亭黑），如图6.293所示。

图6.292 添加素材

图6.293 添加文字

09 在图形下方位置再次绘制3个矩形，并分别将其图层名称更改为“磁贴4”“磁贴5”“磁贴6”，如图6.294所示。

10 在“图标”素材文档中，同时选中“信息”“设置”及“浏览器”图层，将其拖至当前界面色块中，如图6.295所示。

图6.294 绘制矩形

图6.295 添加素材

步骤2 处理界面细节

01 用同样方法继续绘制两个矩形，并将左侧矩形“填充”更改为红色（R：230，G：5，B：23），如图6.296所示。

02 执行菜单栏中的“文件”|“打开”命令，打开“图像 2.jpg”文件，将其拖至当前界面中，其图层名称将更改为“图层 3”，如图6.297所示。

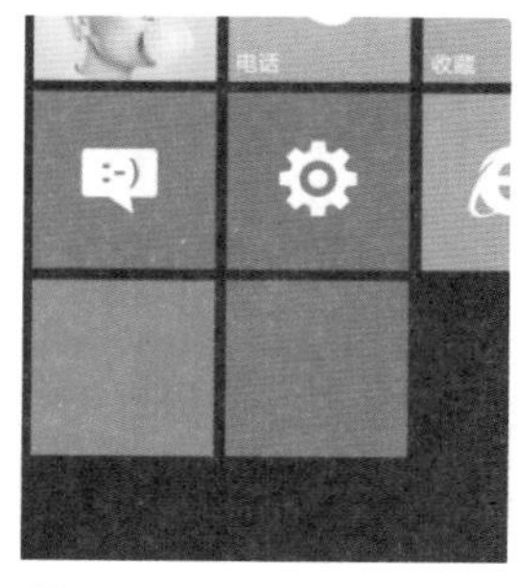

图6.296 绘制矩形

图6.297 添加素材

03 选中“图层 3”图层，执行菜单栏中的“图层”|“创建剪贴蒙版”命令，为当前图层创建剪贴蒙版将部分图像隐藏，如图6.298所示。

04 选择工具箱中的“横排文字工具” T，添加文字（方正兰亭黑、方正兰亭细黑），如图6.299所示。

图6.298 创建剪贴蒙版

图6.299 添加文字

05 用同样方法继续绘制4个稍小矩形，如图6.300所示。

06 在“图标”素材文档中，同时选中“衣装”“日历”及“天气”图层，将其拖至当前界面色块中，如图6.301所示。

图6.300 绘制矩形

图6.301 添加素材

07 执行菜单栏中的“文件”|“打开”命令，打开“图像 3.jpg”文件，将打开的素材拖入画布中，如图6.302所示。

08 将图像所在图层移至对应的矩形上方，为其创建剪贴蒙版，如图6.303所示。

图6.302 添加素材

图6.303 创建剪贴蒙版

09 用同样方法继续绘制3个磁贴图形，如图6.304所示。

10 执行菜单栏中的“文件”|“打开”命令，打开“图

像 4.jpg”文件，将打开的素材拖入画布中，并将其移至对应的图形所在图层上方，如图6.305所示。

图6.304 绘制图形

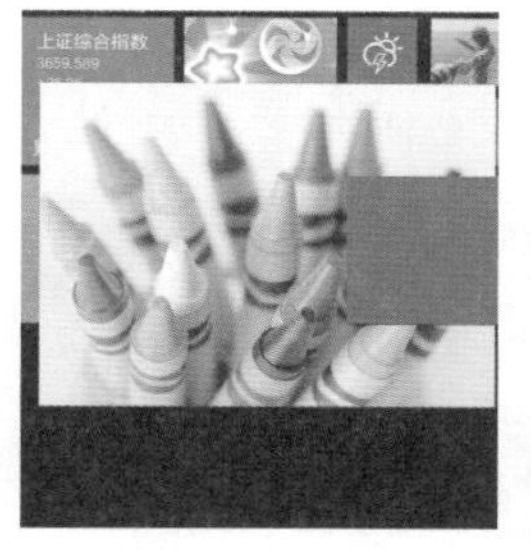

图6.305 添加素材

11 执行菜单栏中的“图层”|“创建剪贴蒙版”命令，为当前图层创建剪贴蒙版将部分图像隐藏，如图6.306所示。

12 在“图标”素材文档中，同时选中“游戏”及“商店”图层，将其拖至当前界面色块中，如图6.307所示。

图6.306 创建剪贴蒙版

图6.307 添加素材

13 选择工具箱中的“横排文字工具” T，添加文字（方正兰亭黑、方正兰亭细黑），如图6.308所示。

图6.308 添加文字

14 继续绘制矩形并制作磁贴效果，如图6.309所示。

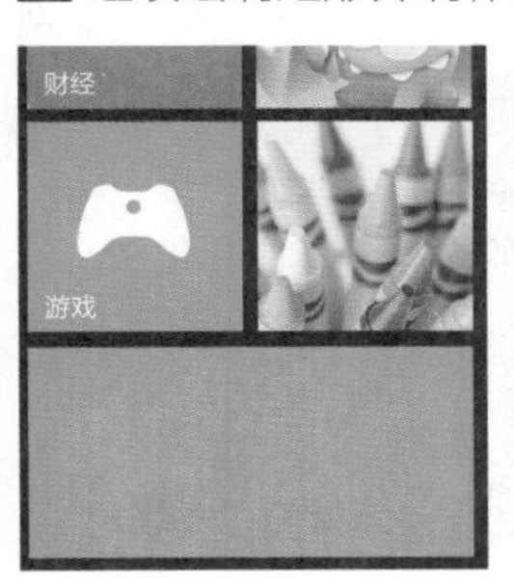

图6.309 绘制图形

15 执行菜单栏中的“文件”|“打开”命令，打开“图像 5.jpg”文件，将打开的素材拖入画布中，并将其移至对应的图形所在图层上方。

16 以同样方法为图像创建剪贴蒙版，如图6.310所示。

图6.310 添加素材

17 在“图标”素材文档中，选中“照片”图层，将其拖至当前界面色块中，如图6.311所示。

18 选择工具箱中的“横排文字工具” T，添加文字（方正兰亭黑），如图6.312所示。

图6.311 添加素材

图6.312 添加文字

19 以同样方法在界面底部绘制3个矩形制作磁贴图形，这样就完成了效果制作，最终效果如图6.313所示。

图6.313 最终效果

实例 100 Windows 10平板界面制作

实例分析

本例讲解Windows10 平板界面制作，其在制作过程中以Windows主题特征为主，通过大面积的磁贴元素使用，为整个界面增加了实用的元素，整体制作过程比较简单，最终效果如图6.314所示。

- **素材位置 |** 素材文件\第6章\Windows10 平板界面
- **案例位置 |** 案例文件\第6章\Windows10 平板界面.psd
- **视频位置 |** 多媒体教学\实例100　Windows 10 平板界面制作.avi
- **难易指数 |** ★★★☆☆

图6.314　最终效果

步骤1　处理界面主体

01 执行菜单栏中的“文件”|“新建”命令，在弹出的对话框中设置“宽度”为1920像素，“高度”为1200像素，“分辨率”为72像素/英寸，新建一个空白画布，将画布填充为青色（R：0，G：64，B：80）。

02 选择工具箱中的“椭圆工具”，在选项栏中将“填充”更改为无，“描边”为白色，“宽度”为8点，按住Shift键绘制一个圆形，将生成一个“椭圆 1”图层，如图6.315所示。

图6.315　绘制图形

03 在“图层”面板中，选中“椭圆 1”图层，将其图层混合模式设置为“柔光”，“不透明度”更改为50%，如图6.316所示。

图6.316　设置图层混合模式

04 将圆复制多份，并适当缩放，并更改其描边宽度，如图6.317所示。

图6.317　复制并变换图形

05 选择工具箱中的“矩形工具”，在选项栏中将“填充”更改为青色（R：10，G：153，B：170），“描边”为无，按住Shift键绘制一个矩形，将生成一个“矩形 1”图层，如图6.318所示。

06 选中“矩形 2”图层，在画布中按住Alt+Shift组合键向右侧拖动将图形复制，将生成的“矩形 2 拷贝”图层中图形“填充”更改为紫色（R：163，G：23，B：163），如图6.319所示。

图6.318　绘制图形

图6.319　复制图形

步骤2 绘制细节元素

01 执行菜单栏中的“文件”|“打开”命令，打开“图标.psd”文件，在打开的素材文档中同时选中“信息”和“天气”图层，将其拖入画布中并适当缩小，如图6.320所示。

02 选择工具箱中的“横排文字工具” T，添加文字（方正兰亭细黑），如图6.321所示。

图6.320 添加素材

图6.321 添加文字

03 在两个矩形下方复制一个矩形并调整其高度和宽度，将其填充为橙色（R：220，G：88，B：50），如图6.322所示。

04 在刚才打开的素材文档中，选中“日历”图层，将其拖入当前画布中，并添加文字，如图6.323所示。

图6.322 绘制矩形

图6.323 添加文字

> **提示**
>
> 除了绘制新的矩形之外，还可以利用复制矩形的方法制作新矩形，当移动复制上方小矩形之后再增加其宽度即可，为避免边缘不清晰的现象，增加宽度尽量使用“直接选择工具”按钮 ，拖动矩形锚点的方法进行。

05 用同样方法再次复制两个矩形，左侧矩形可以为任意颜色，右侧为绿色（R：0，G：154，B：0），如图6.324所示。

06 执行菜单栏中的“文件”|“打开”命令，打开“油菜花.jpg”文件，将其图层移至左侧矩形所在图层上方，如图6.325所示。

图6.324 绘制矩形

图6.325 添加素材

07 执行菜单栏中的“图层”|“创建剪贴蒙版”命令，为当前图层创建剪贴蒙版将部分图像隐藏，如图6.326所示。

08 在刚才打开的“图标”素材文档中，选中“收藏”图层，将其拖入当前画布中右侧矩形位置，如图6.327所示。

图6.326 创建剪贴蒙版

图6.327 添加素材

09 选择工具箱中的“横排文字工具” T，添加文字（方正兰亭细黑），如图6.328所示。

图6.328 添加文字

10 用同样方法复制或绘制多个相似不同颜色的矩形，如图6.329所示。

图6.329 绘制矩形

11 在刚才打开的“图标”素材文档中，选中剩余的图标所在图层，将其拖入当前画布中适当位置，如图6.330所示。

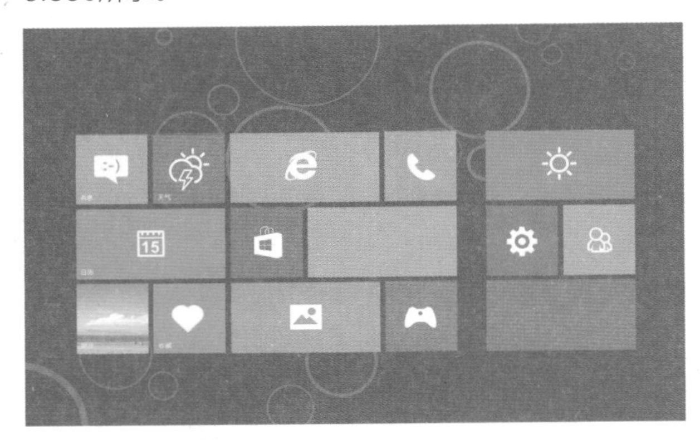

图6.330 添加素材

12 执行菜单栏中的“文件”|“打开”命令，打开“太空.jpg、恶魔之战.jpg”文件，将其拖入画布中对应的矩形所在图层上方，用同样的方法为其创建剪贴蒙版，如图6.331所示。

图6.331 添加素材

13 选择工具箱中的“横排文字工具” T，添加文字（方正兰亭细黑），如图6.332所示。

图6.332 添加文字

14 选择工具箱中的“矩形工具”，在选项栏中将“填充”更改为白色，“描边”为无，在画布右上角绘制一个矩形，如图6.333所示。

15 执行菜单栏中的“文件”|“打开”命令，打开“头像.jpg”文件，将其拖入画布中刚才绘制的矩形位置适当缩小，如图6.334所示。

图6.333 绘制矩形

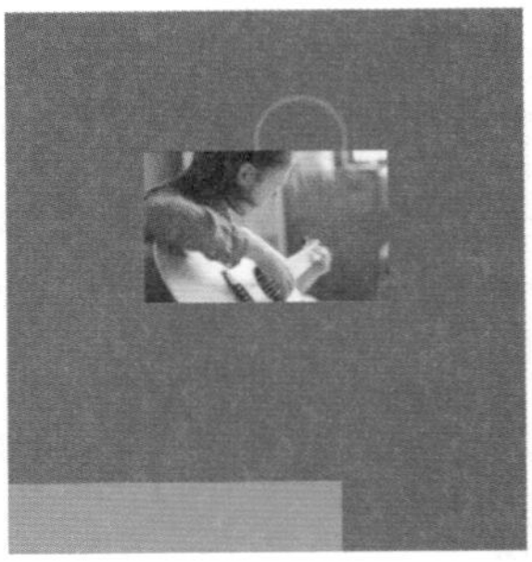

图6.334 添加素材

16 用同样方法为头像创建剪贴蒙版，如图6.335所示。

图6.335 创建剪贴蒙版

17 选择工具箱中的“横排文字工具” T，添加文字（方正兰亭细黑），这样就完成了效果制作，最终效果如图6.336所示。

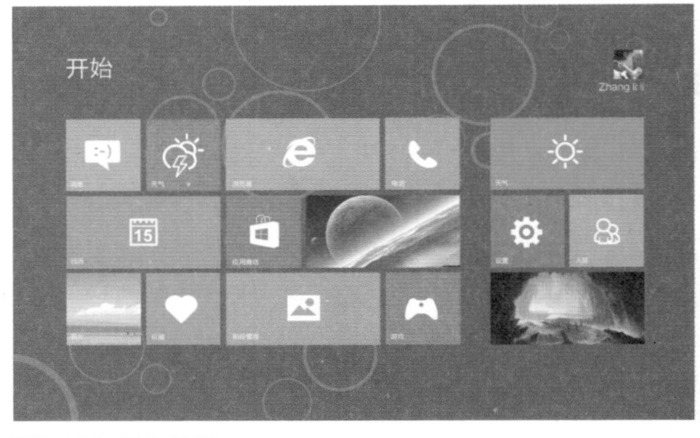

图6.336 最终效果